高等学校数学教育系列教材

高等代数研究

第三版

周焕山

中国教育出版传媒集团
高等教育出版社·北京

内容提要

本书是在第二版的基础上加以修订的。全书试图以现代数学观点阐释中学数学涉及的各类初等代数问题以及相关理论，密切联系中学数学教学实际，分析透彻，逻辑严谨。本次修订在充分肯定各章内容的基础上以查漏补缺为主。比较大的修改是更新了全书选用的高考题，以便更加贴近新时代的要求。此外，还将书末各章部分习题参考答案或提示改成新形态资源，以二维码形式附在各章习题之后。

本书包括逻辑与集合初步、数系、解析式、初等函数、方程、不等式、数列与数学归纳法、排列与组合等内容。对于其中的概念、命题、运算、数学思维和数学方法等详加诠释，精选例题予以说明，并适度介绍其历史渊源和一些较深、较广的理论，以便读者理解知识发展的脉络，从而形成知识体系，提高数学素养和解决问题的能力。

本书可作为高等师范院校初等代数研究课程的教材，也可供中、小学数学教师进修或参考。

图书在版编目(CIP)数据

初等代数研究/周焕山主编.--3版.--北京：高等教育出版社，2022.6（2023.1重印）

ISBN 978-7-04-058460-8

Ⅰ.①初… Ⅱ.①周… Ⅲ.①初等代数-研究 Ⅳ.①O122

中国版本图书馆CIP数据核字(2022)第050301号

Chudeng Daishu Yanjiu

策划编辑 刘 荣　责任编辑 刘 荣　封面设计 赵 阳　版式设计 杜微言
责任绘图 于 博　责任校对 吕红颖　责任印制 刁 毅

出版发行 高等教育出版社
社 址 北京市西城区德外大街4号
邮政编码 100120
印 刷 山东百润本色印刷有限公司
开 本 787mm×1092mm 1/16
印 张 23.5
字 数 530千字
购书热线 010－58581118
咨询电话 400－810－0598
网 址 http://www.hep.edu.cn
http://www.hep.com.cn
网上订购 http://www.hepmall.com.cn
http://www.hepmall.com
http://www.hepmall.cn
版 次 1995年6月第1版
2022年6月第3版
印 次 2023年1月第2次印刷
定 价 52.80元

物 料 号 58460－00

第三版前言

修订本书时，作者对全书又仔细审读一遍，还学习了教育部于2020年颁布的《普通高中数学课程标准(2017年版2020年修订)》。该课程标准引人注目地提出"数学学科核心素养"这一概念，并把"数学抽象"和"逻辑推理"列为6项数学学科核心素养的前两项。这让作者想起曾在第二版前言中说过"内在的逻辑性是数学的根"，并以此作为"将逻辑的基本原理写入第一章"的理由。现在看来，这话说对了。第一章符合新课程标准的改革精神，其内容很重要。因此，就将第一章标题后的那个脚注："第一章……可作为选学内容"删除了。

作者复读全书后，尚未发现需要大加删改的章节，所以本次修订以查漏补缺为主。比较大的修改是更新了第一章和第七章例题、习题中所选用的高考试题，以便更加贴近新时代的要求。此外，还将书末各章部分习题参考答案或提示改成新形态资源，以二维码形式附在各章习题之后，给读者的学习提供便利。

本次修订得到高等教育出版社的大力支持。特别是该社编辑刘荣先生，向作者提供了既恰当又具体的建议，并给予重要帮助。作者表示十分诚挚的感谢。

周焕山

2022年1月20日

第二版前言

本书是在拙著《初等数学研究》(代数部分)(高等教育出版社 1995 年 6 月出版，2013 年 5 月第 28 次印刷)的基础上，为适应数学教育新形势而重新编写的。

本书完稿之际，笔者最感欣慰的是将逻辑的基本原理写入第一章。内在的逻辑性是数学的根。但长期以来，国人重视数学，却忽视逻辑。现在中学数学里增设“常用逻辑用语”，这是一个很好的开端。但作为数学教师，局限于“逻辑用语”是远远不够的，必须学些逻辑的基本原理才好。

35 年前，笔者曾在《人民教育》(1978 年 4—5 合刊)上发表过一篇言志的文章《为打好青少年的数学基础努力攻关》，说的是 1971 年目睹“教师无法教，学生不想学”的现象，我心里很着急。为了能给当时的数学教师提供教学参考读物，于是埋头苦读，在农村校舍的煤油灯下翻译了《应用数学基础》《统计世界》等书。从此教学之余笔耕不辍。但所写的书除《高一代数教学参考书》之外，没有重印 10 次以上的。现在《初等数学研究》重印 28 次后还获得再次修订、分册出版的机会，真的很感谢高等教育出版社，感谢读者的厚爱，尤其要感谢编辑高尚华先生和张长虹先生给予的帮助。

周焕山

2013 年 11 月 17 日

目　　录

绪　言

现代意义下的代数学，奠基于16世纪和17世纪. 当时欧洲自然科学兴起，同时涌现出一批新型的知识分子. 其中最杰出的代表之一是法国哲学家、数学家笛卡儿(Descartes). 他在关于科学方法的研究中，首先发现代数具有作为一种普遍的科学方法的潜力. 代数方法是研究和解决科学问题的有力工具，也是对数学对象进行抽象推理的有力工具. 他在《指导思维的法则》一书中，提出了一个后来被称为"笛卡儿模式"的解决问题的通用方法，其要点是：

第一，将任何种类的问题化归为数学问题；

第二，将任何种类的数学问题化归为代数问题；

第三，将任何种类的代数问题化归为单个方程的求解问题.

尽管笛卡儿模式并不是放之四海而皆准的灵丹妙药，但是它在一定范围内还是适用的. 事实上，笛卡儿本人在运用代数方法解决几何问题方面获得了极大成功，这促成解析几何的诞生. 17世纪的那些向来崇尚希腊演绎几何的数学大师们，如费马(Fermat)、沃利斯(Wallis)和牛顿(Newton)，先后承认了代数方法的优点. 到了18世纪，欧拉(Euler)在《无穷小分析引论》中，赞扬代数大大优于希腊人的综合几何. 从此，代数学成为和几何学并重的一门数学课程.

1859年，我国清代数学家李善兰在翻译《代数学》时，首先把英文algebra译成代数学，以表达这个数学分支用字母代表数的特点. 这就是汉语"代数"一词的来历.

§0.1　代数学发展的三个历史阶段

代数学的最早起源可以追溯到公元前1800年左右，那时的巴比伦数学文献里已经含有二次方程和某些很特殊的三次方程. 从那时起到公元15世纪的三千多年里，中国、印度以及阿拉伯和欧洲的一些国家都在不同的方面对代数学的发展作出了贡献. 特别是中国的代数获得了比较系统的、高水平的发展. 例如，公元1世纪前后成书的《九章算术》，其中记载了"方程术"和"正负术"等重要成就. 到了13世纪前后，中国数学在高次方程的数值解法、同余式理论以及高阶等差数列等方面再放异彩，取得了令人惊异的成就.

纵观代数学发展的历史过程，大体上经历了初等代数的形成、高等代数的创建以及抽象代数的产生和发展这三个阶段.

一、初等代数形成阶段

在初等代数漫长的发展阶段,其中心问题一直是方程的解法. 最早得到二次方程解法的是巴比伦人和中国人. 尽管他们解方程的方法很不相同,但相同的是他们都没有使用符号. 公元3世纪的希腊数学家丢番图(Diophantus),以及后来的印度数学家,都曾使用过一些数学符号. 但由于当时书籍的流传靠传抄,符号不能定型,辨认起来很不方便. 所以公元9世纪的阿拉伯人,热心采用了印度的数码、记数法和各种运算方法,并推进了方程解法的研究,却断然抛弃了印度人的其他数学符号.

文艺复兴时期现代印刷业的出现,使标准符号的引进有了实现和推广的可能. 韦达(Viète)是第一位有意识地系统使用字母,从而使符号化代数得以初步形成的数学家. 他把使用符号的代数称为"类的计算术",以区别于"数的计算术",以此作为代数与算术的分界线. 所谓"类",是指字母所代表的量. 因此"类的计算术"就是关于字母的运算. 使用字母代表数,不仅便于研究方程解法,而且由字母和数构成的代数式,是研究数学理论和表达科学规律的极其有效的工具. 经过笛卡儿、沃利斯和牛顿等人的改进,代数符号进一步完善. 1768年,欧拉发表《对代数的完整的介绍》,系统地论述了方程理论和其他代数知识. 这部著作表明初等代数已经完全形成.

从韦达到欧拉时代的数学家,基本上认为代数学是研究方程解法和字母运算的科学,这正是初等代数的基本内容.

二、高等代数创建阶段

17世纪以来,三次和四次方程的根式解问题的完满解决,鼓励人们去探索更高次方程的根式解. 虽然许多数学家求解五次方程没有成功,但是他们在多项式理论方面却有很多建树. 例如,法国数学家范德蒙德(Vandermonde)继牛顿之后研究对称函数,证明了根的任何对称函数都能用多项式方程的系数表示出来.

代数学的另一个方向是关于线性方程组的研究. 麦克劳林(Maclaurin)和克拉默(Cramer)分别给出了由方程组系数确定方程组的解的克拉默法则. 后来经过贝祖(Bezout)、范德蒙德和拉普拉斯(Laplace)等人的研究,行列式理论初步形成. 柯西(Cauchy)在前人研究的基础上给出了系统的近代行列式理论,并建立了特征方程和特征根的理论. 19世纪中期,凯莱(Cayley)和西尔维斯特(Sylvester)等人为矩阵理论奠定了基础. 1887年,弗罗贝尼乌斯(Frobenius)首先证明了哈密顿-凯莱(Hamilton-Cayley)定理. 他还研究了矩阵的特征多项式、不变因子和初等因子的性质,并引入矩阵的秩的概念. 后来若尔当(Jordan)利用相似矩阵等概念,于19世纪末期证明矩阵可化为标准形,现称为若尔当标准形. 在上述这些数学家们看来,代数学是研究多项式理论和线性代数的科学. 这里的代数学就是现在所说的高等代数.

三、抽象代数的产生和发展阶段

19 世纪初期，两位年轻数学家阿贝尔（Abel）和伽罗瓦（Galois）在代数学研究中取得了划时代的突破性进展. 阿贝尔首次证明了一般五次方程不可能用根式求解；伽罗瓦则进一步得到了代数方程能用根式求解的充要条件是自同构群可解，并创造了伽罗瓦理论. 他所引进的群和域的概念，成为尔后发展起来的抽象代数的基石. 但是他们的工作生前被人们忽视，直到 19 世纪后期，在若尔当、凯莱、戴德金（Dedekind）和克莱因（Klein）等的著作的广泛影响下，抽象的群、环、域的理论才得以成长. 20 世纪前期，抽象代数在女数学家诺特（Noether）的著作中达到成熟的地步.

抽象代数是在数学严格化、公理化和抽象化的思想指导下形成和崛起的，其研究对象不再是方程，而是群、环、域、格等抽象系统的代数结构. 因此在现代数学家看来，代数学是研究各种代数结构的科学. 这里的代数学指抽象代数或近世代数.

这里应指出，上述三个阶段并无明确的时间界限. 特别是第二阶段和第三阶段在时间上是有交叉的，有些数学家，例如若尔当，对于高等代数中的矩阵理论和抽象代数中的群论都有杰出贡献. 再如初等代数，虽说到 18 世纪时已经“完全形成”，但此后仍有所发展，特别在表达形式上有诸多改进.

§ 0.2　中学代数的百年演变

近代中小学教育始于 19 世纪的欧洲. 1870 年，英国议会正式颁布《初等教育法》，可以看成近代义务教育的开端，也是近代中小学教育的开端. 继英国之后，欧洲其他主要国家和美国也纷纷跟进，在 19 世纪下半叶逐渐推广了中小学教育. 当时无统一规定的课程计划，但数学教育一般都讲授算术、代数、三角、测量和几何.

中学代数的内容也大同小异，即都以整数运算、有理数运算、代数式运算和方程、方程组的解法为主，同时还包括等差、等比数列（级数）和排列、组合以及二项式定理等内容.

一、20 世纪初国际数学教育改革中的中学代数

20 世纪初，出现了要求改革数学教育的国际运动. 这次改革运动的领头人是德国数学家克莱因. 1904 年，他在埃尔兰根大学演讲，主张中学数学教学应当“以函数为中心”. 他于 1908—1909 年出版《高观点下的初等数学》卷Ⅰ和卷Ⅱ，强调用近代数学的观点来改造传统的中学数学内容，加强函数和微积分的教学，改革和充实代数的内容，并主张用几何变换的观点改造传统的几何内容.

1908 年，第四届国际数学家大会在罗马举行. 会上正式通过一项提案，成立了以克莱因为主席的国际数学教育委员会. 委员会进一步肯定了克莱因关于中学数学教

育改革的主张. 但后来的第一次世界大战终止了这一改革的进程.

作为这次改革运动的重要成果之一,中学代数中增加了函数的内容,并且用函数观点来考察方程和解析式等内容.

二、我国辛亥革命后的中学代数

辛亥革命推翻了清朝统治,为建立近代中小学教育制度创造了条件. 1922 年,当时的教育部发布《学校系统改革令》,其中最重要的是从美国引进"六三三"学制:规定小学 6 年,初中 3 年,高中 3 年. 该学制一直沿用至今. 1933 年发布《算学课程标准》,规定中学开设 6 门数学课程:算术、代数、平面几何、立体几何、三角和解析几何.

《初中算学课程标准》中规定了初中代数的内容(略).

《高中算学课程标准》中规定,高中代数内容为:代数式的运算、方程及方程组(解法及讨论:独解、无解及有无数解之条件)、应用问题、初等函数、无理方程、排列、组合、或然率(概率)、级数、等差级数、等比级数、调和级数等(细目略).

由此可见,我国 20 世纪 30 年代的中学代数内容已经基本和国际接轨. 当时没有规定全国统一的数学教材,多数教科书译自美国和日本. 最著名的是《范氏大代数》,作者是美国数学家范因(Fine).

三、教育大发展、全面学苏联时期的中学代数

1949 年新中国成立以来,教育大发展,中小学教育迅速普及,大学教育也发展很快. 1950—1958 年是全面学习苏联时期. 1952 年 7 月,教育部根据"学习苏联先进经验,先搬过来,然后中国化"的方针编订了《中学数学教学大纲(草案)》,该大纲基本上照搬苏联 10 年制学校 6—10 年级的数学教学大纲,并且教材也使用编译过来的苏联教材. 规定中学数学 5 门课程:算术、代数、平面几何、立体几何和三角,完全删掉了解析几何,而算术占用了 252 课时,相当于 20 世纪 30 年代算术课时(108)的 233%.

就高中代数而言,20 世纪 50 年代全国都用苏联教材,内容相对较浅、较窄,但系统性较强.

四、20 世纪 60 年代的中学代数

因受国内"大跃进"的影响,1960 年前后有人提出反对学科教材"少、慢、差、费",批判"量力性原则". 许多地方出现中小学"九年一贯制"甚至"七年一贯制"的试验,各地还编出一些"大跃进"式的数学教材. 以华东师范大学编写的五年制中学数学课本为例. 该套课本包括《代数与初等函数》两册、《数学分析》两册、《概率论与数理统计》一册、《计算数学初步》一册,都由上海教育出版社 1960 年出版. 有些内容是大学二、三年级才学习的,竟然编进中学教科书. 这些书其实就是由一些思想激进的在读大学生编写的. 所幸当年在对国民经济进行"调整、巩固、充实、提高"的同时,也对教育事

业进行了大幅度的整顿. 教育部决定恢复“六三三”学制,把初中算术下放到小学,并于 1963 年颁布《全日制中学数学教学大纲(草案)》(下称《63 年大纲》).

《63 年大纲》首次提出:“中学数学的教学目的是:使学生牢固地掌握代数、平面几何、立体几何、三角和平面解析几何的基础知识,培养学生正确而且迅速的计算能力、逻辑思维能力和空间想象能力,以适应参加生产劳动和进一步学习的需要”.

《63 年大纲》摆脱了苏联十年制学校数学教学大纲的束缚,及时端正了我国数学教育的方向,为建设我国独立、完整的数学教育体系发挥了重要作用,在我国数学教育史上具有极其重要的地位.

《63 年大纲》中规定了中学代数的内容.

1. 初中代数的教学内容:

(1) 数(有理数、实数、常用对数及近似计算).

(2) 式(整式、分式、根式和有理指数的计算,多项式的因式分解等).

(3) 方程、方程组和一次不等式(解法,及二次方程的根的判别式,根与系数的关系).

(4) 直角坐标系和函数(正比例、反比例函数,一次、二次函数).

以上四类对象的概念、性质(或计算法则)等.

2. 高中代数的教学内容:

(1) 数的发展,复数的概念、性质和运算法则,复数的计算.

(2) 多项式的一些性质和待定系数法;用综合除法和余数定理分解因式;用辗转相除法求最高公因式和最低公倍式;用待定系数法分解对称式的因式,分解分式成部分分式.

(3) 方程的一些初步理论. 一些简单的高次方程的解法;高次方程的无理根的近似值的求法;行列式的一些性质及用行列式解二元、三元、四元的线性方程组.

(4) 不等式的性质,条件不等式、不等式组、绝对值不等式等的解法及不等式的证明.

(5) 等差数列、等比数列的通项公式和求和公式以及有关问题的解法;数列的极限和变量的极限的意义,有关极限的定理.

(6) 幂函数、指数函数和对数函数的概念和性质及其图像;对数的性质、简单的对数方程和指数方程、对数计算尺的构造原理和使用方法.

(7) 数学归纳法的证明方法,排列、组合的意义,利用排列、组合的基本公式解答一些简单问题,二项式定理和它的展开式的性质及概率的意义.

《63 年大纲》所规定的中学代数的教学内容,得到广大中学数学教师的好评. 特别在改革开放之后,更加彰显它的价值.

五、20 世纪 60 年代的“新数”运动

1957 年苏联成功发射了第一颗人造卫星。美国人把空间技术方面的落后归咎于

数学教育的落后，这是兴起数学教育现代化（简称“新数（new math）”）运动的起因. 1959 年以后，“新数”运动扩展到法国、英国等国，60 年代几乎席卷了所有国家（中国除外）.“新数”运动的主要内容是在中学数学引进现代数学的概念，大幅增加现代数学内容. 如增加集合、逻辑、群、环、域、矩阵、向量、概率、统计、微积分等，强调结构统一和公理方法等. 同时大幅削减基本运算和欧几里得（Euclid）几何等传统数学内容.

“新数”运动经历十几年的实践（在西方国家多元化的教育制度下，只是部分学校使用“新数”教科书），暴露出许多缺点和问题，受到猛烈的批评. 到了 20 世纪 70 年代，又“回到基础”. 80 年代又兴起以“问题解决”为中心的数学教育改革新方向.“新数”运动的主要问题是忽视量力性原则，忽视必要的基本技能训练，增加的内容过于抽象，分量过重，无法让学生真正理解和巩固.

“新数”运动的失败是前进中的挫折，其中有些改革措施得到历史的肯定. 例如，增加集合和逻辑的初步知识，推广使用集合记号和逻辑用语，增加概率、统计和向量知识，增加微积分初步等内容，都是可行的. 当然在增加新知识的同时，势必要精简一部分传统数学的内容.

六、1977—2000 年的我国中学代数

改革开放初期，百废待兴. 教育领域的首要任务是恢复中小学正常的教学秩序，恢复高考. 1978 年，教育部发布《全日制十年制学校中学数学教学大纲（草案）》（下称《78 年大纲》），规范五年制中学（初中三年，高中二年）的数学教学.

《78 年大纲》明确提出以下三原则：

1. 精简传统的中学数学内容.
2. 增加微积分以及概率统计、逻辑代数等的初步知识.
3. 把集合、对应等思想适当渗透到教材中去.

这三条原则得到教育界的广泛赞同，并很快编写出新的数学教材和配套的教学参考书. 但实践中立即暴露出问题：全国各地水平不齐，师资水平难以跟上，五年制中学无法适应新的高要求. 为了解决这些问题，教育部于 1982 年、1983 年接连下发两个数学教学大纲，恢复六年制重点中学，并组织编写水平有差别的两套数学教材（甲种本、乙种本），以适应水平不一致的实际状况；同时大力加强师资培训. 1986 年，国家教委颁发《全日制中学数学教学大纲》. 经过 10 年努力，我国中学数学教育最终确立了数学教育现代化的正确方向，贯彻了改革精神.

这时期的高中代数教材仍然保持系统性和相对完整性. 虽然传统内容有所精简，但是涵盖的范围更广了. 不仅把原来的“平面三角”精简后并入代数，而且新增了集合等内容. 集合记号广泛使用，并用集合、对应思想革新了函数概念，还渗透到其他章节.

七、新世纪的数学教育改革和中学代数

教育部于 2001 年颁布《全日制义务教育数学课程标准（实验稿）》之后，又于 2003

年颁布《普通高中数学课程标准(实验稿)》,拉开了新世纪中小学数学教育改革的序幕. 经过十多年的改革实践,教育部又在2017年出版新的课程标准,并于2020年颁布《普通高中数学课程标准(2017年版2020年修订)》(下称《高中新课标》).

《高中新课标》在数学课程的目标、结构和内容等方面作出一系列创新性的改革和调整,首次提出"数学学科核心素养"这一概念,并指出数学学科核心素养是数学课程目标的集中体现.

《高中新课标》进一步调整中学数学课程结构,扩大选择和发展空间. 为不同基础、不同需要的学生提供多层次、多种类的选择. 按照该标准,高中数学课程由必修课程、选择性必修课程和选修课程三部分组成. 并规定必修课程为学生提供共同的数学基础,既是高中毕业生的数学学业水平考试的内容要求,也是高考的内容要求. 选择性必修课程是供学生选择的课程,也是高考的内容要求. 如果学生在上述选择的基础上还想多学一些数学课程,可以在选修课程A、B、C、D、E五类课程中选学其中一类,也可选学某类课程中某些专题. 选修课程不作为高考的内容要求.

中学代数在新世纪的教育改革中变化较大. 数学教科书不再有单独的代数课本,取而代之的是混合编写的数学课本. 下面关注的主要是高中数学课本中的代数内容(简称高中代数).

新世纪的高中代数有以下特点:

1. 高中代数内容较广. 包括必修课程中的集合、常用逻辑用语、相等关系与不等关系、从函数观点看一元二次方程与一元二次不等式、函数概念与性质、幂函数、指数函数、对数函数、三角函数、函数应用、平面向量及其应用、复数等内容;选择性必修课程中的数列、数学归纳法、计数原理、排列与组合、二项式定理等内容.

2. 和以往的高中代数相比,精简了传统内容. 全部精简的,如高次方程、反三角函数等;部分精简的,如三角函数,现在只讨论正弦、余弦和正切,而忽略余切、正割、余割等. 又如排列、组合,现在的要求是"能利用计数原理推导排列数公式、组合数公式",而不去讨论难度比较大的相关问题. 同时增加了集合、平面向量、常用逻辑用语等内容. 以上增减,是符合新时期的教改精神的.

3. 高中代数内容是最重要的数学基础知识,在高中数学中仍然占有最大的比例. 特别在必修课里,代数内容占比高达60%以上.

八、历经百年变革的中学代数的特征

回顾中学代数的百年变革,可以看到具有以下特征:

1. 学科性:中学代数以代数学的基础知识为主体,因此它和初等代数高度契合,属于代数学科. 人们有时将中学代数视为初等代数的同义语.

2. 开放性:为了实用的目的,中学代数的内容从一开始就吸收了原本不属于初等代数的知识. 例如,19世纪末的中学代数就含有等差、等比数列和排列、组合等内容.

20世纪初,受克莱因关于中学数学应当"以函数为中心"的观点的影响,中学代数接纳了函数内容.此后,有相当多的研究中学代数的著作,冠以《初等代数与初等函数》的书名.

20世纪60年代以后,因受"新数"运动的影响,中学代数先后接纳集合与逻辑的初步知识,后来随着平面三角的逐渐"瘦身",索性把以三角函数为主体的三角知识并入代数.由此可见,中学代数和孤芳自赏的欧几里得几何不同,它有着兼收并蓄的开放性特征.

3. 发展性:中学代数随着社会的前进,自身也处于变革过程中.一方面淘汰不合时宜的东西,同时也接受新生事物.例如,从查各种数学用表发展到运用对数计算尺,再发展到使用计算器,再到使用电脑和手机.

§ 0.3 "初等代数研究"的研究目的和内容

一、"初等代数研究"的研究目的

"初等代数研究"是师范院校数学教育类的一门专业必修课.这门课的研究目的是以现代数学观点审视中学代数所涉及的各种有关问题,加深、拓宽中学代数的知识和方法,夯实中学数学的基础,为学生将来走上教师岗位准备必要的学科知识.

本书就是为"初等代数研究"这门课准备的教材,也可供在职中小学数学教师参考.

二、《初等代数研究》的内容

由于在确定中学代数内容时,要充分考虑中学生的原有知识基础和量力性原则,所以中学代数的许多内容都是比较浅显的,缺乏理论深度.例如,讲方程的解法回避了同解理论;讲复数不提为什么复数不能比较大小等.对于诸如此类的中学代数无法回答或无法彻底解决的问题,在本书中要以现代数学观点从理论上给予必要的论述.针对中学代数内容庞杂、浅显的特点,有必要加深、拓宽,使之形成知识体系.此外,针对一般数学教师逻辑知识比较欠缺的现状,利用把"常用逻辑用语"列入中学数学教材的契机,增加"逻辑与集合初步"作为第一章,以夯实未来的中学数学教师的逻辑基础.

对于中学课本中已阐述充分、无须深究的内容,如解三角形等;或高等数学中已有详细讨论的内容,如平面向量等,本书不再研究.

在教材内容的编排次序上,本书和一般教材有所不同.对于一般教材,前面没有定义过的概念或没有介绍过的内容,是不可以引用的.但对于本书来说,凡是中学数学课本已有的内容,或是学生已学过的高等数学中较易掌握的内容,都可以看成学生的已有知识,因而可以引用.

第一章　逻辑与集合初步

从柏拉图(Plato)时代开始,逻辑和数学就如影随形、共生共荣.逻辑源自数学,又渗透在数学之中.数学家们自觉要求数学理论应符合逻辑规范.在现代数学著作中,逻辑原则和方法已经成为数学理论的依据,逻辑用语和符号也被广泛采用.另一方面,数学家们又用数学方法改造并发展了逻辑,创造出以数理逻辑为核心的现代逻辑.

集合概念及其基本理论是现代数学的重要基础.从20世纪60年代起,集合初步知识被引入中学数学,集合、对应思想渗透于数学教材的许多章节,集合记号更是比比皆是.考虑到集合和逻辑内在联系十分密切,故放在一起讨论.

§1.1　逻辑概说

"逻辑"一词是英语"logic"的音译(始见于近代学者严复译《穆勒名学》,1905年出版),而"logic"又源于古希腊语.在现代汉语中,"逻辑"一词除了作为逻辑学的简称之外,还具有"思维规则""客观规律"等意义.

一、逻辑学的研究对象和发展简史

1. 逻辑学的研究对象和功用

逻辑学是研究概念、命题和推理的学问,其核心内容是研究推理的规律.

我们学习数学的主要目的之一就是学习如何进行推理,从而培养逻辑思维能力.当我们证明数学题(或解题)时,其关键就是如何运用推理寻找合适的证题(或解题)途径,进而作出正确的论证,并学会如何检查自己的论证推理是否正确,以及如何评价他人的论证推理是否正确.此外,我们学习数学时还要学习多种概念和命题.所有这一切,都和逻辑学的研究内容高度相关.因此,学一点逻辑初步知识对于理解和掌握数学会大有帮助.

逻辑的功用远不止数学.学点逻辑,有助于人们正确地分析事物的矛盾,探求真理,提高学习、认知能力;有助于人们准确、严密地表述思想,提高表达、辩论能力;有助于人们识别谬误和诡辩,提高审察、驳议能力.最后,逻辑和数学一样,是学习和掌握其他各门科学知识的十分有用的工具.

2. 亚里士多德创立逻辑学

亚里士多德(Aristotle)被普遍认为是逻辑学的创始人.他将前人使用的数学推理

规则规范化和系统化，从而创立了独立的逻辑学．不过，他当时并未使用“逻辑”一词，而称之为“分析学”，并认为是研究一切科学的工具．所以，亚里士多德的门徒在其身后将他的有关逻辑的著作汇编成册，名为《工具论》．该书包括六篇：范畴篇、解释篇、分析前篇、分析后篇、论辩篇和诡辩篇．

本章中将要讨论的一些主要内容，如直言命题的四种形式，对当关系，换位、换质及换质换位推理，三段论等都是亚里士多德所首创．特别是关于三段论的详尽研究，被认为是亚里士多德逻辑的最高成就．另外，他在其哲学著作《形而上学》中，还系统地论述了矛盾律和排中律，同时也涉及同一律．正是由于亚里士多德的卓越贡献，才奠定了西方逻辑学发展的坚实基础．

以亚里士多德开创的逻辑为主体的逻辑，通常称为形式逻辑，有时也称为传统逻辑或普通逻辑．

3．近代数学家创建数理逻辑

数理逻辑也称为符号逻辑．逻辑的符号化和数学化应归功于近、现代数学家．首先是德国数学家莱布尼茨（Leibniz），他于1679年提出了逻辑数学化的理想．他认为可以建立一种没有歧义的通用语言（人工语言）来代替自然语言，从而把推理转变为演算．但是这种先驱性的想法在淹没了一个多世纪之后才得到英国数学家德摩根（De Morgan）和布尔（Boole）的响应．德摩根发展了一套适合推理的符号，并以德摩根律知名．布尔发展出一种逻辑代数，后来被称为“布尔代数”．这是符号逻辑的早期形式．1879年，德国数学家弗雷格（Frege）在其著作《概念演算》中用数学方法研究逻辑问题，成功地构造了一套形式语言，并用这种语言首次构建了一个严格的逻辑演算系统．弗雷格的杰出成就为数理逻辑奠定了基础．但他的工作直到20世纪初才得到英国数学家、哲学家罗素（Russell）等人的积极评价．1910—1913年，罗素和怀特黑德（Whitehead）合作发表了《数学原理》．这部3卷本的巨著改进了弗雷格的表达方式，发展和完善了逻辑演算系统，获得巨大成功，被誉为20世纪逻辑学的“圣经”．罗素也因此成为数理逻辑的集大成者．此后，以数理逻辑为核心的现代逻辑获得蓬勃发展，出现了许多分支学科，并成为计算机科学的一个重要基础．

二、概念与数学概念

1．概念

概念是关于一类事物的特有属性及所涉范围的基本观念，是构成命题和推理的最基础的要素．它是思维链条中不能再行分解的最小的单位，所以说它是思维的细胞．

一个概念通常指称一类事物，如图书、城市、树、车等．这些概念称为类概念或普遍概念．有些类概念还可细分为子类，如“车”是个类概念，它含有汽车、火车、自行车、手推车、行李车等子类，每个子类又含有若干个品牌．但是也有概念指称个别对象，如北京、泰山、鲁迅等．这些概念称为单独概念，可以看成只含一个对象的类．

除了上述类概念和单独概念之外，还有一种由个别事物组成的集合体概念[①]，例如“书籍”“农民”“森林”等. 集合体与组成它的个体之间的关系是整体与部分的关系；而类与它的个体之间的关系是属种关系. 同一个名词究竟表示类还是集合体，得由上、下文来确定. 例如“农民的力量是伟大的”，与“这个病人是农民”，前一句中“农民”是集合体概念，而后一句中“农民”是类概念.

2. 数学概念

定义 1 数学概念是关于现实世界或虚拟世界中数量关系、空间形式等方面的各种概念.

最早研究数学概念的是毕达哥拉斯(Pythagoras)及其学派. 他们提出“积点成线、积线成面”，并提出“万物皆数”(他们说的“数”指正整数)的观点. 后来柏拉图继承了毕达哥拉斯学派的数学观，但他更加强调数学概念的抽象性.

随着数学的发展，数学概念也日益增多，精彩纷呈. 有肯定的(如正数、有理数)，也有否定的(如负数、无理数)；有单独的(如最大值、交点)，也有组合的(如同类项、平行线)；有绝对的(如绝对值、正方形)，也有相对的(如对数、互素数)，等等.

三、命题及其分类

1. 命题和语句

定义 2 能够判断真假的语句叫做命题(proposition).

定义 2 揭示了命题的主要特征：凡命题都有真假. 如果一个命题真实地反映了客观事物的情况，它就是真命题；否则，它就是假命题. 例如，“地球绕太阳旋转”是一个真命题；“两个无理数的和仍是无理数”是一个假命题.

任何命题都是用语句(或符号)来表达的，但并非任何一个语句都表达命题. 疑问句、祈使句等无真假可言的语句都不表达命题.

命题一般是用陈述句表达的，有时也可直呼“命题”为“陈述”.

定义 2 中的“判断”是动词，如果把它作为名词用，则“判断”(judgement)就是经过断定了的命题. 因此，严格地说，所有判断都是命题，但并非所有命题都是判断. 但在许多情况下，人们对于“命题”和“判断”不加区别. 数学中一般使用“命题”这一术语.

2. 命题形式及其分类

(1) 命题形式：任何命题都有内容和形式两个方面，命题内容是指命题所反映的事物的情况；命题形式是指命题内容的联系方式，即命题的逻辑形式. 例如：

所有的金属都是导体.

正整数或为奇数或为偶数.

若 α 为锐角，则 $\sin\alpha>0$.

---

① 一般逻辑学著作中称为“集合概念”. 这里称它为“集合体概念”，是为了区别于数学中的集合概念.

它们的逻辑形式分别为

所有的 S 都是 P.　①

p 或 q.　②

若 p，则 q.　③

在以上命题形式中，其中字母称为逻辑变元，因为它们代表的内容是可变的. 如①中的大写字母 S，P 分别表示概念；②和③中的小写字母 p，q 分别表示命题. 而①中的"所有的……都是"，②中的"或"，③中的"若……则"被称为逻辑常项，因为它们在命题形式中保持相对稳定.

逻辑学关注的主要是命题的逻辑形式，而不是命题的内容(后者是其他学科研究的对象).

(2) 命题的分类：依据命题本身是否包含其他命题，把命题分为简单命题和复合命题. 简单命题是不含其他命题作为自身组成部分的命题；复合命题是自身包含其他命题的命题. 复合命题所包含的其他命题称为它的肢命题. 在上面举的例子中，①是简单命题，②和③则为复合命题.

命题的种类可罗列如下：

- 命题
  - 简单命题
    - 直言命题(性质命题)
    - 关系命题
  - 复合命题
    - 负命题
    - 联言命题(合取命题)
    - 选言命题(析取命题)
    - 假言命题(蕴涵命题)

直言命题是陈述事物具有或不具有某种性质的命题，所以也称性质命题.

关系命题所陈述的是事物间的关系. 数学中的等价关系、包含关系等都可归属关系命题.

复合命题的各种类型将在以后讨论. 此外，还有所谓模态命题，是指含有"可能""必然"等模态词的命题. 初等数学中一般不涉及模态命题，故从略.

四、推理及其分类

1. 推理

定义 3　由一个或几个已知命题推出另一个命题的思维过程称为推理(inference). 作为依据的已知命题叫做前提，由前提推出的命题叫做结论.

2. 推理的种类

推理的种类有三种划分方法.

第一种划分方法根据前提数量的不同，把推理分为直接推理和间接推理. 直接推理是指从一个前提直接推出结论的推理；间接推理是指从两个或两个以上的前提推出结论的推理.

第二种划分方法是根据思考方向的不同，把推理分为演绎推理、归纳推理和类比推理. 从一般到特殊的是演绎推理；从特殊到一般的是归纳推理；从特殊到特殊的是类比推理.

第三种划分是根据前提与结论之间是否有必然推出的关系，把推理分为必然性推理和或然性推理. 其中，前提与结论之间有必然推出的关系的是必然性推理，也称为有效推理. 演绎推理、完全归纳推理就属于必然性推理. 而前提与结论之间没有必然推出关系的是或然性推理. 不完全归纳推理、类比推理就属于或然性推理.

3. 论证推理和合情推理

数学中常用的推理有两种：论证推理和合情推理.

(1) 论证推理

假设前提 p 是一个真命题，由 p 必然推出结论 q，那么这样的推理就是一个论证推理. 记作

$$p\Rightarrow q\text{（读作“}p\text{ 推出 }q\text{”）.}$$

显然，论证推理是必然性推理；反之，必然性推理都可以用作论证推理.

数学中最常见的命题形式“若 p 则 q”也可记作 $p\Rightarrow q$，其条件 p 和结论 q 就是由论证推理维系的. 这时称 p 是 q 的充分条件，q 是 p 的必要条件. 为了便于讨论，后面称形如“$p\Rightarrow q$”的数学命题为数学条件命题.

出现在证明中的论证推理简称论证，是构造数学证明的基本元素. 一个数学定理的证明，就是由若干个有序连接的论证链条组成的.

论证推理通常以演绎推理的形式出现，此外还包括完全归纳推理和数学归纳法. 所谓完全归纳推理，是通过对某类事物的每一个对象或每一个子类的考察，从中概括出关于该类事物的一般性结论的推理. 关于数学归纳法，将在以后讨论.

如果“$p\Rightarrow q$”且“$q\Rightarrow p$”，那么可记作

$$p\Longleftrightarrow q.$$

这时称 p 是 q 的充要条件（充分必要条件的简称），反之 q 也是 p 的充要条件. 这时 p 和 q 是等价的.

如果“若 p 则 q”为假，那么记作

$$p\not\Rightarrow q\text{（读作“}p\text{ 不能推出 }q\text{”）.}$$

(2) 合情推理

合情推理是根据已知事实、已有知识、已做实验或实践的结果，结合个人的经验或直觉等推测某些结论的推理过程.

简言之，合情推理即有所依据的推测，但它不是有充分根据的数学结论. 因此，合情推理是或然性推理，不能用作数学证明.

不完全归纳推理（简称归纳推理）和类比推理，以及直觉（尤指数学直觉）、想象、顿

悟等就都是合情推理.数学中的合情推理,导出数学猜想.例如哥德巴赫(Goldbach)猜想,就是由归纳推理得到的著名数学猜想.

(3) 波利亚的评论

美籍匈牙利数学家、教育家波利亚(Pólya)对数学教育作出了举世公认的杰出贡献.他在其名著《数学与猜想》的序言中对论证推理和合情推理作出了透辟的分析.他写道:"我们借论证推理来肯定我们的数学知识,而借合情推理来为我们的猜想提供依据.一个数学上的证明是论证推理,而物理学家的归纳论证,律师的案情论证,历史学家的史料论证和经济学家的统计论证都属于合情推理之列."

"数学家的创造性工作成果是论证推理,即证明;但是这个证明是通过合情推理、通过猜想而发现的.只要数学的学习过程稍能反映出数学的发明过程的话,那么就应当让猜测、合情推理占有适当的位置."①

不过波利亚同时指出,"逻辑则是论证推理的一种理论".本章介绍逻辑,因而主要讨论论证推理.

五、逻辑的基本规律

逻辑的基本规律共有四条:同一律、矛盾律、排中律和充足理由律.

1. 同一律

同一律是指在同一思维过程中,每一思想都必须保持自身同一.即在同一时间和同一条件下,从同一方面思考或议论同一对象的过程中,所用的概念或命题必须保持同一,前后一致.

同一律的公式是:A 是 A.

只有遵守同一律,才能保证思维的确定性,才能正确地认识客观事物和准确地表达思想.如果违反同一律,就会出现以下逻辑错误:

(1) 混淆概念和偷换概念

所谓"混淆概念",是指在同一思维过程中,由于认识不清或文理不通等原因,无意地把原来的概念换成了另外一个概念.而"偷换概念"则是指在同一辩论过程中,故意把原来的概念换成另外的概念,从而为错误的言行进行诡辩.例如,古希腊有一则诡辩"你有角":"你没有丢掉的东西就是你有的东西.你没有丢掉角,所以你有角."前一句所说"没有丢掉的东西",显然指原来拥有的东西,说话的人故意把它换成本来就没有的角,这就构成"偷换概念"的诡辩.

(2) 转移论题与偷换论题

转移论题是指无意识地使议论离开论题所犯的逻辑错误.这往往是由于缺乏逻辑训练所造成的.而偷换论题,则是故意违反同一律的要求,把原来的论题改换成另

---

① 引自波利亚的《数学与猜想》,李心灿等译,科学出版社1984年出版.

一个论题. 例如,求证 $\sin^2\alpha+\cos^2\alpha=1$,有学生这样证明:

因为 $\sin 30°=\frac{1}{2}$,$\cos 30°=\frac{\sqrt{3}}{2}$,所以

$$\sin^2\alpha+\cos^2\alpha=\sin^2 30°+\cos^2 30°=1.$$

这里,他把一个一般性命题偷换成关于某个特殊角的命题.

同一律也是相对的. 要注意"在同一思维过程中"这一限制条件. 在时空条件和议论情境发生变化时,如果仍然固守原来的观念,保持不变,就会导致思想僵化.

2. 矛盾律

矛盾律的内容是:在同一思维过程中,两个互相矛盾的思想不能同时为真. 这条规律不允许思维自相矛盾,因此也有人称之为"不矛盾律".

设 p 表示任一命题,"非 p"表示 p 的否定,则矛盾律的公式是:p 和非 p 不能同真,其中必有一假.

例如,"lg 2 是有理数"和"lg 2 是无理数",它们是两个互相矛盾的命题. 根据矛盾律,它们不能同真,其中必有一个是假命题.

违反矛盾律,就会出现"自相矛盾"的逻辑错误. 通常所说的"出尔反尔""前言不搭后语",就是指的人们讲话中的自相矛盾的语病. 例如,

这条地铁将在今年元旦前建成通车.

这句话的意思是想说:这条地铁迄今尚未通车. 但是"今年元旦"已经过去了,这意味着该条地铁已经通车了. 这显然是矛盾的,表明这句话存在逻辑错误.

3. 排中律

排中律的内容是:在同一思维过程中,两个互相矛盾的思想不能都是假的,必有一个为真.

设 p 为任一命题,则排中律的公式是:p 和非 p 不能都假,必有一真.

排中律要求人们面对两个互相矛盾的命题,不能持模糊两不可的态度,必须肯定其中一个.

排中律和矛盾律既有区别又有联系,它们是反证法的逻辑基础. 当直接证明某一命题 p 的真实性有困难时,只要证明和它矛盾的命题"非 p"是个假命题. 这时根据排中律,原命题就必然成立.

4. 充足理由律

充足理由律的内容是:在同一思维过程中,要确立一个思想为真,必须要有真实而充足的理由.

充足理由律的公式是:q 真,因为 p 真,并且由 p 能必然推出 q. 其中 q 是需要确立为真的命题,叫做"推断";p 是用以确立 q 为真的理由,叫做"根据".

充足理由律要求:理由必须真实,且由理由能必然地推出所要论证的论断. 如果不满足这两条要求,就会犯"理由虚假"或"推不出来"的逻辑错误. 前述论证推理

“$p\Rightarrow q$”,就是充足理由律的体现. 但在历史上,充足理由律出现较迟,是 17 世纪末由莱布尼茨首先提出的.

§ 1.2　数学概念

数学概念是概念海洋的一部分. 本节的多数内容如概念的内涵与外延、概念间的关系等对于一般概念同样适用,但讨论时更侧重于数学概念.

一、数学概念区别于一般概念的特征

1. 抽象性

数学概念区别于一般概念的最大特征,就是它的抽象性. 虽说任何概念相对于感觉而言,都具有抽象性和概括性,但是数学概念的抽象程度要比其他学科走得更远. 数学中的抽象常常出现多层次的过程,常会在抽象化的基础上再抽象化,因而在数学发展过程中会产生抽象程度越来越高的新的数学概念.

数学概念中也有一些比较具体的概念,如初等几何中的一些图形,既可画出来,也可制作直观教具. 但是,图形和教具只是起到启发思考、帮助理解的作用,相应的数学概念仍是不含物质性的抽象概念.

2. 理想化

许多数学概念都是理想化的概念. 几何点是只有位置、没有大小、而且是不可分的,这是理想化的数学概念,现实中是找不到的. 同样,直线、平面、圆和球面等数学概念都是理想化的概念. 如果不建立这些理想化概念,不运用这些概念,就不能建立几何学. 不仅几何如此,多种数学分支的许多概念都是理想化的概念.

3. 精确性

数学概念的精确性表现在两个方面:

(1) 概念自身的精确. 比如“圆”和“圆的面积”,前者是形(和定点等距离的点构成的封闭曲线),后者是数($S=\pi r^2$),其含义都是精确的. 虽然通过作图无法画出一个完全符合圆的定义的纯正的圆,通过计算也无法得到圆的面积的准确值,但是人们不能也不会因此而怀疑这两个数学概念的精确性.

(2) 概念表达的精确. 任何一个概念都必须借助词语或符号来表达. 但日常概念存在一词多义或一义多词的现象. 例如“白头翁”,指白发老人,但也可以指称一种鸟,还可以指称一种草本植物. 在表达数学概念时,则要力求克服自然语言的歧义性. 现在通用的数学名词和数学概念基本上是一一对应的. 为了更明确、更简洁,许多数学概念采用数学符号来表达. 数学符号通常有四类:

(i) 表达个别概念的特定符号,如 π,e,i,Δ,sin 20°等;

(ii) 表达运算种类的运算符号,如+,-,×,÷,$\sqrt{\ }$,lg 等;

(iii) 表达两者之间关系的关系符号，如$=,\neq,>,<,\equiv,\backsim$等；

(iv) 其他辅助符号，如各种括号，$\because$，$\therefore$等.

所有这些符号都有明确的含义，以保证表达的精确.

二、概念的内涵和外延

定义 4 一个概念的特有属性的总和，叫做这个概念的内涵(或含义)；一个概念所概括或涉及的具体对象的总和，叫做这个概念的外延.

概念的内涵和外延，分别从质和量两个方面来刻画所指称的事物. 它们互相制约：内涵增加则外延缩小，反之，内涵减少则外延扩大.

例如，四边形的内涵是“有四条边的多边形”，其外延则概括所有的四边形. 如果四边形的内涵增加“两组对边分别平行”，则外延缩小为{平行四边形}；如果内涵再增加“内角均为直角”，则外延缩小为{矩形}. 反之，如果减少概念的内涵，则会使得外延扩大. 还用上例反过去减少内涵，就会从{矩形}扩大外延得{平行四边形}，进而再扩大外延得{四边形}.

三、概念间的关系

这里指两个概念的外延之间的关系，即这两个概念对应的集合之间的关系.

1. 同一关系

定义 5 如果两个概念 A 和 B 的外延完全相同，即它们所对应的集合完全重合，则 A 和 B 就是同一概念，可记作 $A=B$.

例如三角形和三边形，西红柿和番茄，所表达的其实是同一概念.

2. 真包含于关系

定义 6 如果概念 A 的外延是概念 B 的外延的真子集，则称概念 A 真包含于概念 B，或称 A 和 B 是真包含于关系. 这时可用集合记号记作 $A\subsetneqq B$.

3. 真包含关系

定义 7 如果概念 A 的外延含有概念 B 的外延作为其真子集，则称概念 A 真包含概念 B，或称 A 和 B 是真包含关系，可记作 $A\supsetneqq B$.

这时显然有 $B\subsetneqq A$. 所以真包含于关系和真包含关系是互逆的，可把它们统称从属关系.

如果两个概念间的关系是从属关系，这时称外延较大的概念为属概念，外延较小的概念为种概念. 故从属关系也称为属种关系. 例如实数和整数之间的关系是属种关系：实数是属概念，整数是种概念. 而有理数也是整数的属概念，而且和整数的关系更为密切，是整数的邻近属概念. §1.1 中提到的类和子类之间的关系，也是一种属种关系.

逻辑学家维恩(Venn)系统发展出运用封闭曲线表示逻辑概念的方法. 这种逻辑图被后人称为维恩图[①]. 概念间的上述关系可用维恩图表示，如图 1.1 所示.

① 在维恩之前，欧拉曾运用圆圈图表示逻辑概念. 所以有的书中称之为欧拉图.

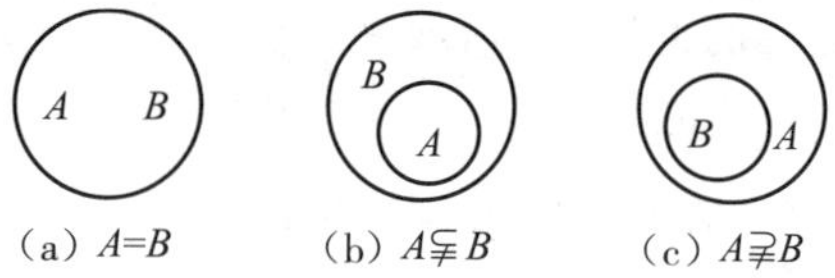

图 1.1

4. 交叉关系

定义 8　如果概念 A 的外延与概念 B 的外延只有一部分重合，则称 A 和 B 之间的关系是交叉关系. 如“矩形”与“菱形”是交叉概念，它们外延的交集是正方形.

5. 全异关系

定义 9　如果概念 A 的外延和概念 B 的外延的交集为空集，则称 A 和 B 之间的关系为全异关系，也称互不相容关系. 例如“三角形”和“圆”的关系，就是全异关系.

交叉关系和全异关系如图 1.2 所示.

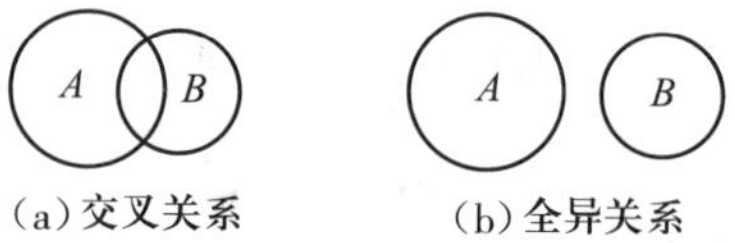

图 1.2

在全异关系中有三种特殊情形：

(1) 矛盾关系

如果概念 A 和 B 具有全异关系，且它们的外延的并集恰好等于它们共有的某一属概念，则 A 和 B 之间的关系为矛盾关系，并称它们为矛盾概念. 例如“有理数”和“无理数”，“金属”和“非金属”.

(2) 对立关系

如果概念 A 和 B 具有全异关系，且它们的外延的并集为它们共有的某一属概念的真子集，则 A 和 B 之间的关系为对立关系（或称“反对关系”），并称它们为对立概念. 例如“正有理数”和“负有理数”.

(3) 并列关系

如果概念 A，B，C 具有全异关系，它们还具有共同的属概念 S，且 $A\cup B\cup C=S$，则称 A，B，C 之间的关系为并列关系. 并列关系适用于符合条件的三个及三个以上的概念. 例如，$\sin x$，$\cos x$，$\tan x$，$\cot x$，$\sec x$，$\csc x$ 这六种函数互不相容，它们有共同的属概念三角函数，且三角函数就等于它们的并集，因此这六种函数是并列关系.

四、概念的定义

一个概念的定义，就是关于其内涵或外延所作的确切而简要的说明. 通过对概念下定义，能让它意义明确，从而区别于其他概念.

例 1　内角为直角的菱形叫做正方形.

这个定义既确切，又简要. 由此可以推出正方形的其他内涵，如正方形的对角线相等，正方形的面积等于它的边长的平方，等等.

一个定义通常由被定义项、定义项和定义联项三个部分组成. 在例 1 中,“正方形”为被定义项,“内角为直角的菱形”为定义项,而“叫做”是定义联项.

五、数学概念的定义方式

一个概念的定义,在撇开其具体内容后的结构模式,通常称为定义方式. 数学概念的常见定义方式有以下几种.

1. 属加种差定义

这种定义方式可用公式表示为

被定义项=属(指邻近的属)+种差.

前述例 1 用的就是属加种差定义法. 其中“菱形”是被定义项“正方形”的邻近的属,而“内角为直角”是区别于“菱形”这个属内其他种(比如有一个内角为 30°的菱形)的种差.

对于同一概念来说,和它邻近的属往往不是唯一的;即使选定了邻近的属,种差也可能不唯一. 因此,同一概念可以作出不同的定义,即定义可能不是唯一的. 就拿例 1 来说,也可选用矩形作为被定义项的邻近的属. 这时就可能作出如下定义:

(1) 邻边相等的矩形叫做正方形.

(2) 四边相等的矩形叫做正方形.

如果改变定义联项,也可作出稍有不同的表述. 比如,

(1) 正方形即邻边相等的矩形.

(2) 所谓正方形,就是四边都相等的矩形.

属加种差定义法,是源自柏拉图的传统定义方法,也是最常用的定义方式.

2. 发生式定义

揭示被定义项发生(或形成)过程的特征,以此作为定义. 例如,

(1) 被除数除以除数所得的结果叫做商.

(2) 从三角形的顶点向对边画一条垂线,顶点到垂足间的线段叫做三角形的高.

3. 形式定义

运用数学符号来模拟数学概念的本质结构,从而形成数学概念的形式化表达式,并以此作为该概念的定义,这就是形式定义. 例如,

(1) 形如 $a+b\mathrm{i}(a,b\in\mathbf{R})$ 的数叫做复数.

(2) 函数 $y=kx+b(k,b\in\mathbf{R}$ 且 $k\neq 0)$ 叫做 x 的一次函数.

(3) 设 $a>0$ 且 $a\neq 1, N>0$,且有 $a^b=N(b\in\mathbf{R})$,就称 $b=\log_a N$ 是以 a 为底的 N 的对数.

4. 外延定义

通过给出概念的外延的方法所产生的定义. 例如,

有理数与无理数统称实数.

5. 派生定义

根据已有定义或运算法则，通过派生的方法获得的定义. 例如，

(1) 根据复数的定义，派生出复数的实部、虚部、虚数和纯虚数等概念的定义.

(2) 根据正整数指数运算法则

$$a^m \div a^n = a^{m-n} \quad (a \neq 0, m, n \in \mathbf{N}^* \text{ 且 } m > n),$$

放开 $m>n$ 的限制，并规定当 $m=n$ 时得零指数，

$$a^0 = 1 \quad (a \neq 0);$$

当 $m<n$ 时得负指数，

$$a^{-t} = \frac{1}{a^t} \quad (a \neq 0, t \in \mathbf{N}^*).$$

数学中还有一些最基础的概念，如点、直线、平面、集合等，人们找不到比它们更基础的概念来下定义. 这些概念被称为原始概念或不定义概念. 在教学时可以使用描述性的语句来揭示原始概念的意义，但在近代数学里，往往使用公理化方法来阐明原始概念的本质属性.

六、下定义的规则

要下好定义，除了对有关概念的本质有深入理解、掌握下定义的方法外，还要遵守如下基本规则：

规则 1　定义必须是相称的，即定义项和被定义项必须是同一关系，它们的外延应完全相同，否则就会犯"定义过宽"或"定义过窄"的逻辑错误. 例如，把"无理数"定义为"无限小数"或"不尽方根"都是不相称的. 前者犯了"定义过宽"的逻辑错误，把无限循环小数也包括进来；后者犯了"定义过窄"的逻辑错误，把 π，$\lg 2$ 等无限多个无理数都漏掉了.

规则 2　定义项中不得直接或间接地包含被定义项，否则就会犯"循环定义"的错误. 例如，"奇数是偶数加 1 而成的数；偶数是奇数加 1 而成的数"，这个定义在定义项中间接包含被定义项，显然犯了循环定义的逻辑错误.

规则 3　下定义应当清楚确切，即不得使用含混不清的词语，或者用比喻的措词下定义. 例如，"数学是训练思维的体操""正弦曲线是有规则的波浪曲线"，等等，都不能当成数学定义.

七、概念的划分

划分是揭示概念外延的方法. 其目的是把一个属概念的外延按某种标准划分为若干个种概念. 其实质就是对概念进行分类. 例如 §1.1 之三，其中"命题的分类"就是对"命题"这个概念的外延进行划分.

对概念进行划分的基本原则是不遗漏、不重复；每次划分的标准必须同一；划分所得各子项应为互不相容关系.

§ 1.3　命题与推理

命题与推理是逻辑学的主体. 两者之间联系密切，相互依存，故放在同一节讨论.

一、复合命题

复合命题是由若干个(至少一个)肢命题通过逻辑联结词组合而成. 联结词是复合命题的逻辑常项，用特定符号表示，而肢命题是它的逻辑变元(本章用小写字母 p，q，r，s 等表示).

任何一个命题都有真假之别. 我们把"真"或"假"称为命题的真值或逻辑值. 复合命题的真假是由肢命题的真假决定的. 它们真值之间的关系可列成表格形式直观地表示. 这样的表格称为真值表.

1. 负命题

定义 10　负命题就是否定某个命题的命题. 表示否定的联结词(简称否定词)是"非"(negation)，记号是"¬". 命题 p 的负命题记作

$$\neg p\text{(读作"非 }p\text{"，或"并非 }p\text{")}.$$

例如，设 p 表示"火星上有生命"，它的负命题 $\neg p$ 就表示"并非火星上有生命"，这时称 p 是 $\neg p$ 的原命题. 对于这个例子，"$\neg p$"也可说成"火星上有生命"是假的，或者干脆说"火星上没有生命". 只是后者就逻辑形式来说，已经转换为简单命题(否定命题)了. 由此可见，负命题和否定命题并无实质区别.

对任何命题 p，p 真，则 $\neg p$ 假；p 假，则 $\neg p$ 真. 真值表见表 1.1.

表 1.1　负命题的真值表

p	$\neg p$
真	假
假	真

(a)

p	$\neg p$
T	F
F	T

(b)

p	$\neg p$
1	0
0	1

(c)

这三个子表的意义完全一样，其中字母 T 表示真(true)，F 表示假(false)；数字 1 表示真，0 表示假.

2. 联言命题

定义 11　联言命题是陈述"几个肢命题同时并存"的命题，也称合取命题. 联结词是"合取"(conjunction)，记号是"∧". 两个命题 p，q 的联言命题记作

$$p\wedge q\text{(读作"}p\text{ 且 }q\text{")}.$$

对于任何命题 p 和 q，当且仅当 p 和 q 都真时，$p\wedge q$ 为真；否则 $p\wedge q$ 为假. 真值表见表 1.2.

表 1.2　联言命题的真值表

p	q	$p\wedge q$
1	1	1
1	0	0
0	1	0
0	0	0

3. 选言命题

定义 12　选言命题就是陈述“几个肢命题至少有一个为真”的命题，也称析取命题. 其逻辑联结词是“析取”(disjunction)，记号是“$\vee$”. 两个命题 p,q 的选言命题记作

$$p\vee q(读作“p 或 q”).$$

对任何命题 p 和 q，如果 p 和 q 中至少有一个是真的，$p\vee q$ 为真；只有当 p,q 都假时，$p\vee q$ 才假. 真值表见表 1.3.

表 1.3　选言命题的真值表

p	q	$p\vee q$
1	1	1
1	0	1
0	1	1
0	0	0

例 1　分别写出由以下命题构成的“$p\wedge q$”,“$p\vee q$”和“$(\neg p)\vee(\neg q)$”形式的命题，并判断其真假.

p:3 是 10 的约数；　q:3 是质数.

解　$p\wedge q$:3 是 10 的约数且 3 是质数(假).

$p\vee q$:3 是 10 的约数或 3 是质数(真).

$(\neg p)\vee(\neg q)$:3 不是 10 的约数或 3 不是质数(真).

观察 $p\wedge q$ 和 $p\vee q$ 的真值表，会发现若将第一列与第二列的位置交换，对第三列的真值并无影响. 这说明它们都满足交换律，即

$$p\wedge q\equiv q\wedge p,\quad p\vee q\equiv q\vee p.$$

定义 13　如果两个命题 r 和 s 在真值表上每一行的真值都相同，就称它们逻辑等价，并称它们为等价命题，记作

$$r\equiv s(读作“r 等价于 s”).$$

逻辑等价的两个命题在推理论证时可以相互替换，因而也能相互推出，即如果 $r\equiv s$，则必然有 $r\Longleftrightarrow s$. 反之，若 $r\Longleftrightarrow s$，则 $r\equiv s$.

例 2　求下列复合命题的真值：

(1) $\neg(\neg p)$；(2) $p\wedge(\neg p)$；(3) $p\vee(\neg p)$.

解　依据相关定义建立真值表，见表 1.4.

表 1.4　例 2 的真值表

p	$\neg p$	$\neg(\neg p)$	$p\wedge(\neg p)$	$p\vee(\neg p)$
1	0	1	0	1
0	1	0	0	1

由真值表可知，

$$\neg(\neg p)\equiv p,\quad p\wedge(\neg p)\equiv 0,\quad p\vee(\neg p)\equiv 1.$$

例 2 表明，$\neg(\neg p)$和 p 的真值完全相同，根据定义 13，$\neg(\neg p)\equiv p$；$p\wedge(\neg p)$的各行真值均为 0，说明该命题在任何情况下都为假，称为恒假命题；$p\vee(\neg p)$的各行真值均为 1，说明该命题在任何情况下都为真，称为恒真命题. 恒假命题 p 记作"$p\equiv 0$"，恒真命题 q 记作"$q\equiv 1$".

4. 假言命题

定义 14　假言命题就是用联结词"蕴涵"(implication)联结肢命题 p 和 q 所成的命题. 假言命题也称蕴涵命题. 蕴涵词的记号是"→". 假言命题记作

$p\to q$(读作"若 p 则 q"，或"p 蕴涵 q").

假言命题 $p\to q$ 也称 p,q 的蕴涵式，p 称为前件，q 称为后件.

对任何命题 p 和 q，当且仅当 p 真 q 假时，$p\to q$ 才假；其他情形，$p\to q$ 皆为真. 真值表见表 1.5.

表 1.5　假言命题的真值表

p	q	$p\to q$
1	1	1
1	0	0
0	1	1
0	0	1

按真值表 1.5 定义的蕴涵命题，也称为真值蕴涵或实质蕴涵.

例 3　用真值表证明：$p\to q\equiv(\neg p)\vee q$.

解　列出真值表，见表 1.6.

表 1.6　例 3 的真值表

p	q	$p\to q$	$\neg p$	$(\neg p)\vee q$
1	1	1	0	1
1	0	0	0	0
0	1	1	1	1
0	0	1	1	1

由表 1.6 可见，第三列和第五列的真值完全相同，故有

$$p \to q \equiv (\neg p) \vee q.$$

5. 等值命题

定义 15　如果 $p \to q$ 和 $q \to p$ 同时成立，就记作

$$p \longleftrightarrow q\text{（读作“}p\text{ 等值于 }q\text{”）}.$$

并称 $p \longleftrightarrow q$ 为等值命题.

对任何命题 p 和 q，当且仅当 p 和 q 都真或都假时，$p \longleftrightarrow q$ 才为真.

按定义 15，有下式成立：

$$p \longleftrightarrow q \equiv (p \to q) \wedge (q \to p).$$

6. 命题演算

在逻辑学中，用一个以上命题构成一个复合命题的过程称为命题演算（也称逻辑运算）. 如果把联结词看成运算符号，就要像代数运算一样规定它们的运算顺序. 命题演算的先后顺序是按

$$\neg, \wedge, \vee, \to, \longleftrightarrow$$

的次序排列，即首先实施 $\neg$，然后 $\wedge$ 和 $\vee$，再后 $\to$，最后实施 $\longleftrightarrow$. 要改变运算顺序，必须添加括号. 在有多重括号的情形，也是按照先内后外逐层消括号. 至于等价符号“$\equiv$”，它是关系符号，不加入命题演算.

命题演算常要借助于真值表. 编制真值表首先要确定它的行数，而行数取决于复合命题的肢命题个数 k. 为了排出 k 个肢命题的真、假值的各种搭配，要作出从 1 和 0 两个元素中取 k 个元素的重复排列，其排列数为 2^k. 故真值表就应有 2^k 行.

例 4　求以下命题的真值，并确定其性质：

$$(p \to q) \wedge (q \to r) \to (p \to r).$$

解　其中有 3 个肢命题，真值表应有 8 行，见表 1.7.

表 1.7　例 4 的真值表

p	q	r	$p \to q$	$q \to r$	$(p \to q) \wedge (q \to r)$	$p \to r$	$(p \to q) \wedge (q \to r) \to (p \to r)$
1	1	1	1	1	1	1	1
1	1	0	1	0	0	0	1
1	0	1	0	1	0	1	1
1	0	0	0	1	0	0	1
0	1	1	1	1	1	1	1
0	1	0	1	0	0	1	1
0	0	1	1	1	1	1	1
0	0	0	1	1	1	1	1

由上表可知，$(p \to q) \wedge (q \to r) \to (p \to r) \equiv 1$. 此命题恒为真命题，说明蕴涵具有传递性.

7. 命题演算的基本公式

(1) 等幂律：$p\wedge p\equiv p$，　$p\vee p\equiv p$；

(2) 同一律：$p\wedge 0\equiv 0$，　$p\wedge 1\equiv p$；

$p\vee 0\equiv p$，　$p\vee 1\equiv 1$；

(3) 互补律：$p\wedge\neg p\equiv 0$，　$p\vee\neg p\equiv 1$；

(4) 交换律：$p\vee q\equiv q\vee p$，　$p\wedge q\equiv q\wedge p$；

(5) 结合律：$(p\vee q)\vee r\equiv p\vee(q\vee r)$；

$(p\wedge q)\wedge r\equiv p\wedge(q\wedge r)$；

(6) 分配律：$p\vee(q\wedge r)\equiv(p\vee q)\wedge(p\vee r)$；

$p\wedge(q\vee r)\equiv(p\wedge q)\vee(p\wedge r)$；

(7) 吸收律：$p\vee(p\wedge q)\equiv p$，　$p\wedge(p\vee q)\equiv p$；

(8) 德摩根律：$\neg(p\vee q)\equiv\neg p\wedge\neg q$，　$\neg(p\wedge q)\equiv\neg p\vee\neg q$；

(9) 双否律：$\neg(\neg p)\equiv p$；

(10) 实质蕴涵律：$p\rightarrow q\equiv\neg p\vee q$.

二、复合命题推理

1. 联言推理

联言推理有两个有效式：

(1) 分解式：分解式的前提是 $p\wedge q$ 为真，结论是它的联言肢必真.

竖式(结论置于前提之下，用横线隔开)　　横式

$$\frac{p\wedge q}{p},\quad \frac{p\wedge q}{q}\qquad\qquad p\wedge q\Rightarrow p$$

$$p\wedge q\Rightarrow q$$

(2) 合成式：由命题 p,q 都真，推出 $p\wedge q$ 必真. 这其实等同于联言命题(合取命题)的定义，即

$$p,q\Rightarrow p\wedge q.$$

2. 选言推理

选言推理的前提是选言命题为真，而且两个肢命题中有一个为假，从而推得另一个肢命题必真的结果.

竖式　　　　横式

$$\begin{array}{l}p\vee q\\ \neg p\\ \hline \text{所以 } q\end{array}\qquad \begin{array}{l}p\vee q\\ \neg q\\ \hline \text{所以 } p\end{array}\qquad \begin{array}{l}(p\vee q)\wedge\neg p\Rightarrow q\\ (p\vee q)\wedge\neg q\Rightarrow p\end{array}$$

3. 假言推理

假言推理有三个有效式：

(1) 肯定前件式：$(p\rightarrow q)\wedge p\rightarrow q$；

(2) 否定后件式：$(p\to q)\wedge\neg q\to\neg p$；

(3) 假言三段论：

$$(p\to q)\wedge(q\to r)\to(p\to r)\quad\text{(前面已证明,即例 4).}$$

前面介绍过的“命题演算的基本公式”，其实都可以看成推理公式. 例如，由 $\neg(\neg p)\equiv p$，可得 $\neg(\neg p)\Longleftrightarrow p$，因而可分拆为两个单向推理公式：

$$\neg(\neg p)\Rightarrow p,\quad p\Rightarrow\neg(\neg p).$$

三、直言命题

1. 直言命题最基本的形式

直言命题最基本的形式有两种：

(1) 肯定式：S 是 P；

(2) 否定式：S 不是 P，

其中变元 S 和 P 分别代表主项和谓项. “是”和“不是”分别为肯定联项和否定联项，它们之间的区别是质的区别，并据此将命题区分为肯定命题和否定命题.

2. 直言命题的四种形式

直言命题一般含有量词(quantifier). 一个命题的量词表示该命题涉及主项的量的差别：全部或部分. 据此，量词分为全称量词和特称量词. 全称量词如“所有”“任何”“每一个”等；特称量词如“有”“有些”“许多”“少数”等.

一个直言命题的联项和量词结合起来构成该命题的逻辑常项，并决定了该命题的逻辑形式. 例如：

所有恒星都是自身发光的星体. ①

任何行星都不是自身发光的. ②

有些自然数是质数. ③

有些金属不是固体. ④

$\sin 1^\circ$是无理数. ⑤

0 不能做除数. ⑥

按照上面所说的原则可知：①是全称肯定命题；②是全称否定命题；③是特称肯定命题；④是特称否定命题；至于⑤和⑥，它们的主项只含有唯一的一个元素，因此主项前面无须量词. 它们称为单称命题：⑤是单称肯定命题，⑥是单称否定命题. 单称命题可以看成一类特殊的全称命题，在许多情形中可以当做全称命题处理.

直言命题可归结为下面四种命题：

(1) 全称肯定命题(A 命题)：所有 S 是 P(SAP)；

(2) 全称否定命题(E 命题)：所有 S 不是 P(SEP)；

(3) 特称肯定命题(I 命题)：有 S 是 P(SIP)；

(4) 特称否定命题(O 命题)：有 S 不是 P(SOP).

括号里的四个大写字母 A,E,I,O 是简写记号. 这是沿袭传统的做法，其中“A”和“I”分别是拉丁文“affirmo”(肯定)的第一、二个元音字母；而“E”和“O”分别是拉丁文“nego”(否定)的第一、二个元音字母.

在数学中，特称命题又称存在性命题.

例 5　判别以下命题的类型及真假：

(1) $\forall x\in\left[-\dfrac{\pi}{2},\dfrac{\pi}{2}\right],\quad \cos(-x)=\cos x$；

(2) $\forall x\in\mathbf{R},\quad x^2>0$；

(3) $\exists x\in\left(0,\dfrac{\pi}{2}\right),\quad \sin x=\dfrac{1}{2}$；

(4) $\exists x\in\mathbf{R},\quad x^2+1>0$.

解　(1)和(2)都是全称肯定命题(A 命题)；(3)和(4)是存在性命题(I 命题)，其中(2)为假命题，因为当 $x=0$ 时命题不成立. 其余都是真命题.

例 5 中使用了数理逻辑中的一些符号：“$\forall x$”表示“对任意 x”；“$\exists x$”表示“存在 x”；“$\in$”表示“属于”. 这些符号现在已经在数学课本中广泛应用. 使用这些符号，可将全称命题和存在性命题的一般形式表示为：

$$\text{全称命题：}\forall x\in M,\quad p(x).$$

$$\text{存在性命题：}\exists x\in M,\quad p(x).$$

其中，M 为某个给定的集合，称为命题的论域；$p(x)$是一个关于 x 的命题.

3. 关于量词的两点说明

(1) 逻辑中的“量词”的含义不同于汉语语法中的“量词”. 在汉语语法中，“量词”是表示单位的词，如“个”“只”“尺”“寸”“斤”两”等.

(2) 特称量词“有”(或“有些”)的含义与日常语言中的含义有所不同. 例如在口语中，“甲班有学生感冒”，言外之意是“甲班学生并非全都感冒”. 但在逻辑中，“有”应理解为“至少有一个，至多可全体”.

4. 直言命题主项、谓项的周延性

定义 16　一个直言命题如果论断了主项(谓项)的全部外延，就称该主项(谓项)是周延的；否则，如果没有论断主项(谓项)的全部外延，就称该主项(谓项)是不周延的.

根据定义 16，可知全称命题的主项周延，而特称命题的主项不周延. 即主项 S 在 SAP 和 SEP 中都是周延的，而在 SIP 和 SOP 中都是不周延的.

对于谓项 P 来说，在否定命题 SEP 和 SOP 中，P 的全部外延都被否定，所以 P 是周延的；而在肯定命题 SAP 和 SIP 中，没有论断 P 的全部外延，因此 P 是不周延的.

A,E,I,O 四种命题的主项、谓项的周延情况可列表，见表 1.8.

表 1.8　主项、谓项的周延情况

命题形式	主项	谓项
SAP	周延	不周延
SEP	周延	周延
SIP	不周延	不周延
SOP	不周延	周延

以上规则可编为顺口溜以助记忆：

主项全周特不周，谓项否周肯不周.

5. 依据主项、谓项的外延关系判定直言命题的真假

直言命题主项 S 和谓项 P 的外延之间的关系共有 5 种情形，即同一关系、真包含于关系、真包含关系、交叉关系和全异关系. 依据这 5 种不同情形的维恩图，结合 A，E，I，O 四种命题的含义，可以直观地判定各自的真假，见表 1.9.

表 1.9　四种直言命题的真假判定

命题	主谓项关系				
		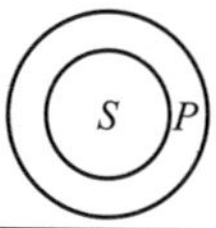			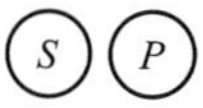
SAP	1	1	0	0	0
SEP	0	0	0	0	1
SIP	1	1	1	1	0
SOP	0	0	1	1	1

四、直言命题推理

1. 对当关系推理

对当关系是指素材相同的四种命题 A，E，I，O 之间相互制约的真假关系. 所谓素材相同，是指这四种命题的主项"S"和谓项"P"都相同，只是联项和量词不同. 例如：

甲班所有学生都是本市人(A). ①

甲班所有学生都不是本市人(E). ②

甲班有学生是本市人(I). ③

甲班有学生不是本市人(O). ④

考察①和④的关系，发现

①真$\Longleftrightarrow$④假，　反之，④真$\Longleftrightarrow$①假.

抽掉命题的具体内容. 用命题形式表示即

$$A \Longleftrightarrow \neg O,\quad \text{反之}, O \Longleftrightarrow \neg A.$$

如果撇开这个具体例子，观察表 1.9 中真值表的第一行和第四行，会发现它们的真值恰好相反，因而同样得到以上的结论.

再观察表 1.9 中真值表的第二行和第三行，会发现

$$E \Leftrightarrow \neg I, \quad \text{反之}, I \Leftrightarrow \neg E.$$

继续观察表 1.9，将有更多的发现.

依据表 1.9，我们发现 A, E, I, O 四种命题之间具有如下四类对当关系：

(1) 矛盾关系

命题 A 与 O 之间，E 与 I 之间为矛盾关系. 互为矛盾关系的两个命题之间势不两立，即一个真，另一个必假；反之，一个假，另一个必真. 即有

$$A \Leftrightarrow \neg O, \quad \text{反之}, O \Leftrightarrow \neg A;$$

$$E \Leftrightarrow \neg I, \quad \text{反之}, I \Leftrightarrow \neg E.$$

(2) 从属关系(又称差等关系)

命题 A 与 I 之间，E 与 O 之间为从属关系. 互为从属关系的两个命题之间单向依附，即全称命题真则特称命题真；特称命题假则全称命题假，也即有

$$A \Rightarrow I, \quad \neg I \Rightarrow \neg A;$$

$$E \Rightarrow O, \quad \neg O \Rightarrow \neg E.$$

(3) 反对关系(又称上反对关系)

命题 A 与 E 之间为反对关系. 具有反对关系的两个全称命题之间不能同真，但可同假，即有

$$A \Rightarrow \neg E, \quad E \Rightarrow \neg A.$$

(4) 下反对关系

命题 I 与 O 之间为下反对关系. 具有下反对关系的两个特称命题之间不能同假，但可同真，即有

$$\neg I \Rightarrow O, \quad \neg O \Rightarrow I.$$

对当关系可用图 1.3 来说明. 该图叫做对当方阵或逻辑方阵. 这个图很有特点：方阵上面两角表示全称命题，下面两角表示特称命题；左面两角是肯定命题，右面两角是否定命题. 方阵中六条线分别表示六组真假关系. 不仅直观，而且便于记忆.

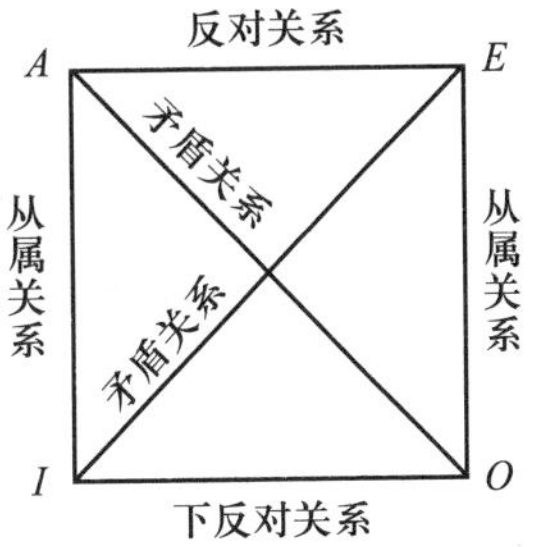

图 1.3

对当关系，特别是矛盾关系，在数学中有着重要应用. 例如数学中的反例，就是 $O \Rightarrow \neg A$ 的应用. 例如 A 命题：$\forall n \in \mathbf{N}, 2^{2^n}+1$ 是质数(费马猜想).

一百多年后，欧拉发现对应的 O 命题：

当 $n=5$ 时，$2^{2^5}+1=4\ 294\ 967\ 297=641 \times 6\ 700\ 417$ 不是质数.

于是 A 命题即费马猜想被推翻.

运用对当关系推理时，须注意以下两点：

第一，对当关系存在于素材相同的直言命题之间．对于素材不相同的情形，不能简单套用．

第二，单称命题在直言命题归类时是当成全称命题处理的，但在对当关系推理中不能作为全称命题处理．例如“$\sqrt{2}$是有理数”和“$\sqrt{2}$不是有理数”，如果作为 A 命题和 E 命题，它们就是反对关系．但其实不然，它们是矛盾关系．

2．直言命题变形推理

（1）换质推理

其规则是：保持前提命题的主项 S 不变而改换它的质，即把它的联项由肯定改为否定，由否定改为肯定，同时把谓项 P 改为它的矛盾概念 $\overline{P}$（读作“非 P”）．此处要把 $\overline{P}$（P 是大写）和负命题“$\neg p$”（p 是小写）相区别．

（i）$SAP \Longleftrightarrow SE\,\overline{P}$．例如，

质数都是整数$\Longleftrightarrow$质数都不是非整数．

（ii）$SEP \Longleftrightarrow SA\,\overline{P}$．例如，在实数范围内，

质数都不是无理数$\Longleftrightarrow$质数都是有理数．

（iii）$SIP \Longleftrightarrow SO\,\overline{P}$．例如，在正整数范围内，

有些质数是奇数$\Longleftrightarrow$有些质数不是偶数．

（iv）$SOP \Longleftrightarrow SI\,\overline{P}$．例如，在实数范围内，

有些无限小数不是有理数$\Longleftrightarrow$有些无限小数是无理数．

（2）换位推理

其规则是：保持命题的质不变，但把前提中的主项和谓项分别换成结论中的谓项和主项．但应注意：前提中不周延的项换位后不得周延．

（i）$SEP \Longleftrightarrow PES$．例如，

质数都不是无理数$\Longleftrightarrow$无理数都不是质数．

（ii）$SIP \Longleftrightarrow PIS$．例如，

有些质数是奇数$\Longleftrightarrow$有些奇数是质数．

（iii）$SAP \Rightarrow PIS$．例如，

质数都是整数$\Rightarrow$有些整数是质数．

注意：前两条是双向推理，而（iii）是单向推理．因为（iii）中的量词由全称改为特称，故不可逆推．还应注意 SOP 不能换位，因其中 S 不周延，如果换位成 POS，S 换位后周延了，有违换位法的规则．例如，

有些整数不是质数$\Rightarrow$有些质数不是整数，

就是一个错误的推理．

（3）换质换位推理

即在推理过程中可以连续使用以上两法．但在换质、换位时都要遵循各自的规则．

例如，

$$SAP \xrightarrow{\text{换质}} SE\overline{P} \xrightarrow{\text{换位}} \overline{P}ES \xrightarrow{\text{换质}} \overline{P}A\overline{S}$$

$$\xrightarrow{\text{换位}} \overline{S}I\overline{P} \xrightarrow{\text{换质}} \overline{S}OP.$$

五、关系命题及其推理

1. 关系命题

定义 17　陈述事物与事物之间关系的命题叫做关系命题.

例如，如下命题均为关系命题：

直线 a // 直线 b.　①

所有正弦函数的值都小于 2.　②

一个完整的关系命题由三部分组成：关系者项、关系项和量词.

(1) 关系者项：指关系承担者，即存在某种关系的对象. 如①中的直线 a 和直线 b.

(2) 关系项：指各个对象之间的某种关系，用 R 表示，如①中的关系 R 即"//". 关系可以存在于两个以上的对象之间. 两个对象间的关系叫做二元关系，这是初等数学中常见的关系. 如果 a 和 b 之间有 R 关系，则可表示为

$$aRb \quad \text{或} \quad R(a,b).$$

(3) 量词：用以表示关系者项的数量. 关系命题的量词也有全称、特称与单称三种. 如②中的"所有"即全称量词. 关于关系命题的量词，这里不予深究.

2. 二元关系的种类

按照关系的逻辑特征，二元关系主要有以下三种：

(1) 自反关系

设 R 是定义在集合 S 中的一个二元关系，如果 $\forall x \in S$，都有 xRx，则称 R 是自反关系（也称 R 具有自反性）. 例如实数集中的等于关系，三角形集合中的全等关系，都是自反关系. 而实数集合中的大于关系、小于关系等就不是自反关系.

(2) 对称关系

设 R 是定义在集合 S 中的一个二元关系，对任意 $x,y \in S$，如果 xRy，就有 yRx，则称 R 是 S 中的对称关系（也称 R 具有对称性）.

(3) 传递关系

设 R 是定义在集合 S 中的一个二元关系，对任意 $x,y,z \in S$，如果 xRy，且 yRz，就有 xRz，则称 R 是 S 中的传递关系（也称 R 具有传递性）.

3. 等价关系及其他

定义 18　如果集合 S 中的一个二元关系 R 同时满足自反、对称和传递三种关系，则称 R 是 S 中的一个等价关系.

例如，实数集中的相等关系，三角形中的相似关系和全等关系就都是等价关系.

在逻辑学中，如果对称关系不成立，可能会有反对称关系和非对称关系. 例如实数集中的“大于”是反对称关系；人际间的“喜欢”关系是非对称关系. 传递关系不成立时也会出现反传递关系和非传递关系. 例如“垂直于”就是反传递关系，“朋友”关系就是非传递关系.

4. 关系推理

关系推理是依据二元关系的逻辑性质得出的推论.

(1) 对称关系推理

设 R 是对称关系，则有

$$xRy \Rightarrow yRx.$$

例如：

$$a /\!/ b \Rightarrow b /\!/ a, \quad a \perp b \Rightarrow b \perp a.$$

(2) 反对称关系推理

如数学中常见的“＞”等. 例如：

$$x^2+1>0 \Rightarrow 0<x^2+1.$$

(3) 传递关系推理

如“＞”“//”“＝”和“|”(整除)等. 例如，

$$\frac{\begin{matrix} a>b \\ b>c \end{matrix}}{a>c} \qquad \frac{\begin{matrix} a /\!/ b \\ b /\!/ c \end{matrix}}{a /\!/ c} \qquad \frac{\begin{matrix} a \mid b \\ b \mid c \end{matrix}}{a \mid c} \quad (a,b,c \in \mathbf{N}^*).$$

再如推出关系：若 $p \Rightarrow q$，$q \Rightarrow r$，则 $p \Rightarrow r$.

§ 1.4　数学命题与数学证明

数学命题与数学证明是纯数学的主要内容，其源头可以上溯至公元前 4 世纪的柏拉图学派. “柏拉图是第一个把严密推理法则加以系统化的人，而大家认为他的门人按逻辑次序整理了定理”.[①] 公元前 300 年左右，曾经受教于柏拉图学园的欧几里得写成《原本》(Elements)，给出了纯数学最早的范本.《原本》从 10 个“自明的”公理出发，推演出 465 个数学命题，都给出了严格的数学证明.

一、数学定理和公理

陈述数学内容的语句或数学符号的组合称为数学命题. 和一般命题一样，数学命题也有真有假. 但是在数学研究的过程中，假命题总能被识破而淘汰. 所以在数学名著中收录的基本上都是真命题. 真命题通常分为定理和引理，以及作为“起点”的公理.

① 引自克莱因(M. Kline)的《古今数学思想》(第一卷第 52 页)，张理京等译，上海科学技术出版社 1979 年出版.

1. 定理

定义 19　经证明具有真实性的命题叫做定理. 数学定理就是业经证明为真的数学命题.

数学教科书中的一些证明题,其实都是定理. 但是,通常只把在实践中或在证明其他定理时经常用到的定理称为"定理". 而对于那些相对来说不太重要的定理,就不称其为定理而作为例题或习题处理.

2. 引理

引理是指那些为证明某个定理而预先证明的定理. 由于某些定理的证明过程比较冗长,故设计出一系列引理以化解难点,只要逐个证明了这些引理,最后证明目标定理就容易多了.

3. 公理

定义 20　在一个理论体系里,用作证明其他命题的依据而自身却不必证明的原始命题叫做公理.

公理虽说不必证明,但绝非可以任意指定. 作为一个理论体系的基石,必然是经过慎重考虑的.

二、四种数学命题

1. 数学条件命题与逻辑中假言命题的区别

数学条件命题"$p\Rightarrow q$"是论证推理的产物. 它符合充足理由律的要求:p 真,且 p 是使 q 成立的理由,即 p 和 q 之间存在因果关系.

而逻辑中假言命题(真值蕴涵,又称实质蕴涵)"$p\rightarrow q$"的含义是

$$p\rightarrow q\equiv \neg p\vee q \quad (\text{证明见}\ \S 1.3,\text{例}\ 3).$$

此式说明,$p\rightarrow q$ 为真等同于:或者前件 p 假,或者后件 q 真,而不管 p 和 q 的内容有无联系,有无因果关系.

真值蕴涵的这种特点,早在弗雷格(见§1.1,一)提出真值蕴涵的思想时就已经觉察了. 他列举了前件和后件的四种可能的真值组合,同时指出前件和后件不必有因果关系,与日常语言中的"如果……则"不同.

正是真值蕴涵的特点导致所谓的"怪论". 例如:

(1) 若 $1+2=3$,则月亮绕地球转;

(2) 若 $1+2=4$,则地球绕月亮转;

(3) 若 $1+2=4$,则月亮绕地球转.

按照真值蕴涵的含义,上述三个蕴涵命题都是真命题. 尽管逻辑老师为类似的"怪论"提出解释,尽管许多逻辑教科书都把蕴涵命题称为"条件命题",并称前件是使后件成立的"充分条件",然而听课的学生并不认可. 有学者指出:"实质蕴涵和自然语言的'如果……则'相背离,蕴涵的日常直觉和命题逻辑关于它所讲的故事之间存在鸿

沟.”“霍格伦德还通过测试表明：当前件真后件真但不相干，实质蕴涵真时，66%的学生觉得条件句是假的；前件假后件假但不相干，实质蕴涵真时，84%的学生觉得条件句假；前件假后件真，但不相干，实质蕴涵真时，83%的学生觉得条件句假.”①

以上讨论说明，源自数理逻辑的假言命题（真值蕴涵）和数学条件命题存在本质区别.在证明传统数学中的命题时，要慎用假言推理和真值表.再说肯定前件式假言推理.对

$$(p\rightarrow q)\wedge p\rightarrow q,$$

它是一个恒真命题，因而可表示成$(p\rightarrow q)\wedge p\Rightarrow q$.②虽然这里使用了推出符号“⇒”，但是它和论证推理仍然有区别，因为它也不能保证“p”和“q”在内容上有因果关系.因而仍然不宜用来证明传统数学命题.

不过，许多实用学科并不需要像数学那样的严格论证.因此，在为这些学科服务的逻辑教材里，迄今仍把蕴涵命题“$p\rightarrow q$”称做条件命题.逻辑老师也不担心“怪论”，因为他们认为，所谓“怪论”一般只出现于学者的研讨之中.在正常人的思维中，一般不会把毫不相干的两件事硬是联系在一起的.

2.四种数学命题

“若p则q”型的数学命题，在保持同一素材（即p和q所代表的实际意义不变）的条件下，通过换位（p和q互换位置）、p和q分别取其否定命题的操作，可以派生出另外三个命题，连同原命题组成四种数学命题，即

原命题：$p\Rightarrow q$；

逆命题：$q\Rightarrow p$；

否命题：$\neg p\Rightarrow\neg q$；

逆否命题：$\neg q\Rightarrow\neg p$.

用反证法容易证明

$$(p\Rightarrow q)\Longleftrightarrow(\neg q\Rightarrow\neg p);$$

$$(q\Rightarrow p)\Longleftrightarrow(\neg p\Rightarrow\neg q).$$

例如要证$(p\Rightarrow q)\Rightarrow(\neg q\Rightarrow\neg p)$.

证（反证法）　假设$\neg q\not\Rightarrow\neg p$，则$\neg q\Rightarrow p$（排中律），但$p\Rightarrow q$（题设），所以$\neg q\Rightarrow q$（传递性），矛盾.因此$\neg q\Rightarrow\neg p$成立.同样可证$(\neg q\Rightarrow\neg p)\Rightarrow(p\Rightarrow q)$.

因此原命题和逆否命题互为充要条件，因而是等价命题.同样，逆命题和否命题也是互为逆否关系，因而互为充要条件，也是等价关系.但是原命题和逆命题之间、原命题和否命题之间却不一定有这种关系.只有当原命题自身是“$p\Longleftrightarrow q$”型的命题时，四种数学命题才都是真命题.

---

① 引自武宏志，周建武，唐坚的《非形式逻辑导论》（绪论），人民出版社2009年出版.

② 参见李新社的《离散数学》（第9页），国防工业出版社2006年出版.

例 1 判别下列各题给出的是什么条件(充分不必要条件,必要不充分条件,充要条件,既不充分又不必要条件),并说出理由:

(1) “$a+c>b+d$”是“$a>b$ 且 $c>d$”的什么条件?

(2) “$\sin\alpha=\frac{1}{2}$”是“$\cos 2\alpha=\frac{1}{2}$”的什么条件?

解 (1) 必要不充分条件. 因为 $a>b$ 且 $c>d\Rightarrow a+c>b+d$;但反之不成立,即 $a+c>b+d\nRightarrow a>b$ 且 $c>d$.

(2) 充分不必要条件. 因为 $\forall\alpha\in\mathbf{R}$,均有 $\cos 2\alpha=1-2\sin^2\alpha$,当 $\sin\alpha=\frac{1}{2}$时,

$$\cos 2\alpha=1-2\times\left(\frac{1}{2}\right)^2=\frac{1}{2},$$

所以 $\sin\alpha=\frac{1}{2}$是 $\cos 2\alpha=\frac{1}{2}$的充分条件. 但

$$\cos 2\alpha=\frac{1}{2}\Rightarrow 1-2\sin^2\alpha=\frac{1}{2}\Rightarrow\sin^2\alpha=\frac{1}{4}\Rightarrow\sin\alpha=\pm\frac{1}{2},$$

所以 $\cos 2\alpha=\frac{1}{2}\nRightarrow\sin\alpha=\frac{1}{2}$. 因此 $\sin\alpha=\frac{1}{2}$不是 $\cos 2\alpha=\frac{1}{2}$的必要条件.

例 2 写出命题“若一个数是负数,则它的平方是正数”的逆命题、否命题和逆否命题,并判别其真假.

解 逆命题:若一个数的平方是正数,则它是负数(假).

否命题:若一个数不是负数,则它的平方不是正数(假).

逆否命题:若一个数的平方不是正数,则它不是负数(真).

这里要注意否命题和否定命题的区别. 例 2 中原命题的否定命题是:“若一个数是负数,则它的平方不是正数”(假).

三、三段论

三段论是一种演绎推理,也是数学证明中最常用的一种论证推理.

1. 三段论及其结构

定义 21 由一个共同项将两个直言命题连接起来作为前提,由此推导出另一个直言命题作为结论的推理叫做直言三段论,简称三段论.

引例(历史上曾被许多人引用的最著名的例子):

所有人都会死

苏格拉底是人

———————

所以,苏格拉底会死

按照传统写法,用一条横线将前提和结论隔开. 结论的主项 S 和谓项 P 分别称为“小项”和“大项”. 含有大项的前提称为“大前提”,写在第一行;含有小项的前提称为

“小前提”，写在第二行. 两个前提中都有的共同项（引例中“人”）称为“中项”，用 M 表示. 这样，引例的逻辑形式可记作

$$\begin{array}{ll} MAP & \text{（大前提）} \\ SAM & \text{（小前提）} \\ \hline SAP & \text{（结论）} \end{array} \quad \text{或} \quad \begin{array}{ccc} M & — & P \\ S & — & M \\ \hline S & — & P \end{array}$$

右边的逻辑形式中，在两个 M 之间画一条连接线，表示中项将大、小前提连接起来；三条短横则代表直言命题的形式.

三段论只包含三个概念. 两个前提中都有的中项 M 是同一概念，要保持同一性. 否则，就会犯所谓“四概念”错误. 例如：

书籍是人类进步的阶梯
《象棋谱》是书籍

所以，《象棋谱》是人类进步的阶梯

注意大前提中的“书籍”是集合体概念，而小前提中的书籍是类概念，两者不是同一概念. 因此，这个推理犯了“四概念”错误.

2. 三段论公理

三段论以下述三段论公理为基础：

(1) 如果对一类事物有所肯定，则对该类事物中的每一子类或每一个体也有所肯定；

(2) 如果对一类事物有所否定，则对该类事物中的每一子类或每一个体也有所否定.

三段论公理体现了演绎推理由一般到特殊的原则. 可分别用图 1.4 的(a)和(b)来说明.

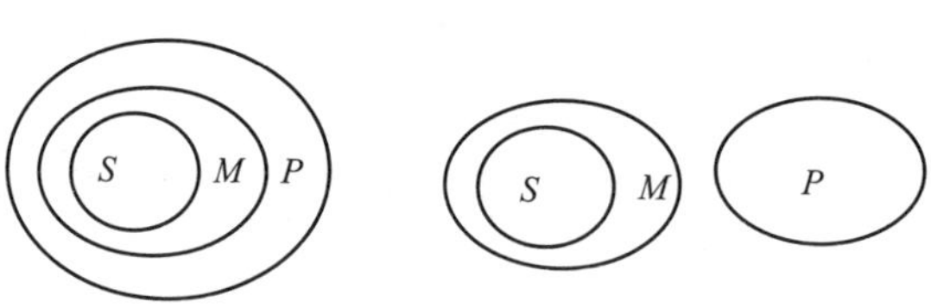

(a)　　　　(b)

图 1.4

例如，一架飞机正在飞行，而有一家人就坐在这架飞机里，所以这一家人也正在空中飞行. 又如，所有证件都放在皮包里，可是这个皮包丢失了，那所有证件也都丢失了. 三段论就是从这类简单事件中抽象出来的演绎推理. 前一事件中，飞机就是中项 M，“一家人”就是小项 S，“正在飞行”就是大项 P. 后一事件属于“有所否定”的情形，也可作类似的分析.

3. 三段论的规则

一个三段论推理，必须遵守以下规则才是有效的，才能从真实的前提得出正确的结论. 否则就是无效推理.

(1) 中项在前提中至少要周延一次，否则就要犯“中项不周延”的错误. 例如：

有些奇数是 3 的倍数	MIP	
有些质数是奇数	SIM	①
所以，有些质数是 3 的倍数	SIP	

这显然是一个无效推理. 其原因就是它的中项 M“奇数”在两个前提中都不周延.

(2) 在前提中不周延的词项，在结论中也不得周延，否则就会产生“不当周延”的错误. 例如：

一切有理数都是实数	MAP	
π 不是有理数	SEM	②
所以，π 不是实数	SEP	

其中“实数”在前提中不周延，但在结论中周延，所以产生“不当周延”.

(3) 两个前提中如果有一个是否定的，则结论必然是否定的；反之，如果结论是否定的，则两个前提中必有一个是否定的. 例如：

大于 1 的数没有反正弦	MEP	
2 是大于 1 的数	SAM	③
所以，2 没有反正弦	SEP	

除了以上 3 条基本规则外，还有以下几条规则：

(4) 如果两个前提都是肯定的，则其结论必然是肯定的；反之，如果结论是肯定的，则两个前提必然都是肯定的.

(5) 从两个否定前提得不出结论.

(6) 从两个特称前提得不出结论.

(7) 如果前提中有一个是特称的，另一个是全称的，则结论必为特称的.

规则 (4)—(7)都比较明显，不再举例.

4. 三段论的格和式

三段论的格，是由中项在两个前提中所处的不同位置确定的. 中项位置确定后，大项和小项在前提中的位置随之确定.

第一格：中项 M 是大前提的主项，小前提的谓项.

第二格：中项 M 在大小前提中都是谓项.

第三格：中项 M 在大小前提中都是主项.

第四格：中项 M 是大前提的谓项，小前提的主项.

现在将这四个格的逻辑公式并列如下，以便比较：

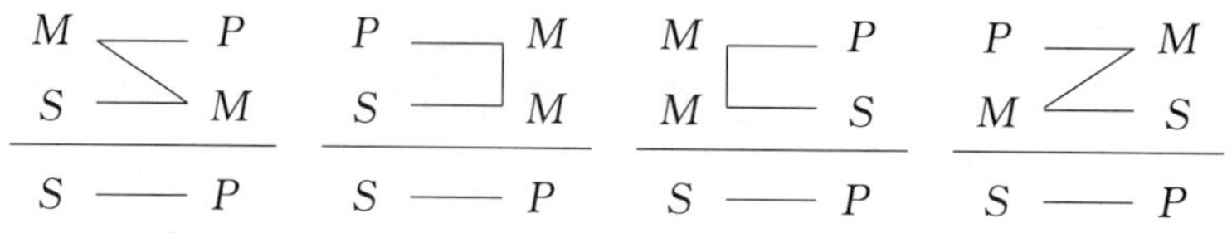

（第一格）　　（第二格）　　（第三格）　　（第四格）

三段论的式，是由大、小前提和结论中的命题形式组成的 A,E,I,O 的排列. 例如，引例就是第一格的 AAA 式. 再看引例之后的那几个例子，①是第一格的 III 式，②是第一格的 AEE 式，③是第一格的 EAE 式. 其中①和②是无效式，③是有效式. 上述例子都是第一格的，下面看些其他格的例子.

例 3　写出下列三段论的逻辑形式，并识别它们所属的格和式：

（1）
$a^x+5=0(a>0,a\neq1)$ 无解
$a^x+5=0(a>0,a\neq1)$ 是指数方程
————————————
所以，有些指数方程无解

（2）
无理数都是无限不循环小数
有些正数的对数不是无限不循环小数
————————————
所以，有些正数的对数不是无理数

（3）
有些哺乳动物是鲸鱼
所有鲸鱼都是水生动物
————————————
所以，有些水生动物是哺乳动物

解　（1）MEP
MAS
————
SOP
（第三格 EAO 式）

（2）PAM
SOM
————
SOP
（第二格 AOO 式）

（3）PIM
MAS
————
SIP
（第四格 IAI 式）

因为三段论每个格都含有三个直言命题，且每个命题都可能是 A,E,I,O 四种命题中任意一种，即为从四个元素中任取三个的可重复排列. 因此每个格可能有 $4^3=64$ 个式，三段论的四个格一共可能构造出 256 个不同的式. 不过，这样构造出来的绝大部分是无效的，因为三段论推理要受到前面说过的七个规则的限制，而每个格还有一些其他规则的限制. 所以，三段论的有效式实际上只有 24 种，每个格各有 6 种. 现将 24 个有效式罗列如下：

第一格：$AAA,AII,EAE,EIO;AAI,EAO$.

第二格：$AEE,AOO,EAE,EIO;AEO,EAO$.

第三格：$AII,IAI,OAO,EIO;AAI,EAO$.

第四格：$AEE,IAI,EIO;AEO,EAO,AAI$.

在传统逻辑中，假定主项不是空的，这 24 个式都是有效的. 但在现代逻辑中，会

出现主项是空类的情形. 这时分号后面的 9 个式的有效性就会受到影响.

在实际应用方面,以第一格用途最为广泛,因为第一格的结论中,A,E,I,O 四种命题都有,能适用于各种情况. 故第一格被称为三段论的完善格.

5. 三段论在数学中的应用

用演绎法证明一个数学命题的过程,在许多情况下就是用前后连贯的三段论构成的一连串论证过程. 数学证明中用的三段论,以第一格为主,特别是 AAA 式用得最多. 数学中实际运用三段论时,经常采用省略式.

由于习惯于省略式,如果将论证步骤还原成完整的三段论,学数学的学生会觉得多此一举,把简单的事情弄复杂了. 其实只要举个把例子分析一下,就会明白这不是"多此一举",而是寻根之举. 要让大家明白,我们习以为常的数学证明的根基正是三段论. 下面举一个极简单的例子,请读者耐心地看下去.

例 4 已知$\triangle ABC$(图 1.5),$AC=BC=1$,$\angle C=120^\circ$,$CD\perp AB$.

求证:$CD=\frac{1}{2}$.

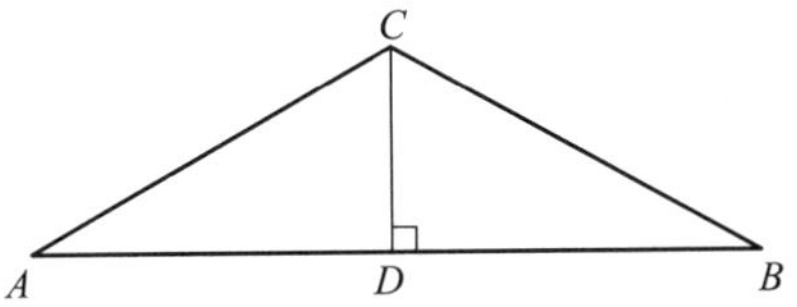

图 1.5

证 因为 $AC=BC$,

所以$\angle A=\angle B$. ①

又因为$\angle C=120^\circ$,所以$\angle A+\angle B=60^\circ$, ②

于是$\angle A=30^\circ$. ③

从而 $CD=AC\sin A=1\cdot\sin 30^\circ=\frac{1}{2}$. ④

评述 这个看似与三段论无关的简单数学题,其实大多数步骤的根据都是三段论推理,只不过大家习惯于省略式而浑然不知. 现将各步骤还原如下:

① 等腰三角形两个底角相等

$$\frac{AC=CB,\triangle ABC\text{ 是等腰三角形}}{\text{所以,}\triangle ABC\text{ 的两个底角相等}}$$

即$\angle A=\angle B$.

② 三角形的内角和是 180°

$$\frac{\angle A,\angle B,\angle C\text{ 是三角形的内角}}{\text{所以,}\angle A+\angle B+\angle C=180^\circ}$$

因此$\angle A+\angle B=180^\circ-\angle C=180^\circ-120^\circ=60^\circ$. (等量代换)

③ 因为$\angle A=\angle B$,所以$2\angle A=60°$,　　（等量代换）

从而$\angle A=30°$.　　（算术运算）

④

$$\frac{\text{在直角三角形中,锐角的正弦}=\dfrac{\text{对边}}{\text{斜边}}\qquad \triangle ACD\text{ 是直角三角形}}{\text{所以 }\sin A=\dfrac{\text{对边}}{\text{斜边}}=\dfrac{CD}{AC}}$$

即$CD=AC\sin A=1\cdot\sin 30°=\frac{1}{2}$.　　（等量代换）

四、数学证明的结构和规则

1. 证明的意义和结构

证明是引用一些真实的命题来确定某一命题的真实性的论证过程.

任何证明都是由论题、论据和论证三部分组成的.

(1) 论题是指有待确定其真实性的那个命题(或称“待证命题”). 论题有两类. 第一类是其真实性尚未得到证实的命题,目的在于探求未知领域的真实性或规律性. 如各种有待证明的科学假说,数学中尚未得到完全证明的猜想等. 第二类就是其真实性已经得到证实的命题,仍然需要证明的原因,是改进证明或提高证题者的数学水平和思维能力. 一般数学教科书中的证明题就属于此类论题.

(2) 论据是论证中据以作出证明的那些真实命题. 数学证明中的论据除了题设条件外,还来自已知真实命题,如定义、公理、定理、推论、公式、法则和性质等.

(3) 论证是指将论据作为前提,运用论证推理(见§1.1,四)推出论题的过程. 一个论证可以只包含一个推理,也可以包含一连串顺次承接的推理.

2. 数学证明的规则

数学证明必须谨守逻辑的基本规律,在论证过程中应遵守以下规则.

(1) 论题要明确,并保持同一,不许偷换.

例 5　设$x+y+z=1$,求证:$x^2+y^2+z^2\geqslant\frac{1}{3}$.

错误证法　设$x=\frac{1}{3}-t$,$y=\frac{1}{3}-2t$,$z=\frac{1}{3}+3t$(t是实数),则

$$x^2+y^2+z^2=\left(\frac{1}{3}-t\right)^2+\left(\frac{1}{3}-2t\right)^2+\left(\frac{1}{3}+3t\right)^2=\frac{1}{3}+14t^2\geqslant\frac{1}{3}.$$

当$t=0$,即$x=y=z=\frac{1}{3}$时,上式取等号.

评析　题设条件是$x+y+z=1$,例如$x=\frac{1}{3}$,$y=\frac{1}{4}$,$z=\frac{5}{12}$,既满足题设条件,也满足$x^2+y^2+z^2\geqslant\frac{1}{3}$,但是不满足$x=\frac{1}{3}-t$,$y=\frac{1}{3}-2t$,$z=\frac{1}{3}+3t$. 证题人添加的

这个假设等于增加了条件 $y=2x-\dfrac{1}{3}$，犯了偷换论题的错误.

正确证法：

$$\left.\begin{array}{l}x^2+y^2\geqslant 2xy\\ y^2+z^2\geqslant 2yz\\ z^2+x^2\geqslant 2zx\end{array}\right\}\Rightarrow 2(x^2+y^2+z^2)\geqslant 2(xy+yz+zx)$$

$$\Rightarrow 3(x^2+y^2+z^2)\geqslant x^2+y^2+z^2+2(xy+yz+zx)$$

$$\Rightarrow 3(x^2+y^2+z^2)\geqslant (x+y+z)^2=1,$$

所以 $x^2+y^2+z^2\geqslant\dfrac{1}{3}$.

(2) 论据要真实、贴切，不可虚假，不可循环论证.

学生作业中，常会错用定理、公式，或者把定理、公式本身记错了，或者忘记了它们的限制条件. 例如，

求证：$\tan\left(\dfrac{\pi}{2}-\alpha\right)=\cot\alpha$.

证明：$\tan\left(\dfrac{\pi}{2}-\alpha\right)=\dfrac{\tan\dfrac{\pi}{2}-\tan\alpha}{1+\tan\dfrac{\pi}{2}\tan\alpha}=\cdots$.

这个学生忘记了正切函数的定义域和所引用的公式的限制条件，一上来就错了. 还有学生引用公式："$\sin^2 A+\cos^2 A=1$"去证明勾股定理，却忘记了这个公式是根据勾股定理证得的，于是不经意间犯了循环论证的错误.

(3) 数学证明必须运用论证推理，忌用或然性推理等靠不住的推理方式.

关于这一点，前面已多次论及，无须赘言.

(4) 证明过程中要防止"不能推出"的错误.

例 6 已知 $|a|<1$，$|b|<1$，求证：$\left|\dfrac{a+b}{1+ab}\right|<1$.

错误证明 假定 $\left|\dfrac{a+b}{1+ab}\right|<1$, ①

两边平方，去分母，得 $(a+b)^2<(1+ab)^2$, ②

即 $a^2+b^2<1+a^2b^2$. ③

因为 $2ab\leqslant a^2+b^2$, ④

故 $2ab<1+a^2b^2$. ⑤

移项，得 $0<(1-ab)^2$. ⑥

因为 $|a|<1$，$|b|<1$，所以⑥式成立. 又以上每一步皆可逆推. 所以原不等式成立.

评析 由③式到⑤式用了不等式的传递性，但不等式的传递性不可逆推，因此犯

了“不能推出”的错误.

正确证法:保留上述证明的前三步. 由③式移项,

$$a^2+b^2-1-a^2b^2<0,$$

分解因式,得

$$(a^2-1)(1-b^2)<0.$$

因为$|a|<1$,$|b|<1$,所以 $a^2-1<0$,$1-b^2>0$,故不等式$(a^2-1)(1-b^2)<0$ 成立. 以上每一步皆可逆推,故原不等式成立.

五、数学证明的方法

1. 直接证明

直接证明就是直接从待证的题设条件出发,并依据已知的定义、公理、定理和性质,逐步推得待证结论的真实性. 直接证明的一般形式是

$$\left.\begin{array}{l}\text{待证命题的条件}\\ \text{已知定义和公理}\\ \text{已知定理和性质}\end{array}\right\}\Rightarrow\cdots\cdots\Rightarrow\text{待证结论}.$$

直接证明的方法有综合法、分析法和比较法等(详见§6.2).

2. 间接证明

间接证明不是直接从待证命题的条件出发逐步推得结论的真实性,而是证明它的矛盾命题为假,或证明它的等价命题为真,从而间接地达到证明的目的.

(1) 反证法,一般可分反设、归谬和存真三个步骤. 即从肯定题设但否定结论(即“反设”)开始,接着运用论证推理推出一个与题设矛盾的结果(即“归谬”),从而断定“反设”为假. 再根据排中律:两个互相矛盾的命题不能同假,必有一真,故肯定待证命题为真(即“存真”).

(2) 同一法,一般用来证明几何图形的性质. 为了证明图形 f 满足条件 G,先考虑满足条件 G 的图形 f',然后推证 f'和 f 是同一图形,从而判定要证的命题成立.

重证例 6(反证法)　假设$\left|\dfrac{a+b}{1+ab}\right|\geqslant1$.

两边平方,去分母得　$(a+b)^2\geqslant(1+ab)^2=1+a^2b^2+2ab$,　①

整理得　$(1-a^2)(1-b^2)\leqslant0$.　②

若$|a|\leqslant|b|$,则　$a^2\leqslant1\leqslant b^2$;　③

若$|a|\geqslant|b|$,则　$b^2\leqslant1\leqslant a^2$.　④

③式和④式必有一个成立,不论哪个成立,都和题设条件$|a|<1$,$|b|<1$ 矛盾. 因此 $\left|\dfrac{a+b}{1+ab}\right|\geqslant1$ 不成立.

故必有$\left|\dfrac{a+b}{1+ab}\right|<1$ 成立.

例 7　证明:任一三角形三条边的垂直平分线相交于一点.

证(同一法)　设$\triangle ABC$为任意三角形,AB,BC的垂直平分线DO和EO相交于点O,且D和E分别为AB和BC的中点.

因为$OA=OB$,$OB=OC$,所以$OA=OC$.

由点O作$OF\perp AC$,点F为垂足,则

$$\mathrm{Rt}\triangle AOF\cong \mathrm{Rt}\triangle COF,$$

所以$AF=CF$,OF为AC的垂直平分线. 因为AC的垂直平分线只有一条,于是证得$\triangle ABC$三边上的垂直平分线相交于一点(图 1.6).

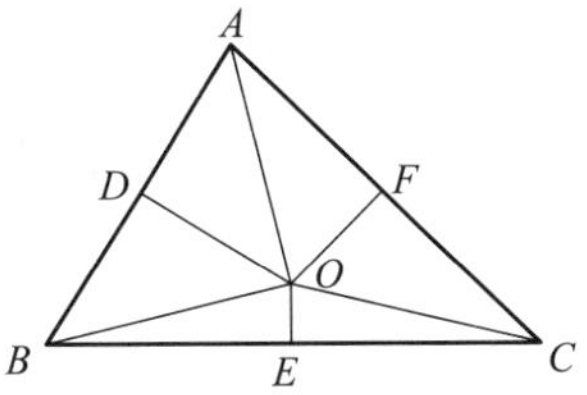

图 1.6

3. 归纳证明

前述直接证明和间接证明都是演绎证明. 由于不完全归纳推理是一种或然性推理,用于证明是无效的,所以这里说的归纳证明仅指完全归纳法和数学归纳法.

(1) 完全归纳法(或称完全归纳推理)是在研究一类事物中的每一个个别对象都具有某种属性的基础上,推出该类事物的全部对象都具有某种属性的推理方法.

完全归纳法的前提是所考察的是一类事物的全部个别对象,并确知某种属性为全部对象所有. 因此,其结论所断定的范围没有超出前提所断定的范围. 只要前提都真(无一遗漏、无一虚假),其结论必真,即前提蕴涵结论. 因此,完全归纳法属于必然性推理,故有些逻辑学家把完全归纳法归属于演绎法.

例 8　设n为自然数,且n^3的末三位数字是 888,求证:满足条件的n最小为 192.

分析　首先找出满足题设条件的n,然后证明最小的n是 192. 为此,要找出n^3的个位数字是 8 应满足的条件,再依次找出n^3的十位、百位数字为 8 应满足的条件. 在逐个排查的过程中要做到"无一遗漏、无一虚假".

证　若n^3的个位数字为 8,则n的个位数字只能是 2. 令$n=10k+2(k\in\mathbf{N}^*)$,所以

$$n^3=(10k+2)^3=1\,000k^3+600k^2+120k+8,$$

其中只有$120k$决定n^3的十位数字. 若n^3的十位数字为 8,则$12k$的个位数字为 8,则k的个位数字为 4 或 9. 于是令$k=5m+4(m\in\mathbf{N})$,从而

$$n=10(5m+4)+2=50m+42,$$

$$n^3=(50m+42)^3=125\,000m^3+315\,000m^2+264\,600m+74\,088.$$

观察上式可知,要保证n^3的末三位数字为 888,必须且只需$2\,646m(m\in\mathbf{N})$的个位数字为 8,满足此条件的m有 3,8,13,…,显然最小的m只能为 3. 因此,最小的n为$50\times 3+42=192$.

上例说明,完全归纳法的要旨在于做拉网式的排查.

(2) 数学归纳法详见§2.2,二和§7.5.

§ 1.5　集合初步

集合论的创立归功于德国数学家康托尔(Cantor). 1874—1897年间,他发表了一系列论文,深刻地揭示了无穷集合的奥秘,为集合论奠定了坚实的基础.

一、集合的基本概念

1. 集合的含义与基本属性

集合是一个原始概念(§1.2,五). 康托尔在创立集合论的征程中曾多次阐释过集合一词(德语 menge,英语 set)的含义. 例如,他在《集合论基础》(1885)中写道:“集合指确定对象的这样一种总体,其中的对象由某一法则联结成一个整体”. 十年后,他在《超穷基数的理论基础》中写道:“集合 M 是能够明确区分的思维或感知的对象 m(称为 M 的元素)的总体.”[①]其中的变化是把“由某一法则联结”的定语删掉了. 这或许意味着,康托尔当时已经意识到并非所有集合都存在“某一法则”. 现在中学数学课本中称“集合是一定范围内某些确定的、不同对象的全体”,应是综合参考有关论述所作的比较确切的阐释. 由集合含义可得集合的三个基本属性.

(1) 确定性:设 x 是一个具体对象,A 是一个集合,则

$$x\in A \text{ 和 } x\notin A$$

两种情形中必有且只有一种成立.

(2) 互异性:同一集合中不应重复出现相同的元素.

(3) 无序性:对于一般集合,元素的排列顺序是可以变更的.

由于集合概念具有以上三个属性,它就具有数学的精确性,并因此不同于一般的类概念(见§1.1,二). 例如,口语中的好人、美女、弱者等都是类概念,但都不是数学意义上的集合. 因为在一般情况下,说话者并没有给出如何判定某人是否属于以上各类人群的可以操作的标准.

数学中最常见的集合为数集和点集.

2. 集合的表示法

(1) 列举法:将集合所含的元素写在花括号之内. 例如 $\{2,3,5,7\}$(元素个数很少时可逐一列出),$\{101,103,105,\cdots,999\}$(不致误解时可用省略号).

(2) 描述法:如果同一集合的所有元素都具有某种性质(或都满足某种条件),可将该性质(或条件)精确地描述出来,写成 $\{x\mid p(x)\}$ 的形式. 例如,

$$\{2x\mid x \text{ 是正整数}\},\quad \{x\mid x^2-5x+4=0\}.$$

(3) 约定法:对于几种常用的数集,约定用特定的字母表示. 如

① 引自吴文俊主编的《世界著名数学家传记》(下集),康托尔(李娜、张锦文撰),科学出版社 1995 年出版.

N 表示自然数集，即非负整数集；

Z,**Q**,**R**,**C** 分别表示整数集、有理数集、实数集和复数集；

$\mathbf{N}^*$（或 $\mathbf{N}_+$）表示正整数集，即非零自然数集；同样，$\mathbf{Z}^*$，$\mathbf{Q}^*$，$\mathbf{R}^*$，$\mathbf{C}^*$ 分别表示非零整数集等集合.

(4) 图示法，即用维恩图表示集合.

3. 空集、单元集、有限集和无限集

(1) 空集和单元集：空集是不含任何元素的集合，记作 $\varnothing$（读作"空集"）. 例如

$$\{x \mid x^2+1=0, x\in\mathbf{R}\}=\varnothing.$$

单元集是只含一个元素的集合. 例如，$\{0\}$，$\{\varnothing\}$，$\{a\}$ 都是单元集. 要注意 0 和 $\{0\}$ 的区别，防止以下错误：

$$0\in\varnothing,\quad \{0\}=\varnothing,\quad \varnothing\in\{0\},\quad \varnothing\in\varnothing.$$

(2) 有限集和无限集：含有有限个元素的集合称为有限集（也称"有穷集"）. 特殊地，空集也是有限集.

含有无限个元素的集合称为无限集（也称"无穷集"）.

二、集合之间的关系

1. 子集与真子集

定义 22 如果集合 A 的任意一个元素都是集合 B 的元素，则称 A 为 B 的子集. 也称 A 包含于 B，或 B 包含 A. 记作 $A\subseteq B$ 或 $B\supseteq A$. 由定义知

$$(A\subseteq B)\Longleftrightarrow(\forall x)(x\in A\Rightarrow x\in B).$$

定义 23 如果 $A\subseteq B$，且 B 中至少有一个元素不属于 A，则称 A 为 B 的真子集. 也称 A 真包含于 B，或 B 真包含 A. 记作：$A\subsetneqq B$ 或 $B\supsetneqq A$.

由子集定义，容易得到下面的性质：

(1) $A\subseteq A$ （A 是 A 的子集）； （自反性）

(2) 如果 $A\subseteq B$，$B\subseteq C$，则 $A\subseteq C$. （传递性）

性质 2 可用维恩图直观地表示（图 1.7）.

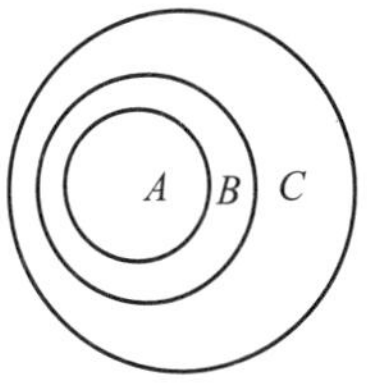

图 1.7

对于空集 $\varnothing$，规定 $\varnothing\subseteq A$. 因此任意一个非空集合 A，都有两个子集：A 和 $\varnothing$，称为平凡子集或当然子集.

2. 集合的相等

定义 24 如果集合 A 和集合 B 含有完全相同的元素，则称集合 A 和集合 B 相等，记作 $A=B$.

由定义知

$$(A=B)\Longleftrightarrow(A\subseteq B)\wedge(B\subseteq A),$$

$$(A=B)\Longleftrightarrow(\forall x)(x\in A\Longleftrightarrow x\in B).$$

3. 幂集

定义 25　设 A 为任意非空子集，由 A 的所有子集作为元素的集合称为 A 的幂集，记为 $P(A)$.

设 $A=\{a\}$，则 $P(A)=\{\varnothing,\{a\}\}$，含 2 个元素.

设 $A=\{a,b\}$，则 $P(A)=\{\varnothing,\{a\},\{b\},\{a,b\}\}$. 因而 $P(A)$所含元素个数为

$$C_2^0+C_2^1+C_2^2=2^2=4.$$

定理 1　如果 A 是含有 n 个元素的有限集，则 A 的幂集 $P(A)$所含元素的个数为 2^n.

证　所有由 A 中任取 k 个元素($k\leqslant n$)组成的子集数为 C_n^k(当 $k=0$ 时，子集为 $\varnothing$)，因此，$P(A)$的子集总数为

$$C_n^0+C_n^1+C_n^2+\cdots+C_n^n=2^n \quad (\S 8.4 \text{ 定理 } 8).$$

因此，$P(A)$所含元素个数为 2^n.

有限集 A 的元素的个数，可记作$|A|$，故定理 1 可表示为

$$(|A|=n)\Rightarrow(|P(A)|=2^n).$$

三、集合的交、并、补运算

1. 交集

定义 26　交集 $A\cap B=\{x\mid(x\in A)\wedge(x\in B)\}$. 类似地，

$$A\cap B\cap C=\{x\mid(x\in A)\wedge(x\in B)\wedge(x\in C)\}.$$

n 个集合 $A_i(i=1,2,\cdots,n)$的交集记作

$$\bigcap_{i=1}^{n}A_i=A_1\cap A_2\cap\cdots\cap A_n.$$

由交集定义可知

(1) $A\cap B=B\cap A$；

(2) $A\cap B\subseteq A, A\cap B\subseteq B$；

(3) $(A\cap B=A)\Longleftrightarrow(A\subseteq B)$；

(4) $(A\cap B=\varnothing)\Longleftrightarrow A$ 和 B 不含有相同的元素.

2. 并集

定义 27　并集 $A\cup B=\{x\mid(x\in A)\vee(x\in B)\}$. 类似地，

$$A\cup B\cup C=\{x\mid(x\in A)\vee(x\in B)\vee(x\in C)\}.$$

n 个集合 $A_i(i=1,2,\cdots,n)$的并集记作

$$\bigcup_{i=1}^{n}A_i=A_1\cup A_2\cup\cdots\cup A_n.$$

由并集定义可知，

(1) $A\cup B=B\cup A$；

(2) $A\cup B\supseteq A, A\cup B\supseteq B$;

(3) $(A\cup B=A)\Longleftrightarrow A\supseteq B$;

(4) $(A\cup B=\varnothing)\Longleftrightarrow A=\varnothing$ 且 $B=\varnothing$.

3. 差集

定义 28 差集 $A-B=\{x\mid(x\in A)\wedge(x\notin B)\}$.

例如,$\{2,3,4\}-\{1,2,3\}=\{4\}$;$\{1,2,3\}-\{2,3,4\}=\{1\}$.

差集 $A-B$ 不满足交换律. 但由图 1.8 易见,$A-B$ 具有以下性质.

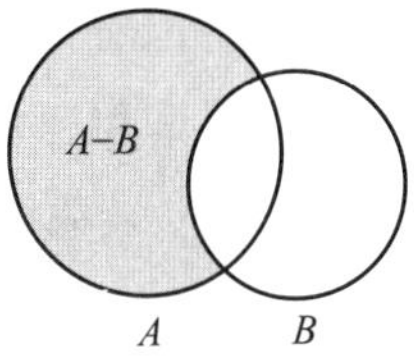

图 1.8

(1) $A-B\subseteq A$;

(2) $(A-B)\cap B=\varnothing$;

(3) $(A-B)\cup B=A\cup B$.

4. 全集和补集

定义 29 当 $A\subseteq S$ 时,称 $S-A$ 为 S 的子集 A 的补集(complementary set),记作 $\complement_S A$(读作“A 在 S 中的补集”). $\complement_S A=\{x\mid(x\in S)\wedge(x\notin A), A\subseteq S\}$.

定义 30 如果一个集合包含与所研究问题有关的各个集合,则称该集合为全集(universal set),记作 U.

定义 31 全集 U 与其子集 A 的差集 $U-A$ 称为 A 在 U 中的补集,记作 $\complement_U A$,简称 A 的补集.

全集是一个相对概念,它因所研究的问题而不同. 例如在考虑正整数的因数分解时,可把正整数集 $\mathbf{N}^*$ 作为全集;在解不等式时,则把实数集 $\mathbf{R}$ 作为全集.

补集的维恩图如图 1.9 所示,外面的矩形表示全集 U.

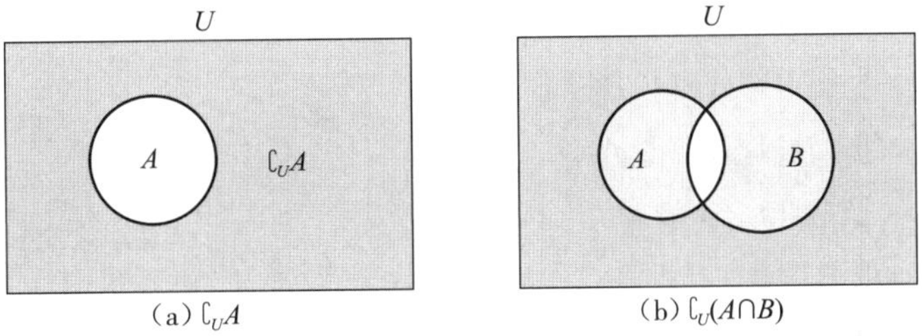

(a) $\complement_U A$　　(b) $\complement_U(A\cap B)$

图 1.9

定理 2(德摩根律)

(1) $\complement_U(A\cap B)=(\complement_U A\cup\complement_U B)$;

(2) $\complement_U(A\cup B)=(\complement_U A\cap\complement_U B)$.

证 (1) 若 $x\in\complement_U(A\cap B)$,则 $x\notin A\cap B$,即 $x\notin A$ 或 $x\notin B$,也就是 $x\in\complement_U A$ 或 $x\in\complement_U B$,所以 $x\in(\complement_U A\cup\complement_U B)$. 这就证明了

$$\complement_U(A\cap B)\subseteq(\complement_U A\cup\complement_U B).\qquad①$$

反之,若 $x\in(\complement_U A\cup\complement_U B)$,则 $x\in\complement_U A$ 或 $x\in\complement_U B$,即 $x\notin A$ 或 $x\notin B$. 因此 $x\notin$

$(A\cap B)$，所以 $x\in \complement_U(A\cap B)$. 这就证明了

$$(\complement_U A\cup \complement_U B)\subseteq \complement_U(A\cap B). \quad ②$$

由①式和②式，得

$$\complement_U(A\cap B)=(\complement_U A\cup \complement_U B).$$

(2) 请读者自证之.

5. 交、并、补运算律

集合运算和逻辑命题演算是相通的. 集合运算的交、并、补分别对应命题演算的且(∧)、或(∨)、非(¬). 集合运算也有和命题演算几乎相同的运算律和运算次序(先补，后交、并；关系次序：先"⊆"，后"="，最后"⇒"或"⟺"). 现将常用公式罗列于下，以便对比和应用.

(1) 等幂律：$A\cap A=A, A\cup A=A$；

(2) 同一律：$A\cap U=A, A\cup U=U, A\cap\varnothing=\varnothing, A\cup\varnothing=A$；

(3) 互补律：$A\cap \complement_U A=\varnothing, A\cup \complement_U A=U, \complement_U(\complement_U A)=A$,
$\complement_U U=\varnothing, \complement_U\varnothing=U$；

(4) 交换律：$A\cap B=B\cap A, A\cup B=B\cup A$；

(5) 结合律：$A\cap(B\cap C)=(A\cap B)\cap C, A\cup(B\cup C)=(A\cup B)\cup C$；

(6) 分配律：$A\cap(B\cup C)=(A\cap B)\cup(A\cap C)$；
$A\cup(B\cap C)=(A\cup B)\cap(A\cup C)$；

(7) 吸收律：$A\cup(A\cap B)=A, A\cap(A\cup B)=A$；

(8) 德摩根律：$\complement_U(A\cap B)=\complement_U A\cup \complement_U B$，$\complement_U(A\cup B)=\complement_U A\cap \complement_U B$.

例 1　化简 $\complement_U(A\cup B)\cup \complement_U(\complement_U A\cup B)$.

解　原式 $=\complement_U[(A\cup B)\cap(\complement_U A\cup B)]$　　(德摩根律)

$=\complement_U[(B\cup A)\cap(B\cup \complement_U A)]$　　(交换律)

$=\complement_U[B\cup(A\cap \complement_U A)]$　　(分配律)

$=\complement_U(B\cup\varnothing)$　　(互补律)

$=\complement_U B$.　　(同一律)

例 2　求证：$\complement_U(\complement_U A\cap \complement_U B)\cap[(A\cup B)\cup C]=A\cup B$.

证　左边 $=[\complement_U(\complement_U A)\cup \complement_U(\complement_U B)]\cap[(A\cup B)\cup C]$　　(德摩根律)

$=(A\cup B)\cap[(A\cup B)\cup C]$　　(互补律)

$=A\cup B=$ 右边.　　(吸收律)

四、集合的直积(笛卡儿积)

1. 有序对

1921 年，波兰数学家库拉托夫斯基(Kuratowski)给出有序对定义.

定义 32　集合 $\{a,\{a,b\}\}$ 简记为 (a,b)，叫做元素 a,b 的有序对(或序对)，a 和 b

分别叫做有序对的第一元和第二元. 有序对有以下性质:

(1) $(a,b)\neq(b,a)$;

(2) $(a,b)=(c,d)\Longleftrightarrow a=c, b=d$.

类似地,可以定义三元序组,以至 n 元序组. 例如平面坐标(x,y)就是有序对,立体坐标(x,y,z)就是三元序组,n 维空间内的点的坐标$(x_1,x_2,\cdots,x_n)$就是 n 元序组.

2. 两个集合的直积

定义 33 设 A,B 为两个非空集合,则集合

$$A\times B=\{(x,y)\mid x\in A, y\in B\}$$

称为 A 和 B 的直积(或笛卡儿积),其中(x,y)是有序对.

例如:已知 $A=\{a,b,c\}, B=\{d,e\}$,则

$$A\times B=\{(a,d),(a,e),(b,d),(b,e),(c,d),(c,e)\}.$$

可见 $A\times B$ 所含元素的个数等于 A,B 所含元素的个数的乘积. 一般地,如果 $A_1,A_2,\cdots,A_n$ 都是有限集,则

$$|A_1\times A_2\times\cdots\times A_n|=|A_1|\cdot|A_2|\cdot\cdots\cdot|A_n|,$$

其中

$$A_1\times A_2\times\cdots\times A_n=\{(x_1,x_2,\cdots,x_n)\mid x_i\in A_i, i=1,2,\cdots,n\}.$$

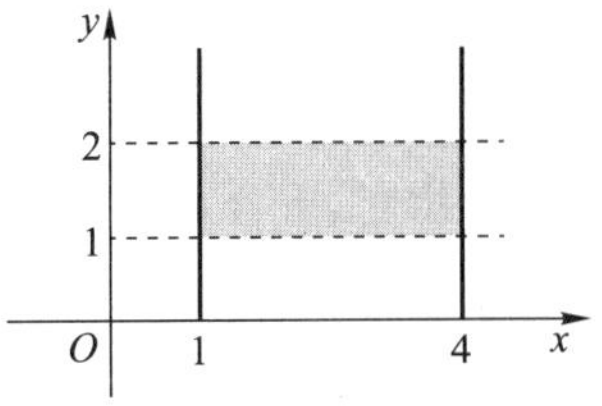

图 1.10

又如,设 $A=\{x\mid 1\leqslant x\leqslant 4\}, B=\{y\mid 1<y<2\}$,则

$$A\times B=\{(x,y)\mid 1\leqslant x\leqslant 4, 1<y<2\},$$

如图 1.10 所示.

3. 欧几里得空间直积表示

已知 $\mathbf{R}$ 为实数集,则二维欧几里得空间(平面)$\mathbf{R}^2$ 可表示为

$$\mathbf{R}^2=\mathbf{R}\times\mathbf{R}=\{(x,y)\mid -\infty<x,y<+\infty\},$$

三维欧几里得空间(立体)$\mathbf{R}^3$ 可表示为

$$\mathbf{R}^3=\mathbf{R}\times\mathbf{R}\times\mathbf{R}=\{(x,y,z)\mid -\infty<x,y,z<+\infty\},$$

n 维欧几里得空间 $\mathbf{R}^n$ 可表示为

$$\mathbf{R}^n=\underbrace{\mathbf{R}\times\mathbf{R}\times\cdots\times\mathbf{R}}_{n\text{ 个}}=\{(x_1,x_2,\cdots,x_n)\mid -\infty<x_i<+\infty, i=1,2,\cdots,n\}.$$

五、集合知识应用举例

1. 运用集合概念判断充要条件

关于充分条件和必要条件的判断,一般可以直接依据定义和题设条件得到答案. 对于某些容易混淆的问题,可以运用集合概念和维恩图辅助分析.

假设 P 和 Q 分别表示满足条件 p 和 q 的点组成的集合.

当 $P\subseteq Q$ 时，表明满足条件 p 的点都满足条件 q，因而“$p\Rightarrow q$”成立. 故 p 是 q 的充分条件，q 是 p 的必要条件.

当 $P=Q$ 时，则表明“$p\Longleftrightarrow q$”. 即 p 和 q 互为充要条件.

当 $P\not\subseteq Q$ 且 $P\not\supseteq Q$ 时，则表明 p 和 q 之间既非充分条件，也非必要条件.

例 3(选择题)　设甲是乙的充分条件，乙是丙的充要条件，丙是丁的必要条件，那么丁是甲的什么条件？

(A) 充分条件　　(B) 必要条件

(C) 充要条件　　(D) 既不充分也不必要的条件

分析　如果把和条件甲、乙、丙、丁相对应的集合仍然分别记为甲、乙、丙、丁，则

$$甲\subseteq乙,\quad 乙=丙,\quad 丁\subseteq丙.$$

可用维恩图表示甲、乙、丙的关系，如图 1.11 所示.

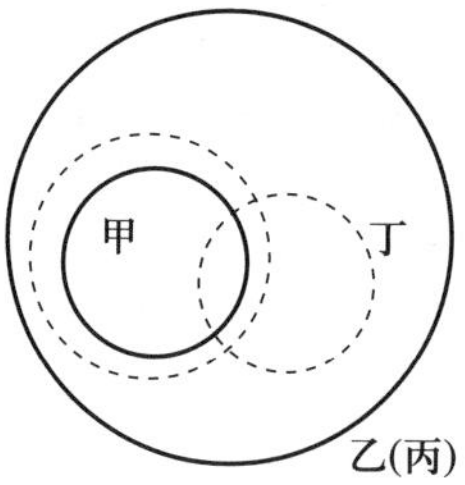

图 1.11

集合丁若用一个虚圆来表示，则按题设，此虚圆必定位于表示乙(丙)的圆的内部(极端情形可和乙圆重合). 但丁和甲的位置关系却没有限制，即丁圆可以和甲圆分离，也可相交、重合，可位于甲圆内部，也可包含甲圆. 因此，丁和甲的关系是不确定的，故原题无解.

2. 结合容斥原理解决某些计数问题

容斥原理①：设 $A_1,A_2,\cdots,A_n$ 皆为有限集，则其并集的元素个数满足

$$\begin{aligned}&|A_1\cup A_2\cup\cdots\cup A_n|\\&=\sum_{i=1}^{n}|A_i|-\sum_{1\leqslant i<j\leqslant n}|A_i\cap A_j|+\sum_{1\leqslant i<j<k\leqslant n}|A_i\cap A_j\cap A_k|-\cdots+\\&\quad(-1)^{n-1}|A_1\cap A_2\cap\cdots\cap A_n|.\end{aligned}$$

例 4　设 $P=\{n\mid n\leqslant 100,n\in\mathbf{N}^*\}$，求 P 的质数与合数的个数(不查质数表).

解　先求合数. 因 $100=10^2$，故 P 的合数必含小于 10 的质因子，故至少含有 2，3，5，7 中的一个作为因子. 设

$$A=\{a\mid 2|a,a\in P\},\quad B=\{b\mid 3|b,b\in P\},$$
$$C=\{c\mid 5|c,c\in P\},\quad D=\{d\mid 7|d,d\in P\},$$

则

$$|A|=\left[\frac{100}{2}\right]=50,\quad |B|=\left[\frac{100}{3}\right]=33,$$

$$|C|=\left[\frac{100}{5}\right]=20,\quad |D|=\left[\frac{100}{7}\right]=14,$$

$$|A\cap B|=\left[\frac{100}{2\times3}\right]=16,$$

① 容斥原理的证明可参看葛军主编的《新编数学奥林匹克竞赛指导(高中)》(第 3，4 页)，南京师范大学出版社 1998 年出版.

这里的$[x]$表示不超过 x 的最大整数. 同理

$$|A\cap C|=10,\quad |A\cap D|=7,\quad |B\cap C|=6,\quad |B\cap D|=4,$$
$$|C\cap D|=2,\quad |A\cap B\cap C|=3,\quad |A\cap B\cap D|=2,$$
$$|A\cap C\cap D|=1,\quad |B\cap C\cap D|=0,\quad |A\cap B\cap C\cap D|=0.$$

因此

$$\begin{aligned}|A\cup B\cup C\cup D|&=(50+33+20+14)-(16+10+7+6+4+2)+\\&\quad(3+2+1+0)-0\\&=117-45+6=78.\end{aligned}$$

因为这 78 个数中也包含 2,3,5,7,所以 P 中含有的合数个数为 $78-4=74$;P 中含有的质数个数为 $100-74-1=25$.

习 题 一

1. 数学概念有哪些区别于一般概念的特征？给概念下定义时应遵守哪些规则？

2. 数学条件命题和逻辑中的真值蕴涵有什么本质区别？数学证明应遵守哪些规则？

3. 三段论大项、小项、中项、大前提和小前提各是什么意思？三段论的四个格是如何依据中项所处的不同位置确定的？

4. 下列命题是真命题的为(　　).

(A) 若 $x^2=1$,则 $x=1$　　(B) 若 $x<y$,则 $x^2<y^2$

(C) 若 $x=y$,则 $\frac{1}{x}=\frac{1}{y}$　　(D) 若 $\frac{1}{x}=\frac{1}{y}$,则 $x=y$

5. 有四个关于三角函数的命题：

p_1:$\exists x\in\mathbf{R},\sin^2\frac{x}{2}+\cos^2\frac{x}{2}=\frac{1}{2}$;　　p_2:$\exists x,y\in\mathbf{R},\sin(x-y)=\sin x-\sin y$;

p_3:$\forall x\in[0,\pi],\sqrt{\frac{1-\cos 2x}{2}}=\sin x$;　　p_4:$\sin x=\cos y\Rightarrow x+y=\frac{\pi}{2}$,

其中的假命题是(　　).

(A) p_1 和 p_3　(B) p_2 和 p_3　(C) p_2 和 p_4　(D) p_1 和 p_4

6. 若 $a,b\in\mathbf{R}$,则 $0<ab<1$ 是 $\left(a<\frac{1}{b}\right)\vee\left(b>\frac{1}{a}\right)$ 的(　　).

(A) 必要不充分条件　　(B) 充分不必要条件

(C) 充要条件　　(D) 既不充分又不必要条件

7. 用真值表证明：

(1) $\neg(p\vee q)\equiv\neg p\wedge\neg q$;

(2) $(p\rightarrow r)\wedge(q\rightarrow r)\rightarrow(p\vee q\rightarrow r)$.

8. 设 A 命题为“所有负数的平方是正数”,依据对当关系,写出 E,I,O 各自表示的数学命题;并写出适用本题的矛盾关系.

9. (2020 年统考·北京卷). 已知 $\alpha,\beta\in\mathbf{R}$,则“存在 $k\in\mathbf{Z}$ 使得 $\alpha=k\pi+(-1)^k\beta$”是“$\sin\alpha=\sin\beta$”

的（　　）.

（A）充分而不必要条件　　　（B）必要而不充分条件

（C）充要条件　　　（D）既不充分也不必要条件

请作出选择，并说明理由.①

10.（2020年统考・浙江卷）设集合 S，T，$S\subseteq \mathbf{N}^*$，$T\subseteq \mathbf{N}^*$，S，T 中至少有 2 个元素，且 S，T 满足：

(1) 对于任意的 $x,y\in S$，若 $x\neq y$，则 $xy\in T$；

(2) 对于任意的 $x,y\in T$，若 $x<y$，则 $\dfrac{y}{x}\in S$.

下列命题正确的是（　　）.

（A）若 S 有 4 个元素，则 $S\cup T$ 有 7 个元素

（B）若 S 有 4 个元素，则 $S\cup T$ 有 6 个元素

（C）若 S 有 3 个元素，则 $S\cup T$ 有 5 个元素

（D）若 S 有 3 个元素，则 $S\cup T$ 有 4 个元素

请作出选择，并说明理由.

11. 化简：

(1) $(X\cup Y\cup \complement_U Z)\cap(\complement_U X\cap \complement_U Y\cap Z)$；

(2) $\complement_U(A\cup B\cup C)\cup \complement_U(A\cup B)$.

12. 求证：

(1) $(A\cap B)\cup(\complement_U A\cap B)\cup(A\cap \complement_U B)\cup(\complement_U A\cap \complement_U B)=U$；

(2) $(X\cap Y)\cup(\complement_U X\cap Z)\cup(Y\cup Z)=Y\cup Z$.

13. 既不能被 3 整除、也不能被 5 整除的三位数共有多少个？

14. 设 A,B,C 是三个集合，满足下列条件：

(1) $|P(A)|+|P(B)|+|P(C)|=|P(A\cup B\cup C)|$；

(2) $|A|=|B|=100$.

求 $|A\cap B\cap C|$ 的最小值.

第一章部分习题
参考答案或提示

① 9，10 两题的高考原题未要求说明理由.

第二章　数　　系

现实世界中的数量关系和空间形式，是数学研究的最基本的对象. 而数系，又是研究数量关系的起点，因而是初等代数最基础的内容.

本章从现代数学观点出发，系统地讨论了各个数系的构成与扩展、数的运算和性质及近似计算等内容. 这些理论知识，对于透彻理解和驾驭中学代数教材，是十分必要的.

§ 2.1　数的概念与数系的扩展

推动数的概念不断扩展的原因有两个，外因是社会发展的需要，内因是为了满足运算封闭性的需要：除之不尽而有分数，减之不够而有负数，等等.

一、数的概念发展简史

1. 初识正整数

人类最初的计数活动，发端于对猛兽和猎物的点数. 当原始人发现两只狼逼近时，可能会伸出两个手指将这一信息传达给同伴，并从两只狼、两只羊、两个野果等和两个手指之间的一一对应关系中逐渐领悟到“2”这个概念. 然后又有 3，4 等概念的产生. 所以说，人类初识正整数和人类的十个手指之间有着密切的联系，并由此在许多地区产生了十进制记数法.

2. 十进位值制记数系统的建立

根据现有实物证据判断，最早使用十进制记数法的是埃及人和中国人. 但是埃及人的记数法是迭加制，后来希腊人和罗马人以埃及人为师，记数系统也是迭加制（但所用数码各异）. 直到 13 世纪时，人们才普遍接受了印度-阿拉伯记数法，用上十进位值制记数系统.

所谓迭加制记数法，是指每个数码所代表的值和它出现在数中的位置无关. 埃及人使用象形数码：“|”（短棒）表示“一”，“∩”（牛轭）表示“十”，“”（绳圈）表示“百”，“”（莲花）表示“千”，等等. 例如，图 2.1[①] 所示的用埃及象形数码写的数

---

① 引自 Boyer 的 *A History of Mathematics*（第 11 页），John Wiley & Sons Inc.1968 年出版.

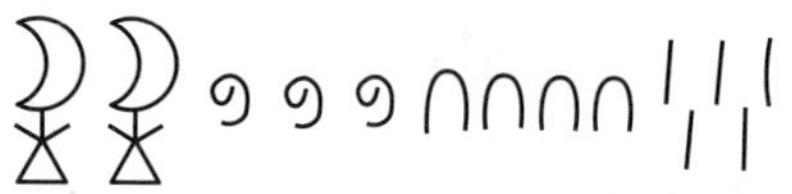

图 2.1

如用现代数字表示即

$$2345.$$

可见迭加制记数法写起来比较麻烦，计算起来更烦（例如乘法要转化为加法做）.

位值制记数法就不同了. 每个数码所代表的值要依据它出现在数中的位置而定. 现代常用的十进制和计算机用的二进制都是位值数制. 它包含四个要数：基底 b；b 个数码，即 $0,1,2,\cdots,(b-1)$；加、乘运算；以及小数点. 古代位值制不及现代位值制完善，前者没有小数点和符号 0.

中国是最早使用十进位值制的文明古国. 殷墟出土的甲骨文说明，殷商初期就已使用一、二、三、四、五、六、七、八、九、十、百、千、万等 13 个计数单位，即已经建立了十进非位值制. 到了周代，又出现以算筹为计算工具的筹算方法. 表示数目一到九的算筹数码有纵横两种形式：

纵式 𝍠 𝍡 𝍢 𝍣 𝍤 𝍥 𝍦 𝍧 𝍨

横式 𝍩 𝍪 𝍫 𝍬 𝍭 𝍮 𝍯 𝍰 𝍱

记数时，个位常用纵式，十位常用横式，依次纵横相间，按照从低位到高位自右向左排列. 例如，

𝍯 𝍥 𝍪 𝍧 和 𝍦 𝍮 　 𝍪 𝍣

分别表示 7628 和 76024. 注意第 2 个数百位上的 0 是用空位表示的. 一般地，如果相邻两个数目都是横式，或都是纵式，它们之间必然有表示 0 的空位. 这样，就能运用 9 个数码和空位表示任意大的自然数. 这是世界上最早的十进位值制，也是我国数学史上最重要的成就之一.

3. 数的概念的扩展

正整数概念确立之后不久就有了正分数，距今已有 4 000 多年. 但是零的符号“0”迟至公元后才在印度出现. 9 世纪的印度数学家摩诃毗罗（Mahāvīrā）对零的运算作了完整的讨论. 这样就形成了非负有理数. 这之前，约在公元前 5 世纪，希腊的毕达哥拉斯学派就发现了不可公度量的存在，相当于发现了无理数，但是该学派却不肯接受也不愿使用无理数，他们因此中止了对于数的研究，转而集中力量去研究几何. 至于负数，公元 1 世纪在中国的《九章算术》里就已正式出现，其中“正负术”记载了正负数加减运算的法则. 16 世纪中叶，意大利数学家卡尔达诺（Cardano）在《大术》一书中讨论三次方程的解法时，使用了负数的平方根. 他因此享有发现虚数的荣誉. 但在以后两百多年间，许多数学家都不承认虚数的合理性. 直到 18 世纪下半叶，由于欧拉和高斯（Gauss）的著作中自由地使用了虚数，并建立了比较系统的复数理论，虚数才得到广

泛承认. 到了19世纪70年代,戴德金和康托尔等数学家运用现代数学方法,建立起严格的实数理论. 至此,实数系和复数系的理论基础才牢固地确立.

如上所述,新数的产生是交错出现的. 例如,在人们引进负数之前先发现了无理数;在确立实数理论之前已产生了虚数概念. 但从整体上看,数的概念的扩展过程大致按照以下顺序:

$$\text{正整数集}\xrightarrow{\text{添正分数}}\text{正有理数集}\xrightarrow{\text{添负整数、负分数和零}}\text{有理数集}$$

$$\xrightarrow{\text{添无理数}}\text{实数集}\xrightarrow{\text{添虚数}}\text{复数集}$$

在中小学数学教科书里,数的概念的扩展步骤同历史过程大致接近,只是零的引入提前了.

二、数系扩展的方式与原则

通常把对某种运算封闭的数集叫做数系. 例如自然数集 **N**,它对于加法是封闭的,因此自然数集也叫做自然数系. 同样,整数集 **Z**、有理数集 **Q**、实数集 **R** 和复数集 **C** 都是数系. 但是一般的数集未必带有运算. 例如 $A=\{1,\sqrt{2}\}$,$B=\{x\mid -5\leqslant x\leqslant 3\}$,都不是数系.

1. 数系扩展的方式

数系扩展的方式有两种:

(1) 添加元素法:把新元素添加到已建立的数系中去,形成新的数系. 它大致接近历史上数系扩展的方式. 中小学数学教科书也是采用这种方式实现数系的扩展的.

(2) 构造法:按照代数结构的观点和比较严格的公理系统扩展数系. 一般做法是先从理论上构造一个集合,然后指出这个集合的某个真子集与已知数系是同构的. 本章§2.7将用构造法实施由实数集到复数集的扩展.

2. 数系扩展的原则

设数系 A 扩展后得到新的数系 B,不论采用哪种扩展方法,都应遵循以下原则:

(1) $A\subsetneqq B$.

(2) A 的元素间所定义的一些运算或基本关系,在 B 中被重新定义. 而且对于 A 的元素来说,重新定义的运算和关系与 A 中原来的意义完全一致.

(3) 在 A 中不是总能施行的某种运算,在 B 中总能施行.

(4) 在同构的意义下,B 应当是 A 的满足上述三原则的最小扩展,而且由 A 唯一确定.

在上述四条原则中,第三条是最重要的,实际上它是数系扩展的主要目的. 同时要指出,数系扩展后也失去了一些性质. 例如自然数系有最小数,扩展后的整数系就没有最小数. 不过这和原则(2)并不矛盾,因为作为整数集的真子集,自然数集仍有最小数.

§ 2.2 自然数集

自然数集是日常生活中应用最多的数集. 既可用它清点数目的多少，也可用它编排次序；反过来说，点数或排序所得的结果都是自然数，数学上据此形成两种自然数理论：基数理论和序数理论.

一、基数理论

1. 自然数概念

自然数的基数理论以集合论的基本概念为基础. 在集合论中，如果集合 A 和 B 的元素之间可以建立一一对应的关系，就称集合 A 和集合 B 等价，记作 $A\sim B$. 不难验证，集合的等价具有下面的性质：设 A，B，C 是集合，则

(1) $A\sim A$（反身性）；

(2) 若 $A\sim B$，则 $B\sim A$（对称性）；

(3) 若 $A\sim B$，$B\sim C$，则 $A\sim C$（传递性）.

集合论的创始人康托尔首先指出：如果一个集合能够和它的一个真子集建立等价关系，这个集合就是无限集. 我们可以据此定义有限集.

定义 1　不能与自身的任一真子集等价的集合叫做有限集.

例如，下面是三类最简单的等价有限集合：

(1) $\{\triangle\}\sim\{\odot\}\sim\{\times\}\sim\{\varnothing\}$；

(2) $\{\triangle,$甲$\}\sim\{\odot,$乙$\}\sim\{\times,$丙$\}\sim\{\varnothing,\{\varnothing\}\}$；

(3) $\{\triangle,$甲$,$子$\}\sim\{\odot,$乙$,$丑$\}\sim\{\times,$丙$,$寅$\}\sim\{\varnothing,\{\varnothing\},\{\varnothing,\{\varnothing\}\}\}$.

我们注意到，这三类集合中最抽象的集合是每类最后的集合，即 $\{\varnothing\}$，$\{\varnothing,\{\varnothing\}\}$ 和 $\{\varnothing,\{\varnothing\},\{\varnothing,\{\varnothing\}\}\}$. 它们除了能够体现每类集合的共同特征之外，不具有任何别的实际意义，因而它们常被选定为每类集合的代表.

定义 2　彼此等价的所有集合的共同特征的标志叫做基数. 有限集合的基数叫做自然数. 集合 A 的基数记作 $|A|$，并规定

$$|\varnothing|=0,\quad |\{\varnothing\}|=1,\quad |\{\varnothing,\{\varnothing\}\}|=2,$$
$$|\{\varnothing,\{\varnothing\},\{\varnothing,\{\varnothing\}\}\}|=3,$$

等等，从而得到自然数集

$$\mathbf{N}=\{0,1,2,3,\cdots,n,\cdots\}.$$

由定义 2 可知，$A\sim B\Longleftrightarrow|A|=|B|$.

例如，要求 $\{x,y,w\}$ 的基数，其理论上的步骤是：可先找出它的等价集合：

$$\{x,y,w\}\sim\{\varnothing,\{\varnothing\},\{\varnothing,\{\varnothing\}\}\},$$

所以

$$|\{x,y,w\}|=|\{\varnothing,\{\varnothing\},\{\varnothing,\{\varnothing\}\}\}|=3.$$

有限集的基数，就是§1.5所说有限集的元素的个数.

根据定义2与等价集合的性质，可得

定理1 自然数的相等关系具有反身性、对称性与传递性，即

(1) 对任何 $a\in\mathbf{N}$，有 $a=a$（反身性）；

(2) 设 $a,b\in\mathbf{N}$，若 $a=b$，则 $b=a$（对称性）；

(3) 设 $a,b,c\in\mathbf{N}$，若 $a=b$，$b=c$，则 $a=c$（传递性）.

因此，自然数的相等关系是一个等价关系.

2. 自然数的顺序

定义3 设有限集合 A 和 B 的基数分别为 a 和 b.

(1) 若 $A\sim B'\subsetneqq B$，则称 a 小于 b，记作 $a<b$；

(2) 若 $A\supsetneqq A'\sim B$，则称 a 大于 b，记作 $a>b$.

定理2 自然数的顺序关系具有以下性质：

(1) 设 $a,b\in\mathbf{N}$，当且仅当 $a<b$ 时 $b>a$（对逆性）；

(2) 设 $a,b,c\in\mathbf{N}$，若 $a<b$ 且 $b<c$，则 $a<c$（传递性）；

(3) 对任意 $a,b\in\mathbf{N}$，在 $a<b$，$a=b$，$a>b$ 中有且只有一个成立（三分性）.

证 设 A,B,C 都是有限集，且 $|A|=a$，$|B|=b$，$|C|=c$.

(1) 若 $a<b$，即 $A\sim B'\subsetneqq B$，即 $B\supsetneqq B'\sim A$，所以 $b>a$. 同理可证：若 $b>a$，则 $a<b$.

(2) 若 $a<b$，$b<c$，则存在集合 B'，C'，使 $A\sim B'\subsetneqq B$，$B\sim C'\subsetneqq C$，因而有集合 $C''\subsetneqq C'$，且 $C''\sim B'$. 因此 $A\sim C''\subsetneqq C'\subsetneqq C$，即 $a<c$.

(3) 如果 $A\sim B$，则 $a=b$. 如果 A 和 B 不等价，则 A 与 B 的一个真子集等价，或者 B 与 A 的一个真子集等价，二者必居其一. 这时相应的有 $a<b$ 或 $a>b$. 因此 $a=b$，$a<b$ 和 $a>b$ 中必有一种情形成立.

又根据(1)，$a<b\Longleftrightarrow b>a$. 因此 $a<b$ 和 $a>b$ 不能并存，$a<b$ 和 $a=b$ 也不能并存. 同理 $a>b$ 和 $a=b$ 也不能并存. 所以，$a<b$，$a=b$ 和 $a>b$ 中只有一种成立.

根据定理1和定理2，任何两个自然数都可以比较大小顺序.

3. 自然数的加法和乘法运算

定义4 设 A 和 B 是有限集，且 $A\cap B=\varnothing$，$|A|=a$，$|B|=b$. 如果 $A\cup B=C$，则称 $|C|=c$ 为 a 与 b 的和，记作 $a+b=c$. 其中 a,b 叫做加数，求和的运算叫做加法.

定理3 自然数的加法满足交换律和结合律. 即对于任意 $a,b,c\in\mathbf{N}$，有

(1) $a+b=b+a$；

(2) $a+(b+c)=(a+b)+c$.

应用集合的相应性质即可得证.

定义5 设有 b 个互不相交的有限集 $A_1,A_2,\cdots,A_b$，且 $|A_1|=|A_2|=\cdots=$

$|A_b|=a$，如果 $A_1\cup A_2\cup\cdots\cup A_b=C$，则称 $|C|=c$ 为 a 与 b 的积，记作 $ab=c$（或 $a\cdot b=c$，或 $a\times b=c$）. 其中 a,b 叫做乘数或因数，求积的运算叫做乘法.

由定义可知，两个自然数之积，可以看成加数相同时的连加法. 即

$$ab=\underbrace{a+a+\cdots+a}_{b\text{个}}.$$

定义 5 中实际上假定了 $b\neq 0,b\neq 1$. 为了取消这个限制，规定 $a\cdot 0=0,a\cdot 1=a$.

定理 4 自然数的乘法满足以下运算律：对于任意 $a,b,c\in\mathbf{N}$，

(1) $ab=ba$（交换律）；

(2) $(a+b)c=ac+bc$（乘法对加法的分配律）；

(3) $a(bc)=(ab)c$（结合律）.

证 (1) 设

$$A_1=\{x_{11},x_{12},\cdots,x_{1a}\},$$
$$A_2=\{x_{21},x_{22},\cdots,x_{2a}\},$$
$$\cdots,$$
$$A_b=\{x_{b1},x_{b2},\cdots,x_{ba}\},$$

且这 b 个集合彼此之间没有公共元素，则

$$A_1\cup A_2\cup\cdots\cup A_b=\{x_{11},x_{12},\cdots,x_{1a},x_{21},x_{22},\cdots,x_{2a},\cdots,x_{b1},x_{b2},\cdots,x_{ba}\}.$$

根据定义 5，

$$|A_1\cup A_2\cup\cdots\cup A_b|=ab. \qquad ①$$

再令

$$B_1=\{x_{11},x_{21},\cdots,x_{b1}\},$$
$$B_2=\{x_{12},x_{22},\cdots,x_{b2}\},$$
$$\cdots,$$
$$B_a=\{x_{1a},x_{2a},\cdots,x_{ba}\},$$

则这 a 个集合彼此之间也没有公共元素，每一个集合的基数都是 b，而且

$$|B_1\cup B_2\cup\cdots\cup B_a|=ba. \qquad ②$$

因为

$$A_1\cup A_2\cup\cdots\cup A_b=B_1\cup B_2\cup\cdots\cup B_a,$$

故由①式和②式，得

$$ab=ba.$$

(2)
$$\begin{aligned}(a+b)c&=\underbrace{(a+b)+(a+b)+\cdots+(a+b)}_{c\text{个}}\\&=\underbrace{(a+a+\cdots+a)}_{c\text{个}}+\underbrace{(b+b+\cdots+b)}_{c\text{个}}\\&=ac+bc.\end{aligned}$$

(3) $a(bc)=a\underbrace{(b+b+\cdots+b)}_{c\text{个}}$

$$=\underbrace{ab+ab+\cdots+ab}_{c\text{个}}\quad(\text{分配律})$$

$$=(ab)c.$$

在自然数集 **N** 里,加法和乘法总能施行,或者说 **N** 关于加法和乘法是封闭的. 至于减法和除法,可以分别定义为加法和乘法的逆运算,但是自然数集关于减法和除法都是不封闭的.

二、序数理论

自然数的序数理论,是意大利数学家佩亚诺(Peano)在他的《算术原理新方法》(1889)中提出的. 他用公理化方法从顺序着眼揭示了自然数的意义,并给出自然数加法、乘法运算的归纳定义. 不论是由序数理论还是由基数理论推出的关于自然数的性质,都是同样有效的.

1. 佩亚诺公理

为了建立算术基础,佩亚诺选择三个原始概念:0(零),自然数(非负整数)和关系"后继"(用符号"′"表示),且满足 5 个公理:

(1) 0 是自然数;

(2) 如果 a 是自然数,则 a 的后继 a' 是一个自然数;

(3) 0 不是任何一个自然数的后继;

(4) 如果 $a'=b'$,则 $a=b$;

(5) (归纳公理)如果 S 是自然数集的一个子集,且满足

1° $0\in S$;

2° $a\in S\Rightarrow a'\in S$,

则 S 含有所有自然数. 故 $S=\mathbf{N}$.

上述 5 个公理统称佩亚诺公理. 它完整地刻画了自然数集 **N**,由(1) 和(3),确定 0 是开头的自然数. 由(2),得 $0'=1,1'=2,\cdots$. 由(4),不同的自然数其后继也不同,从而保证自然数集中没有任何两个元素相同. 这样我们得到自然数列:

$$0,1,2,3,\cdots,n,\cdots.$$

这里要说明的是,佩亚诺公理的关键是"后继". 它的本质是一个单射(见 §4.1,四). 至于它的起始元素是 0 或 1,并无本质的区别. 如果以 1 作为起始元素,则要把"自然数"换为"正整数".

佩亚诺公理中的归纳公理,是数学归纳法的依据. 由于数学归纳法一般用以证明与正整数有关的命题,所以引用归纳公理时以正整数代替自然数. 某些与正整数 n 有关的命题,起始值并非 $n=1$,故改用 $n=n_0$. 于是得到与佩亚诺的归纳公理等价的数学归纳法公理.

数学归纳法公理　对于某些与正整数 n 有关的命题，如果

(1) 当 n 取第一个值 n_0(例如 $n=1,2$ 等)时结论正确；

(2) 假设当 $n=k(k\in\mathbf{N}^*$ 且 $k\geqslant n_0)$时结论正确，证明当 $n=k+1$ 时结论也正确，那么，命题对于从 n_0 开始的所有正整数都成立.

数学归纳法公理是第一数学归纳法的依据. 关于数学归纳法的进一步讨论，见§7.5.

2. 自然数的加法与乘法的归纳定义

定义 6　自然数加法运算的归纳定义：

(1) 设 $a\in\mathbf{N}$，则 $a+0=0+a=a$；

(2) 设 $a,b\in\mathbf{N}$，则 $a+b'=(a+b)'$.

其中 a 和 b 叫做加数，而 $a+b$ 叫做它们的和.

定义 6 具有可操作性，它给出了加法的运算步骤.

例 1　求 $3+7$.

解　先求 $3+1$，

$$3+1=3+0'=(3+0)'=3'=4;$$

再求 $3+2$，

$$3+2=3+1'=(3+1)'=4'=5;$$

再求 $3+3$，

$$3+3=3+2'=(3+2)'=5'=6;$$

如此等等，直至 $3+7=3+6'=(3+6)'=9'=10$.

当然，实际计算时不会这样做. 但用这样的办法，可以解释平常习用的加法的理论依据. 而这种理论依据又都是从日常数(shǔ)数中抽象出来的.

定义 7　自然数乘法运算的归纳定义：

(1) 设 $a\in\mathbf{N}$，则 $a\cdot 0=0\cdot a=0$；

(2) 设 $a,b\in\mathbf{N}$，则 $a\cdot b'=a\cdot b+a$.

其中 a 叫做被乘数，b 叫做乘数，$a\cdot b$(或 $a\times b$，或 ab)叫做积.

例 2　求 $3\cdot 7$.

解　先求 $3\cdot 1$，

$$3\cdot 1=3\cdot 0'=3\cdot 0+3=3;$$

再求 $3\cdot 2$，

$$3\cdot 2=3\cdot 1'=3\cdot 1+3=6;$$

再求 $3\cdot 3$，

$$3\cdot 3=3\cdot 2'=3\cdot 2+3=6+3=9;$$

如此等等，直至 $3\cdot 7=3\cdot 6'=3\cdot 6+3=18+3=21$.

用这样的办法，可以解释日常习用的乘法表的理论依据.

按照序数理论,应用归纳公理可以证明自然数的加法和乘法的有关运算律.

例 3 自然数的加法满足结合律:设 $a,b,c\in\mathbf{N}$,则

$$a+(b+c)=(a+b)+c. \tag{③}$$

证 对于任意给定的 a,b,设 M 是所有满足等式③的 c 组成的集合.

(1) 因为 $a+(b+0)=a+b=(a+b)+0$,所以 $0\in M$.

(2) 假设 $c\in M$,即 $a+(b+c)=(a+b)+c$,则

$$\begin{aligned}a+(b+c')&=a+(b+c)'=[a+(b+c)]'\\&=[(a+b)+c]'=(a+b)+c'.\end{aligned}$$

从而 $c'\in M$.

根据归纳公理,$M=\mathbf{N}$. 又 a,b 是任意的,所以命题得证.

3. 序数理论下的自然数顺序

佩亚诺公理中的"后继"关系,指明了相邻两个自然数 a 与 a' 的顺序. 根据自然数加法及其性质,可进而规定任意两个自然数的顺序.

定义 8 若 $a,b\in\mathbf{N}$,且存在 $k\in\mathbf{N}^*$ 使得 $a+k=b$,则称 a 小于 b,记作 $a<b$;也称 b 大于 a,记作 $b>a$.

序数理论下的自然数顺序,同样具有对逆性、传递性和三分性.

定理 5(加法单调性) 设 $a,b,c\in\mathbf{N}$,则

(1) 若 $a=b$,则 $a+c=b+c$;

(2) 若 $a<b$,则 $a+c<b+c$;

(3) 若 $a>b$,则 $a+c>b+c$.

证 (1) 设使命题成立的所有 c 组成集合 M.

因为 $a=b$,所以 $a+0=b+0$,从而 $0\in M$.

假设 $c\in M$,即 $a+c=b+c$,则

$$(a+c)'=(b+c)',\quad a+c'=b+c'.$$

所以 $c'\in M$.

由归纳公理知 $M=\mathbf{N}$. 所以命题对任意自然数 c 成立.

(2) 若 $a<b$,则有 $k\in\mathbf{N}^*$,使 $a+k=b$. 由(1),

$$a+k+c=b+c,\quad (a+c)+k=b+c,$$

从而 $a+c<b+c$.

(3) 依据(2),由对逆性即得.

由定理 5(2)可得下面的推论:

推论 设 $a,b\in\mathbf{N}$,则 $a\leqslant a+b$.

依据定理 5,由反证法可得下面的逆定理:

定理 6(加法消去律) 设 $a,b,c\in\mathbf{N}$,则

(1) 若 $a+c=b+c$,则 $a=b$;

(2) 若 $a+c<b+c$，则 $a<b$；

(3) 若 $a+c>b+c$，则 $a>b$.

关于自然数的乘法单调性和乘法消去律，留给读者自行证明.

4. 自然数集的性质

自然数集有以下重要性质：

性质 1　自然数集是有序集.

证　所谓有序集，是指该集合中规定了顺序关系，并且具有传递性和三分性. 如前所述，$\mathbf{N}$ 中规定了顺序，并且具有这些性质，所以是有序集.

性质 2　自然数集具有阿基米德(Archimedes)性质(即如果 $a,b\in\mathbf{N}$，且 $a\neq 0$，则存在 $n\in\mathbf{N}$，使得 $n\cdot a>b$).

证　取 $n=b+1$，即可得证.

性质 3　自然数集具有离散性(即在任意两个相邻的自然数 a 与 a' 之间不存在自然数 b，使 $a<b<a'$).

证　假设存在 b，$b>a$，则有 $k\in\mathbf{N}$，使 $b=a+k$. 若 $k=1$，则 $b=a+1=a'$；若 $k>1$，则 $b=a+k>a+1$(定理 5)，即 $b>a'$. 因此 $b<a'$ 是不可能的.

性质 4(最小数原理)　自然数集的任一非空子集中必有一个最小数.

证　按佩亚诺公理，假设 $n\in\mathbf{N}$ 且 $n\neq 0$，则 n 必为某一自然数 m 的后继，因此 $n=m'=m+1\geqslant 1>0$，所以自然数集 $\mathbf{N}$ 有最小数 0.

假设 A 是 $\mathbf{N}$ 的非空真子集，且 A 内没有最小数，则 $0\notin A$. 设

$$T=\{x\mid x\in\mathbf{N}，且对任意 a\in A，x<a\}，$$

则 $0\in T$. 假设 $n\in T$，倘若 $n+1\in A$，则 $n+1$ 成为 A 中的最小数，这不可能，所以 $n+1\in T$. 由归纳公理知 $T=\mathbf{N}$，从而 $A=\varnothing$，这与 A 非空矛盾. 所以 $\mathbf{N}$ 的任何非空子集都有一个最小数.

根据自然数的最小数原理，可以证明下面的定理.

定理 7　设 $p(n)$ 是一个与正整数 n 有关的命题，如果

(1) $p(1)$ 成立；

(2) 假设 $p(n)$ 对于所有满足 $l<k$ 的正整数 l 成立，则 $p(k)$ 成立，

那么 $p(n)$ 对所有正整数成立.

证　设 $M=\{n\mid p(n)成立，n\in\mathbf{N}^*\}$，又 $T=\mathbf{N}^*-M$. 假设 $T\neq\varnothing$，根据自然数的最小数原理，T 有最小数 t_0. 由条件(1) 可知，$1\in M$，故 $t_0\neq 1$. 因此，$1,2,\cdots,t_0-1\in M$. 又根据条件(2)，$t_0\in M$. 这和 $t_0\in T$ 矛盾，所以 $T=\varnothing$，故 $M=\mathbf{N}^*$. 因此，$p(n)$ 对任意正整数都成立.

定理 7 是第二数学归纳法的原理.

§2.3 整 数 环

本节以自然数集 $\mathbf{N}$ 为基础，用添加负整数的方法扩展为整数集，并讨论了整数的运算及有关性质.

一、整数概念

1. 负整数的引入

由自然数集扩展为整数集，直接原因是为了使减法运算能畅行无阻. 所以有必要从减法定义说起.

定义 9 设 A 是一个非空数集，$a,b\in A$，如果存在 $x\in A$ 使得 $b+x=a$，则称 x 为 a 减去 b 的差，记作 $a-b$. 其中 a 叫做被减数，b 叫做减数. 求两数差的运算叫做减法.

由定义 9 推得：$(a-b)+b=a$.

如果定义 9 中的数集 A 为自然数集 $\mathbf{N}$，那么，当且仅当 $a\geqslant b$ 时，$a-b\in\mathbf{N}$；而当 $a<b$ 时，减法在 $\mathbf{N}$ 内就无法实施. 为此，有必要引入负整数.

定义 10 对于任意非零自然数 n，有一个新数 $-n$ 和它对应，满足

$$n+(-n)=(-n)+n=0.$$

新数 $-n$ 叫做负整数，非零自然数 n 叫做正整数，有时也写成 $+n$. 这里的“$+$”号和“$-$”号分别叫做正号和负号. 它们是性质符号，与作为运算符号的加号和减号不同. 负号在使用时依循下面的符号法则：

$$-(+n)=-n,$$

$$-(-n)=+n=n.$$

n 和 $-n$ 叫做互为相反数，或互为负元. 0 的相反数仍为 0，即 $-0=+0=0$. 事实上，0 是一个中性元，它是不分正负的.

2. 整数概念及其绝对值

正整数、负整数和零，统称整数. 全体整数的集合（整数集）记作 $\mathbf{Z}$. 全体非零整数的集合记作 $\mathbf{Z}^*$.

定义 11 一个数 m 的绝对值 $|m|$，是一个由 m 唯一确定的非负数：

$$|m|=\begin{cases} m, & m>0, \\ 0, & m=0, \\ -m, & m<0. \end{cases}$$

定义 11 不仅适用于整数，也适用于有理数和实数.

二、整数运算与整数环

1. 整数的加法和乘法

定义 12（加法法则） 设 $m,n\in\mathbf{N}$.

（1）同号两数相加，绝对值相加，并取原来的符号，即

$$(\pm m)+(\pm n)=(\pm n)+(\pm m)=\pm(m+n).$$

（2）异号两数相加，当绝对值相等（即互为相反数）时，其和为零；当绝对值不等时，绝对值相减，并取绝对值较大的加数的符号，即

$$\begin{aligned}(+m)+(-n)&=(-n)+(+m)\\&=\begin{cases}+(m-n), & m>n,\\-(n-m), & m<n.\end{cases}\end{aligned}$$

（3）一个数与零相加，仍得这个数，即

$$(\pm m)+0=0+(\pm m)=\pm m.$$

定义 13（乘法法则）　设 $m,n\in\mathbf{N}$.

（1）同号两数相乘，绝对值相乘，积取正号，即

$$(\pm m)\cdot(\pm n)=(\pm n)\cdot(\pm m)=+(mn).$$

（2）异号两数相乘，绝对值相乘，积取负号，即

$$(+m)\cdot(-n)=(-n)\cdot(+m)=-(mn).$$

（3）零与任何数相乘，积为零，即

$$(\pm m)\cdot 0=0\cdot(\pm m)=0.$$

根据上述定义，整数的加法和乘法显然满足交换律. 又以自然数的相应运算律为依据，易证整数运算也满足加法结合律、乘法结合律，以及乘法对加法的分配律.

2. 整数的减法

因为在整数集里，$m-n=m+(-n)$，所以整数的减法可以化成加法来做.

定理 8　在整数集中，两个数的差是唯一存在的.

证　先证存在性. 设 $m,n\in\mathbf{Z}$，则 $m+(-n)\in\mathbf{Z}$，且

$$\begin{aligned}[m+(-n)]+n&=m+[(-n)+n]\quad\text{（加法结合律）}\\&=m+0=m.\end{aligned}$$

根据减法定义（定义 9），得

$$m-n=m+(-n).$$

再证唯一性. 设 x 是 $m-n$ 的差，则有 $x+n=m$. 两边同加 $(-n)$，得

$$x+n+(-n)=m+(-n),$$

即

$$x+[n+(-n)]=m+(-n)\quad\text{（加法结合律）},$$

$$x=m+(-n).$$

所以 $m-n$ 的差只能是 $m+(-n)$，定理得证.

3. 整数集构成一个交换环

综上所述，整数集上定义了加法和乘法两种运算. 整数加法满足结合律和交换律，且整数集中每一元素都有负元；整数乘法满足结合律，且乘法对加法满足分配律.

因此，根据环的定义，整数集 **Z** 对加法和乘法构成一个环. 又因整数乘法还满足交换律，所以整数环是一个交换环.

三、整数集的性质

整数集除了对加法、乘法运算构成交换环之外，还具有下述重要性质.

性质 1 整数集是有序集.

整数集内的大小顺序这样定义：设 $\alpha,\beta\in\mathbf{Z}$，如果 $\alpha-\beta$ 是一个正整数，就称 α 大于 β，记为 $\alpha>\beta$；如果 $\alpha-\beta=0$，则 $\alpha=\beta$；如果 $\alpha-\beta$ 是一个负整数，就称 α 小于 β，记为 $\alpha<\beta$.

由以上定义可知，任何负整数小于零，任何正整数大于零，任何负整数小于任何正整数. 对于两个负整数而言，绝对值较大的其值较小.

和自然数一样，整数的顺序具有传递性和三分性，因此它是有序集.

性质 2 整数集具有离散性.

性质 3 整数集是可列集.

所谓“可列集”，是指能够和正整数集建立元素间一一对应关系的无限集. 整数集满足可列集的条件.

例如，可按以下方法建立 **Z** 和 $\mathbf{N}^*$ 之间的一一对应：

$$\begin{array}{ccccccccc} 0, & 1, & -1, & 2, & -2, & \cdots, & n, & -n, & \cdots \\ \updownarrow & \updownarrow & \updownarrow & \updownarrow & \updownarrow & & \updownarrow & \updownarrow & \\ 1, & 2, & 3, & 4, & 5, & \cdots, & 2n, & 2n+1, & \cdots \end{array}$$

四、带余除法和整除概念

在整数集中，除法运算是不封闭的. 但在整数集中可进行带余除法，并定义整除概念.

定理 9(带余除法) 设 $a\in\mathbf{Z},b\in\mathbf{Z}^*$，则存在两个整数 q 和 r 使

$$a=bq+r \quad (0\leqslant r<|b|)$$

成立，并且这样的 q 和 r 是唯一的.

证 先证存在性，作整数序列

$$\cdots,-2|b|,-|b|,0,|b|,2|b|,\cdots,$$

根据阿基米德性质，必存在一个整数 q，使得

$$q|b|\leqslant a<(q+1)|b|,$$

所以

$$0\leqslant a-q|b|<|b|.$$

令 $r=a-q|b|$，则 $0\leqslant r<|b|$. 故当 $b>0$ 时，$a=bq+r$；当 $b<0$ 时，$a=b(-q)+r$.

再证唯一性，设另有整数 q_1,r_1，使

$$a=bq_1+r_1, \quad 0\leqslant r_1<|b|,$$

则 $bq+r=bq_1+r_1$，即

$$b(q-q_1)=r_1-r,\quad |b|\cdot|q-q_1|=|r_1-r|.$$

因为 $0\leqslant r<|b|$，$0\leqslant r_1<|b|$，所以 $|r_1-r|<|b|$，因而 $|q-q_1|<1$. 但是 q 和 q_1 均为整数，于是必有 $q=q_1$，从而 $|r_1-r|=0$，所以 $r=r_1$.

定义 14　设 $a\in\mathbf{Z}$，$b\in\mathbf{Z}^*$，若有 $q\in\mathbf{Z}$，使得 $a=bq$，就称 b 整除 a（或 a 被 b 整除）. 记作 $b|a$. 这时称 b 是 a 的因数或约数，a 是 b 的倍数. 如果不存在这样的整数 q，就称 b 不整除 a，记作 $b\nmid a$.

关于整数的整除有下述基本性质：

(1) 若 $a|b$，$b|a$，则 $|a|=|b|$；

(2) 若 $a|b$，$b|c$，则 $a|c$；

(3) 若 $a|b$，$c\neq 0$，则 $ac|bc$；

(4) 若 $m|a$，$m|b$，则 $m|(ka+lb)$.

以上四个性质，可由整除定义直接推出. 关于整数的比较深入的讨论，可参阅《初等数论》等有关书籍.

§ 2.4　有理数域

有理数是适应量的分割的需要而产生的. 由于涉及无理数的数值计算通常都先取其近似值，即事实上化归成有理数的计算，所以有理数在实际应用中极其重要.

一、有理数概念

有理数概念通常是在算术数集（包括正整数、正分数和零）的基础上引入的.

定义 15　对于任意非零算术数 a，有一个新数 $-a$ 和它对应，满足

$$a+(-a)=(-a)+a=0,$$

新数 $-a$ 叫做负有理数；a 叫做正有理数，有时也写成 $+a$.

a 与 $-a$ 互为相反数. 这里负号的用法和引入负整数时所说的完全一样.

正、负有理数和零，统称有理数. 全体有理数的集合记作 $\mathbf{Q}$，全体正有理数的集合记作 $\mathbf{Q}^+$，全体非零有理数的集合记作 $\mathbf{Q}^*$.

有理数也可用整数集 $\mathbf{Z}$ 为基础作如下定义：

定义 16　设 $a\in\mathbf{Z}$，$b\in\mathbf{Z}^*$，一切可写成 $\frac{a}{b}$（或 a/b）形式的数叫做有理数.

对于写成分数形式的有理数，要记住算术数集内的分数基本性质在有理数集内仍然有效，即

$$\frac{a}{b}=\frac{ma}{mb},\quad a\in\mathbf{Z};m,b\in\mathbf{Z}^*.$$

这一性质是约分或通分的理论依据. 利用它,可以将一般分数化成既约分数$\frac{m}{n}$(其中$m\in\mathbf{Z}, n\in\mathbf{N}^*$, m和n互素);也可将有限小数化为分数. 至于无限循环小数(简称循环小数)化分数的方法,见§7.2三.

当分母n为1时,$\frac{m}{n}$为整数. 当分母n的素因数只有2和5时,则$\frac{m}{n}$可化为有限小数. 当分母n含有2和5以外的其他素因数时,则$\frac{m}{n}$可化为循环小数.

根据前述定义11,一个有理数a的绝对值$|a|$,是一个由a唯一确定的非负有理数(即算术数).

二、有理数的顺序

有理数的大小顺序,以算术数集中的有关概念和绝对值概念为基础.

定义17 两个正有理数a, b相等,其意义和算术数集中两数相等的意义相同;对于两个负有理数$-a$和$-b$,如果$|-a|=|-b|$,就称它们相等.

有理数集$\mathbf{Q}$中元素间的相等关系是一个等价关系,即它满足反身性、对称性和传递性.

任意两个不相等的有理数都可比较大小.

定义18 (1) 任一正有理数大于零,正有理数和零大于任一负有理数;反过来说,任一负有理数都小于零,也小于一切正有理数;

(2) 两个正有理数之间的大小比较,仍按照算术数集中的规定;

(3) 两个负有理数之间,绝对值大的那个数较小.

任意一个有理数,都可以用数轴上的一个对应点来表示. 数轴上用以表示有理数的点叫做有理点(除了有理点之外还有无理点). 利用数轴,可以直观地解释有理数的绝对值概念与相反数概念,也可以用来比较两个数的大小:在数轴上,右边的数总比左边的数大.

根据定义17,$a=b$和$a\neq b$两种关系必有且只有一种成立. 如果$a\neq b$,根据定义18,$a>b$和$a<b$两种关系必有且只有一种成立. 因此有理数的大小顺序满足三分性.

三、有理数运算与有理数域

1. 有理数的加法和乘法

有理数的加法、乘法运算法则分别和整数的加法法则(定义12)与乘法法则(定义13)相同,同样满足加法交换律与结合律、乘法交换律与结合律,以及乘法对加法的分配律.

2. 有理数的减法

和整数情形一样,可利用$a-b=a+(-b)$,从而把有理数的减法化归为加法来做. 同样可以证明,在有理数集中,两个数的差是唯一存在的(参照定理 8).

3. 有理数的除法

定义 19 设 $a,b\in\mathbf{Q}$,且 $b\neq0$,如果存在 $x\in\mathbf{Q}$ 满足 $bx=a$,则称 x 为 a 除以 b 的商,记作 $x=\frac{a}{b}$.

由于 $b\neq0$,所以 $\frac{a}{b}\in\mathbf{Q}$ 满足 $b\left(\frac{a}{b}\right)=a$. 反过来,如果有 x_1 满足 $bx_1=a$,则必有 $x_1=\frac{a}{b}$. 因此满足定义 19 的商是存在的,而且唯一. 这表明只要除数不为 0,除法总可以实施. 换句话说,$\mathbf{Q}^*$ 对于除法是封闭的.

算术数集中的倒数概念对有理数集仍然适用,即如果 $b\in\mathbf{Q}^*$,则 1 除以 b 的商 $\frac{1}{b}$ 就叫做 b 的倒数. 这样,a 除以 $b(b\neq0)$ 的商就等于 a 乘以 b 的倒数,即

$$\frac{a}{b}=a\left(\frac{1}{b}\right).$$

这就说明有理数的除法可以化归为乘法来做. 因而除法法则可由乘法法则得到.

4. 有理数域

因为有理数集 $\mathbf{Q}$ 里含有 0 和单位元 1,$\mathbf{Q}$ 对于加、减、乘、除(除数不为零)四种运算都封闭,且 $\mathbf{Q}$ 的加法和乘法都满足交换律和结合律,还满足乘法对加法的分配律,所以 $\mathbf{Q}$ 是一个数域.

5. 运算比较性质

所谓运算比较性质,是指在有理数集内可应用减法运算来比较两数的大小.

定理 10(运算比较性质) 设 $a,b\in\mathbf{Q}$,则有

(1) $a>b\Longleftrightarrow a-b>0$;

(2) $a<b\Longleftrightarrow a-b<0$;

(3) $a=b\Longleftrightarrow a-b=0$.

证 先证"⇒". (1) 设 $a>b$. 若 a 为正数,b 为正数或零,则 $a-b$ 在算术数集中能够施行,其结果为正数,即 $a-b>0$;若 a 为正数,b 为负数,则

$$a-b=a+(-b)>0;$$

若 a,b 都为负数,由于 $a>b$,因而 $|a|<|b|$,所以

$$a-b=a+(-b)>0;$$

若 a 为 0,b 必为负数,显然 $a-b>0$.

(2) 设 $a<b$,则 $b>a$,所以 $b-a>0$,因而其相反数 $-(b-a)<0$,即 $a-b<0$.

(3) 设 $a=b$,则 $a-b=a+(-b)=a+(-a)=0$.

再证"⇐". 设 $a-b>0$,如果 a 不大于 b,根据三分性,必有 $a<b$ 或 $a=b$ 成立. 按照已证结论,可推出 $a-b<0$ 或 $a-b=0$,从而和假设矛盾. 同样可用反证法证明:

$$a<b \Leftarrow a-b<0; \quad a=b \Leftarrow a-b=0.$$

由运算比较性质立即可以推出：有理数的大小顺序满足传递性；若 $a>b, b>c$，则 $a>c$. 运算比较性质不仅在有理数集中成立，在实数集中同样成立. 它是不等式的理论基础.

四、有理数集的性质

性质 1 有理数集 $\mathbf{Q}$ 是一个有序域.

证 上文已证 $\mathbf{Q}$ 是一个数域. 如果一个数域是一个有序集，且满足加法单调性和乘法单调性，就称它是有序域. 已证 $\mathbf{Q}$ 内定义的大小顺序关系满足三分性和传递性，所以 $\mathbf{Q}$ 是一个有序集. 根据运算比较性质容易证明：

(1) 若 $a>b$，则 $a+c>b+c$ （加法单调性）；

(2) 若 $a>b, c>0$，则 $ac>bc$ （乘法单调性）.

所以 $\mathbf{Q}$ 是一个有序域.

性质 2 有理数域具有阿基米德性质，即对于任意 $a, b \in \mathbf{Q}^{+}$，存在一个自然数 n，使得 $na>b$.

证 设 $a=\frac{q_1}{p_1}, b=\frac{q_2}{p_2}$（$p_1, q_1, p_2, q_2 \in \mathbf{N}^*$）. 由自然数集的阿基米德性质知，存在 $n \in \mathbf{N}$ 使 $np_2q_1>p_1q_2$，因此 $n\left(\frac{q_1}{p_1}\right)>\frac{q_2}{p_2}$，即 $na>b$.

性质 3 有理数集具有稠密性，即在任意两个不相等的有理数 a 和 b 之间，总存在无限多个有理数.

证 不妨设 $a<b$. 由于 $a, b \in \mathbf{Q}$，得 $\frac{a+b}{2} \in \mathbf{Q}$. 易知 $a<\frac{a+b}{2}<b$. 说明 a 和 b 两数之间至少有一个有理数 $\frac{a+b}{2}$. 同样，在 a 和 $\frac{a+b}{2}$ 之间，$\frac{a+b}{2}$ 和 b 之间也至少有一个有理数. 以此类推，可见 a 和 b 之间存在无限多个有理数.

性质 4 有理数集是一个可列集.

证 一切非零有理数都可写成 $\frac{m}{n}$（$m \in \mathbf{Z}^*, n \in \mathbf{N}^*$）的形式. 因此可将全体有理数按照以下规则排列：

(1) 0 排在最前边.

(2) 正分数依据分子与分母之和的大小排列. 和较小的排在前边，和较大的排在后边. 在和相等时，分子大的排在前边.

(3) 负分数紧挨在与它的绝对值相等的正分数的后边.

(4) 凡分数值相等的分数，只排列最前边的一个，其余略去.

按照上述规则，全体有理数依次排成：

$$0,\frac{1}{1},\frac{-1}{1},\frac{2}{1},\frac{-2}{1},\frac{1}{2},\frac{-1}{2},\frac{3}{1},\frac{-3}{1},\frac{1}{3},\frac{-1}{3},$$

$$\frac{4}{1},\frac{-4}{1},\frac{3}{2},\frac{-3}{2},\frac{2}{3},\frac{-2}{3},\frac{1}{4},\frac{-1}{4},\cdots.$$

这样，每个有理数都有其固定位置，因而与正整数集建立起一一对应关系，故 **Q** 是可列集.

§ 2.5　近似计算①

在现代社会的实践活动、科学研究和经济交往中，人们使用各种工具和仪表进行计数和测量所得的原始数据，绝大多数是近似的，因而实际中经常需要进行近似计算.

定义 20　一个量在被观测时所具有的真实大小叫做真值. 通常由观测所得的原始数据只是近似地表示某一个量的真值的数，这种数叫做近似值或近似数.

除原始数据外，计算过程中也会产生新的近似数. 例如，$\frac{10}{3}=3.333\cdots$，任何精密的计算工具在计算时都不可能使用这个准确的无限小数，而通常截取适当位数的近似值. 为了既能保证计算结果达到一定的精确程度，又能提高速度以满足实际需要，这就必须研究近似计算的理论与方法.

实用上的近似计算的对象通常为正数，这里也主要讨论正数的近似计算. 遇到负数时可按相反数概念变通处理.

一、近似值的几种截取方法

近似值的截取方法主要有去尾法、进一法和四舍五入法.

1. 去尾法

用去尾法截取近似值时，把原来的数只保留到某个指定的数位，而把该数位右边的数字全部去掉. 由于去尾法只舍不入，对于正数，用去尾法截取到的近似值是不足近似值，其误差的绝对值不超过所截留的最后一个数位上的一个单位；而负数用去尾法截得的是过剩近似值.

例如，用去尾法把 $\pi=3.141\,592\,6\cdots$ 截取到万分位时，得近似值 3.141 5，其误差的绝对值不超过 0.000 1. 而将 $-\sqrt{3}=-1.732\,05\cdots$ 截取到万分位，得近似值 $-1.732\,0$，却是一个过剩近似值.

2. 进一法

进一法也叫收尾法. 它的做法是：把原来的数保留到某个指定的数位，并且在这个数位上加 1，而把该数位右边的数字全部去掉. 因此，正数用进一法截得的近似值是

① 本节三、四小节可作为选学内容.

过剩近似值，而负数用它截得的是不足近似值. 其误差的绝对值不超过所截留的最后一个数位上的一个单位.

例如，用进一法把 $\pi=3.141\ 592\ 6\cdots$ 截取到万分位时，得近似值 3.141 6，其误差的绝对值不超过 0.000 1.

3. 四舍五入法

四舍五入法的做法，是把原来的数保留到某个指定的数位：

(1) 如果该数的下一位数字小于 5，就按去尾法处理；

(2) 如果下一位数字大于 5，或者虽然是 5，但 5 之后仍有非零数字，就按进一法处理；

(3) 如果该数位的下一位数字正好是 5，且其后没有非零数字，就按偶数法则处理：若该数位的数字是偶数，则用去尾法；若该数位的数字是奇数，则用进一法，使它变成偶数.

例如，用四舍五入法把 $\pi=3.141\ 592\ 6\cdots$ 截到百分位时，得近似值是 3.14；截到千分位时，得近似值是 3.142.

又如用四舍五入法把 5.365 截到百分位，因千分位上数字正好是 5，根据偶数法则用去尾法处理，故得 5.36. 而如果把 5.635 截到百分位，则按偶数法则用进一法处理，截得 5.64.

用四舍五入法截取近似值，可能是原数的不足近似值，也可能是原数的过剩近似值. 它的误差的绝对值不超过所截留的最后一个数位上的半个单位. 因此这种方法有两个优点：

(1) 对于同一个数来说，用四舍五入法截取到一个指定的数位，所产生的误差的绝对值，一般要比只用去尾法或只用进一法截取时小.

(2) 在涉及多个数的计算中，用四舍五入法截取近似值，有可能使某些数比原数小一些，另一些数比原数大些. 这样，它们所产生的误差往往可以相互抵消一部分，从而使计算结果的精确度要稍高一些.

所以，一般计算问题中常用四舍五入法截取近似值；只在某些特殊情形下，根据问题的具体要求采用去尾法或进一法.

二、近似值精确程度的衡量

1. 绝对误差与绝对误差界

一个量的近似值 a 和它的真值 A 的差 $a-A$，叫做近似值 a 的误差. 因此误差可能是正数，也可能是负数或 0. 但是在许多实际问题中，人们关心的只是近似值偏离真值多远，而对于近似值究竟比真值大还是比真值小并不关注. 因此引入了绝对误差的概念.

定义 21 设某一个量的真值为 A，它的近似值为 a，则

$$\alpha=|A-a|$$

叫做近似值 a 的绝对误差.

在许多场合,所度量的量的真值是无法知道的,因而也无法准确地确定近似值的绝对误差.但是,根据近似值的来源和性质,或根据近似值的截取方法,一般可以估计出绝对误差的范围,即可以定出它的一个尽量小的上界.

定义 22　近似值 a 的绝对误差 $|A-a|$ 的一个尽量小的上界 Δ,叫做 a 的绝对误差界,即

$$|A-a|\leqslant\Delta.$$

如果由此不等式解出 A,即真值 A 的范围:

$$a-\Delta\leqslant A\leqslant a+\Delta,$$

这里,$a-\Delta$ 叫做 A 的一个下界,$a+\Delta$ 叫做 A 的一个上界.

例如,已知近似数 2.74 是用四舍五入法截得的,我们就可以据此定出它的绝对误差界为 $\Delta=0.005$,即

$$|A-2.74|\leqslant 0.005,$$

$$2.74-0.005\leqslant A\leqslant 2.74+0.005,$$

上面的式子表明真值 A 在 2.735 和 2.745 之间.这时可记作 $A=2.74(\pm 0.005)$.一般地,绝对误差界 Δ 常冠以正负号写在近似值 a 的后面,并加上括号,即写成 $a(\pm\Delta)$ 的形式.

2. 相对误差与相对误差界

对于测量同一个量得到的几个近似值,可以用它们的绝对误差或绝对误差界来比较其精确度的高低.但是,对于测量不同量的近似值,单凭它们的绝对误差界还不足以比较测量质量的高低.例如,称一只大象的体重,所得结果的绝对误差界为 20 kg;称一只狐狸的体重,所得的绝对误差界为 50 g.虽然前者的绝对误差界是后者的 400 倍,我们也不能据此断定后者称得的结果比前者更为准确.这个例子说明,两个近似值的准确程度的高低,不仅与它们的绝对误差或绝对误差界有关,也与近似值本身的大小有关.因此,为了比较真值不同的近似值的准确程度的高低,常采用它们的相对误差.

定义 23　近似值 $a(a\neq 0)$ 的绝对误差 α 与 a 的绝对值之比,叫做近似值 a 的相对误差,记作 α',即

$$\alpha'=\frac{\alpha}{|a|}=\left|\frac{A-a}{a}\right|.$$

由于真值 A 一般无法知道,因而绝对误差和相对误差都无法求得.所以,如同引入绝对误差界一样,也需要引入相对误差界的概念.

定义 24　近似值 $a(a\neq 0)$ 的绝对误差界 Δ 与 a 的绝对值的比,叫做近似值 a 的相对误差界,记作 δ,即

$$\delta=\frac{\Delta}{|a|}.$$

显然，$\alpha'=\dfrac{\alpha}{|a|}\leqslant\delta$. 相对误差界常常是一个不名数，可用百分比表示. 如果一个近似值的 δ 等于 $p\%$，表明这个近似值准确到它的 $p\%$. 一个近似值的相对误差界越小，它的准确度就越高.

在上面的例子中，如果称得大象的体重为 5 120 kg，称得狐狸的体重为4 160 g. 设大象体重和狐狸体重的相对误差界分别为 δ_1 和 δ_2，则

$$\delta_1=\frac{20}{5\ 120}\approx 0.003\ 9=0.39\%,$$

$$\delta_2=\frac{50}{4\ 160}\approx 0.012=1.2\%.$$

因此，大象体重 5 120(±20) kg 比狐狸体重 4 160(±50) g 要准确得多.

近似数在科学领域有着广泛的应用. 例如，光速 $c=299\ 792.458(\pm 10^{-3})$ km/s，其相对误差界为 $\delta=10^{-3}\div 299\ 792.458\approx 3.3\times 10^{-9}$. 平日所说光速 3×10^5 km/s，只是约数而已.

3. 有效数字和可靠数字

除了绝对误差界和相对误差界这两个数量指标外，在数值计算中还常常使用有效数字和可靠数字来衡量近似数的准确程度.

定义 25 如果近似数 a 的绝对误差界是某一个数位的半个单位，那么从左边第一个非零数字起直到这个数位止，所有的数字都叫做 a 的有效数字.

一般数学用表中所列的数据，若无特别声明，它们都是用四舍五入法截得的，因而其绝对误差不大于末位上的半个单位. 这样就便于确定所列数据的有效数字. 例如 42.009 有五个有效数字；0.005 3 有两个有效数字；而 4.80 有三个有效数字.

定义 26 如果近似数 a 的绝对误差界是某一数位的一个单位，那么 a 的从左边第一个非零数字起直到这个数位止，所有的数字都叫做 a 的可靠数字.

一个近似数有 n 个有效(或可靠)数字，也称这个近似数有 n 个有效(或可靠)数位.

显然，a 的有效数字一定是 a 的可靠数字，而可靠数字却不一定都是有效数字. 凡用去尾法或进一法截取到的近似值，从左边第一个非零数字起到末位止的数字都是可靠数字；而如果用的是四舍五入法. 那么这些数字就都是有效数字.

当用四舍五入法将 2 500.4 截取到个位，得到近似值 2 500；截取到百位，得到的近似值也是 2 500. 似乎两者没有什么区别. 其实在前一种情况，2 500 的四个数字都是有效数字，而后者只有两个有效数字 2 和 5. 通常用科学记数法来区分这两种情形：前者记为 2.500×10^3，后者记为 2.5×10^3.

上面讲过，可由近似数 a 的绝对误差界来确定 a 的有效(可靠)数字的个数；反过来，根据有效(可靠)数字的个数，也可确定近似数的绝对误差界和相对误差界. 例如，对于 $a_1=2.500\times 10^3$ 来说，它有四个有效数字，绝对误差界是

$$\Delta_1=0.000\ 5\times 10^3=0.5;$$

其相对误差界

$$\delta_1=\frac{0.5}{2\,500}=0.000\,2.$$

对于 $a_2=2.5\times10^{-2}$ 来说，它有两个有效数字，

$$\Delta_2=0.05\times10^{-2}=0.000\,5,\quad \delta_2=\frac{0.000\,5}{2.5\times10^{-2}}=0.02.$$

再如对于 $a_3=2.5\times10^{3}$，

$$\Delta_3=50,\quad \delta_3=0.02.$$

可见 a_2 和 a_3 的相对误差界相同. 一般地，移动一个近似数的小数点的位置会影响绝对误差界的大小，但不会影响相对误差界的大小.

定理 11 具有 n 个有效(可靠)数位的近似数，其相对误差界不受小数点所在位置的影响.

证 设近似数 a 具有 n 个有效(可靠)数位. 若将 a 的小数点向左(或向右)移动 k 位，则它的绝对误差界 Δ 的小数点位置也向左(或向右)移动 k 位. 这样，a 和 Δ 缩小(或扩大)的倍数是相同的，所以 $\delta=\frac{\Delta}{|a|}$ 不会改变.

三、近似数四则运算的经验法则

计算问题中出现的近似数，其误差有正有负，误差界有大有小，处理得当就可能相互抵消一部分. 从而既简化了计算，又可使最后结果达到较好的精确度. 下述关于近似数四则运算的一套做法，被实践证明是行之有效的，称为经验法则.

法则 1 近似数相加减，计算结果所保留的小数位数，应和已知数中精确度最低的相同. 若已知数的小数位数过多，可先四舍五入到比结果应保留的多一位，再行计算.

例 1 求近似数 2.478，53.6，34.634 2 的和.

解 所求的和约为

$$2.48+53.6+34.63=90.71\approx90.7.$$

法则 2 近似数相乘除，计算结果所保留的有效数位个数，应和已知数中有效数位最少的一个相同. 其他已知数中过多的有效数字，可先四舍五入到比结果应保留的多一个，再行计算.

例 2 计算 $(2.58\times10^{3})\div4.279\,52$.

解 原式 $\approx(2.58\times10^{3})\div4.280\approx602.8\approx6.03\times10^{2}$.

法则 3 近似数平方或开方，计算结果所保留的有效数位个数，应和底数或被开方数的有效数位的个数相同.

法则 4 近似数的混合计算，仍按照通常顺序进行计算. 计算过程中得出的中间结果，一般要比计算结果应保留的数位多一位.

例 3 计算 $8.615\,47+43.2\times1.648\,3-\sqrt{37.2}$.

解 原式$\approx 8.62+43.2\times 1.648-\sqrt{37.2}$

$\approx 8.62+71.19-6.099$

$=73.711\approx 73.7.$

实际进行计算时，首先应判断题中所给数据是近似数还是准确数. 如果是准确数，或者虽然是近似数，但数据比较简单，计算并不费事，这时仍按通常方法计算为宜，不必照搬上述经验法则. 还应注意，上述法则中保留数位的方法只是通常采用的，有其相对合理性，但在实际问题中，可按具体情况变通处理. 当遇到特殊情况时要特殊处理. 例如，一项重要研究中遇到两个近似数相减：

$$13.2-13.195.$$

虽然按法则 1，13.195 应四舍五入到只保留两位小数，但是如果真这样做，结果就为 0 了. 观察到题设两个数虽然十分接近，但很难据此断定它们的差数为 0. 所以这时不必硬套近似计算法则，仍以原始数据按通常减法求其结果为妥，即

$$13.2-13.195=0.005.$$

四、预定精确度的计算方法

这类问题要根据对计算结果预先规定的精确度，先确定原始数据的截留. 下面按预定精确度的给出方法的不同，分类进行讨论.

1. 结果的预定精确度用可靠(有效)数字的个数表出的问题

法则 1 在预定精确度的近似数加法中，如果要求和具有 n 个可靠(有效)数字，则相加近似数中最大的一个必须取 $n+1$ 个有效数字，其余各个近似数截取到与最大数的末位有效数字相同的数位上.

例 4 计算$\sqrt{2\,563}+\pi+\sqrt{2}$，使结果具有 3 个可靠数字.

解 按法则 1，$\sqrt{2\,563}$必须取 4 个有效数字.

$$\text{原式}\approx 50.63+3.14+1.41$$
$$=55.18\approx 55.2.$$

法则 2 在预定精确度的近似数减法中，如果要求差具有 n 个可靠(有效)数字，则被减数至少取 n 个有效数字，减数截取到与被减数末位有效数字相同的数位上.

例 5 计算$\sqrt{245}-\pi$，使结果具有 4 个可靠数字.

解 按法则 2，$\sqrt{245}$至少取 4 个有效数字.

$$\sqrt{245}-\pi\approx 15.65-3.14=12.51.$$

法则 3 在预定精确度的乘、除运算中，如果要求积或商具有 n 个可靠(有效)数字，则各个近似值都必须取 $n+1$ 个有效数字.

例 6 一个梯形场地的上底 a 约 50 m，下底 b 约 80 m，高 h 约 60 m. 根据建设要求，面积 S 应具有 3 位有效数字，试问重新测量时应达到怎样的精确度?

解 $S=\frac{1}{2}(a+b)h$.

要使 S 有 3 位有效数字，$(a+b)$ 和 h 都必须有 4 个有效数字. 因 h 约 60 m，所以测量 h 要精确到 0.005 m；因 $a+b$ 约 130 m，所以测量 a 和 b 只要精确到 0.05 m.

2. 结果的预定精确度用绝对误差界给出的问题

对于只含有加、减运算的问题，可应用下面的法则 4.

法则 4 在预定精确度的近似数加、减法中，如果要求结果精确到 n 位小数，那么原始数据应该取到 $n+1$ 位小数.

例 7 求和 $S=\frac{1}{3}-\frac{1}{4}+\frac{1}{5}-\frac{1}{6}+\frac{1}{7}-\frac{1}{8}+\frac{1}{9}$，使结果精确到 0.001.

解 本题要求结果精确到 3 位小数(或者说，结果的绝对误差界为0.000 5). 将式中 7 个分数化成小数时，除$\frac{1}{4}$，$\frac{1}{5}$和$\frac{1}{8}$可取准确值之外，其余只能取近似值，都要取到四位小数，即

$$\begin{aligned}S&=\left(\frac{1}{3}+\frac{1}{5}+\frac{1}{7}+\frac{1}{9}\right)-\left(\frac{1}{4}+\frac{1}{6}+\frac{1}{8}\right)\\&\approx(0.333\,3+0.2+0.142\,9+0.111\,1)-(0.25+0.166\,7+0.125)\\&=0.787\,3-0.541\,7=0.245\,6\\&\approx0.246.\end{aligned}$$

对于含有乘、除运算的问题，可先依据原始数据的粗略值，估计一下结果的大小；然后由已知结果的绝对误差，确定结果应有的可靠(有效)数字个数，从而化为第 1 类问题应用法则 3 解决.

例 8 一块长方体金属的长约 15 cm，宽约 8 cm，高约 6 cm. 要使算出的体积 V 的绝对误差不超过 5 cm^3，问测量时应达到怎样的精确度？

解 V 值约为 $15\times8\times6=720(cm^3)$. 因其绝对误差不超过 5 cm^3，故 V 值应有 2 个有效数字，所以测得的长、宽、高都必须有 3 个有效数字，即长度精确到 0.05 cm，宽和高精确到 0.005 cm.

3. 结果的预定精确度用相对误差界给出的问题

这类问题可先估计结果的大小，然后依据公式 $\Delta=\delta|a|$ 算出结果的绝对误差，从而转化为第 2 类问题.

例 9 一个直圆柱的底半径约为 10 cm，高约 20 cm. 问要使它的体积的相对误差界不超过 1%，底半径和高应当用怎样的精确度的量具来量？π 的值应取几位？

解 先估计一下直圆柱的粗略体积：

$$V\approx3.14\times10^2\times20\approx6\,300(cm^3).$$

又体积 V 的绝对误差界

$$\Delta=|a|\delta=6\,300\times1\%=63(cm^3),$$

因此，V 的千位和百位数字应是可靠数字，即 V 应具有两个可靠数字. 根据法则 3，近似数据都应取 3 个有效数字，即底半径和高都要精确到 0.05 cm，所以要用精确到 0.05 cm 的量具来量. 至于常数 π，应取近似值 3.14.

§ 2.6 实 数 域

在有理数域内，虽然加、减、乘、除（除数不为 0）可以通行无阻，但是还不足以保证正数开方运算的实施. 另外，有理数也不足以保证能够准确地表达线段度量的结果. 这一事实早在公元前 5 世纪就被古希腊毕达哥拉斯学派所发现. 因此需要将有理数域进一步扩展到实数域.

本节在有理数集的基础上，用添加元素法建立比较系统的实数理论.

一、无理数的引入

前面说过，任何一个有理数 r 都可以用数轴 Ox 上的一个对应点 P 来表示. 这时称数 r 为点 P 的坐标. 然而对于数轴上任意一点，它的坐标却不一定是有理数.

例 1 如图 2.2 所示，以数轴的单位长线段 OE 为一边，在其上作一个正方形 $OABE$，在数轴 Ox 的正方向上取线段 OM，使 $OM=OB$. 试证明：点 M 的坐标 r 不是有理数.

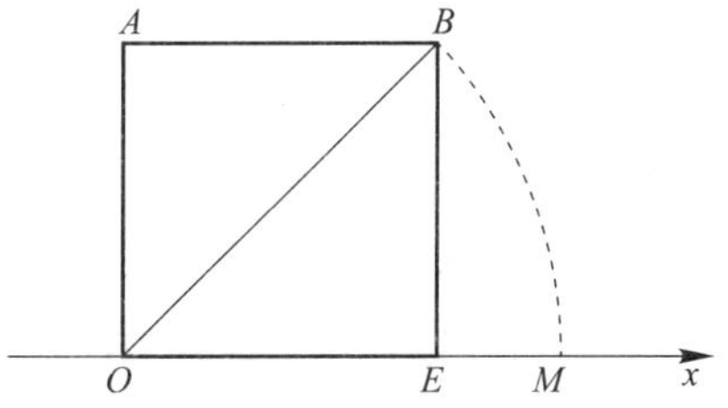

图 2.2

证 假设点 M 的坐标 r 是一个有理数，则 $OB=OM=r$. 又 $OE=EB=1$，在 $\text{Rt}\triangle OEB$ 中，

$$OB^2=OE^2+EB^2=1^2+1^2=2,$$

即 $r^2=2$. 因为 r 是正有理数，可设 $r=\dfrac{m}{n}$，其中 $m,n\in\mathbf{N}^*$，m,n 互素. 又因 r 显然不是整数，所以 $n>1$. 于是得

$$\left(\frac{m}{n}\right)^2=2,\quad 即\ m^2=2n^2. \qquad ①$$

这说明 m^2 是一个偶数. 若 m 不是偶数，设 $m=2u+1$，则

$$m^2=(2u+1)^2=4(u^2+u)+1$$

是奇数，矛盾. 所以 m 是一个偶数. 设 $m=2m_1$，代入①式，得 $2m_1^2=n^2$，因此 n^2 是偶数，因而 n 也是一个偶数. 这和 m,n 互素矛盾，所以 r 不是有理数.

这表明用正方形的边长去度量对角线的结果不是有理数，即表明方程 $x^2=2$ 在有理数集 $\mathbf{Q}$ 中无解. 或者说，2 的正平方根 $\sqrt{2}$ 不是有理数.

为了用小数表达 $\sqrt{2}$，可用普通开平方的方法. 由于求得首商后，总要在余数后面补上两个 0，再用首商的 20 倍去试除，无论试商是 1，2，…，9 中的哪一个数，加在首商

20 倍上再用它去乘，末位总不会是 0. 因此，余数后面补上两个 0 之后，减去不为 0 的数，总有新的非零余数(计算草式如下)：

```
                 1. 4   1
               √2.00'00'00'
        1² = 1
   1×20 = 20  | 1 00
           4  |
   ---------  |
          24  |   96
 14×20 = 280  | 4 00
           1  |
   ---------  |
         281  | 2 81
              | …
```

如此继续下去，永无止境. 所以$\sqrt{2}$必为无限小数. 但是它不可能是循环小数，因为循环小数可化为分数，就成为有理数了.

定义 27 无限不循环小数叫做无理数.

例如$\sqrt{3}$，$\sqrt[3]{5}$，π，0. 101 001 000 1…，等等都是无理数.

例 2 设 a，$b\in\mathbf{N}$. $a>1$，$b>1$，a，b 互素，求证：$\log_a b$是无理数.

证 假设 $\log_a b=\dfrac{m}{n}$，$m\in\mathbf{Z}$，$n\in\mathbf{N}^*$，则

$$a^m=b^n.$$

当 $m\leqslant 0$ 时，上式显然不成立；而当 $m>0$ 时，上式与 a，b 互素相矛盾. 因此 $\log_a b$ 不是有理数，所以它只能是无理数.

二、实数概念及其顺序

1. 实数概念

定义 28 正的十进小数 $\alpha=p.p_1p_2\cdots p_n\cdots$ 叫做正实数. 其中 p 是自然数，$p_i(i=1,2,\cdots,n,\cdots)$是十进数码，且当 $p=0$ 时，p_i不全为 0. 对于每一个正实数 α，有一个新元素$-\alpha$ 与其对应，满足

$$\alpha+(-\alpha)=(-\alpha)+\alpha=0,$$

这些新元素叫做负实数. α 和$-\alpha$ 叫做互为相反数.

正实数、负实数和 0，统称为实数. 由一切实数组成的数集，叫做实数集，通常记为 $\mathbf{R}$. 综上所述，实数可作如下分类：

$$\text{实数(无限小数)}\begin{cases}\text{有理数(无限循环小数)}\begin{cases}\text{正有理数}\\ \text{零}\\ \text{负有理数}\end{cases}\\ \text{无理数(无限不循环小数)}\begin{cases}\text{正无理数}\\ \text{负无理数}\end{cases}\end{cases}$$

实数的绝对值概念. 可仿照有理数的绝对值去定义.

2. 实数的顺序

定义 29 两个正实数 α,β 比较大小,可先将它们化成小数,如果整数部分不同,整数部分大的那个数大;如果整数部分相同,而小数第一位不同,则小数第一位大的数较大;如果小数第一位也相同,则小数第二位大的数较大,以下以此类推. 如果它们的所有对应数位上的数码都相同,就说它们是相等的.

关于正实数、负实数和 0 的大小规定与有理数的规定相同. 事实上,实数大小的比较方法完全沿用了有理数大小的比较方法. 因此,有理数的基本顺序律,如三分性和传递性,在实数集里仍然成立.

由 §2.4 可知,有理数稠密地分布在数轴上,但有理数集是实数集的真子集,数轴上除了有理点,还"挤进"无理点. 可想而知,实数集也满足稠密性:在任意两个不相等的实数 α 和 β 之间,总存在无限多个实数.

三、退缩有理闭区间序列

定义 30 如果有理数列 $\{a_n\}$ 和 $\{b_n\}$ 满足

(1) $a_1\leqslant a_2\leqslant\cdots\leqslant a_n\leqslant\cdots,b_1\geqslant b_2\geqslant\cdots\geqslant b_n\geqslant\cdots$;

(2) 对于所有的 n 都有 $a_n<b_n$;

(3) 对于预先给定的任意小正数 ε,当 n 充分大时可使差

$$b_n-a_n<\varepsilon,$$

则称有理闭区间序列

$$[a_1,b_1],[a_2,b_2],\cdots,[a_n,b_n],\cdots$$

为退缩有理闭区间序列. 又由于它具有性质:

$$[a_1,b_1]\supseteq[a_2,b_2]\supseteq[a_3,b_3]\supseteq\cdots\supseteq[a_n,b_n]\supseteq\cdots,$$

因此也称它为有理闭区间套.

在上述定义中,如果数列 $\{a_n\}$ 和 $\{b_n\}$ 为实数数列,那么就称它为闭区间套或退缩闭区间序列,有时也简称区间套.

定理 12(区间套定理) 设 $\{[a_n,b_n]\}$ 是一个区间套,则存在唯一的一个实数 ξ,使得

$$\xi\in[a_n,b_n],\quad n=1,2,3,\cdots.$$

关于区间套定理的证明,可参看数学分析课本.

定理 13 对于每一个退缩有理闭区间序列 $\{[a_n,b_n]\}$,存在唯一的实数 α,使它属于序列里的每一个闭区间,即满足

$$a_n\leqslant\alpha\leqslant b_n\quad(n\in\mathbf{N}^*).$$

定理 13 可以看成区间套定理的特殊情形.

例 3 以圆周率 π 的精确到 $\frac{1}{10^n}$ 的不足近似值和过剩近似值为界限作成闭区间，将得到退缩有理闭区间序列

$$[3.1,3.2],[3.14,3.15],[3.141,3.142],\cdots.$$

这个序列所确定的唯一实数就是 π.

本节开头说过，数轴上任意一点的坐标不一定是有理数. 但因为数轴 Ox 上任意一点 P 的坐标的绝对值，是用单位线段 OE 度量 OP 所得的量数，而这个量数必然是一个无限小数(视整数和有限小数的循环节为 0)，所以任意一点 P 的坐标必然是一个实数. 反过来，任意一个实数必然是数轴上某一点的坐标，这就是将要证明的定理 14. 作为预备，先介绍康托尔公理.

康托尔公理(退缩线段公理) 设直线 l 上一系列线段 $A_1B_1,A_2B_2,\cdots,A_nB_n,\cdots$ 满足

$$A_1B_1\supseteq A_2B_2\supseteq\cdots\supseteq A_nB_n\supseteq\cdots,$$

且当 n 充分大时，$|A_nB_n|$ 可以任意小，则在 l 上有且只有一点 $P\in A_nB_n\ (n=1,2,3,\cdots)$.

定理 14 对于任意给定的实数 α，数轴上一定有唯一的一个点和它对应.

证 对于一个给定的正实数 α，取其精确到 0.1,0.01,0.001,…的不足近似值 a_n 和过剩近似值 $b_n\ (n=1,2,3,\cdots)$，就可以构造退缩有理闭区间序列

$$[a_1,b_1],[a_2,b_2],[a_3,b_3],\cdots,[a_n,b_n],\cdots.$$

根据定理 13，给定的实数 α 是属于序列里每一个闭区间的唯一实数. 因为每个有理数都对应着数轴上的一个有理点，可设有理数 a_n 和 b_n 分别对应于数轴上的点 A_n 和 B_n $(n=1,2,3,\cdots)$. 这样我们就得到数轴上的一系列线段

$$A_1B_1,A_2B_2,A_3B_3,\cdots,A_nB_n,\cdots$$

满足

$$A_1B_1\supseteq A_2B_2\supseteq A_3B_3\supseteq\cdots\supseteq A_nB_n\supseteq\cdots,$$

而且当 n 充分大时，$|A_nB_n|$ 可以任意小. 那么，根据康托尔公理，这时数轴上有且只有一点 $P\in A_nB_n\ (n=1,2,3,\cdots)$.

这个唯一的点 P 就是给定实数 α 在数轴上的对应点. 这样，实数集和数轴上的点集就建立了一一对应的关系.

四、实数的运算

1. 实数的四则运算

我们先讨论正实数的运算，其中要涉及近似值和原数的比较. 不足近似值一般小于原数. 但若在理论探讨时需要将一个正有限小数写成无限小数形式，例如将 2.753 写成 2.753 000…，这时若用去尾法截取不足近似值就可能等于原数. 譬如截取三位小数，得 2.753，等于原数.

定义 31 如果一个实数 γ 大于(或等于)两个给定的正实数 α,β 的一切对应的不足近似值的和,而小于 α,β 的一切对应的过剩近似值的和,即对于任意非负整数 n 都有

$$\alpha_n^- + \beta_n^- \leqslant \gamma < \alpha_n^+ + \beta_n^+,$$

其中 α_n^-,β_n^- 与 α_n^+,β_n^+ 分别表示 α 与 β 的精确到 $\frac{1}{10^n}$ 的不足近似值与过剩近似值,则称实数 γ 是 α 与 β 的和,记作 $\alpha+\beta=\gamma$.

定理 15 正实数 α 与 β 的和是唯一存在的.

证 将 α 与 β 的相应的不足近似值和过剩近似值分别相加,得

$$a_0=\alpha_0^- + \beta_0^-, a_1=\alpha_1^- + \beta_1^-, \cdots, a_n=\alpha_n^- + \beta_n^-, \cdots,$$
$$b_0=\alpha_0^+ + \beta_0^+, b_1=\alpha_1^+ + \beta_1^+, \cdots, b_n=\alpha_n^+ + \beta_n^+, \cdots.$$

显然,序列 $\{a_n\}$ 是单调递增的,序列 $\{b_n\}$ 是单调递减的,且对于任何 n,都有 $a_n<b_n$. 当 n 充分大时,差 b_n-a_n 可以小于预先给定的任意小正数. 事实上,

$$\begin{aligned} b_n-a_n &= (\alpha_n^+ + \beta_n^+) - (\alpha_n^- + \beta_n^-) \\ &= (\alpha_n^+ - \alpha_n^-) + (\beta_n^+ - \beta_n^-). \end{aligned}$$

设 $\varepsilon>0$,可取足够大的 n,使

$$\alpha_n^+ - \alpha_n^- < \frac{\varepsilon}{2}, \quad \beta_n^+ - \beta_n^- < \frac{\varepsilon}{2},$$

从而有

$$b_n-a_n<\frac{\varepsilon}{2}+\frac{\varepsilon}{2}=\varepsilon.$$

所以,序列 $\{[a_n,b_n]\}=\{[\alpha_n^- + \beta_n^-, \alpha_n^+ + \beta_n^+]\}$ 是一个退缩有理闭区间序列. 根据定理 13,它确定唯一的实数 γ. 由定义 31 知,γ 就是 α 与 β 的和.

正实数的加法满足交换律. 事实上,和 $\alpha+\beta$ 是由退缩有理闭区间序列

$$\{[\alpha_n^- + \beta_n^-, \alpha_n^+ + \beta_n^+]\}$$

所确定的,和 $\beta+\alpha$ 是由序列

$$\{[\beta_n^- + \alpha_n^-, \beta_n^+ + \alpha_n^+]\}$$

所确定的. 但是 $\alpha_n^-,\beta_n^-,\alpha_n^+,\beta_n^+\in\mathbf{Q}$,有理数的加法满足交换律,则有

$$\alpha_n^- + \beta_n^- = \beta_n^- + \alpha_n^-, \quad \alpha_n^+ + \beta_n^+ = \beta_n^+ + \alpha_n^+,$$

所以

$$\alpha+\beta=\beta+\alpha.$$

同样可以证明,正实数的加法满足结合律.

定义 32 如果一个实数 γ 大于(或等于)两个给定的正实数 α,β 的一切对应的不足近似值的积,而小于 α,β 的一切对应的过剩近似值的积,即对于任意非负整数 n 都有

$$\alpha_n^- \beta_n^- \leqslant \gamma < \alpha_n^+ \beta_n^+,$$

则称实数 γ 是 α 与 β 的积,记作 $\alpha\cdot\beta=\gamma$.

用类似于定理 15 的证明方法,可以证明任意两个正实数的积是唯一存在的.

根据正实数乘法的定义和有理数集 **Q** 中的运算律,可以证明正实数的乘法满足交换律、结合律,以及乘法对于加法的分配律.

定义 33　设 α,β 为正实数,且 $\alpha>\beta$,满足条件 $\beta+x=\alpha$ 的数 x 叫做 α 减去 β 的差,记作 $\alpha-\beta=x$.

可以证明,差 $\alpha-\beta(\alpha>\beta)$ 被退缩有理闭区间序列 $\{[\alpha_n^- -\beta_n^+,\alpha_n^+ -\beta_n^-]\}$ 所确定,它是唯一存在的一个实数.

定义 34　设 α,β 为正实数,满足条件 $\beta x=\alpha$ 的数 x 叫做 α 除以 β 的商,记作 $\dfrac{\alpha}{\beta}=x$.

同有理数的情形一样,设 β 是正实数,则 $\dfrac{1}{\beta}$ 叫做 β 的倒数,它被退缩有理闭区间序列 $\left\{\left[\dfrac{1}{\beta_n^+},\dfrac{1}{\beta_n^-}\right]\right\}$ 所确定. 这样,商 $\dfrac{\alpha}{\beta}$ 是由退缩有理闭区间序列

$$\left\{\left[\alpha_n^-\cdot\frac{1}{\beta_n^+},\alpha_n^+\cdot\frac{1}{\beta_n^-}\right]\right\}$$

所确定的唯一实数.

综上所述,正实数集中的加、减、乘、除运算都有了定义. 对于实数集中的运算,我们约定:两个负实数,正、负实数,以及正、负实数与零的四则运算,仍按有理数集中的有关规定进行. 例如,设 $\alpha,\beta\in\mathbf{R}^+$,则有

$$\alpha+(-\beta)=\begin{cases}\alpha-\beta, & \alpha>\beta,\\ 0, & \alpha=\beta,\\ -(\beta-\alpha), & \alpha<\beta;\end{cases}$$

$$(-\alpha)+(-\beta)=-(\alpha+\beta);$$

$$(-\alpha)\beta=\alpha(-\beta)=-(\alpha\beta);$$

$$(-\alpha)(-\beta)=\alpha\beta;$$

$$\alpha+0=\alpha,\quad \alpha\cdot 0=0,$$

等等.

由于实数运算沿袭了有理数运算的规则,所以在有理数集中成立的运算比较性质在实数集中仍然成立.

2. 正实数的开方

定理 16　对于任意正实数 α,存在唯一的正实数 x,它的 n 次乘方等于 α.

证　先证存在性,即要证明存在一个数

$$x=p_0.p_1p_2\cdots p_n\cdots$$

满足 $x^n=\alpha$.

先确定 p_0. 考察序列

$$0^n,1^n,2^n,\cdots,k^n,\cdots,$$

其中必有大于 α 的数. 把大于 α 的数中的最小的一个记作 $(p_0+1)^n$，则有

$$p_0^n \leqslant \alpha < (p_0+1)^n.$$

若式中等号成立，则 $x=p_0$；若等号不成立，则 p_0 就是 x 的整数部分.

次确定 p_1. 把区间 $[p_0, p_0+1]$ 分成十等份. 作序列

$$p_0^n, \left(p_0+\frac{1}{10}\right)^n, \left(p_0+\frac{2}{10}\right)^n, \cdots, \left(p_0+\frac{9}{10}\right)^n, (p_0+1)^n,$$

把其中大于 α 的数中最小数记作 $\left(p_0+\frac{p_1+1}{10}\right)^n$，则

$$\left(p_0+\frac{p_1}{10}\right)^n \leqslant \alpha < \left(p_0+\frac{p_1+1}{10}\right)^n,$$

如果上式中等号成立，则 $x=p_0.p_1$；如果等号不成立，则 p_1 已确定为 x 的十分位上的数码. 再将区间 $\left[p_0+\frac{p_1}{10}, p_0+\frac{p_1+1}{10}\right]$ 分成 10 等份，去寻找 x 的百分位上的数码 p_2. 如此继续下去，就得到实数 $x=p_0.p_1p_2\cdots p_m\cdots$，它的精确到 $\frac{1}{10^m}$ 的不足近似值与过剩近似值分别为

$$x_m^- = p_0.p_1p_2\cdots p_m \quad \text{和} \quad x_m^+ = p_0.p_1p_2\cdots p_m' \ (p_m' = p_m+1).$$

x_m^- 和 x_m^+ 满足条件

$$(x_m^-)^n \leqslant \alpha < (x_m^+)^n.$$

由实数的乘法定义可以推知，x^n 是满足

$$(x_m^-)^n \leqslant x^n < (x_m^+)^n$$

的唯一实数. 所以 $x^n=\alpha$.

再证 x 的唯一性. 假设 y 是满足 $y^n=\alpha$ 且异于 x 的另一正实数. 如果 $y>x$，则 $y^n>x^n=\alpha$；如果 $y<x$，则 $y^n<x^n=\alpha$，都与 $y^n=\alpha$ 相矛盾. 所以满足 $x^n=\alpha$ 的 x 是唯一的.

定义 35 设 $\alpha \geqslant 0$，整数 $n>1$，则称适合 $x^n=\alpha$ 的非负实数 x 为 α 的 n 次算术根，记作 $\sqrt[n]{\alpha}$.

当 $\alpha=0$ 时，显然 0 的 n 次算术根仍为 0.

值得注意的是，虽然在非负实数集里，开方运算总能实施；但在实数集里，负数的偶次方根就不存在. 要解决这一问题，有待将实数集作进一步扩展.

五、实数集的性质

性质 1 实数集 $\mathbf{R}$ 是一个数域，而且是一个有序域.

证 实数集 $\mathbf{R}$ 含有 0 和 1，并在 $\mathbf{R}$ 内定义了加、减、乘、除(除数不为 0)四种运算，而且这些运算都封闭. 又 $\mathbf{R}$ 的加法和乘法都满足交换律、结合律，还满足乘法对加法的分配律，所以 $\mathbf{R}$ 是一个数域.

又 $\mathbf{R}$ 里任意两个实数之间都存在顺序关系，且这个顺序关系满足三分性和传递

性，所以实数集是一个有序集.

根据在实数集中仍然成立的运算比较性质，易证：

(1) 若 $\alpha>\beta$，则 $\alpha+\gamma>\beta+\gamma$；

(2) 若 $\alpha>\beta$，$\gamma>0$，则 $\alpha\gamma>\beta\gamma$.

这说明实数运算满足加法单调性和乘法单调性，所以实数域是个有序域.

性质 2　实数集中阿基米德性质成立：对于任意两个正实数 α，β，必存在自然数 n 满足 $n\alpha>\beta$.

证　设 a，b 是两个正有理数，且有 $a<\alpha$ 及 $b>\beta$. 根据有理数集中的阿基米德性质，总可以找到一个自然数 n，使 $na>b$. 但因为 $n\alpha>na$，所以有 $n\alpha>na>b>\beta$，即 $n\alpha>\beta$.

性质 3　实数集具有连续性.

关于实数集的连续性在数学分析中已作详尽研究. 其几何意义就是实数集和数轴上的点集可以建立一一对应的关系.

性质 4　实数集是不可数集.

证　只需证明实数集的一个无穷子集 M 是不可数集就行了. 设

$$M=\{x\mid 0<x<1, x\in\mathbf{R}\},$$

则 M 中一切实数都可表示为 $0.q_1q_2\cdots q_n\cdots$，其中 q_i 代表数码 0，1，2，…，9 中的一个，并且把有限小数看成以 0 为循环节的无限小数.

假设 M 是可数集合，那么它的元素可以按自然数编号全部排列如下：

$$\alpha_1=0.q_{11}q_{12}q_{13}\cdots q_{1n}\cdots,$$

$$\alpha_2=0.q_{21}q_{22}q_{23}\cdots q_{2n}\cdots,$$

$$\alpha_3=0.q_{31}q_{32}q_{33}\cdots q_{3n}\cdots,$$

$$\cdots,$$

$$\alpha_n=0.q_{n1}q_{n2}q_{n3}\cdots q_{nn}\cdots,$$

$$\cdots,$$

于是，$M=\{\alpha_1,\alpha_2,\alpha_3,\cdots,\alpha_n,\cdots\}$.

再作一个实数 $\beta=0.b_1b_2b_3\cdots b_n\cdots$，使 $b_i\neq q_{ii}$，$b_i\neq 0$ 及 $b_i\neq 9(i=1,2,\cdots)$. 因为 $0<\beta<1$，所以 $\beta\in M$. 而

$$b_1\neq q_{11}，所以\ \beta\neq\alpha_1；$$

$$b_2\neq q_{22}，所以\ \beta\neq\alpha_2；$$

$$\cdots,$$

$$b_n\neq q_{nn}，所以\ \beta\neq\alpha_n；$$

$$\cdots,$$

所以有 $\beta\notin M$，这与 $\beta\in M$ 矛盾，因此 M 为不可数集. 因而实数集是不可数集.

性质 3 和性质 4 是实数域区别于有理数域的两个重要特征.

§ 2.7 复 数 域

在实数集中，负数不能开偶次方，致使一些看似简单的二次方程和三次方程问题也无法解答. 为了解决这一矛盾，必须把实数集扩展到复数集.

中学数学采用添加元素法引入新数 i，规定 $i^2=-1$，从而定义 $a+bi$ 为复数，并对复数运算作了详细的讨论. 本节从另一角度，以有序实数对构造复数，继而用向量观点处理，并对复数集的性质作了进一步的研究.

一、复数概念与复数域的构成

定义 36 设集合 $C=\mathbf{R}\times\mathbf{R}=\{(a,b)\mid a,b\in\mathbf{R}\}$ 内定义了加法和乘法运算：

$$(a,b)+(c,d)=(a+c,b+d),$$
$$(a,b)(c,d)=(ac-bd,ad+bc),$$

则称集合 C 为复数集，其中的元素 (a,b) 叫做复数. a 叫做复数 (a,b) 的实部，b 叫做复数 (a,b) 的虚部，并分别记作 $\mathrm{Re}(a,b)$ 和 $\mathrm{Im}(a,b)$.

两个复数相等的条件和两个有序对相等的条件是一致的，即当且仅当 $a=c$ 且 $b=d$ 时，$(a,b)=(c,d)$.

定理 17 复数集 C 关于它的加法和乘法构成复数域.

证 由复数的加法定义可知，两个复数相加归结为实数相加，因此像实数加法一样满足交换律和结合律.

根据加法定义，

$$(a,b)+(0,0)=(0,0)+(a,b)=(a,b),$$

所以复数集具有零元 $(0,0)$；对于任意 $(a,b)\in C$，其加法逆元为 $(-a,-b)$.

下面证复数的乘法满足结合律：设 $(a,b),(c,d),(e,f)\in C$，则

$$[(a,b)\cdot(c,d)](e,f)=(a,b)[(c,d)\cdot(e,f)].$$

因为

$$\begin{aligned}\text{左边}&=(ac-bd,ad+bc)(e,f)\\&=(ace-bde-adf-bcf,acf-bdf+ade+bce),\\\text{右边}&=(a,b)(ce-df,cf+de)\\&=(ace-adf-bcf-bde,acf+ade+bce-bdf),\end{aligned}$$

所以左边＝右边，即乘法结合律成立.

同样可证，乘法交换律以及乘法对加法的分配律也成立.

根据乘法定义，$(1,0)(a,b)=(a,b)(1,0)=(a,b)$，所以复数集 C 有单位元 $(1,0)$. 对于每一非零元素 (a,b)，在 C 中均有乘法逆元：因为 $a^2+b^2>0$，所以

$$(a,b)\left(\frac{a}{a^2+b^2},\frac{-b}{a^2+b^2}\right)=(1,0),$$

因此，$\left(\dfrac{a}{a^2+b^2},\dfrac{-b}{a^2+b^2}\right)$就是$(a,b)$的乘法逆元.

根据域的定义，集合 C 对加法和乘法构成一个域，叫做复数域.

二、复数的代数形式

要将复数的有序实数对形式过渡到通常的代数形式，首先要建立一个同构映射.

考虑一切虚部为 0 的复数，它们构成复数集 C 的一个真子集 $R_0=\{(a,0)\mid a\in\mathbf{R}\}$，则映射 $f:(a,0)\to a$ 是 R_0 到 $\mathbf{R}$ 的一个一一映射. 对于任何 $a,b\in\mathbf{R}$，有

$$f[(a,0)+(b,0)]=f(a+b,0)=a+b,$$

$$f[(a,0)\cdot(b,0)]=f(ab,0)=ab,$$

所以，R_0 与 $\mathbf{R}$ 同构. 在同构的意义下，可以把复数$(a,0)$与实数 a 等同起来，即规定

$$(a,0)=a,\quad a\in\mathbf{R}.$$

再考虑一切实部为 0 的复数$(0,a)$，它们可写成

$$(0,a)=(a,0)(0,1)=a\cdot(0,1).$$

令$(0,1)=\mathrm{i}$，则对于任何$(a,b)\in C$，其中 $a,b\in\mathbf{R}$，有

$$(a,b)=(a,0)+(0,b)=(a,0)+b\cdot(0,1)=a+b\mathrm{i}.$$

定义 37 $a+b\mathrm{i}(a,b\in\mathbf{R})$叫做复数$(a,b)$的代数形式. 虚部不为零的复数叫做虚数，实部为零的虚数叫做纯虚数.

i 叫做虚数单位，它满足

$$\mathrm{i}^2=\mathrm{i}\cdot\mathrm{i}=(0,1)(0,1)=(-1,0)=-1.$$

一般地，

$$\mathrm{i}^{4n+1}=\mathrm{i},\ \mathrm{i}^{4n+2}=-1,\ \mathrm{i}^{4n+3}=-\mathrm{i},\ \mathrm{i}^{4n}=1,\quad n\in\mathbf{N}.$$

i 可以和实数进行四则运算，并遵守有关的运算律，运算中可随时把 i^2 换成-1.

定义 38 当两个复数实部相等、虚部互为相反数时，这两个复数叫做共轭复数. 复数 z 的共轭复数记作 $\bar{z}$，即

$$\overline{a+b\mathrm{i}}=a-b\mathrm{i}\quad(a,b\in\mathbf{R}).$$

两个共轭复数的积为实数，即

$$(a+b\mathrm{i})(a-b\mathrm{i})=a^2+b^2\quad(a,b\in\mathbf{R}).$$

由复数的有序实数对形式转换成代数形式，只是形式上的差异，实质上是一样的. 因此，定义 36 和定理 17 中所述复数的运算法则，可以直接"翻译"成复数的代数形式，即

$$(a+b\mathrm{i})+(c+d\mathrm{i})=(a+c)+(b+d)\mathrm{i};$$

$$(a+b\mathrm{i})(c+d\mathrm{i})=(ac-bd)+(ad+bc)\mathrm{i};$$

$$-(a+b\mathrm{i})=(-a)+(-b)\mathrm{i};$$

$$(a+b\mathrm{i})^{-1}=\frac{1}{a+b\mathrm{i}}=\frac{a-b\mathrm{i}}{a^2+b^2}.$$

因此，

$$(a+bi)-(c+di)=(a+bi)+[(-c)+(-d)i]$$
$$=(a-c)+(b-d)i;$$
$$\frac{a+bi}{c+di}=(a+bi)\left(\frac{c-di}{c^2+d^2}\right)$$
$$=\frac{ac+bd}{c^2+d^2}+\frac{bc-ad}{c^2+d^2}i \quad (c+di\neq 0).$$

三、用向量观点处理复数

1. 与复数对应的点和向量

任何一个复数 $z=a+bi$，都可用直角坐标平面内的点 $Z(a,b)$ 来表示(图 2.3). 用以表示复数的直角坐标平面叫做复平面. x 轴叫做实轴，其上的点都表示实数；y 轴(不包括原点)叫做虚轴，其上的点都表示纯虚数.

显然，复数集与复平面上的点集是一一对应的. 设复数 z 的对应点是 Z，点 Z 由向量 $\overrightarrow{OZ}$ 唯一确定(图 2.3). 所以，复数集同复平面内以 O 为起点的一切向量组成的集合也是一一对应的. 但有时要用到不是以原点为起点的向量. 事实上，不论向量的起点在哪里，凡是相等的向量都属于同一个等价类，它们表示同一个复数.

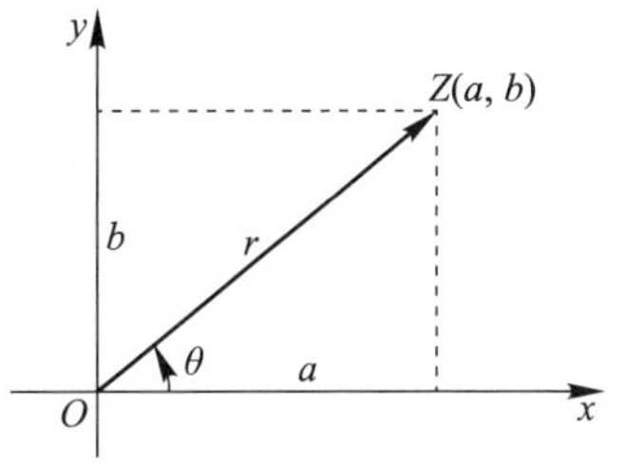

图 2.3

2. 复数的三角形式

向量 $\overrightarrow{OZ}$ 的长度 $|\overrightarrow{OZ}|=r$ 叫做复数 z 的模(或绝对值)，记为 $|z|$. 如果 $z=a+bi$，则

$$r=|\overrightarrow{OZ}|=|z|=|a+bi|=\sqrt{a^2+b^2}.$$

以 x 轴的正半轴为始边、向量 $\overrightarrow{OZ}$ 所在的射线为终边的角 θ，叫做复数 z 的辐角. 非零复数 z 的辐角有无限多个值，其中每两个相差 2π 的整数倍. z 的辐角在 $[0,2\pi)$ 上的值叫做复数 z 的辐角的主值，记作 $\arg z$，所以 $0\leqslant \arg z<2\pi$. 这样，每一个非零复数的辐角的主值是唯一的，它的模也是唯一的. 因此，两个非零复数相等的充要条件是它们的模相等，且辐角的主值也相等. 至于复数 0 的辐角，则可取任意值.

定义 39 设 $z=a+bi(a,b\in\mathbf{R})$ 的模 $|z|=r$，z 的一个辐角是 θ，则称

$$z=r(\cos\theta+i\sin\theta)$$

为复数 z 的三角形式. 其中

$$r=\sqrt{a^2+b^2},\quad \cos\theta=\frac{a}{r},\quad \sin\theta=\frac{b}{r}.$$

复数的三角形式便于进行复数的乘、除、乘方运算. 设复数

$$z_k=r_k(\cos\theta_k+i\sin\theta_k)\quad (k=1,2,\cdots,n)$$

则

$$\begin{aligned}z_1z_2&=r_1(\cos\theta_1+\mathrm{i}\sin\theta_1)\cdot r_2(\cos\theta_2+\mathrm{i}\sin\theta_2)\\&=r_1r_2[(\cos\theta_1\cos\theta_2-\sin\theta_1\sin\theta_2)+\mathrm{i}(\sin\theta_1\cos\theta_2+\cos\theta_1\sin\theta_2)]\\&=r_1r_2[\cos(\theta_1+\theta_2)+\mathrm{i}\sin(\theta_1+\theta_2)].\end{aligned}$$

一般地，有

$$z_1z_2\cdots z_n=r_1r_2\cdots r_n[\cos(\theta_1+\theta_2+\cdots+\theta_n)+\mathrm{i}\sin(\theta_1+\theta_2+\cdots+\theta_n)].$$

在上式中，令

$$r_1=r_2=\cdots=r_n=r,\ \theta_1=\theta_2=\cdots=\theta_n=\theta,$$

得棣莫弗(de Moivre)定理

$$[r(\cos\theta+\mathrm{i}\sin\theta)]^n=r^n(\cos n\theta+\mathrm{i}\sin n\theta).$$

关于复数的开方运算，在后面谈复数集的性质时讨论.

3. 共轭复数和复数的模的性质

在解题构思和运算过程中，共轭复数和复数的模的性质往往能起重要的作用.

共轭复数的几何意义是：和一对共轭复数相对应的两个向量，关于 x 轴成轴对称(虚部为 0 的特殊情形，对应于 x 轴上的同一向量).

共轭复数具有以下性质(由读者自行证明)：

(1) $\overline{\overline{z}}=z$；

(2) $z\,\overline{z}=|z|^2=|\overline{z}|^2=(\mathrm{Re}\,z)^2+(\mathrm{Im}\,z)^2$；

(3) $z+\overline{z}=2\mathrm{Re}\,z,\ z-\overline{z}=(2\mathrm{i})\mathrm{Im}\,z$；

(4) $\overline{z_1+z_2}=\overline{z}_1+\overline{z}_2,\ \overline{z_1-z_2}=\overline{z}_1-\overline{z}_2$；

(5) $\overline{z_1\cdot z_2}=\overline{z}_1\cdot\overline{z}_2,\ \overline{\left(\dfrac{z_1}{z_2}\right)}=\dfrac{\overline{z}_1}{\overline{z}_2}(z_2\neq 0)$；

(6) $z-\overline{z}=0\Longleftrightarrow z$ 为实数，

$z+\overline{z}=0\Longleftrightarrow z$ 为纯虚数或零.

复数的模有以下性质：

(1) $|z_1z_2\cdots z_n|=|z_1|\cdot|z_2|\cdot\cdots\cdot|z_n|$.

(2) $\left|\dfrac{z_1}{z_2}\right|=\dfrac{|z_1|}{|z_2|}(z_2\neq 0)$.

以上两个性质可由复数的三角形式的乘除运算法则推得.

(3) $|z_1+z_2|^2=|z_1|^2+|z_2|^2+2\mathrm{Re}(z_1\,\overline{z}_2)$，

$|z_1-z_2|^2=|z_1|^2+|z_2|^2-2\mathrm{Re}(z_1\,\overline{z}_2)$.

证　根据共轭复数的性质，

$$\begin{aligned}|z_1+z_2|^2&=(z_1+z_2)\overline{(z_1+z_2)}=(z_1+z_2)(\overline{z}_1+\overline{z}_2)\\&=|z_1|^2+|z_2|^2+z_1\overline{z}_2+\overline{z}_1z_2\\&=|z_1|^2+|z_2|^2+2\mathrm{Re}(z_1\,\overline{z}_2).\end{aligned}$$

同理可证，第二个等式也成立.

(4) $||z_1|-|z_2||\leqslant|z_1\pm z_2|\leqslant|z_1|+|z_2|$.

性质(4)的证明留给读者.

4. 复数运算和向量运算(变换)的相互转化

用向量观点处理复数的主要目的是实现数、形之间的转化. 由于复数集和复平面上以原点 O 为始点的向量集合一一对应，因而使复数的加减法和以平行四边形法则(或三角形法则)为基础的向量加减法能够相互转化；并使复数乘除法和平面向量的旋转变换与伸缩变换能够相互转化. 这样，复数就成为解决几何问题的有效工具.

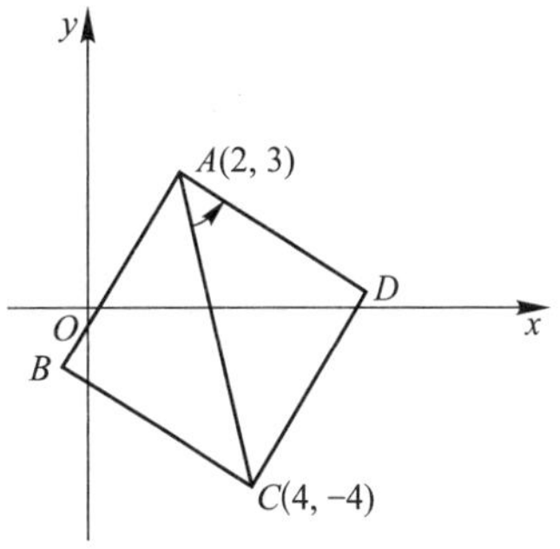

图 2.4

例 1 已知复平面内正方形 $ABCD$ 的两个对角顶点 A 和 C 所对应的复数分别为 $2+3\mathrm{i}$ 和 $4-4\mathrm{i}$(图 2.4)，求另外两个顶点 D 和 B 所对应的复数.

解法 1 先求点 D 对应的复数. 为此得求 $\overrightarrow{OD}$. 因 $\overrightarrow{OD}=\overrightarrow{OA}+\overrightarrow{AD}$，而 $\overrightarrow{AD}$ 是 $\overrightarrow{AC}$ 依逆时针方向旋转 $\frac{\pi}{4}$，同时将 $\overrightarrow{AC}$ 的模缩为 $\frac{1}{\sqrt{2}}$ 倍，因此先求 $\overrightarrow{AC}$. $\overrightarrow{AC}=\overrightarrow{OC}-\overrightarrow{OA}$，对应于复数

$$(4-4\mathrm{i})-(2+3\mathrm{i})=2-7\mathrm{i},$$

所以 $\overrightarrow{AD}$ 对应于复数

$$(2-7\mathrm{i})\cdot\frac{1}{\sqrt{2}}\left(\cos\frac{\pi}{4}+\mathrm{i}\sin\frac{\pi}{4}\right)=(2-7\mathrm{i})\left(\frac{1}{2}+\frac{\mathrm{i}}{2}\right)=\frac{9}{2}-\frac{5}{2}\mathrm{i}.$$

而 $\overrightarrow{OD}=\overrightarrow{OA}+\overrightarrow{AD}$ 对应于复数

$$(2+3\mathrm{i})+\left(\frac{9}{2}-\frac{5}{2}\mathrm{i}\right)=\frac{13}{2}+\frac{1}{2}\mathrm{i}.$$

同理可求得 $\overrightarrow{OB}$ 对应于复数 $-\frac{1}{2}-\frac{3}{2}\mathrm{i}$. 因此顶点 D 和 B 分别对应于复数 $\frac{13}{2}+\frac{1}{2}\mathrm{i}$ 和 $-\frac{1}{2}-\frac{3}{2}\mathrm{i}$.

解法 2 设点 D 所对应的复数为 z. 如图 2.4 所示，向量 $\overrightarrow{DA}$ 逆时针旋转 90° 和 $\overrightarrow{DC}$ 重合. 由三角形法则，

$$\overrightarrow{DA}=\overrightarrow{OA}-\overrightarrow{OD}=2+3\mathrm{i}-z,$$

$$\overrightarrow{DC}=\overrightarrow{OC}-\overrightarrow{OD}=4-4\mathrm{i}-z,$$

所以

$$i(2+3i-z)=4-4i-z \quad ①$$

(逆时针旋转 $90°$，相当于乘 $\cos 90°+i\sin 90°=i$). 由①式，解得 $z=\frac{13}{2}+\frac{1}{2}i$，此即点 D 所对应的复数. 用同样的方法可求得顶点 B 所对应的复数为 $-\frac{1}{2}-\frac{3}{2}i$.

评述　解法 2 还有其他途径. 例如，

(1) 向量 $\overrightarrow{DC}$ 顺时针旋转 $90°$ 和 $\overrightarrow{DA}$ 重合；

(2) 向量 $\overrightarrow{AD}$ 顺时针旋转 $45°$，并伸长为原来的 $\sqrt{2}$ 倍，与 $\overrightarrow{AC}$ 重合等，
都可列出方程求得 D 点所对应的复数.

例 2　设 z 是虚数，且 $z^3=\overline{z}^2$，求 z.

解　对原式两边取模，得

$$|z|^3=|\overline{z}|^2=|z|^2,$$

由题设 $|z|\neq 0$ 可知 $|z|=1$. 因为 $z\overline{z}=|z|^2=1$，所以 $\overline{z}=\frac{1}{z}$. 将 $\overline{z}=\frac{1}{z}$ 代入原式，得方程 $z^5=1$. 从而

$$z=\cos\frac{2k\pi}{5}+i\sin\frac{2k\pi}{5},k=1,2,3,4 \quad (k=0\text{ 时不合题意}).$$

本例如果不应用模的性质，而设 $z=a+bi(a,b\in\mathbf{R},b\neq 0)$，去解方程 $(a+bi)^3=(a-bi)^2$，将会很麻烦.

例 3　已知复数 z_1 满足 $|z_1-8i|=2$，z_2 满足 $|z_2|=4$，设 $u=z_1-z_2$.

(1) 求 $|u|$ 的最大值和最小值；

(2) 求 u 在复平面内对应的点集所成图形的面积.

解　(1) 如图 2.5 所示，z_1 在以 $E(0,8)$ 为圆心、2 为半径的圆上；z_2 在以原点为圆心、4 为半径的圆上. $|z_1-z_2|$ 表示分别与 z_1 和 z_2 对应的两点之间的距离. 所以

$$|u|_{\max}=|z_1-z_2|_{\max}=|AB|=14,$$

$$|u|_{\min}=|z_1-z_2|_{\min}=|CD|=2.$$

(2) 因为 $u=z_1-z_2$，所以

$$u-8i=z_1-z_2-8i=(z_1-8i)-z_2.$$

又

$$||z_1-8i|-|z_2||\leqslant|u-8i|\leqslant|z_1-8i|+|z_2|,$$

从而 $2\leqslant|u-8i|\leqslant 6$. 因此，$u$ 对应的点集是以 $(0,8)$ 为圆心的一个圆环，其面积为

$$\pi(6^2-2^2)=32\pi.$$

例 4　设复数 z_1 满足 $|z_1|=1$，复数 $z_2=1+bi$，其中 $b\in\mathbf{R}$，$|b|\leqslant 1$. 试求 z_1z_2 的对应点所成区域的面积 S.

解 令 $u=z_1z_2$，则

$$|u|=|z_1|\cdot|z_2|=|z_2|=\sqrt{1+b^2}\ .$$

因为$|b|\leqslant 1, b\in\mathbf{R}$，所以

$$0\leqslant b^2\leqslant 1,\quad 1\leqslant|z_2|\leqslant\sqrt{2}\ .$$

因此，$u=z_1z_2$ 的对应点的轨迹是以原点为中心、$|u|=|z_2|$为半径的一个圆系，如图 2.6 所示，

$$S=\pi(\sqrt{2})^2-\pi(1)^2=\pi.$$

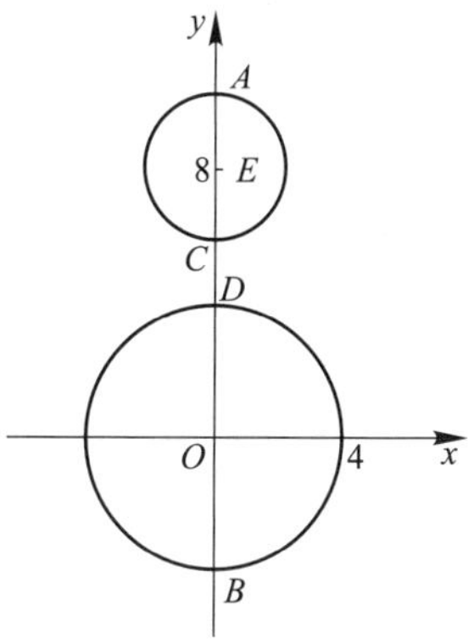

图 2.5

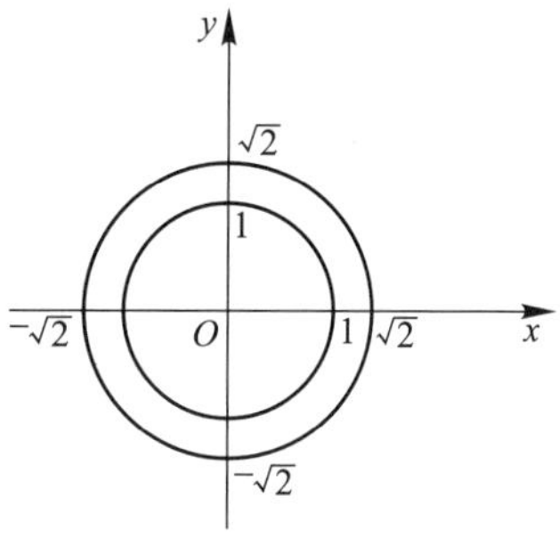

图 2.6

四、复数运算不同于实数运算的一些特点

1. 对于复系数一元二次方程，虽然求根公式和韦达定理仍然成立，但不能用判别式决定根的情况（判别式只适用于实系数方程）.

例 5 方程 $x^2-(2\mathrm{i}-1)x+3m-\mathrm{i}=0$ 有实根，求实数 m 的值.

错解 因为

$$\Delta=(2\mathrm{i}-1)^2-4(3m-\mathrm{i})=-3-12m\geqslant 0,$$

所以 $m\leqslant-\dfrac{1}{4}$.

正解 因为有实数根 x，可用复数相等的条件，而

$$(x^2+x+3m)+(-2x-1)\mathrm{i}=0,$$

所以 $x=-\dfrac{1}{2}$（实根），$m=\dfrac{1}{12}\left(\text{由韦达定理知，该方程另一根为}-\dfrac{1}{2}+2\mathrm{i}\right)$.

2. 当方程中未指明未知数 x 是实数时，应防止潜意识里把 x 当成实数，误用复数相等的条件求 x.

例 6 解方程$(2+\mathrm{i})x^2-(5+\mathrm{i})x+2(1-\mathrm{i})=0$.

错解 根据复数相等的条件，

$$\begin{cases}2x^2-5x+2=0\\x^2-x-2=0\end{cases},\quad 解得\ x=2.$$

正解　将左边因式分解，

$$(x-2)[(2+i)x-(1-i)]=0,$$

得 $x_1=2, x_2=\frac{1}{5}-\frac{3}{5}i$（若用复数相等的条件，要设 $x=a+bi(a,b\in\mathbf{R})$）.

3. 实系数方程的虚根成对定理，对于复系数方程不成立.

例 7　已知方程 $2x^2-(5-i)x+a=0$ 有一根为 $1+i$，求方程的另一根.

错解　另一根为 $1-i$.

正解　由韦达定理，得另一根为 $\frac{3}{2}-\frac{3}{2}i$.

4. 关于实数 x 的绝对值 $|x|$ 的一些性质，不适用于复数. 例如，当 $x\in\mathbf{R}$ 时，有 $|x|^2=x^2$，以及

$$|x|<a\,(a>0)\Longleftrightarrow -a<x<a.$$

当 x 为复数时，这些关系不能成立.

例 8　解方程：$|x|=1+3i-x$.

错解　两边平方，得

$$x^2=(1+3i)^2-(2+6i)x+x^2,$$

所以

$$x=\frac{1}{2}+\frac{3}{2}i.$$

正解　设 $x=a+bi, a,b\in\mathbf{R}$，则原方程化为

$$\sqrt{a^2+b^2}=(1-a)+(3-b)i.$$

根据复数相等的条件，

$$\begin{cases}\sqrt{a^2+b^2}=1-a,\\0=3-b,\end{cases}\quad 解得\ x=-4+3i.$$

5. 如果底数为虚数，当指数为分数或小数时，实数集内的指数运算法则不适用（如果指数为整数，原指数运算法则仍适用）.

五、复数集的性质

性质 1　复数集是一个数域（定理 17）.

性质 2　复数域不是有序域.

证　如果复数域是一个有序域，那么在它的元素之间就有一种顺序，用符号“$>$”表示. 这种顺序必须满足：(1) 三分性；(2) 传递性；(3) 加法单调性；(4) 乘法单调性.

现考察 0 和 i 这两个复数. 因为 $0\neq i$，根据三分性，有 $0>i$ 或 $i>0$.

如果 $0>\mathrm{i}$，根据加法单调性，$0+(-\mathrm{i})>\mathrm{i}+(-\mathrm{i})$，即 $-\mathrm{i}>0$. 再根据乘法单调性，有

$$(-\mathrm{i})(-\mathrm{i})>0(-\mathrm{i}),\quad (-\mathrm{i})(-\mathrm{i})(-\mathrm{i})>0(-\mathrm{i})(-\mathrm{i}),$$

于是得 $\mathrm{i}>0$，与 $0>\mathrm{i}$ 矛盾.

同样，如果 $\mathrm{i}>0$，根据乘法单调性，

$$\mathrm{i}\cdot\mathrm{i}\cdot\mathrm{i}>0\cdot\mathrm{i}\cdot\mathrm{i},\quad 即 -\mathrm{i}>0.$$

再根据加法单调性，有 $(-\mathrm{i})+\mathrm{i}>0+\mathrm{i}$，即 $0>\mathrm{i}$，与假设 $\mathrm{i}>0$ 矛盾.

因此复数域不是有序域. 即任意两个复数之间不能比较大小.

性质 3 在复数域内，开方运算总可实施. 任何非零复数有且只有 n 个不相等的 n 次方根.

证 如果 $z=0$，则 z 的 n 次方根是 0.

下设 $z\neq 0$，$z=r(\cos\theta+\mathrm{i}\sin\theta)$，其中 $r>0$. 假定 ω 是 z 的 n 次方根，设 $\omega=\rho(\cos\varphi+\mathrm{i}\sin\varphi)$，则有

$$\rho^n(\cos n\varphi+\mathrm{i}\sin n\varphi)=r(\cos\theta+\mathrm{i}\sin\theta).$$

按照复数相等的条件，得

$$\rho=\sqrt[n]{r},\quad \varphi=\frac{\theta+2k\pi}{n},k\in\mathbf{Z}.$$

因此，

$$\omega_k=\sqrt[n]{r}\left(\cos\frac{\theta+2k\pi}{n}+\mathrm{i}\sin\frac{\theta+2k\pi}{n}\right),\quad k\in\mathbf{Z}.$$

根据棣莫弗定理，得

$$\omega_k^n=r(\cos\theta+\mathrm{i}\sin\theta).$$

因此，每个 ω_k 都是复数 $z=r(\cos\theta+\mathrm{i}\sin\theta)$ 的 n 次方根.

下面证明 ω_k 能取也只能取 n 个相异的复数. 令 k 取 $0,1,2,\cdots,n-1$，得 $\omega_0,\omega_1,\cdots,\omega_{n-1}$ 这 n 个值. 设 $0\leqslant s,t\leqslant n-1$，且 $s\neq t$，则 $|s-t|<n$，因而 $0<\frac{|s-t|}{n}<1$，所以 ω_s 与 ω_t 的辐角之差为

$$\frac{\theta+2s\pi}{n}-\frac{\theta+2t\pi}{n}=\frac{s-t}{n}\cdot 2\pi,$$

不是 2π 的整数倍，所以 $\omega_0,\omega_1,\omega_2,\cdots,\omega_{n-1}$ 互不相等.

另一方面，由带余除法，任何整数 k 都可表示成 $k=nq+m\ (0\leqslant m\leqslant n-1,m\in\mathbf{Z})$. 因此

$$\frac{\theta+2k\pi}{n}=\frac{\theta+2(nq+m)\pi}{n}=\frac{\theta+2m\pi}{n}+2q\pi.$$

这说明和整数 k 对应的 ω_k 的辐角与 $\omega_0,\omega_1,\omega_2,\cdots,\omega_{n-1}$ 中的某一个的辐角之间相差 2π 的整数倍，因此 ω_k 的值与 $\omega_0,\omega_1,\cdots,\omega_{n-1}$ 这 n 个值中的某一个相等. 所以，非零复

数 z 有且只有 n 个不相等的 n 次方根.

以上证明揭示了任一非零复数的 n 次方根是 n 个相异复数的集合：这些方根具有相同的模，表明复平面上表示 ω_k 的点均在以原点为中心、$\sqrt[n]{r}$ 为半径的圆周上；相邻两个方根 ω_k 与 ω_{k+1} 的辐角主值相差 $\frac{2\pi}{n}$，表明复平面上表示 $\omega_k(k=0,1,2,\cdots,k-1)$ 的 n 个向量将这个圆 n 等分(图 2.7).

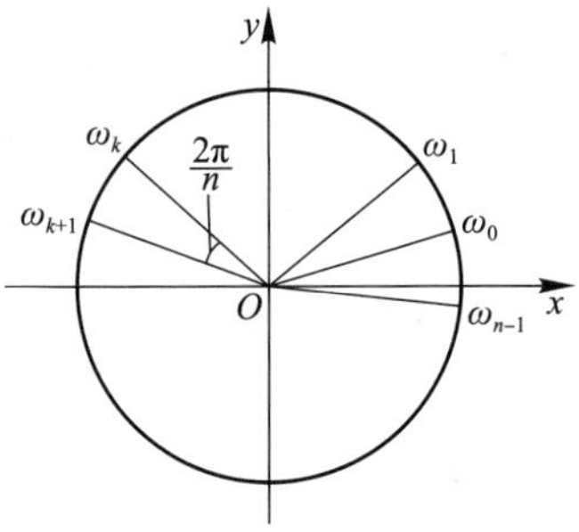

图 2.7

特殊地，1 的 n 次方根叫做 n 次单位根. 表示 n 次单位根的点分布在单位圆周上；且其中 $\omega_0=1$，因而相应向量是实轴上的单位向量.

容易证明：任何两个 n 次单位根的乘积仍是 n 次单位根；任一 n 次单位根的倒数仍是一个 n 次单位根.

习　题　二

1. 数系扩展的原则是什么？有哪两种扩展方式？

2. 对正整数证明乘法单调性：设 $a,b,c\in\mathbf{N}^*$，则

(1) 若 $a=b$，则 $ac=bc$；

(2) 若 $a<b$，则 $ac<bc$；

(3) 若 $a>b$，则 $ac>bc$.

3. 对正整数证明乘法消去律：设 $a,b,c\in\mathbf{N}^*$，则

(1) 若 $ac=bc$，则 $a=b$；

(2) 若 $ac<bc$，则 $a<b$；

(3) 若 $ac>bc$，则 $a>b$.

4. 依据序数理论推求：

(1) $3+5$；　　　　(2) $3\cdot 5$.

5. 设 $n\in\mathbf{N}^*$，证明：$4^n+15n-1$ 是 9 的倍数.

6. 证明下式对于任意正整数 n 都成立：

$$\left(1-\frac{4}{1}\right)\left(1-\frac{4}{9}\right)\left(1-\frac{4}{25}\right)\cdots\left[1-\frac{4}{(2n-1)^2}\right]=\frac{1+2n}{1-2n}.$$

7. 设 $\alpha=\frac{3+\sqrt{13}}{2}$，$\beta=\frac{3-\sqrt{13}}{2}$，$A_n=\frac{\alpha^n-\beta^n}{\sqrt{13}}(n=1,2,\cdots)$.

(1) 以 α,β 为根作一元二次方程；

(2) 证明：$A_{n+2}=3A_{n+1}+A_n$；

(3) 用数学归纳法证明 A_{3n} 是 10 的倍数.

8. 设 a,b,c 都是整数. 如果 $a\mid b$，$a\mid c$，则对于任何整数 k,l，都有 $a\mid(kb+lc)$.

9. 证明整数集具有离散性.

10. 证明有理数乘法满足结合律.

11. 指出下列集合中可以畅行无阻的算术运算,并且判断哪些集合构成数环:

(1) $\{0\}$; (2) $\{1\}$; (3) $\mathbf{N}^*$; (4) $\mathbf{N}$; (5) $\mathbf{Q}^+$;

(6) 奇数集合; (7) 偶数集合; (8) $\{0,\pm 3,\pm 6,\cdots,\pm 3n,\cdots\}$.

12. 设有 n 个正分数 $\frac{a_1}{b_1}<\frac{a_2}{b_2}<\frac{a_3}{b_3}<\cdots<\frac{a_n}{b_n}$(分母为正数). 求证:

$$\frac{a_1}{b_1}<\frac{a_1+a_2+\cdots+a_n}{b_1+b_2+\cdots+b_n}<\frac{a_n}{b_n}.$$

13. 近似计算:

(1) $1.2\times 10^4+1.53\times 10^3+5\ 003.6$;

(2) $43.26-0.382\ 4$;

(3) 32.264×2.13;

(4) $(2.63\times 10^3)\div 2.435\ 64$.

14. 已知近似数 2 315.4 的相对误差界是 0.02%,试确定它的绝对误差界,并指出它的有效数字的个数.

15. 计算 $2\pi-\sqrt{3}$,使结果精确到 0.001.

16. 设 $a,b,c,d\in\mathbf{Q}^*$,x 是无理数. 求证:$S=\frac{ax+b}{cx+d}$ 是有理数的充要条件是 $ad=bc$.

17. 若 $a,b,c,d\in\mathbf{Q}$,$\sqrt{c}$,$\sqrt{d}$ 是无理数,则当 $a+\sqrt{c}=b+\sqrt{d}$ 时,必有 $a=b,c=d$.

18. 判断下面的序列是否为退缩有理闭区间序列,如果是的话,求出它所确定的实数:

(1) $\left[\frac{1}{2},\frac{3}{2}\right],\left[\frac{2}{3},\frac{4}{3}\right],\left[\frac{3}{4},\frac{5}{4}\right],\cdots,\left[\frac{n}{n+1},\frac{n+2}{n+1}\right],\cdots$;

(2) $\left[0,\frac{1}{2}\right],\left[0,\frac{1}{3}\right],\left[0,\frac{1}{4}\right],\cdots,\left[0,\frac{1}{n+1}\right],\cdots$;

(3) $\left[\frac{1}{2},1\right],\left[\frac{3}{4},1\right],\left[\frac{5}{6},1\right],\cdots,\left[\frac{2n-1}{2n},1\right],\cdots$.

19. 辨别下面的断语有无错误,如有错误,错在哪里?

(1) 复数集与复平面内所有向量组成的集合一一对应;

(2) 两个复数的和与积都是实数的充要条件是:这两个复数是共轭复数;

(3) 共轭虚数的正整数次幂仍是共轭虚数;

(4) 一个非零复数与它的倒数之和为实数的充要条件是它的模等于 1.

20. 证明:当 n 为 3 的倍数时,

$$\left(\frac{-1+\sqrt{3}\,\mathrm{i}}{2}\right)^n+\left(\frac{-1-\sqrt{3}\,\mathrm{i}}{2}\right)^n=2;$$

而当 n 是其他正整数时,上式左边等于 -1.

21. 求复数 $1+\left(\frac{\sqrt{3}+\mathrm{i}}{2}\right)^7$ 的模及辐角的主值.

22. 设 x,y 是实数,$z=x+y\mathrm{i}$,且 $|z|=1$,求 $u=|z^2-z+1|$ 的最大值和最小值.

23. 解方程 $(z+1)^n=(z-1)^n\ (n>1,n\in\mathbf{N})$.

24. 设 ω 是方程 $z^n=1\ (n\in\mathbf{N}^*)$ 的一个虚根,

$$\omega=\cos\frac{2m\pi}{n}+\mathrm{i}\sin\frac{2m\pi}{n},$$

其中，$m,n\in\mathbf{N}^*$，$1\leqslant m<n$，且 m,n 互素，求证：

(1) $\omega,\omega^2,\cdots,\omega^n$ 是 1 的 n 个不同的 n 次方根（n 次单位根）；

(2) $1+\omega+\omega^2+\cdots+\omega^{n-1}=0$；

(3) $(1-\omega)(1-\omega^2)\cdots(1-\omega^{n-1})=n$.

25. 设 $|z+\sqrt{3}+\mathrm{i}|\leqslant 1$，求 $|z|$ 和 $\arg z$ 的最大值与最小值.

26. 设复数 z 满足 $z\bar{z}+z+\bar{z}=3$，求 z 所对应的点 Z 的轨迹.

27. 设 $x\neq 0$，$x\in\mathbf{R}$，应用复数证明：

$$\frac{\sin x+\sin 2x+\cdots+\sin nx}{\cos x+\cos 2x+\cdots+\cos nx}=\tan\frac{n+1}{2}x.$$

28. 设 $p_1,p_2,\cdots,p_n$ 为实数，方程

$$x^n+p_1x^{n-1}+p_2x^{n-2}+\cdots+p_{n-1}x+p_n=0$$

有一根 $x=\cos\alpha+\mathrm{i}\sin\alpha$，求证：

$$p_1\sin\alpha+p_2\sin 2\alpha+\cdots+p_n\sin n\alpha=0.$$

第二章部分习题

参考答案或提示

第三章 解 析 式

由于数学符号的规范化和推广使用，数学研究对象便从数扩展到式. 所谓“式”，是指用有限个数学符号表达数学意义的形式，口语中也称式子. 式的产生和发展是数学发展中的一大进步. 它表明数学符号语言开始形成，并在数学教育和数学研究中发挥越来越大的作用. 熟练地掌握数学符号语言，是深入进行数学推理和正确表达数学思想的必要条件.

广义的式根据它是否含有关系符号，可分为两类：含有关系符号的，如等式、不等式；不含有关系符号的，如解析式和行列式. 而含有关系符号的式子，如方程和不等式，在关系符号的两端实际上都是解析式. 初等函数的表达式一般也是解析式，所以解析式成为研究函数、方程和不等式的必要基础，成为中学代数的一项重要内容. 因此，正确理解各种解析式的性质，熟练地掌握解析式的运算和恒等变形，对于提高中学代数的理论水平和教学水平都是必不可少的.

§ 3.1 数学符号发展简史

数学发展的源头可以追溯到埃及、巴比伦、中国和印度等文明古国. 中国最早使用十进位值数制；印度创造了便于书写的十进数码和笔算方法. 十进制数码后经阿拉伯人传到欧洲，成为通行全球的阿拉伯数字. 但是后来数学发展的重心转移到古希腊和西欧，数学符号（数字除外）也大多起源于欧洲.

一、丢番图的“缩写代数”

古希腊数学家丢番图的传世名著为《算术》（实为代数学著作，以研究不定方程的解法而享誉世界）. 书中创设了一套最早的数学符号. 这些符号大多以数学术语的第一个字母来代表这个词语，所以丢番图的代数被后人称为“缩写代数”（或“简字代数”）. 由于在当时及以后约一千年的时间里，书籍的流传只能靠手抄，所以符号无法规范，几经传抄之后往往难以辨认. 因此，后来虽有印度数学家使用过一些符号代表方程的未知数，也有阿拉伯数学家使用字母代表数，但他们创设的符号都在之后不久被废弃. 欧洲中世纪的数学处于低潮，一些内容浅易的数学读物也都是用文字叙述的.

二、文艺复兴时期数学符号的再度兴起

数学符号的真正兴起是在欧洲的文艺复兴时期. 13 世纪左右，由中国传入欧洲的

造纸术和印刷术直接加速了知识的传播. 1450 年左右,意大利人谷登堡(Gutenberg)发明了改进的活版印刷,从而为数学符号的规范和传播提供了物质基础. 15 世纪的德国数学家首先使用"+""−"表示加、减. 1494 年,意大利数学家帕乔利(Pacioli)在其代表作《算术集成》里引进一些缩写性质的符号,如用 ae 表示相等,co 表示未知数 x,ce 表示 x^2,R 表示平方根等.

16 世纪中期,德国人鲁道夫(Rudolff)以"√"表示平方根,英国人雷科德(Recorde)以"="表示相等. 法国数学家韦达首先有意识地系统地使用字母,从而给符号代数以最大的推动. 他的《分析术引论》被认为是符号代数的最早著作. 他在书中用元音字母代表未知数及其乘幂,而用辅音字母表示系数. 后来笛卡儿作了改进,用字母表中后面的字母表示未知数,而用前头的字母表示系数. 他还用阿拉伯数字表示正整数指数. 乘法记号"×"和除法记号"÷"也在 17 世纪相继出现. 接着,分数指数、对数、绝对值、阶乘等记号陆续问世. 又经若干年的磨合,代数符号化在欧洲基本得以实现.

三、数学符号艰难传入中国

我国古代虽然在方程解法等方面成就卓著,但是由于计算过程是用算筹进行的,人们在纸上只需记下结果,古算书中一般也不记录计算过程,所以中国古算基本上很少用数学符号. 17 世纪中期以来,由于清王朝实行闭关锁国政策,导致国人对于近代数学一无所知. 1859 年,李善兰和英国传教士伟烈亚力(Alexander Wylie)合作翻译《代数学》(德·摩根原著)和《代微积拾级》等书,功不可没. 但囿于传统观念,只采用了原书中的少数符号(如×、÷、=、>、<等),而摒弃英文字母和其他符号. 如用"⊥""T"表示加、减,用甲、乙、丙、丁代替 a,b,c,d,用天、地、人代替 x,y,z. 最糟糕的是坚持用我国传统的竖排,让人难以卒读. 其他译者的译著也大体如此,以符合当时"中学为体、西学为用"的国策. 所以,数学符号传入中国之路显得很艰难. 直到辛亥革命之后,数学教育才走上逐渐与国际接轨的道路,终于扫除了使用现代数学符号时遇到的障碍.

§ 3.2　解析式概念及其分类

为了刻画解析式的概念,并给它的分类提供某种准则,有必要给出一些形式的定义.

一、基本概念

定义 1　用运算符号和括号把数和表示数的字母连接而成的式子叫做解析式. 在特殊情形下,单独一个数或一个字母也可看成解析式.

初等代数里的运算有两类. 一类是指有限次的加、减、乘(包括正整数次乘方)、除和开方运算,这类运算叫做代数运算. 另一类包括指数为无理数的乘方运算、对数运算、三角运算和反三角运算，这些运算都无法通过有限次加、减、乘、除和开方来完成，故把它们称为初等超越运算. 至于指数为有理数的乘方运算，则可化为正整数次乘方和开方运算，因而也属于代数运算.

代数运算和初等超越运算，统称为初等运算.

二、解析式的分类

定义 2　只含有代数运算的解析式叫做代数式；含有初等超越运算的解析式叫做初等超越式，简称超越式.

代数式还可作进一步的分类.

定义 3　只含有加、减、乘、除和指数为整数的乘方运算的代数式，叫做有理式；式中含有对变数字母进行开方运算的代数式叫做无理式.

有理式又可分为两类. 不含除法运算的有理式叫做有理整式(或多项式)；含有除法运算的有理式叫做有理分式，简称分式.

这样，对于初等代数里的解析式，可列出如下分类：

$$\text{解析式}\begin{cases}\text{代数式}\begin{cases}\text{有理式}\begin{cases}\text{有理整式}\\\text{有理分式}\end{cases}\\\text{无理式}\end{cases}\\\text{初等超越式}\end{cases}$$

上述分类方法都是针对它们的形式来说的，特别是针对字母来说的. 例如，

$$\frac{\sqrt{2}x+1}{\sin^2 x+\cos^2 x}=\sqrt{2}x+1,$$

等号的左边是一个超越式；而右边是一个代数式. 在代数式中，$\sqrt{2}x+1$ 又属于有理整式，虽然$\sqrt{2}$是根式，但因根号内不含变数字母，故将$\sqrt{2}$视为常数，所以等号右边是关于 x 的一次有理式. 有时解析式的分类是针对指定的变数字母而言的. 例如，$\frac{x^2}{y^2}+3x+\frac{1}{2}$ 对于字母 x，y 而言，它是分式；但单就字母 x 而言，则是整式，且是一个二次三项式.

上述分类中没有对超越式作进一步分类. 依照习惯，如果一个解析式中只出现对字母作指数运算(或对数运算)，就称它为指数式(或对数式)；只出现对字母作三角运算(或反三角运算)，就称它为三角式(或反三角式). 但是，如果一个解析式中同时出现两种或更多种针对字母的超越运算，就只能叫它超越式.

三、解析式的恒等

一个解析式里的变数字母所代表的数值，往往要受到解析式自身和实际意义的制约，取值有所限制. 一个解析式的变数字母的所有容许值的集合，叫做这个解析式的

定义域.

定义 4　设有两个解析式 A 和 B，若对于它们定义域的公共部分(或公共部分的某个无限子集)内的一切值，它们都有相等的值，则称这两个解析式是恒等的. 记作 $A\equiv B$，有时也记作 $A=B$.

两个解析式恒等的概念有其相对性，即有时会遇到这样的情况：同样两个解析式，在它们公共定义域的某个子集内是恒等的，而在另一个子集内不恒等. 例如 $\sqrt{x^2}$ 和 x 的定义域都是实数集 **R**. 在 $x\geqslant 0$ 时，$\sqrt{x^2}\equiv x$；而在 $x<0$ 时 $\sqrt{x^2}\neq x$. 因此，在论及两个解析式恒等时，首先要弄清楚它们在什么范围内恒等.

定义 5　把一个给定的解析式换成另一个与它恒等的解析式，这种变换叫做恒等变形或恒等变换.

解析式的恒等变形，可能引起定义域的变化. 例如，将 $\lg x^2$ 变形为 $2\lg x$，是在它们的定义域的公共部分 $(0,+\infty)$ 上进行的. 对于 $\lg x^2$ 而言，其定义域缩小了. 反之，如果将 $2\lg x$ 变换为 $\lg x^2$，如不指明定义域仍为 $(0,+\infty)$，就会不自觉地将定义域扩大. 在研究方程的解法时，尤其应注意进行恒等变形时定义域的变化.

进行解析式的恒等变形，其目的是为了适应解决某种数学问题的需要. 例如对于 $f(x)=x^2-6x+5$，如果为了描画函数的图像，需要通过配方变形为

$$f(x)=(x-3)^2-4;$$

如果为了便于求二次三项式的根，可通过因式分解变形为

$$f(x)=(x-1)(x-5).$$

因此，解析式的恒等变形不是数学游戏，而是提高数学解题能力的一项必要的基本训练.

§ 3.3　多　项　式

在代数学的发展过程中，多项式理论是伴随方程论研究的深入而逐步形成的. 多项式的性质不仅是研究高次方程的重要工具，也是讨论其他代数式的起点.

多项式的性质在高等代数课程中已经作过系统的讨论. 本节主要根据中学代数教学的需要，着重讨论多项式恒等变形、待定系数法和因式分解方法.

一、基本概念

多项式就是有理整式，简称整式. 单项式可以看成多项式的特殊情形. 在初等代数里，有时可把多项式作为函数来考察.

多项式按照其中所含变数字母的多少，可分为一元多项式和多元多项式两类. 一元多项式是我们研究的重要对象. 通过适当的恒等变形，一元多项式总可整理成

$$a_nx^n+a_{n-1}x^{n-1}+\cdots+a_1x+a_0 \qquad ①$$

的形式，其中 n 是非负整数. 当 $a_n\neq 0$ 时，n 叫做多项式的次数，①式叫做一元 n 次多

项式的标准形式. 其中 $a_n x^n$ 叫做多项式的首项,$a_n \neq 0$ 叫做首项系数.

除了 $a_0 \neq 0$ 以外,其他的系数都是 0 的多项式叫做零次多项式. 全部系数都是 0 的多项式叫做零多项式,可以记作 0. 零多项式是唯一不定义次数的多项式.

在讨论多项式的性质时,需要明确变数 x 和多项式系数的取值范围(可视为多项式的定义域). 常用的取值范围是有理数域 **Q**,或实数域 **R**,或复数域 **C**. 如果没有必要区分在哪个数域上,就笼统地说在数域 F 上讨论,有时也可略去不提.

二、多项式的恒等

定理 1 设数域 F 上的多项式

$$f(x)=a_n x^n+a_{n-1} x^{n-1}+\cdots+a_1 x+a_0,$$

如果对于变数字母 x 在 F 上的任意取值,多项式的值都等于零,那么这个多项式的所有系数都等于零.

证 对于次数 n 用第二数学归纳法.

(1) 当 $n=1$ 时,$f(x)=a_1 x+a_0$. 因为对于 x 的任意值,$f(x) \equiv 0$,令 $x=0$ 则有

$$f(0)=a_1 \cdot 0+a_0=0 \quad 即\ a_0=0;$$

再令 $x=1$,则

$$f(1)=a_1 \cdot 1+0=0 \quad 即\ a_1=0.$$

因此,命题对于一次多项式成立.

(2) 假定命题对于次数低于 n 的多项式成立,由此推证命题对于 n 次多项式也成立.

如果对于任意的 $x \in F$,都有

$$f(x)=a_n x^n+a_{n-1} x^{n-1}+\cdots+a_1 x+a_0 \equiv 0, \tag{①}$$

用 $2x$ 代换①式中的 x,得

$$f(2x)=2^n a_n x^n+2^{n-1} a_{n-1} x^{n-1}+\cdots+2 a_1 x+a_0 \equiv 0, \tag{②}$$

①$\times 2^n-$②,得

$$2^{n-1}(2-1) a_{n-1} x^{n-1}+2^{n-2}(2^2-1) a_{n-2} x^{n-2}+\cdots+(2^n-1) a_0 \equiv 0. \tag{③}$$

这是一个低于 n 次的多项式,它恒等于零,根据归纳假设,它的所有系数都等于零. 于是得

$$a_{n-1}=0,\ a_{n-2}=0,\ \cdots,\ a_{n-k}=0,\ \cdots,\ a_0=0,$$

将它们代入①式,得 $a_n x^n \equiv 0$. 令 $x=1$,得 $a_n=0$.

根据(1)和(2),命题对于任意次数的一元多项式都成立.

定理 2(多项式恒等定理) 数域 F 上的两个多项式

$$f(x)=a_n x^n+a_{n-1} x^{n-1}+\cdots+a_1 x+a_0,$$

$$g(x)=b_m x^m+b_{m-1} x^{m-1}+\cdots+b_1 x+b_0$$

恒等的充要条件是它们的次数相同,且同次项系数对应相等,即

$$n=m, \quad 且\ a_i=b_i(i=1,2,\cdots,n).$$

证 条件的充分性是显然成立的,下面证必要性.

为了便于说明,不妨设 $n\geqslant m$. 因为 $f(x)\equiv g(x)$,所以

$$\begin{aligned} f(x)-g(x) &\equiv a_nx^n+a_{n-1}x^{n-1}+\cdots+a_{m+1}x^{m+1}+ \\ &\qquad (a_m-b_m)x^m+\cdots+(a_1-b_1)x+(a_0-b_0) \\ &\equiv 0. \end{aligned}$$

根据定理 1,得

$$a_n=a_{n-1}=\cdots=a_{m+1}=0,$$

$$a_m=b_m, \ \cdots, \ a_1=b_1, \ a_0=b_0.$$

因此,$f(x)$与 $g(x)$的次数相同,且同次项系数对应相等.

定理 3 如果数域 F 上有两个次数不大于 n 的多项式 $f(x)$ 和 $g(x)$,对于 x 的 $n+1$个不同的值都有相等的值,那么它们恒等,即

$$f(x)\equiv g(x).$$

证 假定 $f(x)\not\equiv g(x)$,则 $f(x)-g(x)=h(x)\neq 0$,即 $h(x)$不是零多项式. 因为 $f(x)$和 $g(x)$的次数不超过 n,所以 $h(x)$是一个次数不超过 n 的多项式. 根据代数基本定理的推论,$h(x)$的根最多只有 n 个. 但由已知条件,有 $n+1$ 个不同的值使 $h(x)=0$,这是不可能的. 所以 $f(x)\equiv g(x)$.

定理 2 和定理 3 提供了两种判定多项式 $f(x)$和 $g(x)$是否恒等的方法. 定理 2 是比较系数法的依据;定理 3 则是数值检验法的来源. 倘若根据定义 4,要判断两个多项式是否恒等,需要检验它们对于定义域的公共部分内的一切值是否相等,这几乎无法进行. 但是定理 3 说明,只需检验个数比多项式次数多一就行.

定理 3 还说明,对于次数不大于 n 的多项式 $f(x)$,如果 x 等于 $x_1,x_2,\cdots,x_n$, x_{n+1}时,$f(x_1)$, $f(x_2)$,$\cdots$, $f(x_n)$, $f(x_{n+1})$是已知的,那么就能确定 $f(x)$的各项系数,从而为多项式插值法提供了理论依据.

三、待定系数法

为了求得某一代数式,可以根据这个代数式的一般形式引入待定的系数,然后根据条件列出方程组,再通过解方程组来确定待定的系数值. 这种确定未知代数式的方法叫做待定系数法.

例 1 求一个三次多项式 $f(x)$,使 $f(-1)=1$, $f(0)=-2$, $f(1)=0$, $f(2)=3$.

解法 1 设 $f(x)=a_3x^3+a_2x^2+a_1x+a_0$,则

$$\begin{cases} -a_3+a_2-a_1+a_0=1, \\ a_0=-2, \\ a_3+a_2+a_1+a_0=0, \\ 8a_3+4a_2+2a_1+a_0=3, \end{cases}$$

解得

$$a_0=-2, a_1=\frac{1}{6}, a_2=\frac{5}{2}, a_3=-\frac{2}{3}.$$

因此，$f(x)=-\frac{2}{3}x^3+\frac{5}{2}x^2+\frac{1}{6}x-2.$

解法 2 设 $f(x)=a+b(x+1)+cx(x+1)+dx(x+1)(x-1)$，然后将已知点 $(x_i, f(x_i))$ 依次代入：

由 $f(-1)=a+0=1$，得 $a=1$；

由 $f(0)=1+b+0=-2$，得 $b=-3$；

由 $f(1)=1-6+2c+0=0$，得 $c=\frac{5}{2}$；

由 $f(2)=1-9+15+6d=3$，得 $d=-\frac{2}{3}$.

因此，

$$\begin{aligned}f(x)&=1-3(x+1)+\frac{5}{2}x(x+1)-\frac{2}{3}x(x+1)(x-1)\\&=-\frac{2}{3}x^3+\frac{5}{2}x^2+\frac{1}{6}x-2.\end{aligned}$$

解法 2 的优点是可以不用解多元线性方程组，就可求得待定系数的值. 其一般做法是：若 n 次多项式 $f(x)$ 满足

$$f(x_i)=y_i,\quad i=1,2,\cdots,n+1,$$

则设

$$\begin{aligned}f(x)=a_0+a_1(x-x_1)+a_2(x-x_1)(x-x_2)+\cdots+\\a_n(x-x_1)(x-x_2)\cdots(x-x_n).\end{aligned}$$

然后将已知点 $(x_i, f(x_i))(i=1,2,\cdots,n+1)$ 依次代入，逐次求得 $a_0, a_1, \cdots, a_n$ 的值. 这种方法常用来求插值多项式，被称为逐次逼近法.

例 2 把多项式 x^3-x^2+2x+2 表示成 $(x-1)$ 的幂的多项式的形式.

解 注意到最高次项系数为 1，故设

$$x^3-x^2+2x+2\equiv(x-1)^3+a(x-1)^2+b(x-1)+c.$$

根据定理 3，应用数值检验法求出待定系数 a, b, c 的值：

令 $x=1$，得 $c=4$；

令 $x=0$，得 $a-b=-1$；

令 $x=2$，得 $a+b=5$.

解得 $a=2, b=3, c=4$. 所以

$$x^3-x^2+2x+2=(x-1)^3+2(x-1)^2+3(x-1)+4.$$

例 3 求多项式 $f(x)$ 除以 $(x-a)(x-b)$ 的余式 $(a\neq b)$.

解　因为除式是关于 x 的二次式，所以余式至多为一次式．设

$$f(x)=Q(x)\cdot(x-a)(x-b)+mx+n,$$

以 $x=a$，$x=b$ 分别代入，得

$$\begin{cases}f(a)=am+n,\\ f(b)=bm+n.\end{cases}$$

由题设 $a\neq b$，解得

$$m=\frac{f(a)-f(b)}{a-b},\quad n=\frac{af(b)-bf(a)}{a-b}.$$

因此，$f(x)$除以$(x-a)(x-b)$的余式为

$$\frac{f(a)-f(b)}{a-b}x+\frac{af(b)-bf(a)}{a-b}.$$

例 4　求证：

$$\frac{(x-b)(x-c)}{(a-b)(a-c)}+\frac{(x-c)(x-a)}{(b-c)(b-a)}+\frac{(x-a)(x-b)}{(c-a)(c-b)}=1,$$

其中 a，b，c 为互不相等的复数．

证法 1　令

$$f(x)=\frac{(x-b)(x-c)}{(a-b)(a-c)}+\frac{(x-c)(x-a)}{(b-c)(b-a)}+\frac{(x-a)(x-b)}{(c-a)(c-b)}-1,$$

显然，$f(x)$的次数不超过 2，不妨设

$$f(x)=Ax^2+Bx+C.$$

将 a，b，c 分别代入前式，得

$$f(a)=f(b)=f(c)=0,$$

其中 a，b，c 互不相等．但 $f(x)$至多为二次式，根据定理 3，$A=B=C=0$，即 $f(x)\equiv 0$．于是命题得证．

证法 2　令

$$f(x)=\frac{(x-b)(x-c)}{(a-b)(a-c)}+\frac{(x-c)(x-a)}{(b-c)(b-a)}+\frac{(x-a)(x-b)}{(c-a)(c-b)},$$

它至多是一个二次式．当 x 分别以 a，b，c 代入时，有 $f(a)=f(b)=f(c)=1$．因为 a，b，c 互不相等，根据定理 3，有

$$\frac{(x-b)(x-c)}{(a-b)(a-c)}+\frac{(x-c)(x-a)}{(b-c)(b-a)}+\frac{(x-a)(x-b)}{(c-a)(c-b)}\equiv 1.$$

四、多元多项式

这里主要讨论多元多项式的几种特殊情形．

1．多元多项式的一般概念

含两个以上变数字母的多项式，叫做多元多项式．例如 $2x^2+5y$，$4x_1^2+x_2^3-3x_3$，

都是多元多项式.

一个多元多项式经过合并同类项,总可以恒等地变形为没有同类项的单项式的代数和的形式. 这种形式叫做多项式的标准形式. 至于各项的排列顺序,可以按照各项的次数或某一个变数字母的次数来排.

多元多项式的每一项的所有变数字母的指数和,叫做这一项的次数. 在以标准形式给出的多元多项式里,次数最高的项的次数叫做这个多项式的次数. 例如要判断多项式

$$4x^2yz^2+3x^2y^2-4x^2yz^2-2x^2y^2+7xy^2-8y$$

的次数,先合并同类项,化为标准形式

$$x^2y^2+7xy^2-8y,$$

再依据它的次数最高的项 x^2y^2,确定它的次数为 4.

2. 齐次多项式

定义 6 一个写成标准形式的多项式,如果各项的次数都是 n,就称它为 n 次齐次多项式,简称齐次式.

例如,多项式 $ax+by+cz$ 是一次齐次式,$ax^3+by^3+cz^3-3xyz$ 是三次齐次式. 特殊地,任一单项式都可看成齐次式;一个非零的数可看成零次齐次式. 但不要把 $x+y-3$之类的一次式看成齐次式.

齐次多项式有一个重要的性质:两个齐次多项式的积仍然是一个齐次多项式,积的次数等于两个因式的次数和.

3. 对称多项式

定义 7 设 $f(x_1,x_2,\cdots,x_n)$是 n 元多项式,如果对于任意的 $i,j,1\leqslant i<j\leqslant n$ 都有

$$f(x_1,\cdots,x_i,\cdots,x_j,\cdots,x_n)=f(x_1,\cdots,x_j,\cdots,x_i,\cdots,x_n),$$

就称这个多项式是对称多项式,简称对称式.

例如,$x^3+y^3+z^3-3xyz$, $x^2+2xy+y^2+3x+3y$ 等都是对称多项式.

由定义可知,任意交换对称式中两个变数字母的位置,原式不变. 因此,一个对称多项式必然包含任意交换两个变数字母所得的一切项. 例如,对称式 $f(x,y,z)$中若有 ax^2 项,则必有 ay^2 和 az^2 项,这些项叫做对称式的同型项. 同样,若有 bxy 项,则必有 byz, bzx 项,这些项也是同型项. 一般地,在含有两个以上变数字母的对称式中,同型项的系数必相等. 例如,含有两个变数字母 x,y 的对称式,其中一次式可表示成 $k(x+y)$;二次式可表示成 $m(x^2+y^2)+nxy$;三次式可表示成 $p(x^3+y^3)+q(x^2y+xy^2)$;等等.

4. 交代多项式

定义 8 设 $f(x_1,x_2,\cdots,x_n)$是 n 元多项式,如果对于任意的 $i,j,1\leqslant i<j\leqslant n$,都有

$$f(x_1,\cdots,x_i,\cdots,x_j,\cdots,x_n)=-f(x_1,\cdots,x_j,\cdots,x_i,\cdots,x_n),$$

就称这个多项式是交代多项式，简称交代式.

例如，$x-y$，$(x-y)(y-z)(z-x)$等，都是交代式.

5. 轮换多项式

定义 9　设 $f(x_1,x_2,\cdots,x_n)$是 n 元多项式，如果将变数字母 $x_1,x_2,\cdots,x_n$ 按一定顺序轮换，例如以 x_2 代 x_1，x_3 代 x_2……x_n 代 x_{n-1}，x_1 代 x_n，有

$$f(x_1,x_2,\cdots,x_{n-1},x_n)=f(x_2,x_3,\cdots,x_n,x_1),$$

就称这个多项式是轮换多项式，或轮换对称多项式，简称轮换式.

由定义可知，凡对称式都是轮换式，但轮换式不一定是对称式. 例如：

(1) $(a+b)(b+c)(c+a)$是对称式，也是轮换式；

(2) $x^2y+y^2z+z^2x$ 是轮换式，但不是对称式.

6. 几个有关的性质

可以证明，关于对称式、交代式和轮换式，有以下性质：

(1) 变数字母相同的两个对称式的和、差、积、商(能整除的)仍是对称式.

(2) 变数字母相同的两个轮换式的和、差、积、商(能整除的)仍是轮换式.

(3) 变数字母相同的两个交代式的和、差仍是交代式，它们的积、商(能整除的)则是对称式.

(4) 变数字母相同的一个对称式与一个交代式的积、商(能整除的)则是交代式.

(5) 多个变数字母的交代式，必定以其中任意两个变数字母之差作为因式.

以上性质易从它们的定义推出. 例如性质(5)，根据交代式的定义，

$$f(x_1,\cdots,x_i,\cdots,x_j,\cdots,x_n)=-f(x_1,\cdots,x_j,\cdots,x_i,\cdots,x_n).$$

如果用 x_j 代替 x_i，则必有

$$f(x_1,\cdots,x_j,\cdots,x_j,\cdots,x_n)=-f(x_1,\cdots,x_j,\cdots,x_j,\cdots,x_n),$$

因此，

$$f(x_1,\cdots,x_j,\cdots,x_j,\cdots,x_n)=0.$$

根据余数定理，交代式 f 必有形如(x_i-x_j)一类因式，即性质(5)成立.

五、多项式的因式分解

多项式的因式分解是一项重要的基本技能训练. 在分式运算、解方程和各种恒等变换中，都要经常用到因式分解.

设 $p(x)$是数域 F 上的次数大于零的多项式，如果它不能表示为数域 F 上的两个次数比 $p(x)$低的多项式的乘积，就称它为数域 F 上的不可约多项式(或既约多项式)；否则，就是可约多项式.

定义 10　在给定的数域 F 上，把一个多项式表示成若干个不可约多项式的乘积的形式，叫做多项式的因式分解.

在高等代数里已经证明，任意一个次数大于零的多项式，都可以分解成给定数域

上的不可约多项式的乘积. 这种分解，除各因式的次序和非零常数因式外是唯一确定的.

在复数域 **C** 内，任意一个 n 次多项式都可以分解成 n 个一次因式的积；换句话说，任何二次以上的多项式在复数域内都是可约的. 在实数域 **R** 内，任意一个实系数多项式都可分解成一次与二次不可约因式的积. 在实数域上讨论二次式 ax^2+bx+c，可能有两种情况：当 $\Delta=b^2-4ac\geqslant 0$ 时，它是可约的；当 $\Delta=b^2-4ac<0$ 时，它是不可约的. 在有理数域 **Q** 内，任意次多项式都可能是不可约的. 例如 $x^n+2(n\in\mathbf{N}^*)$，在有理数域上是不可约的. 高等代数里虽然讨论过以上诸问题，但是并没有为多项式的因式分解提供一个确定的、普遍适用的方法. 事实上，因式分解必须根据所给多项式的结构特点采用相应的具体方法. 在初中代数里介绍了提取公因式法、公式法（乘法公式逆用）等因式分解的基本方法. 这里将讨论在有理数域上分解因式的其他几种方法.

1. 十字相乘法（叉乘试算法）

这是分解二次三项式 $ax^2+bx+c(a\neq 0)$ 的常用方法：如果 $a=a_1a_2$，$c=c_1c_2$，且有 $a_1c_2+a_2c_1=b$ 成立，则得

$$ax^2+bx+c=(a_1x+c_1)(a_2x+c_2).$$

为了确认 $a_1c_2+a_2c_1=b$ 是否成立，列出十字相乘式进行试算：

$$\begin{array}{ccc} a_1 & & c_1 \\ & \times & \\ a_2 & & c_2 \end{array} \qquad \text{试算 } a_1c_2+a_2c_1=b?$$

如果等式不成立，则重新分解 a 和 c：

$$a=a_1'a_2',\quad c=c_1'c_2',$$

再用十字相乘法试算，直到成功分解或确认无法分解为止.

例 5 分解因式 $12x^2-11x-15$.

解 用十字相乘法试算：

$$\begin{array}{ccc} 3 & & -5 \\ & \times & \\ 4 & & 3 \end{array} \qquad 3\times 3+4\times(-5)=-11$$

于是得

$$12x^2-11x-15=(3x-5)(4x+3).$$

2. 分组分解法

对于不便提取公因式、也不便套用公式法或使用十字相乘法直接进行因式分解的某些多项式，根据其构成特点，可考虑使用分组分解法：通过对多项式的各项适当分组，或经适当变形（包括将某一项拆成两个同类项，或增添两个符号相反的同类项等）再分组，使得每组都能进行分解，然后再提取公因式.

例 6 分解因式：

(1) $yz(y+z)+zx(z-x)-xy(x+y)$；

(2) $x^4+12x+323$.

解 (1) 原式 $=yz(y+z)+zx(z-x)-xy[(y+z)-(z-x)]$

$$=(y+z)(yz-xy)+(z-x)(zx+xy)$$
$$=y(y+z)(z-x)+x(y+z)(z-x)$$
$$=(x+y)(y+z)(z-x).$$

(2) $x^4+12x+323=(x^4+36x^2+324)-(36x^2-12x+1)$

$$=(x^2+18)^2-(6x-1)^2$$
$$=(x^2+6x+17)(x^2-6x+19).$$

3. 依据因式定理用综合除法分解因式

此法用以寻找所给整系数多项式 $f(x)$ 的一次因式. $f(x)$ 有因式 $x-a$ 的充要条件是 $f(a)=0$(因式定理),a 就是 $f(x)$ 的一个根. 当 a 是有理数时,可用综合除法试除或代入法予以确定. 这种方法的依据是:如果整系数多项式

$$f(x)=a_nx^n+a_{n-1}x^{n-1}+\cdots+a_1x+a_0$$

有因式 $x-\frac{q}{p}$(p,q 是互素的整数),则 p 一定是 a_n 的约数,q 一定是 a_0 的约数(证明见§5.2,定理8). 具体做法是:

(1) 先写出整系数多项式 $f(x)$ 的首项系数 a_n 和常数项 a_0 的所有因数,然后以 a_n 的因数为分母,a_0 的因数为分子,作出所有可能的既约分数(包括整数). 如果 $f(x)$ 有有理根,则必在这些既约分数中. 因此它们是可能的试除数.

(2) 从上述既约分数中合理地选择试除数. 如果 $f(x)$ 的各项系数都是正数,或都是负数,就只选择负的试除数.

例如所给多项式为:$f(x)=2x^3+7x^2+5x+1$,按步骤(1),作出既约分数 $\pm1,\pm\frac{1}{2}$. 因为 $f(x)$ 的各项系数都是正数,试除数 a 若为正数,则余数 $f(a)$ 必为正数,$f(a)\neq0$. 因此排除正数,只选 -1 和 $-\frac{1}{2}$ 作为试除数.

同理,如果 $f(x)$ 的各项中奇次项系数都是正数,偶次项系数(包括常数项)都是负数;或者奇次项系数都是负数,偶次项系数都是正数,就只选择正的试除数.

(3) 当选用 ±1 作为试除数时,可先用视察法或代入法看 $f(1)$ 或 $f(-1)$ 是否为零. 如果不为零,就排除;如果为零,再用综合除法求出商式. 对于 $\pm2,\pm\frac{1}{2}$ 等较简单的数,亦可仿此处理.

例 7 分解整系数多项式 $f(x)=3x^3-2x^2+9x-6$ 的因式.

解 可能的试除数是 $\pm1,\pm2,\pm3,\pm6,\pm\frac{1}{3},\pm\frac{2}{3}$.

由于 $f(x)$ 的奇次项系数都是正数,偶次项系数都是负数,故只选正的试除数:1,

$2,3,6,\frac{1}{3},\frac{2}{3}$. 又由视察法，$f(1)=3-2+9-6\neq0$，故排除 1. 用 2 代入，$f(2)=28\neq0$，故排除 2. 同样，$3,6,\frac{1}{3}$都排除. 最后用$\frac{2}{3}$试除，

$$\begin{array}{c|cccc}\frac{2}{3} & 3 & -2 & +9 & -6 \\ & & +2 & +0 & +6 \\ \hline & 3 & +0 & +9 & \multicolumn{1}{|c}{+0}\end{array}$$

所以

$$f(x)=\left(x-\frac{2}{3}\right)(3x^2+9)=(3x-2)(x^2+3).$$

4. 用待定系数法分解因式

用待定系数法分解因式，首先要根据题设条件，判定原式分解后所成的因式乘积的形式，然后再列方程(组)确定待定系数的值.

例 8 在有理数域 **Q** 上分解 x^4+x^3-5x-3 的因式.

解 可能的有理根是$\pm1,\pm3$，代入结果都被排除. 因此原式在 **Q** 上没有一次因式. 假定原式含有 x 的二次因式，并设

$$\begin{aligned}x^4+x^3-5x-3&=(x^2+mx+k)(x^2+nx+l)\\&=x^4+(m+n)x^3+(k+mn+l)x^2+(ml+nk)x+kl,\end{aligned}$$

比较等式两端对应项的系数，得方程组

$$\begin{cases}m+n=1, & ①\\ mn+k+l=0, & ②\\ ml+nk=-5, & ③\\ kl=-3. & ④\end{cases}$$

上面④式中的 k,l 同是原式常数项-3 的因数，因此 k 和 l 的值可能有下面四组：

$$\begin{cases}k=1,\\ l=-3;\end{cases}\quad\begin{cases}k=-1,\\ l=3;\end{cases}\quad\begin{cases}k=3,\\ l=-1;\end{cases}\quad\begin{cases}k=-3,\\ l=1.\end{cases}$$

将$\begin{cases}k=1,\\ l=-3\end{cases}$代入③式，得

$$-3m+n=-5. \qquad ⑤$$

将①式、⑤式联立，解得 $m=\frac{3}{2},n=-\frac{1}{2}$. 但是 $m=\frac{3}{2},n=-\frac{1}{2},k=1,l=-3$ 不满足②式，因此不是方程组的解.

将$\begin{cases}k=-1,\\ l=3\end{cases}$代入③式，得

$$3m-n=-5. \qquad ⑥$$

将①式、⑥式联立，解得 $m=-1,n=2$. 并且 $m=-1,n=2,k=-1,l=3$ 满足②式，

因此是方程组的解. 所以

$$x^4+x^3-5x-3=(x^2-x-1)(x^2+2x+3).$$

例 9　证明 $xy+2$ 不能分解因式.

证　假设 $xy+2$ 可以分解成两个一次因式 $x+a$ 和 $y+b$ 的积，即

$$xy+2=(x+a)(y+b)$$

则

$$xy+0x+0y+2=xy+bx+ay+ab.$$

比较等式两端的对应项系数，得

$$\begin{cases} b=0, & ① \\ a=0, & ② \\ ab=2. & ③ \end{cases}$$

将①、②两式中的 b 和 a 的值代入③式，得出 $0=2$，矛盾. 说明所假设的待定系数 a 和 b 的值实际上是不存在的，因此 $xy+2$ 不能分解成两个一次因式的积.

5. 对称式和轮换式的因式分解

依据对称式、轮换式和交代式等的概念和性质，结合因式定理和待定系数法，可以对它们进行因式分解，其步骤是：

(1) 先观察所给多项式的特点，以其中一个变数字母为主，把另一个或另一些变数字母作为试除数，依据因式定理找出其中一个因式；再根据有关性质，用轮换的方法得出另外一些因式.

(2) 用待定系数法确定分解后的因式乘积的系数.

例 10　分解 $f(x,y,z)=x^3+y^3+z^3-3xyz$ 的因式.

解　原式是对称式. 当 $x=-(y+z)$ 时，

$$f(x,y,z)=[-(y+z)^3]+y^3+z^3-3[-(y+z)]yz=0,$$

所以 $f(x,y,z)$ 有因式 $x+y+z$. 因原式为三次式，故还有另一个二次对称式的因式. 设

$$x^3+y^3+z^3-3xyz=(x+y+z)[m(x^2+y^2+z^2)+n(xy+yz+zx)].$$

令 $x=1,y=1,z=0$，得

$$2=2(2m+n)\quad 即\ 2m+n=1, \qquad ①$$

令 $x=1,y=1,z=1$，得

$$0=3(3m+3n)\quad 即\ m+n=0. \qquad ②$$

由①式、②式，得 $m=1,n=-1$. 所以

$$x^3+y^3+z^3-3xyz=(x+y+z)(x^2+y^2+z^2-xy-yz-zx).$$

例 11　分解 $(y-z)^3+(z-x)^3+(x-y)^3$ 的因式.

解　原式是一个轮换式. 当 $x=y$ 时，

$$原式=(y-z)^3+(z-y)^3+(y-y)^3=0,$$

因此有因式 $(x-y)\cdot(y-z)(z-x)$. 设

$$(y-z)^3+(z-x)^3+(x-y)^3=k(x-y)(y-z)(z-x),$$

令 $x=1,y=2,z=0$，得 $6=k\cdot 2$，即 $k=3$. 所以

$$(y-z)^3+(z-x)^3+(x-y)^3=3(x-y)(y-z)(z-x).$$

6. 因式分解的几个特点

多项式的因式分解，是一种与多项式乘法相反的恒等变形过程. 和多项式乘法有固定的运算程序截然不同，因式分解往往使人感到难度较大. 但也正因为没有刻板程式可以依循，因式分解的解题训练成为培养联想能力和发散思维能力的有效途径.

因式分解具有以下几个特点：

(1) 结果的相对性：由于一个多项式的可约与不可约都是相对于某个数域而言的，因此一道因式分解题究竟分解到何时才算最后结果，应视给定数域而异.

例 12 分别在有理数集、实数集和复数集内分解因式：

$$x^4-2x^3+x^2-16.$$

解 原式 $=(x^2-x)^2-4^2$

$$=(x^2-x+4)(x^2-x-4) \quad \text{(有理数集内)}$$

$$=(x^2-x+4)\left(x-\frac{1+\sqrt{17}}{2}\right)\left(x-\frac{1-\sqrt{17}}{2}\right) \quad \text{(实数集内)}$$

$$=\left(x-\frac{1+\sqrt{15}\,\mathrm{i}}{2}\right)\left(x-\frac{1-\sqrt{15}\,\mathrm{i}}{2}\right)\left(x-\frac{1+\sqrt{17}}{2}\right)\left(x-\frac{1-\sqrt{17}}{2}\right).$$

(复数集内)

(2) 解法的多样性：对于给定数域上的多项式的因式分解，在高等代数中已经证明了这种分解的结果除常数因式外是唯一的. 但是，很多因式分解题的解法是不唯一的. 特别在用分组法分解时，由于拆项组合的方式不同，就产生了多种不同的解法.

例 13 分解 $x^3+6x^2+11x+6$ 的因式.

解 通过拆一次项，可得多种不同的解法. 其中两种是

$$\begin{aligned}\text{原式}&=(x^3+6x^2+9x)+(2x+6)\\&=x(x+3)^2+2(x+3)\\&=(x+1)(x+2)(x+3),\end{aligned}$$

$$\begin{aligned}\text{原式}&=(x^3-x)+(6x^2+12x+6)\\&=x(x+1)(x-1)+6(x+1)^2\\&=(x+1)(x+2)(x+3).\end{aligned}$$

通过拆二次项，也可得到多种不同解法，其中一种是

$$\begin{aligned}\text{原式}&=(x^3+x^2)+(5x^2+11x+6)\\&=x^2(x+1)+(x+1)(5x+6)\\&=(x+1)(x+2)(x+3).\end{aligned}$$

此外，还可通过拆常数项；同时拆一次项和常数项；同时拆二次项和常数项；同时拆二次项和一次项；同时拆二次项、一次项和常数项. 当然，本题还可用综合除法来做.

有人认真按以上诸种方式做了一遍，结果共得 32 种不同解法.

(3) 高度的技巧性：面对某些陌生的因式分解题，往往使人感到束手无策. 但一经点拨，顿觉豁然开朗.

例 14 在有理数集内分解 x^5+x-1 的因式.

解 由视察法知，本题无一次因式. 因为 x^5 和 x 的次数相差太大，可考虑添加一些中间项，使它们产生联系：

$$\begin{aligned}x^5+x-1&=x^5+x^2-x^2+x-1\\&=x^2(x^3+1)-(x^2-x+1)\\&=x^2(x+1)(x^2-x+1)-(x^2-x+1)\\&=(x^2-x+1)(x^3+x^2-1).\end{aligned}$$

§ 3.4 分 式

本节在一元多项式的基础上讨论单变数的有理分式. 但其中得出的结论，可以推广到多变数的情形.

一、基本概念

1. 有理分式

定义 11 两个多项式的比 $\dfrac{f(x)}{g(x)}$（其中 $g(x)$ 不是零多项式），叫做有理分式，简称分式.

像任一整数可以看成分母为 1 的分数一样，任一多项式可以看成分母为 1 的有理分式：$f(x)=\dfrac{f(x)}{1}$. 因此，多项式集合是分式集合的真子集.

在分式 $\dfrac{f(x)}{g(x)}$ 中，凡在所研究的数域内不是 $g(x)$ 的根的一切 x 值，都是这个分式的变数的容许值. 变数的所有容许值组成的集合，叫做这个分式的定义域. 对于同一个分式，其定义域和在什么数域内研究有关. 例如分式 $\dfrac{x+1}{(x-1)(x^2+1)}$，如果在有理数域 **Q** 或实数域 **R** 上研究时，其定义域分别是 $\{x \mid x\in \mathbf{Q}$ 且 $x\neq 1\}$ 或 $\{x \mid x\in \mathbf{R}$ 且 $x\neq 1\}$；如果在复数域 **C** 上研究时，其定义域是 $\{x \mid x\in \mathbf{C}$ 且 $x\neq 1, x\neq \pm \mathrm{i}\}$.

对于分式 $\dfrac{f(x)}{g(x)}$（$g(x)$ 的次数大于或等于 1），不定义它的次数.

2. 分式的恒等

如果两个分式 $\dfrac{f(x)}{g(x)}$ 和 $\dfrac{f_1(x)}{g_1(x)}$，对于 x 在它们的公共定义域上的任意取值都有

相等的值，那么这两个分式恒等. 记作

$$\frac{f(x)}{g(x)} \equiv \frac{f_1(x)}{g_1(x)}.$$

定理 4 两个分式 $\frac{f(x)}{g(x)}$ 和 $\frac{f_1(x)}{g_1(x)}$ 恒等的充要条件是

$$f(x)g_1(x) \equiv f_1(x)g(x). \tag{①}$$

证 充分性. 如果①式成立，则对于凡满足 $g(x)\neq 0$ 且 $g_1(x)\neq 0$ 的所有 x 值，都有

$$\frac{f(x)}{g(x)} \equiv \frac{f_1(x)}{g_1(x)}. \tag{②}$$

必要性. 如果②式成立，即对于凡满足 $g(x)\neq 0$ 且 $g_1(x)\neq 0$ 的所有 x 值，都有

$$\frac{f(x)}{g(x)} = \frac{f_1(x)}{g_1(x)},$$

则对于这些 x 值也必然有

$$f(x)g_1(x) = f_1(x)g(x) \tag{③}$$

成立. 但这样的 x 值有无限多个，而③式两端的多项式的次数是有限数，因此③式为恒等式，即

$$f(x)g_1(x) \equiv f_1(x)g(x).$$

推论 在 $\frac{f(x)}{g(x)} = \frac{f_1(x)}{g_1(x)}$ 中，如果 $g(x) = g_1(x)$，则 $f(x) = f_1(x)$.

例 1 分式 $\frac{x^2+ax}{x^2-a^2}$ 和 $\frac{x}{x-a}$ 是不是恒等？

解 因为

$$(x^2+ax)(x-a) \equiv x^3-a^2x \equiv x(x^2-a^2),$$

所以

$$\frac{x^2+ax}{x^2-a^2} \equiv \frac{x}{x-a}.$$

在无须强调恒等时，恒等号“≡”也可用等号“＝”代替.

3. 分式的基本性质

定理 5 分式的分子和分母都乘同一个不等于零的多项式，分式的值不变，即如果 $\frac{f(x)}{g(x)}$ 是一个分式，$h(x)$ 为非零多项式，则

$$\frac{f(x)}{g(x)} \equiv \frac{f(x)\cdot h(x)}{g(x)\cdot h(x)}.$$

证 因为

$$f(x)\cdot[g(x)\cdot h(x)] \equiv g(x)\cdot[f(x)\cdot h(x)],$$

其中 $g(x)$ 和 $h(x)$ 都是非零多项式，根据定理 4，

$$\frac{f(x)}{g(x)} \equiv \frac{f(x) \cdot h(x)}{g(x) \cdot h(x)}.$$

定理 5 是分式的基本性质，它为分式的约分和通分提供了理论依据，常利用它进行分式的恒等变形. 运用分式的基本性质来解例 1，只需约去分子和分母上的公因式 $x+a$ 就行了.

4. 既约分式

定义 12 如果分式 $\frac{f(x)}{g(x)}$ 的分子和分母除去常数因子外，没有其他公因式，即 $f(x)$ 与 $g(x)$ 互素，则此分式叫做既约分式或不可约分式.

定理 6 任何有理分式 $\frac{f(x)}{g(x)}$，都有一个既约分式和它恒等；并且除去数值因子外，这个既约分式是唯一的.

证 设 $f(x)$ 与 $g(x)$ 的最大公因式为 $\varphi(x)$，则

$$f(x)=\varphi(x)f_1(x), \quad g(x)=\varphi(x)g_1(x),$$

其中 $f_1(x)$ 与 $g_1(x)$ 是互素的，因此 $\frac{f_1(x)}{g_1(x)}$ 是既约分式. 根据分式的基本性质，

$$\frac{f(x)}{g(x)} \equiv \frac{f_1(x)}{g_1(x)}.$$

再证唯一性. 如果另有既约分式 $\frac{f_2(x)}{g_2(x)}$，也满足

$$\frac{f(x)}{g(x)} \equiv \frac{f_2(x)}{g_2(x)}, \quad 则 \quad \frac{f_1(x)}{g_1(x)} \equiv \frac{f_2(x)}{g_2(x)},$$

所以

$$f_1(x)g_2(x) \equiv f_2(x)g_1(x),$$

从而 $f_2(x) \mid f_1(x)g_2(x)$. 由于 $f_2(x)$ 与 $g_2(x)$ 互素，所以 $f_2(x) \mid f_1(x)$. 同理可得 $f_1(x) \mid f_2(x)$，所以 $f_2(x)=cf_1(x)$，其中 c 是一个不为零的常数. 这时必有 $g_2(x)=cg_1(x)$. 于是唯一性得证.

在一切互相恒等的分式中，既约分式具有最简单的形式，所以把一个分式化成与它恒等的既约分式就叫做化简.

和算术中的分数一样，有理分式的集合内也可以定义加、减、乘、除运算，并满足相应的运算律. 在引入负分式和倒分式的概念后，减法和除法就可分别化为加法和乘法去做. 当然，除式不是零多项式.

二、代数延拓原理

两个恒等的分式，它们各自的定义域可能不同. 拿前面例 1 来说，虽然

$$\frac{x^2+ax}{x^2-a^2}=\frac{x}{x-a},$$

但是等式两端的分式定义域是不同的. 左端分式的定义域是$\{x\neq\pm a\}$,而右端分式的定义域是$\{x\neq a\}$. 因此,将左端分式通过约分后得到既约分式,定义域扩大了. 这种扩大是否允许呢? 允许! 因为有下面的原理作依据.

代数延拓原理　如果分式$\dfrac{f(x)}{g(x)}$在$x=x_0$处失去意义,即$g(x_0)=0$;但与它恒等的既约分式$\dfrac{f_1(x)}{g_1(x)}$在$x=x_0$处有意义,即$g_1(x_0)\neq 0$,那么我们就约定

$$\frac{f(x_0)}{g(x_0)}=\frac{f_1(x_0)}{g_1(x_0)}.$$

代数延拓原理为所有互相恒等的分式建立了同一个定义域,这就是其中既约分式的定义域. 因此,在分式化简时可放心地将可约分式的分子与分母的公因式约去.

但是,在解分式方程(或不等式)时不能随便地引用代数延拓原理. 否则,在关于方程的增解和失解等问题上将会无所适从.

三、部分分式

1. 真分式及其性质

定义 13　如果一个分式的分子多项式的次数小于分母多项式的次数,就称它为真分式;如果分子多项式的次数不小于分母多项式的次数,就称它为假分式.

例如,$\dfrac{56x+100}{x^2+2}$是真分式,$\dfrac{x^3}{x^2+2}$和$\dfrac{x^2}{x^2+2}$都是假分式. 应用多项式的带余除法,一个假分式可以化为整式与真分式的代数和. 例如,

$$\frac{x^3}{x^2+2}=x-\frac{2x}{x^2+2};\quad \frac{x^2}{x^2+2}=1-\frac{2}{x^2+2}.$$

定理 7　两个真分式的和、差仍为真分式或零.

证　设$\dfrac{f_1(x)}{g_1(x)}$和$\dfrac{f(x)}{g(x)}$都是真分式,则

$$\frac{f_1(x)}{g_1(x)}\pm\frac{f_2(x)}{g_2(x)}=\frac{f_1(x)g_2(x)\pm f_2(x)g_1(x)}{g_1(x)g_2(x)}.$$

因为$f_1(x)$的次数低于$g_1(x)$的次数,所以$f_1(x)g_2(x)$的次数低于$g_1(x)g_2(x)$的次数. 同理$f_2(x)g_1(x)$的次数也低于$g_1(x)g_2(x)$的次数. 因此,上述等式右端的分子的次数低于分母的次数,在特殊情形分子为0. 所以定理成立.

定理 8　设$p_1(x)$和$p_2(x)$是多项式,$\dfrac{f_1(x)}{g_1(x)}$和$\dfrac{f_2(x)}{g_2(x)}$是真分式,如果

$$p_1(x)+\frac{f_1(x)}{g_1(x)}\equiv p_2(x)+\frac{f_2(x)}{g_2(x)},\tag{①}$$

则必有

$$p_1(x)\equiv p_2(x),\quad \frac{f_1(x)}{g_1(x)}\equiv\frac{f_2(x)}{g_2(x)}.\tag{②}$$

证 由①式，得

$$p_1(x)-p_2(x)\equiv\frac{f_2(x)}{g_2(x)}-\frac{f_1(x)}{g_1(x)}. \quad ③$$

由定理 7 知，恒等式③的右端为真分式或 0，而左端是一个非零多项式或 0. 但是一个非零多项式不能恒等于一个真分式，因此必有②式成立.

2. 部分分式

定义 14 在实数集 **R** 内，形如 $\frac{A}{(x-a)^k}$ 或 $\frac{Bx+C}{(x^2+px+q)^l}$（其中 $k,l\in\mathbf{N}^*$，A，$B,C\in\mathbf{R}$，$p^2-4q<0$）的分式叫做基本真分式（或最简部分分式）. 将一个真分式化为基本真分式之和，叫做将分式展开（或分解）成部分分式.

定理 9 设 $\frac{f(x)}{g_1(x)g_2(x)}$ 是真分式，$g_1(x)$ 与 $g_2(x)$ 互素，则可求得唯一的一对真分式 $\frac{f_1(x)}{g_1(x)}$ 和 $\frac{f_2(x)}{g_2(x)}$，使

$$\frac{f(x)}{g_1(x)g_2(x)}=\frac{f_1(x)}{g_1(x)}+\frac{f_2(x)}{g_2(x)}. \quad ①$$

证 存在性. 因为 $g_1(x)$ 和 $g_2(x)$ 互素，根据高等代数中的定理，存在两个多项式 $u(x)$ 与 $v(x)$，满足 $u(x)g_2(x)+v(x)g_1(x)=1$. 两边同乘 $f(x)$，得

$$f(x)u(x)g_2(x)+f(x)v(x)g_1(x)=f(x),$$

所以

$$\frac{f(x)}{g_1(x)g_2(x)}=\frac{f(x)u(x)}{g_1(x)}+\frac{f(x)v(x)}{g_2(x)}. \quad ②$$

如果等式②的右端的两个分式都是真分式，则存在性得证.

如果其中只有一个是真分式，不妨设 $\frac{f(x)u(x)}{g_1(x)}$ 是真分式，$\frac{f(x)v(x)}{g_2(x)}$ 是假分式，则 $\frac{f(x)v(x)}{g_2(x)}$ 总能化成一个非零多项式 $p(x)$ 与另一个真分式 $\frac{f_2(x)}{g_2(x)}$ 的和. 代入②式，得

$$\frac{f(x)}{g_1(x)g_2(x)}=\frac{f(x)u(x)}{g_1(x)}+p(x)+\frac{f_2(x)}{g_2(x)},$$

即

$$\frac{f(x)}{g_1(x)g_2(x)}-\frac{f(x)u(x)}{g_1(x)}-\frac{f_2(x)}{g_2(x)}=p(x). \quad ③$$

等式③的左边应为真分式或零，而右边是一个非零多项式，根据定理 7，这是不可能的.

如果等式②右边的两个分式都是假分式，则有

$$\frac{f(x)u(x)}{g_1(x)}=p_1(x)+\frac{f_1(x)}{g_1(x)},$$

$$\frac{f(x)v(x)}{g_2(x)}=p_2(x)+\frac{f_2(x)}{g_2(x)},$$

其中 $p_1(x)$ 和 $p_2(x)$ 都是非零多项式，代入②式，得

$$\frac{f(x)}{g_1(x)g_2(x)}=p_1(x)+\frac{f_1(x)}{g_1(x)}+p_2(x)+\frac{f_2(x)}{g_2(x)},$$

即

$$\frac{f(x)}{g_1(x)g_2(x)}-\frac{f_1(x)}{g_1(x)}-\frac{f_2(x)}{g_2(x)}=p_1(x)+p_2(x). \qquad ④$$

等式④的左边是真分式或零，而右边是非零多项式或零，根据定理 7，得

$$p_1(x)+p_2(x)=0.$$

因此，

$$\frac{f(x)}{g_1(x)g_2(x)}=\frac{f_1(x)}{g_1(x)}+\frac{f_2(x)}{g_2(x)}.$$

唯一性. 如果给定的真分式还可以分解为另一对真分式之和，即

$$\frac{f(x)}{g_1(x)g_2(x)}=\frac{f_1'(x)}{g_1(x)}+\frac{f_2'(x)}{g_2(x)},$$

则有

$$\frac{f_1(x)}{g_1(x)}+\frac{f_2(x)}{g_2(x)}=\frac{f_1'(x)}{g_1(x)}+\frac{f_2'(x)}{g_2(x)},$$

$$\frac{f_1(x)-f_1'(x)}{g_1(x)}=\frac{f_2'(x)-f_2(x)}{g_2(x)},$$

从而

$$\frac{[f_1(x)-f_1'(x)]g_2(x)}{g_1(x)}=f_2'(x)-f_2(x). \qquad ⑤$$

因为 $g_1(x)$ 与 $g_2(x)$ 互素，所以 $f_1(x)-f_1'(x)$ 能被 $g_1(x)$ 整除，但是 $f_1(x)$ 和 $f_1'(x)$ 的次数都小于 $g_1(x)$ 的次数，因此必然有 $f_1(x)-f_1'(x)\equiv 0$. 代入⑤式，得 $f_2'(x)-f_2(x)=0$. 所以

$$f_1(x)=f_1'(x),\quad f_2(x)=f_2'(x).$$

于是定理得证.

推论　如果 $\dfrac{f(x)}{g_1(x)g_2(x)\cdots g_n(x)}$ 是一个真分式，$g_1(x),g_2(x),\cdots,g_n(x)$ 都是不可约多项式，且两两互素，则可求得唯一的一组真分式 $\dfrac{f_1(x)}{g_1(x)},\dfrac{f_2(x)}{g_2(x)},\cdots,\dfrac{f_n(x)}{g_n(x)}$，使

$$\frac{f(x)}{g_1(x)g_2(x)\cdots g_n(x)}=\frac{f_1(x)}{g_1(x)}+\frac{f_2(x)}{g_2(x)}+\cdots+\frac{f_n(x)}{g_n(x)}.$$

定理 10　设 $\dfrac{f(x)}{g^n(x)}$ 是真分式，$f(x)$ 的次数不小于 $g(x)$ 的次数，则可求得唯一的一组真分式 $\dfrac{f_1(x)}{g(x)},\dfrac{f_2(x)}{g^2(x)},\cdots,\dfrac{f_n(x)}{g^n(x)}$，满足

$$\frac{f(x)}{g^n(x)}=\frac{f_1(x)}{g(x)}+\frac{f_2(x)}{g^2(x)}+\cdots+\frac{f_n(x)}{g^n(x)},$$

其中多项式 $f_1(x)$，$f_2(x)$，…，$f_n(x)$的次数都小于 $g(x)$的次数.

证 由已知条件，$f(x)$的次数小于 $g^n(x)$的次数而大于或等于 $g(x)$的次数. 反复使用带余除法，可将 $f(x)$表达成 $g(x)$的多项式：

$$f(x)=f_1(x)g^{n-1}(x)+f_2(x)g^{n-2}(x)+\cdots+f_{n-1}(x)g(x)+f_n(x),$$

其中 $f_1(x)$，$f_2(x)$，…，$f_n(x)$的次数都小于 $g(x)$的次数. 上式两边同除以 $g^n(x)$，得

$$\frac{f(x)}{g^n(x)}=\frac{f_1(x)}{g(x)}+\frac{f_2(x)}{g^2(x)}+\cdots+\frac{f_n(x)}{g^n(x)}.$$

根据带余除法结果的唯一性，$f(x)$表达成 $g(x)$的多项式也是唯一的，因此 $\frac{f(x)}{g(x)}$ 展开成部分分式也是唯一的.

3. 实数范围内的部分分式展开

高等代数课讲过，每个一次以上的实系数多项式 $g(x)$在实数域上都可以唯一地分解成一次因式与二次不可约因式的乘积. 如果把 $g(x)$的首项系数提到括号外边，那么这个多项式的一次因式的一般形式是 $x-a$；二次不可约因式的一般形式是 $x^2+px+q(p^2-4q<0)$. 因此，根据定理 9 及其推论和定理 10，一个真分式展开成部分分式时会遇到两种情形：

如果分母中含有 k 重$(k\geqslant1)$因式 $x-a$，那么对应的部分分式是

$$\frac{A_1}{x-a}+\frac{A_2}{(x-a)^2}+\cdots+\frac{A_k}{(x-a)^k},$$

其中 $A_1,A_2,\cdots,A_k$ 是实常数；

如果分母中含有 l 重$(l\geqslant1)$因式 $x^2+px+q(p^2-4q<0)$，那么对应的部分分式是

$$\frac{B_1x+C_1}{x^2+px+q}+\frac{B_2x+C_2}{(x^2+px+q)^2}+\cdots+\frac{B_lx+C_l}{(x^2+px+q)^l},$$

其中 $B_1,B_2,\cdots,B_l;C_1,C_2,\cdots,C_l$ 是实常数.

这两种情形的部分分式，都表达成基本真分式之和(定义 14). 基本真分式不能再行分解. 把一个真分式展开成部分分式，一定要展开到它的各项都是基本真分式为止. 在展开过程中，要依据定理 9 和定理 10 提供的方法，并要熟练地运用待定系数法.

例 2 将 $\frac{3x-9}{x^3-2x^2-x+2}$ 展开成部分分式.

解 因为 $x^3-2x^2-x+2=(x+1)(x-1)(x-2)$，根据定理 9 的推论，设

$$\frac{3x-9}{x^3-2x^2-x+2}=\frac{A}{x-1}+\frac{B}{x+1}+\frac{C}{x-2},$$

去分母，得

$$3x-9=A(x+1)(x-2)+B(x-1)(x-2)+C(x-1)(x+1). \quad ①$$

令 $x=1$,得

$$-6=-2A,\quad A=3;$$

令 $x=2$,得

$$-3=3C,\quad C=-1;$$

令 $x=-1$,得

$$-12=6B,\quad B=-2.$$

因此

$$\frac{3x-9}{x^3-2x^2-x+2}=\frac{3}{x-1}-\frac{2}{x+1}-\frac{1}{x-2}.$$

解本题时,也可将去分母后的等式的右边按 x 的降幂整理,得

$$3x-9=(A+B+C)x^2+(-A-3B)x+(2B-2A-C),$$

然后比较等式两边的系数,即可求得相同的结果.

例 3　将 $\dfrac{(3x^3+2x^2+x+10)(x-1)}{(x-1)^2(x+1)^3}$ 展开成部分分式.

解　首先约去分子和分母的公因式 $x-1$,化成既约分式 $\dfrac{3x^3+2x^2+x+10}{(x-1)(x+1)^3}$,再按定理 9,将它拆成两个真分式的和. 设

$$\frac{3x^3+2x^2+x+10}{(x-1)(x+1)^3}=\frac{A}{x-1}+\frac{Bx^2+Cx+D}{(x+1)^3},\tag{①}$$

则

$$3x^3+2x^2+x+10=A(x+1)^3+(Bx^2+Cx+D)(x-1).\tag{②}$$

在②式中,令 $x=1$,得

$$16=8A,\quad 从而\ A=2;$$

令 $x=0$,得

$$10=A-D,\quad 从而\ D=A-10=-8;$$

令 $x=-1$,得

$$8=2C-2B-2D,\quad 从而\ C-B=4+D=-4;$$

令 $x=2$,得

$$44=27A+4B+2C+D,\quad 从而\ 2C+4B=-2.$$

解$\begin{cases}C-B=-4,\\2C+4B=-2,\end{cases}$得 $B=1,C=-3$. 所以

$$A=2,\quad B=1,\quad C=-3,\quad D=-8.$$

代入①式,得

$$\frac{3x^3+2x^2+x+10}{(x-1)(x+1)^3}=\frac{2}{x-1}+\frac{x^2-3x-8}{(x+1)^3}.\tag{③}$$

然后按定理 10,将 $\dfrac{x^2-3x+8}{(x+1)^3}$ 展开成部分分式. 为此,先将 x^2-3x-8 表达成

$(x+1)$的多项式：

$$x^2-3x-8=(x+1)^2-5(x+1)-4.$$

所以

$$\frac{x^2-3x-8}{(x+1)^3}=\frac{1}{x+1}-\frac{5}{(x+1)^2}-\frac{4}{(x+1)^3}.$$

因此，

$$原式=\frac{2}{x-1}+\frac{1}{x+1}-\frac{5}{(x+1)^2}-\frac{4}{(x+1)^3}.$$

例 4 将 $\dfrac{x(x^2+x+1)^2+2x^4+2x^3+4x^2+2x}{(x^2+x+1)^2(x+1)}$ 展开成部分分式.

解 原式是假分式，必须首先将它写成整式与真分式的和，然后将其中真分式展开成部分分式. 因为

$$原式=1+\frac{x^4+x^2-1}{(x^2+x+1)^2(x+1)}, \tag{①}$$

所以设

$$\frac{x^4+x^2-1}{(x^2+x+1)^2(x+1)}=\frac{A}{x+1}+\frac{Bx+C}{x^2+x+1}+\frac{Dx+E}{(x^2+x+1)^2}, \tag{②}$$

去分母，得

$$x^4+x^2-1=A(x^2+x+1)^2+(Bx+C)(x+1)(x^2+x+1)+(Dx+E)(x+1). \tag{③}$$

在③式中令 $x=-1$，得 $A=1$. 以 $A=1$ 代入③式，并移项，得

$$x^4+x^2-1-(x^2+x+1)^2=(x+1)[(Bx+C)(x^2+x+1)+(Dx+E)],$$

即

$$-2x^3-2x^2-2x-2=(x+1)[Bx^3+(B+C)x^2+(B+C+D)x+(C+E)].$$

上式两端同除以 $x+1$，得

$$-2x^2-2=Bx^3+(B+C)x^2+(B+C+D)x+(C+E). \tag{④}$$

比较等式④式两边的系数，得

$$B=0,\quad C=-2,\quad D=2,\quad E=0.$$

将它们代入②式，然后再将②式代入①式，得

$$原式=1+\frac{1}{x+1}-\frac{2}{x^2+x+1}+\frac{2x}{(x^2+x+1)^2}.$$

上述三个例题说明，在实数范围内将一个分式展开成部分分式时，应按以下步骤进行：

(1) 如果所给分式为假分式，先将它化为整式与真分式之和.

(2) 如果真分式的分子和分母有公因式，先将它化为既约分式.

(3) 如果真分式的分母上的因式都是互素的单因式之积，可根据定理 9 的推论，将它展开成唯一的一组基本真分式之和. 与分母的一次单因式 $x-a$ 对应的基本真分式是 $\frac{A}{x-a}$，而与分母的二次单因式 $x^2+px+q\,(p^2-4q<0)$ 对应的基本真分式是 $\frac{Bx+C}{x^2+px+q}$.

(4) 如果真分式的分母是单一多项式（一次式或二次式）的幂，可根据定理 10 展开.

(5) 如果真分式的分母是几个多项式（一次式或二次式）的幂的积，例如 $\frac{f(x)}{g_1^m(x)g_2^n(x)}$，可先按定理 9 展开为 $\frac{f_1(x)}{g_1^m(x)}+\frac{f_2(x)}{g_2^n(x)}$，然后再将这两个真分式分别依据定理 10 展开.

(6) 在运用待定系数法时，一般先将所设的那些部分分式进行通分，合成一个与题设分式恒等的分式. 再按照同分母的两个分式恒等时它们的分子恒等的原理，比较两边的对应项系数或者选用适当的 x 值代入，以确定系数的值.

(7) 一个真分式展开成部分分式，结果中的各项都必须是基本真分式.

§ 3.5 根　　式

虽然古代巴比伦人在公元前 2000 年左右就已掌握了计算平方根的方法，但是用以表示开方运算的根号和根式，迟至 16 世纪才出现（德国鲁道夫，1525 年）. 从那以后，根式就成为方程的求根公式的一个必要的组成部分. 在现代的初中数学课本里，学习二次根式也同样是为引入一元二次方程的求根公式作准备.

一、基本概念

1. 根式概念

定义 15　含有开方运算的代数式叫做根式.

当根式的根号内含有变数字母时，就称它为无理式. 因此，根式的含义比无理式更为广泛. 例如，$\sqrt{2}$，$2+\sqrt{3}$，$\sqrt{x+3}$ 等都是根式，但其中只有 $\sqrt{x+3}$ 是无理式.

本节只在实数范围内讨论根式. 例如对于 $\sqrt{x+3}$，为了保证它在实数集内有意义，被开方数必须是非负实数，因而 x 的允许值范围是 $x\geqslant-3$.

2. 方根和算术根

为了将算术根和一般方根作比较，我们给出下面的定义：

定义 16　如果 x 的 n 次幂等于 a，则称 x 为 a 的 n 次方根. 特殊地，非负实数 a 的非负 n 次方根叫做 a 的 n 次算术根，记作 $\sqrt[n]{a}\,(a\geqslant0, n\in\mathbf{N}^*, n>1)$.

求 a 的 n 次方根的运算叫做开方，a 叫做被开方数，n 叫做根指数.

例如，27 的平方根是 $\pm\sqrt{27}=\pm3\sqrt{3}$，其中 $+3\sqrt{3}=3\sqrt{3}$ 是 27 的算术平方根. 一般地，正数 a 的偶次方根有两个值，它们互为相反数，其中的正根是算术根. 在实数域内，负数不能开偶次方.

又如，27 的立方根是 3，它是算术根. -27 的立方根是 -3，它不是算术根. 一般地，正数 a 的奇次方根有唯一的值，它就是正数 a 的算术根；负数 $-a(a>0)$ 的奇次方根也有唯一值，它不是算术根，但它可用正数 a 的算术根表示为

$$\sqrt[2k+1]{-a}=-\sqrt[2k+1]{a}\quad(a>0).$$

零的 n 次方根就是零的 n 次算术根，其值为零.

综上所述，实数集内的开方运算，其结果可能有两个值，可能有唯一值，也可能无意义，因而造成根式运算的不便. 这就是我们为什么定义算术根，并约定 $\sqrt[n]{a}\,(a\geqslant0)$ 只表示 a 的 n 次算术根的原因.

定理 11　对于任意非负实数 a，它的 n 次算术根 $\sqrt[n]{a}$ 是唯一存在的.

证　如果 $a=0$，则 $\sqrt[n]{a}=0$. 如果 $a>0$，则存在唯一的正实数 x，使 $x^n=a$（§2.6 定理 16）. 因此 $\sqrt[n]{a}$ 是唯一存在的.

由定义 16 立即推得 $\sqrt[n]{a}$ 具有以下性质：

$$(\sqrt[n]{a})^n=a;\quad \sqrt[n]{a^n}=\begin{cases}a, & n\text{ 为奇数},\\ |a|, & n\text{ 为偶数}.\end{cases}$$

例 1　计算：$\sqrt{(a-1)^2}+(\sqrt{3a-1})^2$.

解　要使 $\sqrt{3a-1}$ 有意义，a 的允许值范围是 $a\geqslant\dfrac{1}{3}$.

$$\begin{aligned}&\sqrt{(a-1)^2}+(\sqrt{3a-1})^2\\=&|a-1|+(3a-1)\\=&\begin{cases}(1-a)+(3a-1)=2a, & \dfrac{1}{3}\leqslant a\leqslant1,\\ (a-1)+(3a-1)=4a-2, & a>1.\end{cases}\end{aligned}$$

二、根式的运算法则和变形

1. 根式的运算法则

下列法则都是就算术根而言的，大写字母 A，B 可以是常数，也可以是解析式.

法则 1（根式的基本性质）

$$\sqrt[np]{A^{mp}}=\sqrt[n]{A^m}\quad(A\geqslant0,m,n,p\in\mathbf{N}^*,n>1).$$

证　因为 $(\sqrt[np]{A^{mp}})^{np}=A^{mp}$，又

$$(\sqrt[n]{A^m})^{np}=[(\sqrt[n]{A^m})^n]^p=(A^m)^p=A^{mp},$$

所以

$$(\sqrt[np]{A^{mp}})^{np}=(\sqrt[n]{A^{m}})^{np},$$

根据定理 11,得

$$\sqrt[np]{A^{mp}}=\sqrt[n]{A^{m}},$$

运用此法则可约去根指数和被开方数的幂指数的公因数,也可逆用以便将异次根式化为同次根式. 但在应用时要注意 $A\geqslant 0$ 且两边都取算术根这个条件. 例如,$\sqrt[6]{(-2)^{2}}\neq\sqrt[3]{-2}$.

法则 2(积的开方)

$$\sqrt[n]{AB}=\sqrt[n]{A}\cdot\sqrt[n]{B}\quad(A\geqslant 0,B\geqslant 0,n\in\mathbf{N},n>1).$$

证　因为$(\sqrt[n]{AB})^{n}=AB$,又

$$(\sqrt[n]{A}\cdot\sqrt[n]{B})^{n}=(\sqrt[n]{A})^{n}\cdot(\sqrt[n]{B})^{n}=AB,$$

所以

$$(\sqrt[n]{AB})^{n}=(\sqrt[n]{A}\cdot\sqrt[n]{B})^{n},$$

根据定理 11,得

$$\sqrt[n]{AB}=\sqrt[n]{A}\cdot\sqrt[n]{B}.$$

同样可证明以下各法则:

法则 3(商的开方)

$$\sqrt[n]{\frac{A}{B}}=\frac{\sqrt[n]{A}}{\sqrt[n]{B}}\quad(A\geqslant 0,B>0,n\in\mathbf{N},n>1).$$

法则 4(根式的乘方)

$$(\sqrt[n]{A})^{m}=\sqrt[n]{A^{m}}\quad(A\geqslant 0,m,n\in\mathbf{N}^{*},n>1).$$

法则 5(根式的开方)

$$\sqrt[n]{\sqrt[m]{A}}=\sqrt[mn]{A}\quad(A\geqslant 0,m,n\in\mathbf{N}\text{ 且 }m>1,n>1).$$

2. 根式的化简

定义 17　如果一个根式的被开方数的幂指数与根指数互素,被开方数的每个因式的幂指数都小于根指数,且被开方数不含分母,则称此根式为最简根式.

化简根式的目的,就是将所给根式化为最简根式.

例 2　设 $a>0,b>0$,且 $x=\dfrac{2ab}{b^{2}+1}$,化简

$$\frac{\sqrt{a+x}+\sqrt{a-x}}{\sqrt{a+x}-\sqrt{a-x}}.$$

解　先用 a,b 来表达$\sqrt{a+x}$和$\sqrt{a-x}$,

$$\sqrt{a+x}=\sqrt{a+\frac{2ab}{b^{2}+1}}=\sqrt{\frac{a(b+1)^{2}}{b^{2}+1}}=\frac{(b+1)\sqrt{a}}{\sqrt{b^{2}+1}};$$

$$\sqrt{a-x}=\sqrt{a-\frac{2ab}{b^2+1}}=\sqrt{\frac{a(b-1)^2}{b^2+1}}=\frac{|b-1|\sqrt{a}}{\sqrt{b^2+1}}.$$

所以

$$\frac{\sqrt{a+x}+\sqrt{a-x}}{\sqrt{a+x}-\sqrt{a-x}}=\frac{(b+1)+|b-1|}{(b+1)-|b-1|}=\begin{cases}b, & b\geqslant 1,\\ \dfrac{1}{b}, & 0<b<1.\end{cases}$$

3. 根式的运算

(1) 根式的加减：化成最简根式后，合并同类根式(即被开方数与根指数都相同的根式).

(2) 根式的乘除：同次根式(即根指数相同的根式)相乘除，把被开方数相乘除，根指数不变(即运算法则 2 和 3)；异次根式相乘除，先运用根式的基本性质化成同次根式，再相乘除.

(3) 根式的乘方和开方：按运算法则 4 和 5 进行计算.

例 3　计算：

(1) $\sqrt{\dfrac{b}{a}+\dfrac{a}{b}+2}+\sqrt{a^3b}-\sqrt{\dfrac{b}{a}}-\sqrt{\dfrac{a}{b}}\quad(a>0,b>0)$；

(2) $\dfrac{4x}{5a}\sqrt[3]{\dfrac{x^2}{x-y}}\div\left(\dfrac{2x}{5a}\sqrt{\dfrac{2x}{x-y}}\right)\quad(x>y)$.

解　(1) 原式 $=\dfrac{1}{ab}\sqrt{ab(a+b)^2}+a\sqrt{ab}-\dfrac{1}{a}\sqrt{ab}-\dfrac{1}{b}\sqrt{ab}$

$$=\sqrt{ab}\left(\frac{a+b}{ab}+a-\frac{1}{a}-\frac{1}{b}\right)=a\sqrt{ab}.$$

本题也可先将左边的根式配方：

$$\sqrt{\frac{b}{a}+\frac{a}{b}+2}=\sqrt{\left(\sqrt{\frac{b}{a}}+\sqrt{\frac{a}{b}}\right)^2}=\sqrt{\frac{b}{a}}+\sqrt{\frac{a}{b}},$$

从而和右边的相应根式消去.

(2) 原式 $=\left(\dfrac{4x}{5a}\cdot\dfrac{5a}{2x}\right)\sqrt[6]{\left(\dfrac{x^2}{x-y}\right)^2\cdot\left(\dfrac{x-y}{2x}\right)^3}$

$$=2\cdot\sqrt[6]{\frac{x^4(x-y)^3}{(x-y)^2\cdot(2x)^3}}=2\cdot\sqrt[6]{\frac{x(x-y)}{8}}$$

$$=\sqrt[6]{8x(x-y)}.$$

例 4　已知 $x=\dfrac{\sqrt{3}+\sqrt{2}}{\sqrt{3}-\sqrt{2}}$，求 $\dfrac{x^2+x}{x^2-4x-5}$ 的值.

解　本题如果直接将 x 值代入，计算量很大. 应先分别化简(包括分母有理化)，

$$x=\frac{\sqrt{3}+\sqrt{2}}{\sqrt{3}-\sqrt{2}}=\frac{(\sqrt{3}+\sqrt{2})^2}{(\sqrt{3}-\sqrt{2})(\sqrt{3}+\sqrt{2})}=5+2\sqrt{6},\qquad ①$$

$$\frac{x^2+x}{x^2-4x-5}=\frac{x(x+1)}{(x+1)(x-5)}=\frac{x}{x-5}. \qquad ②$$

将①式代入②式，得

$$\frac{x^2+x}{x^2-4x-5}=\frac{x}{x-5}=\frac{5+2\sqrt{6}}{5+2\sqrt{6}-5}=\frac{5+2\sqrt{6}}{2\sqrt{6}}$$

$$=1+\frac{5}{2\sqrt{6}}=1+\frac{5\sqrt{6}}{12}.$$

三、复合二次根式

定义 18　如果 $A>0,B>0$，且 $A^2-B>0$，则称形如

$$\sqrt{A\pm\sqrt{B}}$$

的根式为复合二次根式.

定理 12　复合二次根式的变形公式是

$$\sqrt{A\pm\sqrt{B}}=\sqrt{\frac{A+\sqrt{A^2-B}}{2}}\pm\sqrt{\frac{A-\sqrt{A^2-B}}{2}}, \qquad ①$$

其中 $A>0,B>0,A^2-B>0$.

证法 1(分析法)　假设 $\sqrt{A+\sqrt{B}}=\sqrt{x}+\sqrt{y}$，其中 $x>0,y>0$，两边平方，得

$$A+\sqrt{B}=x+y+2\sqrt{xy}.$$

要使上式成立，必须

$$\begin{cases}A=x+y,\\B=4xy,\end{cases}\quad \text{解得 } x=\frac{A+\sqrt{A^2-B}}{2},y=\frac{A-\sqrt{A^2-B}}{2}.$$

对于另一公式，设 $\sqrt{A-\sqrt{B}}=\sqrt{x}-\sqrt{y}$，同样可以得证. 因此公式①成立.

证法 2(综合法)　设

$$x=\sqrt{\frac{A+\sqrt{A^2-B}}{2}}+\sqrt{\frac{A-\sqrt{A^2-B}}{2}},$$

则 $x>0$，且有

$$x^2=\frac{A+\sqrt{A^2-B}}{2}+\frac{A-\sqrt{A^2-B}}{2}+2\sqrt{\frac{(A+\sqrt{A^2-B})(A-\sqrt{A^2-B})}{4}}$$

$$=A+\sqrt{B}.$$

因此 x 为 $A+\sqrt{B}$ 的算术根，即

$$\sqrt{A+\sqrt{B}}=\sqrt{\frac{A+\sqrt{A^2-B}}{2}}+\sqrt{\frac{A-\sqrt{A^2-B}}{2}}.$$

同理可证另一公式.

当 A^2-B 是完全平方数时，运用公式①可以达到化简根式的目的. 这时可采用以下的简便办法：设

$$\sqrt{a\pm2\sqrt{b}}=\sqrt{x}\pm\sqrt{y}, \qquad ②$$

其中 $a>0$，$b>0$，且 $a^2-4b>0$ 为完全平方数；$x>y>0$. ②式两边平方，即得

$$\begin{cases}x+y=a,\\xy=b.\end{cases} \qquad ③$$

化简的具体做法是：如果复合二次根式$\sqrt{A\pm\sqrt{B}}$满足 A^2-B 是完全平方数的条件，先将它转化成$\sqrt{a\pm2\sqrt{b}}$的形式. 然后由视察法找出满足③式的 x 和 y，再代回②式，就可以达到化简的目的. 例如，

$$\sqrt{28+10\sqrt{3}}=\sqrt{28+2\sqrt{75}}=\sqrt{25}+\sqrt{3}=5+\sqrt{3}.$$

例 5 化简$\sqrt{x+2\sqrt{x-1}}+\sqrt{x-2\sqrt{x-1}}$，其中 $x>1$.

解法 1 $x^2-4(x-1)=(x-2)^2$ 是完全平方式，由视察法，

$$\sqrt{x+2\sqrt{x-1}}=\sqrt{x-1}+1,\quad \sqrt{x-2\sqrt{x-1}}=\left|\sqrt{x-1}-1\right|.$$

所以，

$$原式=\sqrt{x-1}+1+\left|\sqrt{x-1}-1\right|=\begin{cases}2\sqrt{x-1}, & x\geqslant2,\\2, & 1<x<2.\end{cases}$$

解法 2(配方法)

$$\begin{aligned}原式&=\sqrt{(x-1)+2\sqrt{x-1}+1}+\sqrt{(x-1)-2\sqrt{x-1}+1}\\&=\sqrt{(\sqrt{x-1}+1)^2}+\sqrt{(\sqrt{x-1}-1)^2}.\end{aligned}$$

以下步骤同上.

解法 3(平方法) 设 $S=\sqrt{x+2\sqrt{x-1}}+\sqrt{x-2\sqrt{x-1}}$，则

$$\begin{aligned}S^2&=2x+2\sqrt{x^2-4(x-1)}\\&=2x+2|x-2|=\begin{cases}4(x-1), & x\geqslant2,\\4, & 1<x<2.\end{cases}\end{aligned}$$

所以

$$原式=\begin{cases}2\sqrt{x-1}, & x\geqslant2,\\2, & 1<x<2.\end{cases}$$

最后举一个化简三次根式的例子.

例 6 计算：$\sqrt[3]{1+\frac{2}{3}\sqrt{\frac{7}{3}}}+\sqrt[3]{1-\frac{2}{3}\sqrt{\frac{7}{3}}}$.

解(立方法) 设 $x=\sqrt[3]{1+\frac{2}{3}\sqrt{\frac{7}{3}}}+\sqrt[3]{1-\frac{2}{3}\sqrt{\frac{7}{3}}}$，则

$$x^3=2+3\sqrt[3]{\left(1+\frac{2}{3}\sqrt{\frac{7}{3}}\right)\left(1-\frac{2}{3}\sqrt{\frac{7}{3}}\right)}\times\left(\sqrt[3]{1+\frac{2}{3}\sqrt{\frac{7}{3}}}+\sqrt[3]{1-\frac{2}{3}\sqrt{\frac{7}{3}}}\right).$$

注意到等号右边最后的因式可用 x 代换，因此，

$$x^3=2+3\cdot\sqrt[3]{-\frac{1}{27}}\cdot x,$$

于是得一个三次方程

$$x^3+x-2=0,\quad 即(x-1)(x^2+x+2)=0,$$

该方程有唯一的实根 $x=1$，所以原式$=1$.

四、共轭根式

分母有理化是化简根式的一个难点，克服这个难点的关键是掌握共轭根式的概念及其求法.

1. 共轭根式及其求法

定义 19　设 P 是已知根式($P\neq0$)，若有根式 $Q(Q\neq0)$，使乘积 PQ 为有理式，则称 Q 是 P 的共轭根式(或有理化因式).

显然，这时 P 也是 Q 的共轭根式. 所以 P 和 Q 互为共轭根式. 例如，$\sqrt[3]{4}$ 和 $\sqrt[3]{2}$ 互为共轭根式.

对于几类特殊根式，它们的共轭根式可按一定的模式去求.

(1) 对于根式 $P=\sqrt[n]{x^ry^s\cdots z^t}$(其中 $r,s,\cdots,t$ 是小于 n 的正整数)，其共轭根式是

$$Q=\sqrt[n]{x^{n-r}y^{n-s}\cdots z^{n-t}}.$$

显然，$PQ=xy\cdots z$.

例如，根式 $\sqrt[4]{ab^2c^3}$ 的共轭根式是 $\sqrt[4]{a^3b^2c}$.

(2) 对于根式 $P=\sqrt[n]{x}-\sqrt[n]{y}$，其共轭根式是

$$Q=\sqrt[n]{x^{n-1}}+\sqrt[n]{x^{n-2}y}+\cdots+\sqrt[n]{xy^{n-2}}+\sqrt[n]{y^{n-1}}.$$

此时，$PQ=x-y$，其根据是恒等式

$$(a-b)(a^{n-1}+a^{n-2}b+\cdots+ab^{n-2}+b^{n-1})=a^n-b^n.$$

例如，当 $n=2$ 时，$\sqrt{a}-\sqrt{b}$ 的共轭根式是 $\sqrt{a}+\sqrt{b}$；当 $n=3$ 时，$\sqrt[3]{a}-\sqrt[3]{b}$ 的共轭根式是 $\sqrt[3]{a^2}+\sqrt[3]{ab}+\sqrt[3]{b^2}$.

(3) 对于根式 $P=\sqrt[n]{x}+\sqrt[n]{y}$，当 n 为奇数时，其共轭根式是

$$Q=\sqrt[n]{x^{n-1}}-\sqrt[n]{x^{n-2}y}+\cdots-\sqrt[n]{xy^{n-2}}+\sqrt[n]{y^{n-1}};$$

当 n 为偶数时，其共轭根式是

$$Q'=\sqrt[n]{x^{n-1}}-\sqrt[n]{x^{n-2}y}+\cdots+\sqrt[n]{xy^{n-2}}-\sqrt[n]{y^{n-1}}.$$

此时，$PQ=x+y$，$PQ'=x-y$，其根据是恒等式

$$(a+b)(a^{n-1}-a^{n-2}b+\cdots-ab^{n-2}+b^{n-1})=a^n+b^n \quad (n\text{ 为奇数}),$$

$$(a+b)(a^{n-1}-a^{n-2}b+\cdots+ab^{n-2}-b^{n-1})=a^n-b^n \quad (n\text{ 为偶数}).$$

例如，当 $n=3$ 时，$\sqrt[3]{a}+\sqrt[3]{b}$ 的共轭根式是 $\sqrt[3]{a^2}-\sqrt[3]{ab}+\sqrt[3]{b^2}$；当 $n=4$ 时，$\sqrt[4]{a}+\sqrt[4]{b}$ 的共轭根式是 $\sqrt[4]{a^3}-\sqrt[4]{a^2b}+\sqrt[4]{ab^2}-\sqrt[4]{b^3}$.

(4) 对于比较复杂的根式，求其共轭根式的过程有时需要分步骤连续地做.

例 7 求 $P=\sqrt{x}+\sqrt{xy}+\sqrt{y}$ 的共轭根式.

解 $P=\sqrt{x}+\sqrt{y}(1+\sqrt{x})$. 设 $Q_1=\sqrt{x}-\sqrt{y}(1+\sqrt{x})$，则

$$PQ_1=x-y(1+\sqrt{x})^2=x-y-xy-2y\sqrt{x}.$$

又设 $Q_2=(x-y-xy)+2y\sqrt{x}$，则

$$PQ_1Q_2=(x-y-xy)^2-4xy^2.$$

因此，P 的共轭根式是

$$Q_1Q_2=[\sqrt{x}-\sqrt{y}(1+\sqrt{x})][(x-y-xy)+2y\sqrt{x}].$$

2. 分母有理化

分母有理化，是将分母含有根号的分式化成分母不含有根号的分式的一种恒等变形，其方法是在分子和分母上同乘分母的共轭根式.

例 8 将 $\dfrac{1}{\sqrt[3]{3}-\sqrt{2}}$ 分母有理化.

解
$$\begin{aligned}\frac{1}{\sqrt[3]{3}-\sqrt{2}}&=\frac{\sqrt[3]{3}+\sqrt{2}}{(\sqrt[3]{3}-\sqrt{2})(\sqrt[3]{3}+\sqrt{2})}=\frac{\sqrt[3]{3}+\sqrt{2}}{\sqrt[3]{9}-2}\\&=\frac{(\sqrt[3]{3}+\sqrt{2})(\sqrt[3]{9^2}+\sqrt[3]{9\cdot 8}+\sqrt[3]{8^2})}{(\sqrt[3]{9}-\sqrt[3]{8})(\sqrt[3]{9^2}+\sqrt[3]{9\cdot 8}+\sqrt[3]{8^2})}\\&=(\sqrt[3]{3}+\sqrt{2})(3\sqrt[3]{3}+2\sqrt[3]{9}+4).\end{aligned}$$

例 9 化简：$\dfrac{x}{\sqrt[3]{49x^2}+\sqrt[3]{35x^2}+\sqrt[3]{25x^2}}$.

解 分母为 $\sqrt[3]{(7x)^2}+\sqrt[3]{7x\cdot 5x}+\sqrt[3]{(5x)^2}$，它的共轭根式是 $\sqrt[3]{7x}-\sqrt[3]{5x}$，所以

$$\begin{aligned}\text{原式}&=\frac{x(\sqrt[3]{7x}-\sqrt[3]{5x})}{[\sqrt[3]{(7x)^2}+\sqrt[3]{7x\cdot 5x}+\sqrt[3]{(5x)^2}](\sqrt[3]{7x}-\sqrt[3]{5x})}.\\&=\frac{x(\sqrt[3]{7x}-\sqrt[3]{5x})}{7x-5x}=\frac{1}{2}(\sqrt[3]{7x}-\sqrt[3]{5x}).\end{aligned}$$

此外，在某些问题里，例如求函数的极限时，有时需将分子上的根号化去，其方法是在分子和分母上同乘分子的共轭根式.

例如，求 $\lim\limits_{x\to 0}\dfrac{\sqrt{1+x}-1}{x}$. 因为

$$\frac{\sqrt{1+x}-1}{x}=\frac{(\sqrt{1+x}-1)(\sqrt{1+x}+1)}{x(\sqrt{1+x}+1)}=\frac{1}{\sqrt{1+x}+1},$$

所以

$$\lim_{x\to 0}\frac{\sqrt{1+x}-1}{x}=\lim_{x\to 0}\frac{1}{\sqrt{1+x}+1}=\frac{1}{2}.$$

§ 3.6　指数式与对数式

指数式泛指含有有理指数幂或无理指数幂的解析式. 由于负整数指数幂可以改用分式表示,分数指数幂可以用根式来表示,因此,只含有理数指数幂的指数式属于代数式. 由于无理指数幂不能用有限次代数运算组成的代数式来表示,因而含有无理指数幂及一般实数指数幂的解析式属于超越式. 至于对数概念,它是在实数指数幂的基础上建立的,因此对数式也是一种超越式.

指数和对数虽然是数量间的同一种关系的两种表达形式,但它们产生和发展的过程却截然不同. 指数本质上是一种符号系统,它经历了漫长的改进和完善的过程;而对数本质上是一种计算方法,它是为了克服多位数乘除的麻烦而发明的. 在历史上,发表第一张对数表的是英国人纳皮尔(Napier,1614 年),而现代指数记号的创设则始于笛卡儿(正整数指数,1637 年)和牛顿(分数指数,1676 年). 因此,对数的发明先于指数符号的通行,这是和现代课本的安排次序相反的. 后来人们才逐渐揭示了对数与指数之间的内在联系,并从这种联系出发重新定义了对数. 18 世纪时欧拉深入研究了这个问题,并作了系统的论述. 欧拉的有关论述为指数式和对数式奠定了理论基础.

一、指数概念的扩展

乘方和幂的概念是作为乘法的特殊情形引入中学代数的:求 n 个相同因数的积的运算叫做乘方,乘方的结果叫做幂,并称 n 是幂 a^n 的指数.

1. 有理指数的引入

引入零指数和负整指数的直接动机是为了解除正整指数运算

$$a^m\div a^n=a^{m-n}\quad (a\neq 0)$$

所作 $m>n$ 的限制. 当 $m=n$ 时得零指数:

$$a^0=1\quad (a\neq 0);$$

当 $m<n$ 时,得负整指数:

$$a^{-p}=\frac{1}{a^p}\quad (a\neq 0, p\text{ 为正整数}).$$

引入分数指数的理论依据是根式的基本性质:

$$\sqrt[np]{a^{mp}}=\sqrt[n]{a^m}\quad (a\geqslant 0, m, n, p\in \mathbf{N}^*, n>1).$$

它说明，像分数可以约去分子与分母的公因子一样，上面的根式也可以约去幂指数与根指数的公因子. 这种类比的结果，使人们想到可以把根式写成分数指数幂的形式，并规定

$$a^{\frac{m}{n}}=\sqrt[n]{a^m} \quad (a>0,m,n\in \mathbf{N}^*,n>1);$$

$$a^{-\frac{m}{n}}=\frac{1}{a^{\frac{m}{n}}}=\frac{1}{\sqrt[n]{a^m}} \quad (a>0,m,n\in \mathbf{N}^*,n>1).$$

当底数 $a=0$ 时，$0^{\frac{m}{n}}=0(m,n\in \mathbf{N}^*)$，$0^0$ 无意义.

当底数 $a<0$ 时，在分母 n 是奇数时 $a^{\frac{m}{n}}$ 有意义：$a^{\frac{m}{n}}=\sqrt[n]{a^m}$；在分母 n 为偶数时 $a^{\frac{m}{n}}$ 无意义. 为了便于研究，对于任意有理指数的幂，规定底数 $a>0$. 在把负数的奇次方根化为分数指数幂时，先把它写成某一算术根的相反数. 例如，$\sqrt[3]{-6}=-\sqrt[3]{6}=-6^{\frac{1}{3}}$.

当正整指数扩展到任意有理指数时，$a^m\div a^n$ 就可转化为 $a^m\cdot a^{-n}$. 这样，关于有理指数幂的运算法则可以归结为以下三条：

(1) $a^m\cdot a^n=a^{m+n} \quad (a>0,m,n\in \mathbf{Q})$；

(2) $(a^m)^n=a^{mn} \quad (a>0,m,n\in \mathbf{Q})$；

(3) $(ab)^n=a^nb^n \quad (a>0,b>0,n\in \mathbf{Q})$.

2. 无理指数幂的刻画

对于无理指数幂，实用上先用四舍五入法取无理指数的近似值，从而用有理指数幂来近似代替. 例如，因为 $\sqrt{2}\approx 1.41$，所以 $10^{\sqrt{2}}\approx 10^{1.41}$，当然，这种做法仅是实用上的权宜之计. 要深入理解无理指数幂的实质，还得从理论上作一番探讨.

定理 13 设 $a>1$，α 是正无理数，$\alpha=p.q_1q_2\cdots q_n\cdots$，则序列

$$[a^{\alpha_0^-},a^{\alpha_0^+}],[a^{\alpha_1^-},a^{\alpha_1^+}],\cdots,[a^{\alpha_n^-},a^{\alpha_n^+}],\cdots \qquad ①$$

是一个退缩闭区间序列(其中 α_n^- 与 α_n^+ 分别表示 α 的精确到 $\dfrac{1}{10^n}$ 的不足与过剩近似值).

证 (1) 因为 $a>1$，所以幂序列 $\{a^{\alpha_n^-}\}$ 单调递增，而幂序列 $\{a^{\alpha_n^+}\}$ 单调递减.

(2) 对一切 $n\in\mathbf{N}$ 都有 $a^{\alpha_n^-}<a^{\alpha_n^+}$.

(3) $a^{\alpha_n^+}-a^{\alpha_n^-}=a^{\alpha_n^-}(a^{\alpha_n^+-\alpha_n^-}-1)<a^{p+1}(a^{\frac{1}{10^n}}-1)$. 对于预先给定的任意小 $\varepsilon>0$，当 n 充分大时，必有

$$a^{\frac{1}{10^n}}-1<\frac{\varepsilon}{a^{p+1}}, \quad 因而\ a^{\alpha_n^+}-a^{\alpha_n^-}<\varepsilon.$$

因此定理 13 得证.

当 $0<a<1$ 且 α 是正无理数时，用类似方法可以证明序列

$$[a^{\alpha_0^+},a^{\alpha_0^-}],[a^{\alpha_1^+},a^{\alpha_1^-}],\cdots,[a^{\alpha_n^+},a^{\alpha_n^-}],\cdots \qquad ②$$

也是一个退缩闭区间序列.

以定理 13 为基础，我们有下面的定义.

定义 20 由退缩闭区间序列①($a>1$)或②($0<a<1$)所确定的唯一实数叫做幂 a^{α}.

因此对任意 $n\in\mathbf{N}^*$ 都有:

(1) 当 $a>1$ 时,$a^{\alpha_n^-}<a^{\alpha}<a^{\alpha_n^+}$;

(2) 当 $0<a<1$ 时,$a^{\alpha_n^+}<a^{\alpha}<a^{\alpha_n^-}$,

反之,根据定义 20,上述两列不等式都可分别确定唯一的实数 a^{α}.

当 $a=1$ 时,显然有 $a^{\alpha}=1^{\alpha}=1$.

关于无理指数幂我们规定:若 α 是正无理数,则

$$a^{-\alpha}=\frac{1}{a^{\alpha}}(a\neq 0),\quad 0^{\alpha}=0,\quad 0^{-\alpha}\text{无意义}.$$

当指数概念推广到实数后,有理指数幂的运算性质对于实数指数幂仍然成立.

定理 14 设 $a,b\in\mathbf{R}^+,\alpha,\beta\in\mathbf{R}$,则有下列运算性质成立:

(1) $a^{\alpha}\cdot a^{\beta}=a^{\alpha+\beta}$;

(2) $(a^{\alpha})^{\beta}=a^{\alpha\beta}$;

(3) $(ab)^{\alpha}=a^{\alpha}b^{\alpha}$.

证 这里只证(1). 设 $a>1$,根据定义 20,对于任意 $n\in\mathbf{N}^*$ 都有

$$a^{\alpha_n^-}\leqslant a^{\alpha}<a^{\alpha_n^+},\quad a^{\beta_n^-}\leqslant a^{\beta}<a^{\beta_n^+},$$

所以

$$a^{\alpha_n^-}\cdot a^{\beta_n^-}\leqslant a^{\alpha}\cdot a^{\beta}<a^{\alpha_n^+}\cdot a^{\beta_n^+},$$

$$a^{\alpha_n^-+\beta_n^-}\leqslant a^{\alpha}\cdot a^{\beta}<a^{\alpha_n^++\beta_n^+}.\qquad ①$$

又对于任意 $n\in\mathbf{N}^*$,都有

$$\alpha_n^-+\beta_n^-\leqslant\alpha+\beta<\alpha_n^++\beta_n^+,$$

因而

$$a^{\alpha_n^-+\beta_n^-}\leqslant a^{\alpha+\beta}<a^{\alpha_n^++\beta_n^+}.\qquad ②$$

满足①式和②式的实数是唯一确定的,所以

$$a^{\alpha}\cdot a^{\beta}=a^{\alpha+\beta}.$$

当 $0<a<1$ 时可类似地证明;$a=1$ 时显然成立.

(2)和(3)可用同样方法证明之.

至于底数为负数的无理数指数幂,初等数学里不作讨论.

二、对数及其性质

1. 对数及其存在定理

定义 21 设 $a>0$ 且 $a\neq 1,N>0$,如果有实数 b 使得等式 $a^b=N$ 成立,就称数 b 是以 a 为底的 N 的对数,记作

$$\log_a N=b,$$

其中 a 叫做底数,N 叫做真数.

中学数学里已经介绍了上述定义的内容. 问题在于这样的实数 b 是否唯一存在? 下面的对数存在定理对此作了回答.

定理 15 设 a 是一个不等于 1 的正实数,则对于任意给定的正实数 N,都存在唯一的实数 b,使得 $a^b=N$.

证 设 $a>1$,则对于任意 $n\in\mathbf{Z}$ 都有 $a^n>0$,且 a^n 的值随着 n 的增大而增大. 因此必有两个相邻的整数 p 和 $p+1$,使

$$a^p\leqslant N<a^{p+1}.$$

把闭区间$[p,p+1]$分成十等份,得到一个序列:

$$p,p+\frac{1}{10},p+\frac{2}{10},\cdots,p+1. \qquad ①$$

设 $p+\dfrac{p_1+1}{10}$ 是①式中大于 N 的最小数(其中 p_1 是 $0,1,\cdots,9$ 中的某一数码),则

$$a^{p+\frac{p_1}{10}}\leqslant N<a^{p+\frac{p_1+1}{10}}. \qquad ②$$

再将 $\left[p+\dfrac{p_1}{10},p+\dfrac{p_1+1}{10}\right]$ 分为十等份,同样可找到另一数码 p_2,使

$$a^{p+\frac{p_1}{10}+\frac{p_2}{10^2}}\leqslant N<a^{p+\frac{p_1}{10}+\frac{p_2+1}{10^2}}. \qquad ③$$

这样的过程可以无止境地继续下去,得到一个无限小数

$$\alpha=p+0.\,p_1p_2p_3\cdots$$

作为 a 的幂指数.

设这个实数 α 的精确到$\dfrac{1}{10^n}$的不足和过剩近似值分别为 α_n^- 和 α_n^+,因为$a>1$,所以有

$$a^{\alpha_n^-}\leqslant a^{p+0.\,p_1p_2p_3\cdots}<a^{\alpha_n^+},$$

又由②式和③式等推导过程,有

$$a^{\alpha_n^-}\leqslant N<a^{\alpha_n^+},$$

根据定义 20,$a^{p+0.\,p_1p_2p_3\cdots}=N$. 因此,$\alpha=p+0.\,p_1p_2p_3\cdots$就是满足定理要求的唯一实数 b.

若 $0<a<1$,则$\dfrac{1}{a}>1$. 根据上述论证可知,有唯一的实数 α,使得 $\left(\dfrac{1}{a}\right)^\alpha=N$,即 $a^{-\alpha}=N$. 此时$-\alpha$ 就是满足定理要求的 b.

但应注意,当 $a=1$ 时,因为对于任何实数 α 都有 $1^\alpha=1$,即指数 α 不唯一,所以定理 15 附有$a\neq1$的条件.

定理 15 说明,当 $a>0$ 且 $a\neq1$ 时,幂 a^b 和指数b 之间是一一对应的,因而真数 N 和对数 $\log_a N$ 之间也是一一对应的,即

$$\begin{array}{ccc}
幂\ a^b & \longleftrightarrow & 指数\ b \\
\| & & \| \\
真数\ N & \longleftrightarrow & 对数\ \log_a N
\end{array}$$

2. 对数的性质

关于对数的性质，中学代数已有详细讨论，现简要地归纳如下（下面公式中出现的 M 和 N 都是正数，$a>0,a\neq1$）：

(1) 零和负数没有对数；

(2) $\log_a a=1,\log_a 1=0$（其中 $a>0,a\neq1$，下同）；

(3) 对数恒等式 $a^{\log_a N}=N$；

(4) $\log_a(MN)=\log_a M+\log_a N$；

(5) $\log_a\left(\dfrac{M}{N}\right)=\log_a M-\log_a N$；

(6) $\log_a N^n=n\log_a N$；

(7) 对数换底公式：$\log_a N=\dfrac{\log_b N}{\log_b a}(b>0,b\neq1)$.

推论 1　$\log_a N=\dfrac{1}{\log_N a}(N\neq1)$.

推论 2　$\dfrac{\log_a M}{\log_a N}=\dfrac{\log_b M}{\log_b N}(b>0$ 且 $b\neq1)$.

通常把公式(4)—(6)称为对数的运算性质.

三、常用对数

根据底数 a 逐个计算所给真数 N 的对数 b 是很麻烦的，因此以前人们编制了对数表，通过查表来求对数. 由于同一真数的对数因底数不同而不同，所以必须选择合适的底数. 因为我们通用十进制，且任何正实数都可用科学记数法写成$a\times10^n(1\leqslant a<10,n\in\mathbf{Z})$的形式，所以选择 10 做底数便于应用.

定义 22　以 10 为底的对数叫做常用对数.

如果 $N=10^b$，则 b 就是 N 的常用对数，记作 $b=\lg N(N>0)$. 在无须特别声明的情况下，可把常用对数简称为对数.

除了一般对数性质之外，常用对数还具有以下性质：

(1) 10 的整数次幂的对数仍为整数，其值等于它的幂指数.

(2) 设 $1\leqslant a<10$，则 $0\leqslant\lg a<1$，因此任意正实数 $N=a\times10^n$ 的对数为

$$\lg N=n+\lg a\quad(1\leqslant a<10,n\in\mathbf{Z}),$$

其中整数部分 n 叫做对数的首数，正的纯小数（或者零）部分 $\lg a$ 叫做对数的尾数. 因此，对于只有小数点位置不同的两个正数，其尾数必然相同，区别仅在于首数.

(3) 对于 10 的整数次幂以外的任意正有理数，其对数必为无理数.

证　设 $M\in\mathbf{Q}^+,M\neq10^s,s\in\mathbf{Z}$. 假设 $\lg M\in\mathbf{Q}$，不妨设

$$\lg M=\frac{a}{b}\quad(a\in\mathbf{Z},b\in\mathbf{N}^*,b>1,\text{且 } a \text{ 和 } b \text{ 互素}),$$

则

$$M=10^{\frac{a}{b}},\quad 即\ M=\sqrt[b]{10^{a}}.$$

因为 a 和 b 互素，所以 M 为无理数，因而和题设矛盾. 因此 $\lg M$ 必为无理数.

关于指数、对数和常用对数的恒等变形及求值问题，具有一定难度. 今举例如下.

例 1 用分数指数计算$\sqrt{x\sqrt{x\sqrt{x\sqrt{x}}}}$.

解法 1 逐层消去根号.

$$原式=\sqrt{x\sqrt{x\sqrt{x\cdot x^{\frac{1}{2}}}}}=\sqrt{x\sqrt{x\cdot x^{\frac{3}{4}}}}$$

$$=\sqrt{x\cdot x^{\frac{7}{8}}}=\sqrt{x^{\frac{15}{8}}}=x^{\frac{15}{16}}=\sqrt[16]{x^{15}}.$$

解法 2 一次消去根号.

$$原式=x^{\frac{1}{2}}\cdot x^{\frac{1}{4}}\cdot x^{\frac{1}{8}}\cdot x^{\frac{1}{16}}$$

$$=x^{\frac{1}{2}+\frac{1}{4}+\frac{1}{8}+\frac{1}{16}}=x^{\frac{15}{16}}=\sqrt[16]{x^{15}}.$$

例 2 设 a,b 都是不等于 1 的正数，且 $a^{x}=b^{y}=(ab)^{z}\neq 1$，求证：$z=\dfrac{xy}{x+y}$.

证 对 $a^{x}=b^{y}=(ab)^{z}$ 的各边取以 a 为底的对数，得

$$x=y\log_{a}b=z(1+\log_{a}b),$$

即

$$\begin{cases}x-z=z\log_{a}b, & ①\\(y-z)\log_{a}b=z. & ②\end{cases}$$

①、②两式相乘，两边约去 $\log_{a}b$，得

$$(x-z)(y-z)=z^{2},\quad xy-xz-yz=0,$$

所以

$$z=\frac{xy}{x+y}.$$

例 3 已知 $\log_{3}5=a$，$\log_{5}7=b$，用 a,b 表示 $\log_{63}105$.

解 设 $x=\log_{63}105$，则 $63^{x}=105$. 由题设，$5=3^{a}$，$7=5^{b}=3^{ab}$. 而

$$63=3^{2}\times 7=3^{2+ab},$$

$$105=3\times 5\times 7=3^{1+a+ab},$$

所以

$$3^{(2+ab)x}=3^{1+a+ab}.$$

根据定理 15，若同底的幂相等则幂指数相等，即有

$$(2+ab)x=1+a+ab,$$

因此

$$x=\frac{1+a+ab}{2+ab}.$$

例 4　已知 $\lg 2\approx 0.3010$，估算 $(\sqrt{101}-10)^{101}$ 的小数表示式中第一个有效数字前零的个数(包括小数点前的一个零).

解　因为

$$\sqrt{101}-10=\frac{1}{\sqrt{101}+10}<\frac{1}{10+10}=\frac{1}{20},$$

所以

$$0<(\sqrt{101}-10)^{101}<\left(\frac{1}{20}\right)^{101}=20^{-101}.$$

而

$$\lg(\sqrt{101}-10)^{101}<-101\lg 20\approx-101\times 1.3010=-131.4010,$$

因此 $(\sqrt{101}-10)^{101}$ 的小数表示式在第一个有效数字前至少有 132 个零.

§ 3.7　三角式与反三角式

早期的三角学是作为天文测算的工具出现的. 在一些古代文献里，三角学往往是天文学的一部分. 例如公元 2 世纪的托勒密(Ptolemy)的著作《天文学大成》，不仅记载了与正弦表等价的"弦表"，而且实质上已经得到等价于以下公式的关系式：

$$\sin^2\alpha+\cos^2\alpha=1,$$

$$\sin(\alpha-\beta)=\sin\alpha\cos\beta-\cos\alpha\sin\beta,$$

$$\cos(\alpha+\beta)=\cos\alpha\cos\beta-\sin\alpha\sin\beta,$$

$$\sin^2\frac{\alpha}{2}=\frac{1}{2}(1-\cos\alpha).$$

由此可见三角关系式有着悠久的历史. 相比之下，用函数观点研究三角学却要迟得多，这方面主要应归功于欧拉. 他在其名著《无穷小分析引论》(1748)中把三角学作为一门关于三角函数的科学进行研究，首次提出三角函数是对应的函数线与圆半径的比值，并从少数几个基本公式出发推导出全部的三角公式. 他还揭示了三角函数与指数函数的内在联系，并导出三角函数的无穷级数展开式.

在我国现行的中学课本里，三角知识的教学分两个阶段，分别安排在初中数学的后期和高中数学的中期.

一、三角式概念

定义 23　由 x 的取值求 $\sin x$，$\cos x$，$\tan x$，$\cot x$，$\sec x$，$\csc x$ 的值，分别叫做对 x 取正弦、余弦、正切、余切、正割和余割的运算，统称为三角运算. 含有三角运算的解析式叫做三角式.

上述定义中的 6 种运算，在中学数学里只讨论前 3 种：$\sin x$，$\cos x$ 和 $\tan x$，其实后 3 种运算都可由前 3 种运算予以定义，即

$$\cot x=\frac{\cos x}{\sin x}=\frac{1}{\tan x},\quad x\neq k\pi(k\in\mathbf{Z}),$$

$$\sec x=\frac{1}{\cos x},\quad x\neq k\pi+\frac{\pi}{2}(k\in\mathbf{Z}),$$

$$\csc x=\frac{1}{\sin x},\quad x\neq k\pi(k\in\mathbf{Z}).$$

由于 $\sin^2 x+\cos^2 x=1$，因而 $\cos x$ 和 $\tan x$ 都可由 $\sin x$ 推出，所以研究正弦十分重要. 早在公元 2 世纪，古希腊数学家托勒密就在前人著作的基础上编制出相当精确的弦表（等价于正弦表）. 值得注意的是，函数和三角函数等概念直到 18 世纪才由欧拉等数学家予以论述.

在初等数学中，$\sin x$ 等三角函数的定义是用几何方法建立起来的，它给出了三角函数值依赖于自变量取值的对应关系，但是并没有给出依据角直接计算三角函数值的公式. 事实上，除了少数特殊角之外，一般的三角函数值通常是通过查三角函数表或使用计算器求得.

数学分析课程中介绍过用泰勒（Taylor）公式将三角函数展开为幂级数，即任何一种三角函数都可展开为无穷级数求和的形式. 例如：

$$\sin x=x-\frac{x^3}{3!}+\frac{x^5}{5!}-\cdots+(-1)^n\frac{x^{2n+1}}{(2n+1)!}+\cdots,$$

$$\cos x=1-\frac{x^2}{2!}+\frac{x^4}{4!}-\cdots+(-1)^n\frac{x^{2n}}{(2n)!}+\cdots.$$

这进一步说明一般三角函数的值，都不可能通过对自变量取值仅作有限次代数运算得到，所以三角运算是超越运算，三角式是超越式.

二、三角式的恒等变形

三角式的恒等变形的基础是一系列三角公式. 常用的公式包括：三角形中的正弦定理、余弦定理和面积公式；同角三角函数间的关系式；诱导公式；两角和、差、倍、半公式；积化和差、和差化积公式；以及万能置换公式等. 对于这些在中学数学里大部分已经讨论过的公式，不仅要在理解的基础上予以熟记，而且要了解它们的相互联系及其引申发展，达到融会贯通、运用自如的境地.

三角式的恒等变形主要讨论求值、化简、证明三角等式和三角代换等问题.

1. 三角式的求值与化简

三角式的求值与化简是最基本的三角恒等变形问题. 在解这类问题的过程中，常常用到以下技巧：

（1）化角法：利用和、差、倍、半公式化复角、倍角和半角的函数为单角函数，或反之.

(2) 化名法：利用同角三角函数间的关系式、诱导公式和万能置换公式等改变函数名称，以便统一处理.

(3) 降次法：逆用倍角公式，以降低函数次数.

(4) 变 1 法：通过 $1=\sin^2\alpha+\cos^2\alpha=\sec^2\alpha-\tan^2\alpha$ 等公式进行变换，以达到配方或分解因式等目的.

(5) 配凑法：通过拆项、拼凑等办法，以便套用公式或达到其他目的.

解题时要注意角的取值范围. 对于某些涉及根号的问题，还要注意根号前正负号的确定.

例 1　设 $\tan\alpha=2$，求 $\dfrac{\sin^3\alpha+2\cos\alpha}{\sin\alpha+\cos\alpha}$ 的值.

解法 1　由 $\tan\alpha=2$ 可知 $\cos\alpha\neq0$. 为了能用化名法使目标式向 $\tan\alpha$ 靠近，可先用变 1 法将分子、分母变换为三次齐次式.

$$\begin{aligned}\frac{\sin^3\alpha+2\cos\alpha}{\sin\alpha+\cos\alpha}&=\frac{\sin^3\alpha+2\cos\alpha(\sin^2\alpha+\cos^2\alpha)}{(\sin\alpha+\cos\alpha)(\sin^2\alpha+\cos^2\alpha)}\\&=\frac{\sin^3\alpha+2\sin^2\alpha\cos\alpha+2\cos^3\alpha}{\sin^3\alpha+\sin^2\alpha\cos\alpha+\sin\alpha\cos^2\alpha+\cos^3\alpha}\\&=\frac{\tan^3\alpha+2\tan^2\alpha+2}{\tan^3\alpha+\tan^2\alpha+\tan\alpha+1}\\&=\frac{6}{5}.\end{aligned}$$

解法 2　由已知条件得 $\sin\alpha=2\cos\alpha$，代入原式可将异名函数化为同名函数.

$$\frac{\sin^3\alpha+2\cos\alpha}{\sin\alpha+\cos\alpha}=\frac{8\cos^3\alpha+2\cos\alpha}{2\cos\alpha+\cos\alpha}=\frac{8\cos^2\alpha+2}{3}.$$

因为

$$\cos^2\alpha=\frac{1}{\sec^2\alpha}=\frac{1}{1+\tan^2\alpha}=\frac{1}{5},$$

所以

$$原式=\frac{8\times\frac{1}{5}+2}{3}=\frac{6}{5}.$$

例 2　已知 $A+B=\dfrac{2}{3}\pi$，求 $\sin^2A+\sin^2B$ 的极值.

解　本题可先用降次法降低目标式的次数.

$$\begin{aligned}\sin^2A+\sin^2B&=\frac{1-\cos 2A}{2}+\frac{1-\cos 2B}{2}=1-\frac{1}{2}(\cos 2A+\cos 2B)\\&=1-\cos(A+B)\cos(A-B)=1+\frac{1}{2}\cos(A-B).\end{aligned}$$

因为

$$-1\leqslant\cos(A-B)\leqslant 1,$$

$$-\frac{1}{2}\leqslant\frac{1}{2}\cos(A-B)\leqslant\frac{1}{2},$$

所以

$$\frac{1}{2}\leqslant\sin^2 A+\sin^2 B\leqslant\frac{3}{2}.$$

因此，$\sin^2 A+\sin^2 B$ 有极小值$\frac{1}{2}$，极大值$\frac{3}{2}$.

例 3 化简：$\sin^2\alpha\sin^2\beta+\cos^2\alpha\cos^2\beta-\frac{1}{2}\cos 2\alpha\cos 2\beta$.

分析 本题可用化角法将 $\cos 2\alpha$，$\cos 2\beta$ 化为单角的函数，然后消去二次项；也可用配方法来解.

解法 1 原式$=\sin^2\alpha\sin^2\beta+\cos^2\alpha\cos^2\beta-\frac{1}{2}(2\cos^2\alpha-1)(2\cos^2\beta-1)$

$$=\sin^2\alpha\sin^2\beta-\cos^2\alpha\cos^2\beta+\cos^2\alpha+\cos^2\beta-\frac{1}{2}$$

$$=\sin^2\alpha\sin^2\beta+\cos^2\alpha(1-\cos^2\beta)+\cos^2\beta-\frac{1}{2}$$

$$=\sin^2\alpha\sin^2\beta+\cos^2\alpha\sin^2\beta+\cos^2\beta-\frac{1}{2}$$

$$=\sin^2\beta+\cos^2\beta-\frac{1}{2}$$

$$=\frac{1}{2}.$$

解法 2 原式$=(\sin\alpha\sin\beta+\cos\alpha\cos\beta)^2-\frac{1}{2}\sin 2\alpha\sin 2\beta-\frac{1}{2}\cos 2\alpha\cos 2\beta$

$$=\cos^2(\alpha-\beta)-\frac{1}{2}\cos(2\alpha-2\beta)$$

$$=\cos^2(\alpha-\beta)-\frac{1}{2}[2\cos^2(\alpha-\beta)-1]=\frac{1}{2}.$$

2. 三角恒等式的证明

证明三角恒等式的方法主要有比较法、综合法和分析法，但在论证过程中也要应用上面提到的那些技巧.

例 4 求证 $\cos 7^\circ+\sin 11^\circ+\sin 25^\circ-\sin 47^\circ=\sin 61^\circ$.

证（比较法） 因为

$$\text{左边}-\text{右边}=\cos 7^\circ+2\sin 18^\circ\cos 7^\circ-2\sin 54^\circ\cos 7^\circ$$

$$=2\cos 7^\circ\left(\frac{1}{2}+\sin 18^\circ-\sin 54^\circ\right)$$

$$=2\cos 7^\circ\left(\frac{1}{2}-2\cos 36^\circ\sin 18^\circ\right)$$

$$=2\cos 7^\circ\left(\frac{1}{2}-2\frac{\cos 36^\circ\sin 18^\circ\cos 18^\circ}{\cos 18^\circ}\right)$$

$$=2\cos 7^\circ\left(\frac{1}{2}-\frac{\sin 36^\circ\cos 36^\circ}{\cos 18^\circ}\right)$$

$$=2\cos 7^\circ\left(\frac{1}{2}-\frac{\sin 72^\circ}{2\cos 18^\circ}\right)=0,$$

因此,原等式成立.

例 5 设

$$\frac{\sin^4\theta}{a}+\frac{\cos^4\theta}{b}=\frac{1}{a+b}, \qquad ①$$

求证:

$$\frac{\sin^8\theta}{a^3}+\frac{\cos^8\theta}{b^3}=\frac{1}{(a+b)^3}. \qquad ②$$

分析 若②式成立,即有

$$\sin^2\theta\left(\frac{\sin^2\theta}{a}\right)^3+\cos^2\theta\left(\frac{\cos^2\theta}{b}\right)^3=\frac{1}{(a+b)^3}. \qquad ③$$

若能求得

$$\frac{\sin^2\theta}{a}=\frac{\cos^2\theta}{b}=\frac{1}{a+b},$$

则③式成立.

证 ①式的两端乘 $a+b$,得

$$\left(1+\frac{b}{a}\right)\sin^4\theta+\left(1+\frac{a}{b}\right)\cos^4\theta=1,$$

即

$$\frac{b}{a}\sin^4\theta+\frac{a}{b}\cos^4\theta=2\sin^2\theta\cos^2\theta. \qquad ④$$

由④式知,a,b 同号,即 $ab>0$,故有

$$\left(\sqrt{\frac{b}{a}}\sin^2\theta-\sqrt{\frac{a}{b}}\cos^2\theta\right)^2=0,$$

从而

$$\sqrt{\frac{b}{a}}\sin^2\theta=\sqrt{\frac{a}{b}}\cos^2\theta,\quad 即\quad \frac{\sin^2\theta}{a}=\frac{\cos^2\theta}{b}. \qquad ⑤$$

由①式和⑤式,得

$$\frac{\sin^2\theta}{a}=\frac{\cos^2\theta}{b}=\frac{1}{a+b}.$$

所以,③式成立. 因而所求证的结论②式成立.

3. 三角条件等式的证明

证明三角条件等式的基本方法和证明一般三角恒等式的方法大致相同，只是难度可能略大些. 按照等式的条件和结论的特点，三角条件等式大致可分为以下几类：

(1) 已知角的关系式，求证给定三角等式成立；

(2) 已知三角等式，求证角的关系式成立；

(3) 已知三角等式，求证另一个三角等式成立；

(4) 三角形中的条件等式. 在证明三角形中的条件等式时，可根据情况运用正弦定理和余弦定理等常用公式.

例 6　已知 α,β,γ 是互不相等的锐角，且

$$\tan\alpha=\frac{\sin\beta\sin\gamma}{\cos\beta-\cos\gamma},$$

求证：$\tan\beta=\dfrac{\sin\alpha\sin\gamma}{\cos\alpha+\cos\gamma}$.

证　由已知 $\tan\alpha>0$，$\sin\beta\sin\gamma>0$，所以 $\cos\beta-\cos\gamma>0$，因此可构造一 Rt$\triangle ABC$，使 $\angle A=\alpha$，$AC=\cos\beta-\cos\gamma$，$BC=\sin\beta\sin\gamma$ (图 3.1). 因为

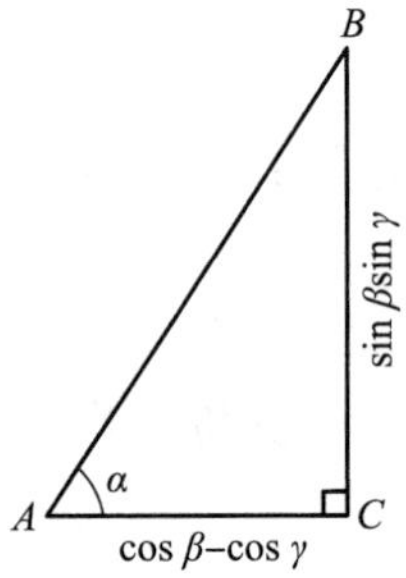

图 3.1

$$\begin{aligned}AB^2&=AC^2+BC^2\\&=(\cos\beta-\cos\gamma)^2+(\sin\beta\sin\gamma)^2\\&=\cos^2\beta+\cos^2\gamma-2\cos\beta\cos\gamma+(1-\cos^2\beta)(1-\cos^2\gamma)\\&=(1-\cos\beta\cos\gamma)^2,\end{aligned}$$

所以 $AB=1-\cos\beta\cos\gamma$，从而

$$\begin{aligned}\frac{\sin\alpha\sin\gamma}{\cos\alpha+\cos\gamma}&=\frac{\dfrac{\sin\beta\sin\gamma}{1-\cos\beta\cos\gamma}\cdot\sin\gamma}{\dfrac{\cos\beta-\cos\gamma}{1-\cos\beta\cos\gamma}+\cos\gamma}=\frac{\sin\beta\sin^2\gamma}{\cos\beta-\cos\beta\cos^2\gamma}\\&=\frac{\sin\beta}{\cos\beta}=\tan\beta.\end{aligned}$$

例 7　在$\triangle ABC$ 中，证明：

(1) $\cos A+\cos B+\cos C>1$；

(2) $\sin\dfrac{A}{2}\sin\dfrac{B}{2}\sin\dfrac{C}{2}\leqslant\dfrac{1}{8}$.

证　(1) **证法 1**　因为

$$\begin{aligned}&\cos A+\cos B+\cos C-1\\&=2\cos\frac{A+B}{2}\cos\frac{A-B}{2}-(1-\cos C)\\&=2\sin\frac{C}{2}\cos\frac{A-B}{2}-2\sin^2\frac{C}{2}\end{aligned}$$

$$=2\sin\frac{C}{2}\left(\cos\frac{A-B}{2}-\cos\frac{A+B}{2}\right)$$

$$=4\sin\frac{A}{2}\sin\frac{B}{2}\sin\frac{C}{2},$$

又因为 A,B,C 为三内角,故$\frac{A}{2},\frac{B}{2},\frac{C}{2}$必为锐角. 所以

$$\sin\frac{A}{2}\sin\frac{B}{2}\sin\frac{C}{2}>0,$$

从而

$$\cos A+\cos B+\cos C>1.$$

证法 2 因为 $a=b\cos C+c\cos B, b=c\cos A+a\cos C$,所以

$$a+b=(a+b)\cos C+c(\cos A+\cos B),$$

即

$$(a+b)(1-\cos C)=c(\cos A+\cos B),$$

$$\frac{a+b}{c}=\frac{\cos A+\cos B}{1-\cos C}.$$

又因为 $a+b>c>0$,所以 $\frac{a+b}{c}>1$,即 $\frac{\cos A+\cos B}{1-\cos C}>1$,故

$$\cos A+\cos B+\cos C>1.$$

(2) **证法 1** 设 $k=\sin\frac{A}{2}\sin\frac{B}{2}\sin\frac{C}{2}$,则

$$k=-\frac{1}{2}\left(\cos\frac{A+B}{2}-\cos\frac{A-B}{2}\right)\sin\frac{C}{2}$$

$$=-\frac{1}{2}\left(\sin\frac{C}{2}-\cos\frac{A-B}{2}\right)\sin\frac{C}{2},$$

即

$$\sin^2\frac{C}{2}-\cos\frac{A-B}{2}\sin\frac{C}{2}+2k=0.$$

上式可看成关于 $\sin\frac{C}{2}$的一元二次方程. 因为 $\sin\frac{C}{2}$是实数,所以

$$\Delta=\cos^2\frac{A-B}{2}-8k\geqslant 0,\quad 即\ k\leqslant\frac{1}{8}\cos^2\frac{A-B}{2}.$$

又 $\cos^2\frac{A-B}{2}\leqslant 1$,从而 $k\leqslant\frac{1}{8}$,即

$$\sin\frac{A}{2}\sin\frac{B}{2}\sin\frac{C}{2}\leqslant\frac{1}{8}.$$

当 $A=B=C=60^\circ$时,$k=\frac{1}{8}$.

证法 2 因为

$$2\sin^2\frac{A}{2}=1-\cos A=1-\frac{b^2+c^2-a^2}{2bc}$$
$$=\frac{a^2-(b-c)^2}{2bc}\leqslant\frac{a^2}{2bc},$$

所以 $0<\sin\frac{A}{2}\leqslant\frac{a}{2\sqrt{bc}}$. 同理

$$0<\sin\frac{B}{2}\leqslant\frac{b}{2\sqrt{ac}},\quad 0<\sin\frac{C}{2}\leqslant\frac{c}{2\sqrt{ab}},$$

所以

$$\sin\frac{A}{2}\sin\frac{B}{2}\sin\frac{C}{2}\leqslant\frac{abc}{8\sqrt{bc}\sqrt{ac}\sqrt{ab}}=\frac{1}{8}.$$

4. 三角代换

三角代换是根据题设条件,引进适当的角参数,将原题中的变量代换为三角式,从而能应用三角恒等变换使问题比较容易地得以解决. 三角代换在高等数学中有着广泛的应用.

在初等数学中常用的三角代换主要有以下几种：

(1) 若$|x|\leqslant 1$,可令 $x=\sin\alpha$(或 $\cos\alpha$),其中 $\alpha\in\mathbf{R}$ 或限制 $\alpha\in\left[-\frac{\pi}{2},\frac{\pi}{2}\right]$(或 $\alpha\in[0,\pi]$);

(2) 若 $0<x<1$, 可令 $x=\sin\alpha$(或 $\cos\alpha$),α 为锐角;

(3) 若 $x>1$, 可令 $x=\sec\alpha$,α 为锐角;

(4) 若 $x\in\mathbf{R}$,可令 $x=\tan\alpha$,$\alpha\in\left(-\frac{\pi}{2},\frac{\pi}{2}\right)$;

(5) 若 $x^2+y^2=1$,可令 $x=\cos\alpha$,$y=\sin\alpha$,$\alpha\in[0,2\pi)$;

(6) 若 $x^2+y^2\leqslant a^2$,可令 $x=ar\cos\theta$,$y=ar\sin\theta$,其中 $r\in[0,1]$,$\theta\in[0,2\pi)$;

(7) 对于$\sqrt{a^2+x^2}$,$\sqrt{a^2-x^2}$,$\sqrt{x^2-a^2}$等根式,也可运用适当的三角代换脱去根号.

例 8 已知 $x^2+y^2=1$,求证:$|x\sin\alpha+y\cos\alpha|\leqslant 1$.

证 令 $x=\cos\varphi$,$y=\sin\varphi$,$\varphi\in[0,2\pi)$,则

$$|x\sin\alpha+y\cos\alpha|=|\sin\alpha\cos\varphi+\cos\alpha\sin\varphi|$$
$$=|\sin(\alpha+\varphi)|\leqslant 1.$$

例 9 设 $a^2+b^2=1$,$c^2+d^2=1$,$ac+bd=0$,求证:

$$a^2+c^2=1,\quad b^2+d^2=1,\quad ab+cd=0.$$

证 令 $a=\cos\theta$,$b=\sin\theta$,$c=\cos\varphi$,$d=\sin\varphi$;$\theta,\varphi\in[0,2\pi)$,则

$$ac+bd=\cos\theta\cos\varphi+\sin\theta\sin\varphi=\cos(\theta-\varphi)=0,$$

因此,

$$a^2+c^2=\cos^2\theta+\cos^2\varphi=\frac{1+\cos 2\theta}{2}+\frac{1+\cos 2\varphi}{2}$$
$$=\frac{2+2\cos(\theta+\varphi)\cos(\theta-\varphi)}{2}=\frac{2+0}{2}=1,$$

$$b^2+d^2=\sin^2\theta+\sin^2\varphi=\frac{1-\cos 2\theta}{2}+\frac{1-\cos 2\varphi}{2}$$

$$=\frac{2-2\cos(\theta+\varphi)\cos(\theta-\varphi)}{2}=1,$$

$$ab+cd=\cos\theta\sin\theta+\cos\varphi\sin\varphi=\frac{1}{2}(\sin 2\theta+\sin 2\varphi)$$

$$=\sin(\theta+\varphi)\cos(\theta-\varphi)=0.$$

三、反三角式及其三角运算

1. 反三角式概念

反三角运算是三角运算的逆运算,它是根据给定的三角函数值求出满足条件的角的运算,例如,

设 $x\in[-1,1]$,$y\in\left[-\frac{\pi}{2},\frac{\pi}{2}\right]$,如果满足

$$\sin y=x,$$

则 y 就是 x 的反正弦,记作 $y=\arcsin x$. 根据 $x\in[-1,1]$的取值求 $\arcsin x$ 的运算就叫做反正弦运算.

关于反余弦、反正切和反余切运算可作类似的说明. 它们合在一起统称反三角运算.

定义 24 含有反三角运算的解析式叫做反三角式.

显然,反三角式和反三角函数是密切相关的. 事实上,反三角函数的表达式就是基本的反三角式. 在讨论反三角式的三角运算和恒等变形时,要随时注意有关的反三角函数的定义域和值域. 关于反三角函数的概念及性质,详见§4.3中的讨论.

2. 反三角式的三角运算

在对反三角式作三角运算时,经常用到同角三角函数间的关系式等公式. 例如

$$\tan(\arcsin x)=\frac{\sin(\arcsin x)}{\cos(\arcsin x)}=\frac{x}{\sqrt{1-x^2}}.$$

根据同样的方法,可得到对基本的反三角式作三角运算的一系列公式. 现择其重要者罗列如下:

$$\sin(\arccos x)=\sqrt{1-x^2},\qquad \cos(\arcsin x)=\sqrt{1-x^2},$$

$$\sin(\arctan x)=\frac{x}{\sqrt{1+x^2}},\qquad \cos(\arctan x)=\frac{1}{\sqrt{1+x^2}},$$

$$\sin(\operatorname{arccot} x)=\frac{1}{\sqrt{1+x^2}},\qquad \cos(\operatorname{arccot} x)=\frac{x}{\sqrt{1+x^2}},$$

$$\tan(\arcsin x)=\frac{x}{\sqrt{1-x^2}},\qquad \cot(\arcsin x)=\frac{\sqrt{1-x^2}}{x},$$

$$\tan(\arccos x)=\frac{\sqrt{1-x^2}}{x},\qquad \cot(\arccos x)=\frac{x}{\sqrt{1-x^2}},$$

$$\tan(\operatorname{arccot} x)=\frac{1}{x}, \qquad \cot(\arctan x)=\frac{1}{x}.$$

例 10　计算 $\cos\left[\frac{1}{2}\operatorname{arccot}\left(-\frac{3}{4}\right)\right]$的值.

解　令 $\alpha=\operatorname{arccot}\left(-\frac{3}{4}\right)$，则$\frac{\pi}{2}<\alpha<\pi$，$\frac{\pi}{4}<\frac{\alpha}{2}<\frac{\pi}{2}$. 又

$$\cot\alpha=-\frac{3}{4}, \quad \tan\alpha=-\frac{4}{3},$$

所以

$$\cos\alpha=-\sqrt{\frac{1}{1+\tan^2\alpha}}=-\frac{3}{5},$$

从而

$$原式=\cos\frac{\alpha}{2}=\sqrt{\frac{1+\cos\alpha}{2}}=\sqrt{\frac{1+\left(-\frac{3}{5}\right)}{2}}=\frac{\sqrt{5}}{5}.$$

例 11　证明：$\sin(\arcsin x+\arcsin y)=x\sqrt{1-y^2}+y\sqrt{1-x^2}$.

证　令 $\arcsin x=\alpha$，$\arcsin y=\beta$，则

$$\alpha\in\left[-\frac{\pi}{2},\frac{\pi}{2}\right], \beta\in\left[-\frac{\pi}{2},\frac{\pi}{2}\right], \quad \cos\alpha>0, \cos\beta>0,$$

$$\sin\alpha=\sin(\arcsin x)=x, \quad \cos\alpha=\cos(\arcsin x)=\sqrt{1-x^2},$$

$$\sin\beta=\sin(\arcsin y)=y, \quad \cos\beta=\cos(\arcsin y)=\sqrt{1-y^2}.$$

所以

$$\begin{aligned}原式左边&=\sin(\alpha+\beta)=\sin\alpha\cos\beta+\cos\alpha\sin\beta\\&=x\sqrt{1-y^2}+y\sqrt{1-x^2}.\end{aligned}$$

四、三角式的反三角运算

在对三角式作反三角运算时，要密切注意有关函数的定义域和值域. 反三角运算的基本公式是

$$\arcsin(\sin x)=x, \quad x\in\left[-\frac{\pi}{2},\frac{\pi}{2}\right],$$

$$\arccos(\cos x)=x, \quad x\in[0,\pi],$$

$$\arctan(\tan x)=x, \quad x\in\left(-\frac{\pi}{2},\frac{\pi}{2}\right),$$

$$\operatorname{arccot}(\cot x)=x, \quad x\in(0,\pi).$$

例 12　设 $\frac{3\pi}{4}<x<\frac{7\pi}{4}$，证明：

$$\arccos\left(\frac{\cos x-\sin x}{\sqrt{2}}\right)=\frac{7\pi}{4}-x.$$

证　设 $\alpha=\arccos\left(\frac{\cos x-\sin x}{\sqrt{2}}\right)=\arccos\left[\cos\left(x+\frac{\pi}{4}\right)\right]$，则

$$\cos\alpha=\cos\left(x+\frac{\pi}{4}\right)\quad 且\ \alpha\in[0,\pi].$$

因为 $\frac{3\pi}{4}<x<\frac{7\pi}{4}$，所以 $\pi<x+\frac{\pi}{4}<2\pi$. 从而

$$0<2\pi-\left(x+\frac{\pi}{4}\right)<\pi,\quad 即\ 2\pi-\left(x+\frac{\pi}{4}\right)\in[0,\pi].$$

又

$$\cos\left[2\pi-\left(x+\frac{\pi}{4}\right)\right]=\cos\left(x+\frac{\pi}{4}\right)=\cos\alpha,$$

所以

$$\alpha=2\pi-\left(x+\frac{\pi}{4}\right)=\frac{7\pi}{4}-x,$$

即

$$\arccos\left(\frac{\cos x-\sin x}{\sqrt{2}}\right)=\frac{7\pi}{4}-x.$$

五、反三角式的恒等变形

根据反三角函数的定义和三角运算的性质，可以推导出关于反三角式的一些基本恒等式.

1. x 和 $-x$ 的反三角函数之间的关系

$$\arcsin(-x)=-\arcsin x,$$

$$\arccos(-x)=\pi-\arccos x,$$

$$\arctan(-x)=-\arctan x,$$

$$\operatorname{arccot}(-x)=\pi-\operatorname{arccot} x.$$

2. 互余关系

$$\arcsin x+\arccos x=\frac{\pi}{2},$$

$$\arctan x+\operatorname{arccot} x=\frac{\pi}{2}.$$

3. 互表关系

下面一组公式表明，一个反三角式可用另一个属于相同区间的反三角式来表示.

$$\arcsin x=\arctan\frac{x}{\sqrt{1-x^2}}\quad(-1<x<1),$$

$$\arccos x=\operatorname{arccot}\frac{x}{\sqrt{1-x^2}}\quad(-1<x<1),$$

$$\arctan x=\arcsin\frac{x}{\sqrt{1+x^2}},$$

$$\arcsin x=\begin{cases}\arccos\sqrt{1-x^2}, & 0\leqslant x<1,\\ -\arccos\sqrt{1-x^2}, & -1\leqslant x<0,\end{cases}$$

$$\arccos x=\begin{cases}\arcsin\sqrt{1-x^2}, & 0\leqslant x<1,\\ \pi-\arcsin\sqrt{1-x^2}, & -1\leqslant x<0,\end{cases}$$

$$\arctan x=\begin{cases}\arccos\dfrac{1}{\sqrt{1+x^2}}, & x\geqslant 0,\\ -\arccos\dfrac{1}{\sqrt{1+x^2}}, & x<0.\end{cases}$$

这组公式较多,这里不一一列举了.

关于反三角恒等式的证明,通常先证等式两边的角的同一种三角函数值相等,再证等式两边的角在这个三角函数的同一个单调区间内. 只有这两个方面都证明了,才能断定所给等式成立.

例如,

$$\sin\left[\arccos\left(-\frac{1}{2}\right)\right]=\sin\left(\arcsin\frac{\sqrt{3}}{2}\right)$$

成立,但由此就得到结论

$$\arccos\left(-\frac{1}{2}\right)=\arcsin\frac{\sqrt{3}}{2},$$

却是错误的(上式左端$=\frac{2}{3}\pi$,而右端$=\frac{1}{3}\pi$),原因就在于没有考察等式两边的角是否位于正弦函数同一单调区间内.

例 13 求证:$\arccos\frac{1}{\sqrt{2}}+\arctan\frac{1}{\sqrt{2}}=\arctan\frac{\sqrt{2}+1}{\sqrt{2}-1}$.

证 因为

$$\begin{aligned}\tan\left(\arccos\frac{1}{\sqrt{2}}+\arctan\frac{1}{\sqrt{2}}\right)&=\tan\left(\frac{\pi}{4}+\arctan\frac{1}{\sqrt{2}}\right)\\&=\frac{\tan\frac{\pi}{4}+\tan\left(\arctan\frac{1}{\sqrt{2}}\right)}{1-\tan\frac{\pi}{4}\cdot\tan\left(\arctan\frac{1}{\sqrt{2}}\right)}\\&=\frac{\sqrt{2}+1}{\sqrt{2}-1},\end{aligned}$$

而 $\tan\left(\arctan\dfrac{\sqrt{2}+1}{\sqrt{2}-1}\right)=\dfrac{\sqrt{2}+1}{\sqrt{2}-1}$,所以原式两边的角的正切值相等. 又因为

$$\arccos\frac{1}{\sqrt{2}}=\frac{\pi}{4},\quad 0<\arctan\frac{1}{\sqrt{2}}<\frac{\pi}{4},$$

所以

$$0<\arccos\frac{1}{\sqrt{2}}+\arctan\frac{1}{\sqrt{2}}<\frac{\pi}{2}.$$

又 $0<\arctan\dfrac{\sqrt{2}+1}{\sqrt{2}-1}<\dfrac{\pi}{2}$,所以

$$\arccos\frac{1}{\sqrt{2}}+\arctan\frac{1}{\sqrt{2}}=\arctan\frac{\sqrt{2}+1}{\sqrt{2}-1}.$$

例 14 求证:$\arcsin\dfrac{5}{13}+2\arctan\dfrac{2}{3}=\dfrac{\pi}{2}$.

证 原题即要证

$$\frac{\pi}{2}-2\arctan\frac{2}{3}=\arcsin\frac{5}{13}.$$

因为

$$\sin\left(\frac{\pi}{2}-2\arctan\frac{2}{3}\right)=\cos\left(2\arctan\frac{2}{3}\right)=\frac{1-\tan^2\left(\arctan\frac{2}{3}\right)}{1+\tan^2\left(\arctan\frac{2}{3}\right)}$$

$$=\frac{1-\left(\frac{2}{3}\right)^2}{1+\left(\frac{2}{3}\right)^2}=\frac{5}{13},$$

又

$$0<\arctan\frac{2}{3}<\arctan 1=\frac{\pi}{4},$$

因而

$$0<\frac{\pi}{2}-2\arctan\frac{2}{3}<\frac{\pi}{2},$$

且 $0<\arcsin\dfrac{5}{13}<\dfrac{\pi}{2}$,所以

$$\frac{\pi}{2}-2\arctan\frac{2}{3}=\arcsin\frac{5}{13},\quad \text{即原式成立.}$$

习 题 三

1. 设 $f(x)$是 x 的三次式,已知 $f(1)=-10$, $f(2)=-1$, $f(4)=101$, $f(5)=218$,试求 $f(3)$.

2. 设 $f(x)=x^4+6x^3+15x^2+16x+9$,试求 $f(x-2)$按 x 的降幂排列的展开式.

3. 要使多项式 $4x^4-4px^3+4qx^2+2p(m+1)x+(m+1)^2$ 成为 $2x^2+ax+b$ 的完全平方式,需满足什么条件?

4. 已知 $F(x)$,$P(x)$,$Q(x)$,$R(x)$和 $S(x)$都是多项式,且

$$F(x)=x^4+x^3+x^2+x+1,$$

$$P(x^5)+xQ(x^5)+x^2R(x^5)=F(x)S(x).$$

求证:(1) 若 $\lambda=\cos\frac{2\pi}{5}+\mathrm{i}\sin\frac{2\pi}{5}$,则

$$F(x)=(x-\lambda)(x-\lambda^2)(x-\lambda^3)(x-\lambda^4);$$

(2) $x-1$ 是 $P(x)$,$Q(x)$,$R(x)$和 $S(x)$的一个公因式.

5. 已知 $a,b,c\in\mathbf{R}$ 且 $a+b+c=0$,求证:

$$\frac{a^5+b^5+c^5}{5}=\frac{a^3+b^3+c^3}{3}\cdot\frac{a^2+b^2+c^2}{2}.$$

6. 确定正整数 k 的值,使 $f(x)=x^4-x^3-kx^2+2kx-2$ 能分解成整系数因式.

7. 分解因式:

(1) $x^4+y^4+(x+y)^4$;

(2) $x^2+(x+1)^2+(x^2+x)^2$;

(3) $(y+z)(z+x)(x+y)+xyz$;

(4) $(x-y)(x+y)^3+(y-z)(y+z)^3+(z-x)(z+x)^3$.

8. 用待定系数法分解因式:

(1) $x^4-x^3+6x^2-x+15$;

(2) $x^4+7x^3+20x^2+29x+21$.

9. 在整数集内分解因式:

(1) $x^3-x^2-21x+45$;

(2) $2x^4+7x^3-2x^2-13x+6$;

(3) $x(y+z)^2+y(z+x)^2+z(x+y)^2-4xyz$;

(4) $(x^2+11x+24)(x^2+14x+24)-4x^2$.

10. 在实数集内分解因式:

(1) $4(x+5)(x+6)(x+10)(x+12)-3x^2$;

(2) $x^4-2x^3-27x^2-44x+7$.

11. 在复数集内分解因式:

(1) $6x^4+5x^3+3x^2-3x-2$;

(2) x^7-1.

12. 设 $x^2+x+1=0$,求分式 $x^{14}+\frac{1}{x^{14}}$的值.

13. 设$\frac{1}{a}+\frac{1}{b}+\frac{1}{c}=\frac{1}{a+b+c}$,求证:对于任何奇数 k,均有

$$\frac{1}{a^k}+\frac{1}{b^k}+\frac{1}{c^k}=\frac{1}{a^k+b^k+c^k}.$$

14. 设 $a+b+c=0$,求证:

$$a\left(\frac{1}{b}+\frac{1}{c}\right)+b\left(\frac{1}{c}+\frac{1}{a}\right)+c\left(\frac{1}{a}+\frac{1}{b}\right)=-3.$$

15. 证明恒等式：

$$S_n=1+\frac{1}{a_1}+\frac{a_1+1}{a_1a_2}+\frac{(a_1+1)(a_2+1)}{a_1a_2a_3}+\cdots+\frac{(a_1+1)(a_2+1)\cdots(a_n+1)}{a_1a_2\cdots a_{n+1}}$$
$$=\frac{(a_1+1)(a_2+1)\cdots(a_{n+1}+1)}{a_1a_2\cdots a_{n+1}}.$$

16. 将下列各式展开为部分分式：

(1) $\dfrac{2x^4-x^3+2x-6}{(x-2)^5}$； (2) $\dfrac{5x^2-4x+16}{(x-3)(x^2-x+1)^2}$.

17. 化简：

(1) $\sqrt{\dfrac{9}{2}+\sqrt{8}}$； (2) $\sqrt{a^2-2+a\sqrt{a^2-4}}$；

(3) $\dfrac{2}{\sqrt{3}-\sqrt{2}}-\dfrac{3}{3\sqrt{2}-2\sqrt{3}}-\dfrac{5}{2\sqrt{3}-\sqrt{2}}$；

(4) $\sqrt[3]{\dfrac{(\sqrt{a}-\sqrt{a-1})^5}{\sqrt{a}+\sqrt{a-1}}}+\sqrt[3]{\dfrac{(\sqrt{a}+\sqrt{a-1})^5}{\sqrt{a}-\sqrt{a-1}}}$.

18. 将下列各式的分母有理化：

(1) $\dfrac{1}{\sqrt{2}+\sqrt{3}+\sqrt{5}}$； (2) $\dfrac{2}{\sqrt[3]{3}-\sqrt{2}}$.

19. 化简：

(1) $\dfrac{1}{\sqrt{11-2\sqrt{30}}}-\dfrac{3}{\sqrt{7-2\sqrt{10}}}-\dfrac{4}{\sqrt{8+4\sqrt{3}}}$；

(2) $\dfrac{1+2\sqrt{3}+\sqrt{5}}{(1+\sqrt{3})(\sqrt{3}+\sqrt{5})}+\dfrac{\sqrt{5}+2\sqrt{7}+3}{(\sqrt{5}+\sqrt{7})(\sqrt{7}+3)}$；

(3) $\dfrac{1}{\sqrt{7-\sqrt{24}}+1}-\dfrac{1}{\sqrt{7+\sqrt{24}}-1}$；

(4) $\sqrt{\sqrt{5}-\sqrt{3-\sqrt{29-12\sqrt{5}}}}$.

20. 设 $0<x<1$，化简：

$$\frac{x^2-1}{2}\left(\frac{1+\sqrt{1-x}}{1-x+\sqrt{1-x}}+\frac{1-\sqrt{1+x}}{1+x-\sqrt{1+x}}\right)^2+1.$$

21. 已知 $ax^3=by^3=cz^3$，$\dfrac{1}{x}+\dfrac{1}{y}+\dfrac{1}{z}=1$，求证：

$$\sqrt[3]{ax^2+by^2+cz^2}=\sqrt[3]{a}+\sqrt[3]{b}+\sqrt[3]{c}.$$

22. 已知 $x^{\frac{1}{2}}+x^{-\frac{1}{2}}=3$，求 $\dfrac{x^{\frac{3}{2}}+2+x^{-\frac{3}{2}}}{x^2+3+x^{-2}}$ 的值.

23. 设 $a^x=m$，$a^y=n$，$m^yn^x=a^{\frac{2}{z}}$ $(a>0,a\neq1)$，求证：$xyz=1$.

24. 设 $\log_a x$，$\log_b x$，$\log_c x$ $(x\neq1)$ 成等差数列，求证：$c^2=(ac)^{\log_a b}$.

25. 设 $x>0$，$x\neq1$，求证：

$$\log_a x\cdot\log_b x+\log_b x\cdot\log_c x+\log_c x\cdot\log_a x=\frac{\log_a x\log_b x\log_c x}{\log_{abc} x}.$$

26. 设 $2\lg\left[\frac{1}{2}(a-b)\right]=\lg a+\lg b$,求 a 与 b 的比.

27. 在$\triangle ABC$ 中,已知 $\sin A,\sin B,\sin C$ 成等差数列. 求证:$\cot\frac{A}{2},\cot\frac{B}{2},\cot\frac{C}{2}$成等差数列.

28. 求值:

(1) $\cos 0+\cos\frac{\pi}{7}+\cos\frac{2\pi}{7}+\cos\frac{3\pi}{7}+\cos\frac{4\pi}{7}+\cos\frac{5\pi}{7}+\cos\frac{6\pi}{7}$;

(2) $(1+\tan 1^\circ)(1+\tan 2^\circ)(1+\tan 3^\circ)\cdots(1+\tan 44^\circ)$;

(3) $\cos^4 20^\circ+\cos^4 40^\circ+\cos^4 60^\circ+\cos^4 80^\circ$;

(4) $\cos 40^\circ\cos 80^\circ+\cos 80^\circ\cos 160^\circ+\cos 160^\circ\cos 40^\circ$.

29. 已知 $\cos\alpha+\cos\beta+\cos\gamma=\sin\alpha+\sin\beta+\sin\gamma=0$. 求证:

(1) $\cos 3\alpha+\cos 3\beta+\cos 3\gamma=3\cos(\alpha+\beta+\gamma)$;

(2) $\sin 3\alpha+\sin 3\beta+\sin 3\gamma=3\sin(\alpha+\beta+\gamma)$.

30. 设 $\arctan x+\arctan y+\arctan z=\pi$,求证:$x+y+z=xyz$.

31. 求值:

(1) $\arctan x+\arctan\frac{1-x}{1+x}(x\neq -1)$;

(2) $\sin\left(2\arctan\frac{1}{3}\right)+\cos(\arctan 2\sqrt{3})$.

32. 求证:

(1) $\arcsin\frac{3}{5}+\arcsin\frac{8}{17}=\arcsin\frac{77}{85}$;

(2) $\arctan\frac{m}{n}-\arctan\frac{m-n}{m+n}=\frac{\pi}{4}$($m,n$ 同号);

(3) $\arccos\frac{\sqrt{2}}{\sqrt{3}}-\arccos\frac{\sqrt{6}+1}{2\sqrt{3}}=\frac{\pi}{6}$;

(4) $\arcsin\frac{4}{5}+2\arctan\frac{1}{3}=\frac{\pi}{2}$.

第三章部分习题

参考答案或提示

第四章 初等函数

函数是刻画客观事物变化规律的重要数学模型. 初等函数是中学代数的核心内容，也是学习高等数学的必要基础. 早在 20 世纪中期，中学代数就有“以函数为纲”的提法. 1978 年以来，我国中学数学课本的函数内容大幅度更新，成为体现数学教材改革精神的一个重要方面.

本章着重研究函数概念及其图像、函数的重要性质，并对各类基本初等函数的性质作了系统整理.

§ 4.1 函数概念

在近代社会里，变化着的量的相互间依赖关系成为科学研究的重要方面. 反映到数学里，就产生变量和函数的概念.

一、函数概念的发展

在科学史上，首先研究变量间的相互依赖关系的是伽利略(Galileo). 在他的名著《两门新科学》(1638)里，几乎从头至尾渗透着函数观念. 在伽利略的著作中，还多处使用比例的语言表达函数关系. 例如，他指出：从静止状态自由下落的物体所经过的距离与所用时间的平方成正比. 其后经过笛卡儿、格雷戈里(Gregory)等人的工作，变量概念逐步形成. 现在通用的函数(function)一词由莱布尼茨首先使用(1673).

在函数概念的发展史上，瑞士数学家欧拉作出了巨大的贡献. 在他的著作中，多次刻画过函数概念. 例如，他于 1748 年指出：一个变量的函数，是由该变量和一些数或常量以任何一种方式构成的解析式；1755 年他又指出：如果某些量以如下方式依赖于另一些量，即当后者变化时前者本身也变化，则称前一些量是后一些量的函数.

今日通行的一些函数符号和函数分类也应归功于欧拉. 欧拉首先使用 $f(x)$ 表示 x 的函数(1734)，并首先使用 $\sin x$，$\cos x$ 和 $\tan x$ 等作为角 x 的三角函数的简化记号(1753). 他还用小写拉丁字母 a，b，c 表示三角形的边，用大写字母 A，B，C 表示它们所对的角，并引进弧度制和著名的欧拉公式

$$e^{ix}=\cos x+i\sin x,$$

从而把指数函数和三角函数沟通起来. 欧拉对不同类型的函数作了精细的分类. 他把函数分为有理函数和无理函数，有理函数又进一步分为有理整函数和有理分函数等. 此外，欧拉还给出了隐函数以及函数的单值与多值等概念.

1821 年，柯西指出：依次取许多互不相同的值的量叫做变量. 当变量之间这样联系起来的时候，即给定了这些变量中一个的值，就可以决定所有其他变量的值的时候，人们通常想象这些量是用其中的一个来表达的，这时这个量就取名为自变量，而由这自变量表示的其他变量就叫做这个自变量的函数.

1837 年，德国数学家狄利克雷(Dirichlet)首先用单值对应的思想提出新的函数定义：如果对于给定区间上的每一个 x 值，有唯一的一个 y 值同它对应，那么 y 就是 x 的函数.

狄利克雷的上述定义被广泛采用，成为函数的近代定义的原型. 在狄利克雷之后，函数的定义域不再局限于区间，而可为一般的非空集合.

二、函数的定义

1. 函数的传统定义和近代定义

定义 1　如果两个变量按照某一确定的规律联系着，当第一变量变化时，第二变量也随着变化，就把第二个变量叫做第一个变量的函数，并称第一变量为自变量，第二变量为因变量.

定义 1 源自欧拉，又经柯西改进，被广泛应用于数学教科书和科学著作中，故被称为函数的传统定义. 它建立在变量的基础上，能够比较形象地反映客观事物的运动和变化. 当人们研究事物的变化时，总是从观察相关变量之间的依赖关系入手，进而寻求这种依赖关系的数学表达式，这样就得到一个具体的函数.

定义 2　设 A 和 B 是两个非空数集，如果按照某种对应法则 f，对于集合 A 中的每一个元素 x，在集合 B 中都有唯一的元素 y 和它对应，这样的对应叫做从 A 到 B 的一个函数，记作

$$y=f(x),x\in A \quad 或 \quad f:A\to B.$$

定义 2 是以狄利克雷的定义为基础经过改进后的近代定义. 主要改进就是把区间改成数集，同时表达上更为准确.

对于函数 $y=f(x)(x\in A)$，当 a 对应到 b 时，称 b 是 a 的函数值，或 b 是 a 的像，记为 $b=f(a)$. 这时 a 称为 b 的原像.

上述定义揭示了函数概念的两个本质特征：

(1) 随处定义：对于任意的 $a\in A$，都存在 $b\in B$，使 $b=f(a)$；

(2) 单值对应：a 的像 $b=f(a)$ 是唯一的.

当 f 是从 A 到 B 的函数时，称 A 为 f 的定义域，并把集合

$$f(A)=\{b\,|\,b=f(a),a\in A\}$$

叫做函数 f 的值域. 把集合 B 称为变程(range). 显然，函数 f 的值域 $f(A)$ 是 B 的子集，即 $f(A)\subseteq B$.

相对于函数的传统定义而言，近代定义的优点是摆脱了“变化”一词的不确定含

义，代之以单值对应的明确说法，从而提高了准确性，并扩大了适用的范围. 例如狄利克雷函数

$$D(x)=\begin{cases}1, & x\text{ 为有理数},\\ 0, & x\text{ 为无理数},\end{cases}$$

用传统定义来解释不易说清楚，如果用近代定义来解释就十分自然. 此外，近代定义比传统定义更明确地指出了定义域、对应法则和值域这三个要素. 而且定义域和值域不再局限于区间，可为非空数集.

但应指出，函数的传统定义也有其优点. 它比较直观、生动，适于表达定义在某个区间上且给出解析式因而有算法可循的连续函数，所以至今仍在一些微积分之类著作里使用. 现在初中数学的函数定义，用了单值对应的观点对传统定义加以改造，以便学习，且能和高中数学里的函数定义（近代定义）相衔接.

2. 函数的现代定义

在一些现代数学著作里，函数是作为一种特殊的映射或一种特殊的关系予以定义的.

定义 3 设 A，B 为非空集合. 如果按照某种对应法则 f，对于 A 中任一元素 a，B 中都有且仅有一个元素 b 与之对应，就称 f 是一个从集合 A 到集合 B 的映射，记作 $f:A\to B$. 特别地，当 A，B 都是数集时，称从 A 到 B 的映射 f 为函数.

定义 3 表明，映射是函数概念的推广：由 A，B 是非空数集推广为 A，B 为非空集合，但保留了随处定义和单值对应这两个本质特征不变. 所以，凡函数必为映射，而映射未必是函数.

对于函数 $f:A\to B$，如果 $f(A)=B$（这时 B 中每个元素都有原像），则称 f 为从 A 映到 B 上的函数，也可简称函数 f 是映上的（或满射）；如果 $f(A)$ 是 B 的真子集，即 $f(A)\subsetneqq B$（这时 B 中至少有一个元素没有原像），则称 f 为从 A 映到 B 内的函数，或简称函数 f 是映入的函数.

数学中的关系命题（见 §1.3 定义 17），在集合论中定义为直积（笛卡儿积）$A\times B$ 的子集：

如果 $R\subseteq A\times B$，则称 R 为 A 和 B 的一个关系. 若 $(x,y)\in R$，则称 x 与 y 具有关系 R，记作 xRy.

特殊地，如果 $R\subseteq\mathbf{R}^2=\mathbf{R}\times\mathbf{R}$，则称 R 为实数集 $\mathbf{R}$ 中的关系. 例如，

(1) 如果把 $\mathbf{R}$ 中的相等关系“$=$”记作 E，则

$$E=\{(x,y)\mid(x,y)\in\mathbf{R}^2,x=y\}\quad(\text{图 }4.1);$$

(2) 如果把 $\mathbf{R}$ 中的小于关系“$<$”记作 L，则

$$L=\{(x,y)\mid(x,y)\in\mathbf{R}^2,x<y\}\quad(\text{图 }4.2).$$

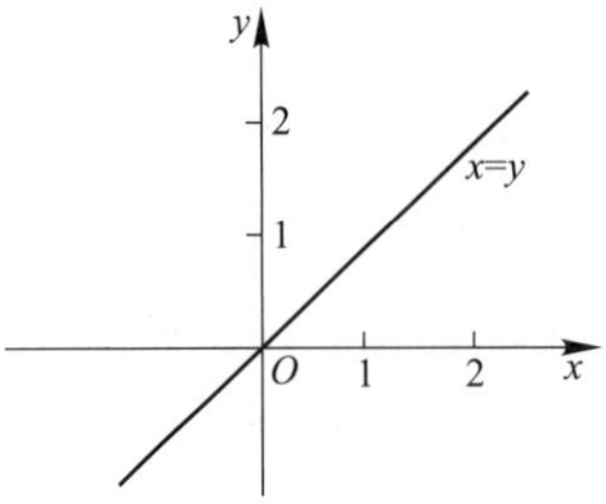

图 4.1

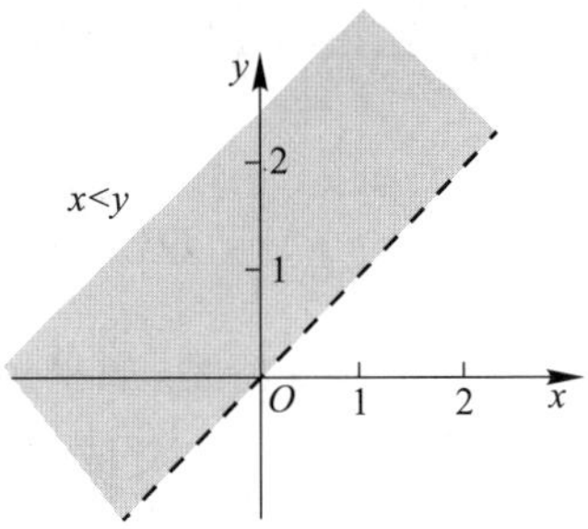

图 4.2

定义 4　设 f 是集合 A 和集合 B 的一个关系，它满足：$\forall x\in A$，$\exists y\in B$ 使 $(x,y)\in f$；且如果 $(x_1,y_1)\in f$，$(x_1,y_2)\in f$，则有 $y_1=y_2$，那么称 f 为从 A 到 B 的一个函数.

如上例中的 E 是函数：在图 4.1 中，横坐标相同的点是唯一的；而 L 就不是函数：在图 4.2 中，横坐标相同的点不是唯一的.

再举一个例子，4 个学生家长去某小学接孩子，看见 6 个小学生排队走出来，假设这些家长组成的集合为 X，这些学生组成的集合为 Y，给他们编号：

$$X=\{1,2,3,4\},$$

$$Y=\{5,6,7,8,9,10\},$$

$$R=\{(1,6),(2,7),(2,8),(3,9),(4,10)\},$$

R 表示 1,2,3,4 号家长都接到了孩子，其中 2 号家长接到两个孩子. 显然 $R\subseteq X\times Y$，故 R 是关系；但不是函数. 因为本例中关系 R 不满足定义 4 中的条件.

定义 4 是函数的形式化定义. 除集合概念外，它没有使用其他未经定义的词语（如“对应”），因而便于为计算机所接受，具有多方面的优越性. 但其抽象化程度较高，故未纳入中学教材.

3. 函数概念中三个要素间的关系

函数概念中包含定义域、对应法则和值域这三个要素. 在这三者之中，前二者更为重要，因为在没有特别限制的条件下，值域可以由定义域和对应法则 f 来确定. 在前二者之中，对应法则 f 尤显重要. f 是使“对应”得以实现的方法和途径，是联系 x 与 y 的纽带，因而是函数概念的核心. 在研究函数的抽象定义时，不妨把函数比喻为一个“机器”加工的过程：输入 x，输出 y，而这关键的加工机制就是 f. 这一过程可用框图表示：

$$x\to\boxed{f}\to f(x)=y.$$

例如，函数 $y=f(x)=\dfrac{1}{(x+3)^2}$ 经历如下“加工”过程：

$$x\to\boxed{加 3}\xrightarrow{x+3}\boxed{平方}\xrightarrow{(x+3)^2}\boxed{取倒数}\longrightarrow\frac{1}{(x+3)^2}.$$

由于 x 必须经过对应法则 f 的“加工”才能到达 y，因此 x 的取值范围也要受 f 的制约，即某些不适于“加工”的值不能取. 例如在上例中，f 包括“取倒数”这个环节，所以 $x+3\neq 0$，即函数的定义域必须排除 -3. 因此在某些情况下，特别当 f 是用一个解析式表示的时候，往往可以根据 f 的解析式来确定函数的定义域. 但应指出，有些函数的对应法则是无法用解析式精确地表示的. 例如对某一特定地点，当地的气温 ω 是时间 t 的函数，但是这个函数却不能用一个解析式表示.

对应法则 f 是函数概念的核心，但决不能因此而抹杀定义域和值域的作用. 讨论函数的性质时，都要从函数的定义域出发. 当解析式相同而定义域不同时，应视为不同的函数. 例如

$$y=\sin x, x\in[0,\pi] \quad 和 \quad y=\sin x, x\in\left[-\frac{\pi}{2},\frac{\pi}{2}\right]$$

是两个不同的函数，它们的图像也是不同的. 至于函数的值域，虽然在一般情形下因为它可以由定义域和对应法则 f 确定而显得无关紧要，但是在某种情形下，例如，在求一个函数的反函数时，值域也能起重要的作用. 例如，反正弦函数 $y=\arcsin x$，它的值域规定为 $\left[-\frac{\pi}{2},\frac{\pi}{2}\right]$. 这一规定有重要意义.

4. 函数的相等

定义 5 如果函数 f 和 g 有相同的定义域，并且对于它们定义域中的每一个 x，$f(x)$ 和 $g(x)$ 的值都相等，就称函数 f 和 g 相等.

例如，$y=|x|$ 与 $y=\sqrt{x^2}$ 是两个相等的函数；而 $y=x+1$ 与 $y=(x+1)(x+2)^0$ 则是不相等的函数，因为它们的定义域不同.

三、函数的表示方法及函数关系式的建立

1. 解析法

解析法就是用解析式来表达函数的对应法则，这个解析式叫做函数关系式. 解析法是表示函数的最常用的方法，也叫公式法. 例如，

$$g(x)=\frac{1}{x-1}, \quad 或\ g: x\to\frac{1}{x-1},$$

两者都表示同一个函数，只是前一种形式更为常见. 在用解析法表示函数时，定义域往往没有明显地指出，这时定义域自然就是能使公式有意义的所有 x 值的集合. 在上述例子中，$g(x)$ 的定义域就是集合 $\{x\mid x\neq 1, x\in\mathbf{R}\}$，或者说是不等于 1 的所有实数. 它的值域可由公式和定义域来确定，$g(x)$ 的值域是非零实数.

还有一类比较特殊的函数，如前面提到的狄利克雷函数，其表达形式是将定义域划分为几个既不重复又不遗漏的部分，各部分用不同的解析式表示，这样的函数叫做分段函数.

2. 列表法

利用数表来表示函数，使函数值和自变量的关系一目了然. 例如，可用数表表示 $f(x)=\sqrt{x}$，或 $f:x\to\sqrt{x}$，这就是平方根表. 此外，如对数表，正弦表，等等，都是用列表法表示函数的例子. 列表法的缺陷是常常不可能将所有的对应值都列入数表，而只能达到实用上大致够用的程度.

3. 图像法

函数的图像在现代数学中是用笛卡儿积的子集来定义的.

定义 6 设 A,B 是实数集 $\mathbf{R}$ 的子集，$f:A\to B$ 是 A 到 B 的函数，则称 $A\times B$ 的子集 $G=\{(a,b)\mid a\in A,b=f(a)\}$ 是函数 $f:A\to B$ 的图像.

根据函数定义，G 应满足

(1) 对于 $a\in A$，存在 $b\in B$ 使 $(a,b)\in G$；

(2) 若 $(a_1,b_1)\in G,(a_2,b_2)\in G$，且 $a_1=a_2$，则 $b_1=b_2$.

对于任一点 $(x,y)\in G$ 来说，x 和 y 的次序十分重要. x 是第一坐标，y 是第二坐标. 在直角坐标系里，第一坐标是横坐标，第二坐标是纵坐标. 在中学数学教材里，函数图像的通俗定义如下：

定义 7 把自变量 x 的一个值和函数的对应值分别作为点的横坐标和纵坐标，可以在直角坐标系内指出一个点，所有这些点的集合叫做这个函数的图像.

4. 函数关系式的建立

在研究现实问题的变化规律时，经常需要对相关量的变化情况深入考察，找出变量间的内在联系. 建立函数关系式，就是将这种内在联系以数学形式准确地表达出来的一种有效方法. 在建立函数关系式以分析解决实际问题的过程中，往往要综合运用解析法、列表法和图像法. 对于比较复杂的问题，还需要将有关数据输入电脑，借助现代计算方法予以解决.

例 1 A，B 两码头相距 60 km，轮船在静水中的速度为 20 km/h. 按照规定，轮船必须于白天(12 h 以内)在 A，B 间往返航行一次，并完成码头操作(包括上下客，装卸货等)，否则取消航班.

(1) 试建立可用于码头操作的时间 T 与河水流速 v 之间的函数关系式，并画出函数图像；

(2) 如果码头操作时间至少要 2 h，则在何种情况下取消航班？

解 (1) 按题意，有

$$\frac{60}{20+v}+\frac{60}{20-v}=12-T,$$

其中 $0\leqslant v<20$，因此所求函数关系式为

$$T=12-\frac{2\ 400}{400-v^2},\quad 0\leqslant v<20. \qquad ①$$

根据函数关系式列对应值表：

$v/(\text{km}\cdot\text{h}^{-1})$	0	5	6	8	10	12	13	14.14
T/h	6	5.6	5.4	4.9	4	2.6	1.6	0

依据对应值表，可画出函数图像(图 4.3).

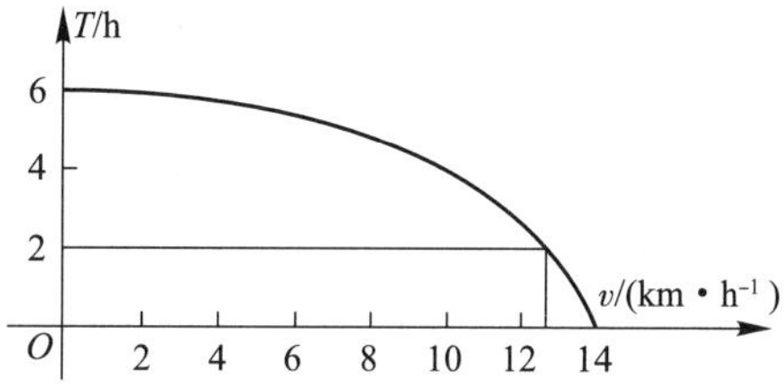

图 4.3

(2) 显然，该函数是减函数. 令 $T=2$，由①式得，$v\approx 12.65$. 因此，如果河水流速 $v>12.65(\text{km/h})$，则 $T<2(\text{h})$，此时要取消航班. 在 $v\leqslant 12.65(\text{km/h})$的情况下，也应尽量降低码头操作时间，以保证在 12 h 内完成往返航行.

例 2 设 $f(x)$是以实数集 $\mathbf{R}$ 为定义域的函数，且对任意 $x,y\in\mathbf{R}$，均满足

$$f(x+y)=f(x)+f(y), \qquad ①$$

求证：(1) $f(0)=0$；$f(-x)=-f(x)$；

(2) 当 $m\in\mathbf{Z}$ 时，$f(mx)=mf(x)$；

(3) 当 $r\in\mathbf{Q}$ 时，$f(rx)=rf(x)$.

证 (1) 在①式中，令 $x=y=0$，得

$$f(0)=2f(0), \quad 即\ f(0)=0.$$

在①式中，令 $y=-x$，得

$$f(0)=f(x)+f(-x),$$

又 $f(0)=0$，所以

$$f(-x)=-f(x). \qquad ②$$

(2) 在①式中，令 $y=x$，得 $f(2x)=2f(x)$. 设 $k\in\mathbf{N}^*$，假设 $f(kx)=kf(x)$，则

$$\begin{aligned}f[(k+1)x]&=f(kx+x)=f(kx)+f(x)\\&=kf(x)+f(x)=(k+1)f(x),\end{aligned}$$

所以当 $m\in\mathbf{N}^*$ 时，有

$$f(mx)=mf(x). \qquad ③$$

当 m 为负整数时，设 $m=-n,n\in\mathbf{N}^*$，则

$$\begin{aligned}f(mx)&=f(-nx)=-f(nx)\\&=-nf(x)=mf(x).\end{aligned}$$

因此当 $m\in\mathbf{Z}$ 时，总有

$$f(mx)=mf(x). \qquad ④$$

(3) 令 $r=\dfrac{m}{n}(n\in\mathbf{N}^*,m\in\mathbf{Z})$，由④式，

$$nf\left(\frac{m}{n}x\right)=f\left(n\cdot\frac{m}{n}x\right)=f(mx)=mf(x),$$

所以 $f\left(\frac{m}{n}x\right)=\frac{m}{n}f(x)$，从而

$$f(rx)=rf(x),\quad r\in\mathbf{Q}.$$

四、反函数及其图像

1. 逆映射和反函数

前面介绍过满射概念，这里再介绍一下单射. 设 f 是 A 到 B 的映射（函数），如果异元异像，即对于任意 $a_1,a_2\in A$，都有 $a_1\neq a_2\Rightarrow f(a_1)\neq f(a_2)$（或者 $f(a_1)=f(a_2)\Rightarrow a_1=a_2$），就称 f 是 A 到 B 的单射. 如果映射（函数）$f:A\to B$ 既是单射又是满射，就称它是一一映射（或双射）. 这时 f 使集合 A 与集合 B 的元素之间构成一一对应. 这种映射的特点是可以反过来建立一个从 B 到 A 的映射，使 B 中在 f 下的每一个像，对应到它在 A 中的原像. 这个新的映射记作 $f^{-1}:B\to A$，叫做 f 的逆映射；而一一映射 f 也称为可逆映射.

定义 8　如果函数 $y=f(x)$是定义域 A 到值域 B 上的一一映射，那么由它的逆映射 $f^{-1}:B\to A$ 所确定的函数 $x=f^{-1}(y)$，叫做函数 $y=f(x)$的反函数.

若不易判断所给函数 $y=f(x)$是否一一映射时，可先解出 $x=g(y)$，如果$g(y)$在其定义域上是单值对应的，就承认所给函数有反函数 $x=g(y)$，再将 x,y 对调，即得反函数的习惯表示 $y=f^{-1}(x)$.

2. 反函数的图像

有人认为反函数 $x=f^{-1}(y)$与原来的函数 $y=f(x)$在同一坐标系中的图像是一样的，这种看法是错误的. 根据定义 6，$x=f^{-1}(y)$中的自变量 y 应作为点的横坐标，而 x 是点的纵坐标，因此 $x=f^{-1}(y)$的图像和 $y=f(x)$的图像本应分别画在不同的坐标系内，当然是不同的图像. 为了便于比较两者的区别，现在仍把点的横坐标（自变量）记作 x，纵坐标记作 y，这样可直接把 $y=f(x)$的反函数记作 $y=f^{-1}(x)$. 这时可以把原函数和反函数的图像画在同一坐标系里. 关于它们图像之间的关系有下面的定理.

定理 1　函数 $y=f(x)$的图像和它的反函数 $y=f^{-1}(x)$的图像关于直线 $y=x$ 对称.

证　设点 $M(a,b)$是位于函数 $y=f(x)$的图像上的任意一点，则

$$b=f(a).\qquad ①$$

由于 $y=f(x)$有反函数 $y=f^{-1}(x)$，故由等式①得 $a=f^{-1}(b)$，并且点 $M'(b,a)$位于反函数 $y=f^{-1}(x)$的图像上（图 4.4）. 反之，如果点 $M'(b,a)$位于反函数 $y=f^{-1}(x)$的图像上，则有 $a=f^{-1}(b)$，由此得 $b=f(a)$，并且点 $M(a,b)$位于函数 $y=f(x)$的图像上.

假设 $a\neq b$，则点 M 和点 M'不重合. 因为

$$|OM|=|OM'|\quad(\sqrt{a^2+b^2}=\sqrt{b^2+a^2}),$$

所以通过原点和线段 MM' 的中点的直线 l 垂直于线段 MM'，因而点 $M(a,b)$ 和 $M'(b,a)$ 关于直线 l 对称. 由于点 MM' 的中点坐标是 $\left(\frac{a+b}{2},\frac{a+b}{2}\right)$，所以直线 l 的方程就是 $y=x$.

因此，定理 1 得证.

关于反函数的图像，首先要识别 $y=f(x)$ 是否为可逆函数（可逆映射）. 例如函数 $y=x^2(x\in\mathbf{R})$，它不是可逆函数，因而没有反函数. 但是 $y=x^2(x\in[0,+\infty))$ 则是可逆函数，它有反函数 $y=\sqrt{x}(x\in[0,+\infty))$，其图像如图 4.5 所示.

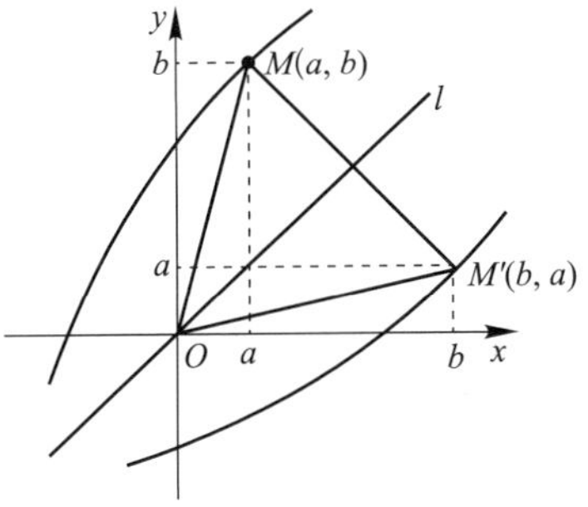

图 4.4

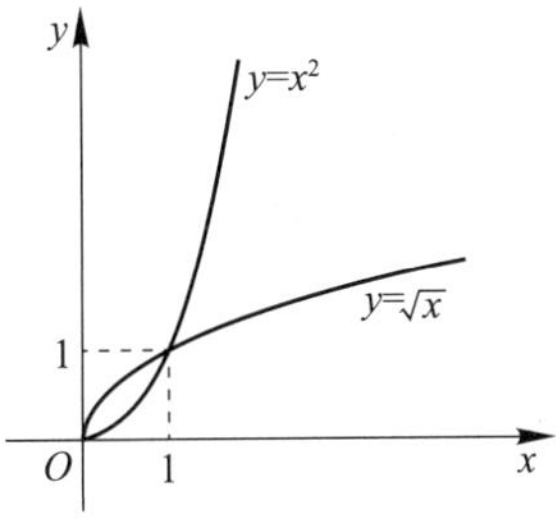

图 4.5

3. 互反函数间的辩证关系

上面关于函数图像的讨论，强调了自变量的取值对应于横坐标. 但在研究互反函数间的关系时，为了方便也可破例采用如图 4.6 所示的图形. 应注意，图 4.6 标有互反函数 f 和 f^{-1} 的不同方向的箭头，被赋予特殊的功能，因而不同于一般的函数图像，决不能用它作为 f^{-1} 和 f 具有相同图像的例证.

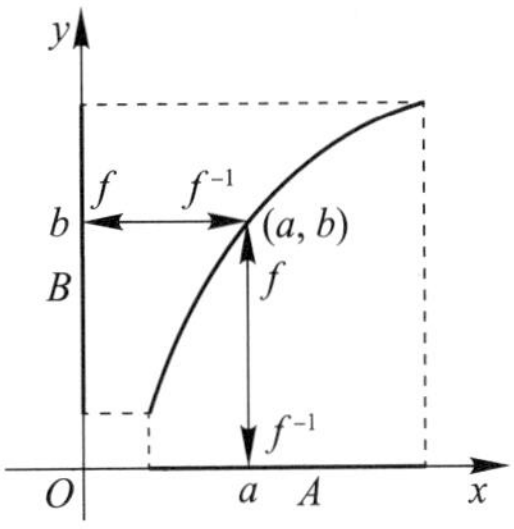

图 4.6

假设 $x=f^{-1}(y)$ 是函数 $y=f(x)$ 的反函数. 图 4.6 中用向上、向左的箭头，表示 $a\in A$ 在 f 下的像是 $b\in B$；又用向右、向下的箭头，表示 $b\in B$ 在 f^{-1} 下的像是 $a=f^{-1}(b)\in A$. 如果把 f 和 f^{-1} 的复合函数记作 $f^{-1}f$，即 $f^{-1}f(x)=f^{-1}(f(x))$，则由图 4.6 可以推知，$f^{-1}f$ 是 A 上的恒等映射（若对于 A 中任一元素 a，均有 $I(a)=a$，则称 I 为 A 上的恒等映射）.

定理 2 设函数 $f:A\to B$ 是一一映射，$f^{-1}:B\to A$ 是它的逆映射（反函数），则

(1) $f\,f^{-1}=I_B$（I_B 表示 B 上的恒等映射）；

(2) $f^{-1}f=I_A$（I_A 表示 A 上的恒等映射）；

(3) f^{-1} 是一一映射；

(4) f^{-1} 是唯一的；

(5) f^{-1} 的逆映射就是 f.

证 (1) $\forall b\in B$，$\exists$唯一的 $a\in A$，使 $f(a)=b$（f 是一一映射）. 又

$$f(a)=b\Rightarrow a=f^{-1}(b)\ (f^{-1}\text{是 } f \text{ 的逆映射}),$$

所以

$$(f\,f^{-1})(b)=f(f^{-1}(b))=f(a)=b=I_B(b),$$

从而 $f\,f^{-1}=I_B$.

(2) $\forall a\in A$，$\exists$唯一的 $b\in B$，使 $f(a)=b$（f 是映射）. 又

$$f(a)=b\Rightarrow a=f^{-1}(b)\ (f^{-1}\text{是 } f \text{ 的逆映射}),$$

所以

$$(f^{-1}f)(a)=f^{-1}(f(a))=f^{-1}(b)=a=I_A(a),$$

从而 $f^{-1}f=I_A$.

(3) 先证 f^{-1}是单射，若 $b_1,b_2\in B$ 且 $f^{-1}(b_1)=f^{-1}(b_2)$，则

$$f(f^{-1}(b_1))=f(f^{-1}(b_2)),\quad \text{即}(f\,f^{-1})(b_1)=(f\,f^{-1})(b_2),$$

也即 $I_B(b_1)=I_B(b_2)$. 所以 $b_1=b_2$，故 f^{-1}是单射.

再证 f^{-1}是满射，即证 $\forall a\in A$，必 $\exists b\in B$，使 $a=f^{-1}(b)$. 因为

$$a=I_A(a)=(f^{-1}f)(a)=f^{-1}(f(a)),$$

其中 $f(a)\in B$，令 $f(a)=b$，即得 $a=f^{-1}(b)$，故 f^{-1}是满射.

因此 f^{-1}是一一映射.

(4) 假设另有 $h:B\to A$ 也是 $f:A\to B$ 的逆映射，则由(2)，$hf=I_A$. 所以

$$h=h\cdot I_B=h(f\,f^{-1})=(hf)f^{-1}=I_A\,f^{-1}=f^{-1}.$$

因此 f^{-1}是唯一的.

(5) 由(3)，$f^{-1}:B\to A$ 是一一映射，$\forall a\in A$，$\exists$唯一的 $b\in B$，使 $f^{-1}(b)=a$. 所以

$$f(f^{-1}(b))=f(a),\quad \text{即 } b=f(a),$$

因此映射 $f:A\to B$ 是 f^{-1}的逆映射. 由(4)，f^{-1}的逆映射就是 f.

上述定理说明，互反函数(或互逆映射)间的关系是对立、统一的辩证关系，它们既是互逆的，又是互依的. 如果把定理中的 f 换成 f^{-1}，f^{-1}换成 f，同时把 B 和 A 互换，则命题仍然成立，这说明 f 和 f^{-1}处于相互对称的地位.

例 3 设

$$y=f(x)=\frac{2x+1}{x+a}\quad\left(a\neq\frac{1}{2}\right). \qquad ①$$

(1) 求反函数 $y=f^{-1}(x)$；

(2) 当 a 取何值时，$y=f(x)$ 和 $y=f^{-1}(x)$ 可用直角坐标系内的同一图像来表示，并作出这个图像的略图.

解 (1) 由 $y=\dfrac{2x+1}{x+a}$，解出 x，得

$$x=\frac{-ay+1}{y-2}.\qquad ②$$

显然,②式所表达的对应法则是在定义域$\{y\mid y\in \mathbf{R}, y\neq 2\}$上的单值对应. 将 x,y 对调,即得反函数

$$y=f^{-1}(x)=\frac{-ax+1}{x-2}.\qquad ③$$

(2) 两个函数具有同一图像,即为同一函数,因此它们的解析式应当相同. 对比①式和③式可知,当 $a=-2$ 时即有 $f(x)=f^{-1}(x)$,此时图像相同. 这时

$$y=\frac{2x+1}{x-2}=\frac{5}{x-2}+2.$$

它的图像是双曲线. 即把 $y=\frac{5}{x}$ 的图像沿 Ox 轴方向右移 2 个单位,沿 Oy 轴方向上移 2 个单位,即得所求图像(图 4.7). 实际作图时,先作 $y=\frac{5}{x}$ 的图像,然后将坐标轴(图中虚线所示)作反向平移,即把 Oy 轴左移 2 个单位,把 Ox 轴下移 2 个单位.

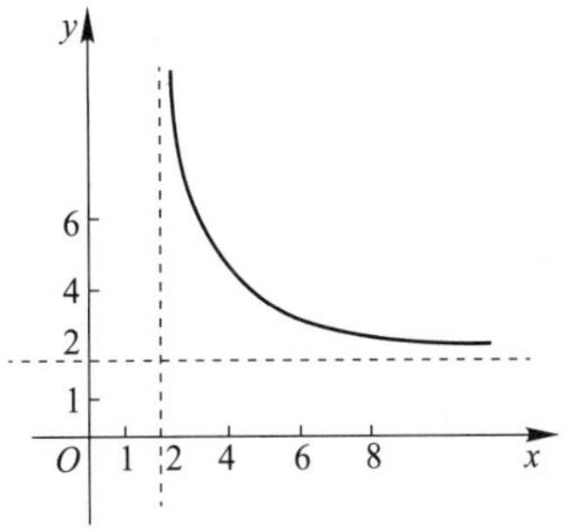

图 4.7

§ 4.2　用初等方法讨论函数

用初等方法讨论函数,是指直接根据函数的定义,运用解析式所涉及的运算性质、恒等变形、不等式性质以及解方程和不等式等知识来研究函数的定义域、值域和各种特性. 虽然利用数学分析中导数等有关方法去研究函数,要比用上述初等方法研究函数更为彻底和完善,但是对于作为教学科目的中学数学,利用初等方法来研究仍然是一种比较可行的切合实际的方法.

一、函数的定义域和值域

1. 函数的定义域

函数的定义域在原问题没有指明的情形下,就是使函数解析式有意义的自变量的容许值集合. 对于应用问题,还须考虑实际意义的限制.

函数定义域可用集合形式或区间来表示,有时也可用简明不等式表示.

在实数域内确定初等函数的定义域的常用规则如下:

(1) 如果 $f(x)$是整式,则定义域是 $\mathbf{R}$.

(2) 如果 $f(x)$是分式,则分母不为零.

(3) 偶次根式的被开方式应是非负的.

(4) 如果 $f(x)$是基本初等函数,则按各个基本初等函数确定定义域的规则(详

见§4.3).

(5) 如果解析式中含有多个函数,则应取各个函数的定义域的交集. 例如,设

$$f(x)=x^2+\sqrt{x}+\arccos x,$$

则 $f(x)$ 的定义域

$$D_f=(-\infty,\infty)\cap[0,+\infty)\cap[-1,1]=[0,1].$$

(6) 如果所给函数由两个函数复合而成,形如

$$y=f[g(x)],$$

可将它看成由内层函数 $u=g(x)$ 与外层函数 $y=f(u)$ 作成的复合函数. 设 $y=f[g(x)]$ 的定义域是 D, $y=f(u)$ 和 $u=g(x)$ 的定义域分别是 $D_外$ 和 $D_内$,则 D 是由 $D_内$ 里使 $g(x)\in D_外$ 的 x 值所组成的. 换句话说,复合函数 $f[g(x)]$ 的定义域,是内层函数 $g(x)$ 的定义域的一个子集,在这个子集上 $g(x)$ 的取值不超出外层函数 $f(u)$ 的定义域. 例如,求

$$f(x)=\sqrt{\log_2(x-1)}$$

的定义域. 这里 $u=g(x)=\log_2(x-1)$, $f(u)=\sqrt{u}$,将 $f(x)$ 看成 $u=g(x)$ 与 $f(u)=\sqrt{u}$ 的复合函数. 因为 D_g 要满足条件 $x-1>0$, $\sqrt{u}$ 要满足条件 $u\geqslant 0$,所以 $f(x)$ 的自变量 x 应满足条件

$$\begin{cases}x-1>0,\\ g(x)=\log_2(x-1)\geqslant 0.\end{cases}$$

解不等式组,得 $x\geqslant 2$. 因此所求定义域为 $[2,+\infty)$.

应注意,如果设 $u=g(x)$ 的值域为 E, $y=f(u)$ 的定义域为 $D_外$,则当

$$D_外\cap E=\varnothing$$

时,复合函数 $y=f[g(x)]$ 的定义域必为空集,即此时复合函数 $f[g(x)]$ 不存在. 例如,形如

$$\lg(\sin x-1)$$

的复合函数是不存在的.

例 1　求函数 $y=\dfrac{\sqrt{x^2-4}}{\log_2(x^2+2x-3)}$ 的定义域.

解　x 满足

$$\begin{cases}x^2-4\geqslant 0,\\ x^2+2x-3>0,\\ \log_2(x^2+2x-3)\neq 0.\end{cases}$$

解以上不等式组,得

$$x<-1-\sqrt{5}\ 或\ -1-\sqrt{5}<x<-3\ 或\ x\geqslant 2.$$

所以函数的定义域为

$$(-\infty,-1-\sqrt{5})\cup(-1-\sqrt{5},-3)\cup[2,+\infty).$$

例 2 设函数 $f(x)=\sqrt{1-x}$，求 $f[\log_2(x^2-1)]$的定义域.

解 内层函数 $u=g(x)=\log_2(x^2-1)$，外层函数是 $f(u)=\sqrt{1-u}$. 显然外层函数的定义域是 $u\leqslant 1$，故所给函数的自变量 x 应满足

$$\begin{cases}\log_2(x^2-1)\leqslant 1,\\ x^2-1>0.\end{cases}$$

解此不等式组，得所求定义域为$[-\sqrt{3},-1)\cup(1,\sqrt{3}]$.

2. 函数的值域

一般地说，求函数的值域比求定义域难一些，求函数的值域有以下几种常用方法：

(1) 直接法：从函数的定义域出发，根据函数解析式直接确定函数值的取值范围. 在解析式比较复杂的情形，要利用配方法等恒等变形以及不等式变换达到化繁为简、化隐为显的目的.

(2) 反函数法：当函数 $y=f(x)$的对应规则是一一对应，从而存在反函数时，可通过求其反函数的定义域来确定 $f(x)$的值域.

(3) 判别式法：如果函数 $y=f(x)$通过同解变形可化为关于 x 的二次方程，则可根据方程有实根时判别式 $\Delta\geqslant 0$ 的原理，确定函数值的取值范围.

(4) 换元法：换元法比较适用于求无理函数的值域，关键是设法消去根号.

例 3 求函数 $y=\log_2 x+\log_x(2x)$的值域.

解 原式定义域为 $x>0$ 且 $x\neq 1$，而

$$y=\log_2 x+\log_x 2+1.$$

因为

$$|\log_2 x+\log_x 2|=\left|\log_2 x+\frac{1}{\log_2 x}\right|=|\log_2 x|+\frac{1}{|\log_2 x|}\geqslant 2,$$

所以

$$\log_2 x+\log_x 2\leqslant -2,\quad 或\quad \log_2 x+\log_x 2\geqslant 2.$$

从而函数的值域为$(-\infty,-1]\cup[3,+\infty)$.

例 4 求函数 $y=\dfrac{2\cos x+1}{3\cos x-2}$ 的值域.

分析 本题如果直接依据$|\cos x|\leqslant 1$ 及 $\cos x\neq\dfrac{2}{3}$去推求 y 的取值范围是比较费事的. 但如果由解析式解出 $\cos x$，再依据 $\cos x$ 的限制条件求 y 的范围则较简便.

解 由已知解析式得

$$\cos x=\frac{1+2y}{3y-2}. \qquad ①$$

因为$|\cos x|\leqslant 1$，得

$$-1\leqslant\frac{2y+1}{3y-2}\leqslant 1.$$

解不等式，得 $y\leqslant\frac{1}{5}$ 或 $y\geqslant 3$. 又由①式知，$\cos x\neq\frac{2}{3}$，保证题设解析式分母不为 0.

因此，函数的值域是 $\left(-\infty,\frac{1}{5}\right]\cup[3,+\infty)$.

例 5　求函数 $y=\frac{1-2^x}{1+2^x}$ 的值域.

解(反函数法)　原式中 $x\in\mathbf{R}$，将原式化为

$$y(1+2^x)=1-2^x, \qquad ①$$

由①式解出 x，得

$$x=\log_2\frac{1-y}{1+y}. \qquad ②$$

②式的定义域是 $-1<y<1$. 因此，所给函数的值域是 $(-1,1)$.

例 6　求函数 $y=\frac{3x^2+3x+1}{2x^2+2x+1}$ 的值域.

解法 1(直接法)

$$y=\frac{\frac{3}{2}(2x^2+2x+1)-\frac{1}{2}}{2x^2+2x+1}=\frac{3}{2}-\frac{1}{4x^2+4x+2}.$$

因为 $4x^2+4x+2=4\left(x+\frac{1}{2}\right)^2+1\geqslant 1$，所以

$$0<\frac{1}{4x^2+4x+2}\leqslant 1,\quad 0>\frac{-1}{4x^2+4x+2}\geqslant -1,$$

从而

$$\frac{1}{2}\leqslant\frac{3}{2}-\frac{1}{4x^2+4x+2}<\frac{3}{2}.$$

因此，所给函数的值域是 $\left[\frac{1}{2},\frac{3}{2}\right)$.

解法 2(判别式法)　将原式变形并整理成关于 x 的方程

$$(2y-3)x^2+(2y-3)x+y-1=0. \qquad ①$$

若 $y=\frac{3}{2}$，则①式不成立，所以 $y\neq\frac{3}{2}$. ①式中 $x\in\mathbf{R}$，判别式 $\Delta\geqslant 0$，即

$$(2y-3)^2-4(2y-3)(y-1)\geqslant 0. \qquad ②$$

解不等式②，得 $\frac{1}{2}\leqslant y\leqslant\frac{3}{2}$. 但 $y\neq\frac{3}{2}$，因此，所给函数的值域是 $\left[\frac{1}{2},\frac{3}{2}\right)$.

例 7　求下列函数的值域：

(1) $y=x+\sqrt{1-2x}$；　(2) $y=x-\sqrt{1-2x}$.

解法1(判别式法)　(1) 定义域为 $x\leqslant\frac{1}{2}$. 将原式化为

$$y-x=\sqrt{1-2x}, \tag{①}$$

两边平方,整理成

$$x^2-2(y-1)x+y^2-1=0. \tag{②}$$

因为 x 为实数,

$$\frac{1}{4}\Delta=(y-1)^2-(y^2-1)=2(1-y)\geqslant 0,$$

所以 $y\leqslant 1$. 因此,原函数的值域是 $y\leqslant 1$.

(2) 定义域为 $x\leqslant\frac{1}{2}$. 将原式变形为

$$y-x=-\sqrt{1-2x}, \tag{③}$$

两边平方,整理成

$$x^2-2(y-1)x+y^2-1=0. \tag{④}$$

这里④式和②式完全相同(其原因是③式和①式的差别仅是根式前符号不同),其结果当然也是 $y\leqslant 1$. 但这结论是错误的! 根据题设应有 $y\leqslant x$,而定义域为 $x\leqslant\frac{1}{2}$,因此函数的值域应同时满足

$$\begin{cases}y\leqslant x,\\ x\leqslant\frac{1}{2},\\ y\leqslant 1.\end{cases}$$

所以原函数的值域为 $y\leqslant\frac{1}{2}$.

从几何角度考虑,例7涉及以下三条曲线:

$$l: x^2-2xy+y^2+2x-1=0,$$
$$l_1: y=f_1(x)=x+\sqrt{1-2x},$$
$$l_2: y=f_2(x)=x-\sqrt{1-2x}.$$

曲线 l 为抛物线,它有水平切线 $y=1$(切点 $(0,1)$)和竖直切线 $x=\frac{1}{2}$$\left(\text{切点}\left(\frac{1}{2},\frac{1}{2}\right)\right)$. 曲线 l 被直线 $y=x$ 分为两部分,实线部分为 l_1,虚线部分为 l_2(图4.8).

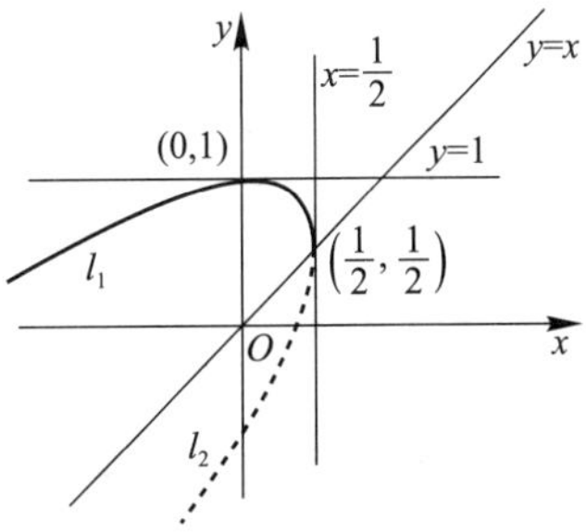

图 4.8

由图4.8可见,$y=f_1(x)$ 的值域是 $(-\infty,1]$,$y=f_2(x)$ 的值域是 $\left(-\infty,\frac{1}{2}\right]$.

以上分析说明,像本例这样的无理函数用判别式

法求其值域比较费事，且易出错.

解法 2(换元法)　定义域为 $x\leqslant\frac{1}{2}$. 令$\sqrt{1-2x}=t$，则

$$t\geqslant 0,\quad x=\frac{1}{2}-\frac{1}{2}t^2.$$

(1) 函数化为

$$\begin{aligned}y&=x+\sqrt{1-2x}=\frac{1}{2}-\frac{1}{2}t^2+t\\&=1-\frac{1}{2}(t-1)^2\leqslant 1.\end{aligned}$$

当 $t=1$ 即 $x=0$ 时，y 取最大值 1. 所以函数的值域为$(-\infty,1]$.

(2) 函数化为

$$\begin{aligned}y&=x-\sqrt{1-2x}=\frac{1}{2}-\frac{1}{2}t^2-t\\&=1-\frac{1}{2}(t+1)^2\leqslant 1-\frac{1}{2}=\frac{1}{2}.\end{aligned}$$

当 $t=0$ 即 $x=\frac{1}{2}$时，y 取最大值$\frac{1}{2}$. 所以函数的值域为$\left(-\infty,\frac{1}{2}\right]$.

二、函数的性质

1. 有界性

定义 9　如果存在正数 M，对于函数 $f(x)$的定义域(或其子集)内的一切值，都有$|f(x)|\leqslant M$ 成立，那么函数 $f(x)$叫做在定义域(或其子集)上的有界函数. 如果不存在满足此条件的正数 M，那么这个函数就是无界的.

例如，函数 $y=\sin x$ 和 $y=\cos x$，它们都满足定义 9($|\sin x|\leqslant 1$，$|\cos x|\leqslant 1$)，因而都是实数集上的有界函数. 它们的图像介于直线 $y=1$ 和 $y=-1$ 之间. 一般地，有界函数的图像介于直线 $y=M$ 和 $y=-M$ 之间.

如果将定义 9 中的条件改为 $f(x)\leqslant M$. 则称函数 $f(x)$在定义域(或其子集)上有上界；如果将定义 9 中的条件改为 $f(x)\geqslant m$，则称函数 $f(x)$在定义域(或其子集)上有下界.

例如，在实数集上，函数 $y=x^2$ 有下界 $y=0$，函数 $y=3-x^2$ 有上界 $y=3$. 显然，函数的下界、上界都不是唯一的. 如果 m 是 $f(x)$的下界，则小于 m 的数也可作为 $f(x)$的下界. 如果 M 是 $f(x)$的上界，则大于 M 的数也可作为 $f(x)$的上界.

函数 $y=x^3$ 在实数集上既无上界也无下界，它是无界函数. 函数 $y=x^4$ 在实数集上有下界但无上界，因而也是无界函数.

函数的有界性是与所讨论的区间有关的. 例如，函数 $y=\frac{1}{x}$ 在其定义域上是无界

的；在区间$(0,+\infty)$上也是无界的（有下界但无上界）. 然而，它在区间$[1,+\infty)$上是有界的. 一般地，如果没有指明讨论的区间，就是在其定义域上讨论.

例 8　证明下面的命题：

(1) 函数 $y=\dfrac{x}{1+x^2}$是有界函数；

(2) 函数 $y=\dfrac{x}{1+x}$是无界函数.

证　(1) 定义域 $D=\mathbf{R}$. 当 $x\in\mathbf{R}$ 时，

$$\left|\frac{x}{1+x^2}\right|\leqslant\left|\frac{2x}{1+x^2}\right|\leqslant 1,$$

因此，$y=\dfrac{x}{1+x^2}$是有界函数.

(2) 定义域 $D=(-\infty,-1)\cup(-1,+\infty)$. 假设 $y=\dfrac{x}{1+x}$在 D 上有界，则存在 $M>0$，对于 $x\in D$，都有

$$\left|\frac{x}{1+x}\right|\leqslant M,\quad 即\left|1+\frac{1}{x}\right|\geqslant\frac{1}{M}.$$

倘能找到一个 x，使 $1+\dfrac{1}{x}=\dfrac{1}{2M}<\dfrac{1}{M}$，则原命题即可得证. 由$1+\dfrac{1}{x}=\dfrac{1}{2M}$，得

$$\frac{1}{x}=\frac{1-2M}{2M},\quad 即\ x=\frac{2M}{1-2M}.$$

为此，取 $x=\dfrac{2M}{1-2M}$，此时 $x\neq-1$，$x\in D$，

$$\left|\frac{x}{1+x}\right|=|2M|=2M>M,$$

这与假设矛盾.

所以 $y=\dfrac{x}{1+x}$是无界函数.

2. 单调性

定义 10　给定区间 E 上的函数 $f(x)$，对于任意 $x_1,x_2\in E$，如果有

$$x_1<x_2\Rightarrow f(x_1)<f(x_2),$$

则称 $f(x)$在区间 E 上是增函数（或者说是单调递增的）；反之，如果

$$x_1<x_2\Rightarrow f(x_1)>f(x_2),$$

则称 $f(x)$在区间 E 上是减函数（或者说它是单调递减的）.

表现在函数图像上，代表增函数的曲线是上升的（按照数轴方向，从左向右观察）；代表减函数的曲线是下降的. 在某一区间上的增函数或减函数，统称单调函数，这个区间称为该函数的单调区间. 例如大家熟知的函数 $y=x^2$，在区间$(-\infty,0]$上是减函数，其图像是下降的；在区间$[0,+\infty)$上是增函数，其图像是上升的. 因此，函数的单调性与给定

区间密切相关. 这个给定区间可能是函数的定义域,也可能是定义域的一部分.

由定义 10 可知,对于函数定义域不是区间的情形,就不考虑函数的单调性. 又因在定点上的函数值无增减,所以上例中 $y=x^2$ 在区间$(-\infty,0]$上是减函数,也可以说在区间$(-\infty,0)$上是减函数.

例 9　讨论函数 $f(x)=x+\dfrac{1}{x}$ 的单调性,并作出它的图像.

解　函数 $f(x)$的定义域是$(-\infty,0)\cup(0,+\infty)$. 当 $x_1<x_2$ 时,

$$\begin{aligned}f(x_2)-f(x_1)&=(x_2-x_1)+\left(\frac{1}{x_2}-\frac{1}{x_1}\right)\\&=(x_2-x_1)\left(1-\frac{1}{x_1x_2}\right).\end{aligned}$$

因为 $x_2-x_1>0$,所以 $f(x_2)-f(x_1)$的正负取决于 $\left(1-\dfrac{1}{x_1x_2}\right)$的正负.

(1) 当 $0<x_1<x_2\leqslant 1$ 时,有 $0<x_1x_2<1$,所以 $1-\dfrac{1}{x_1x_2}<0$,从而

$$f(x_2)-f(x_1)<0,\quad 即\ f(x_1)>f(x_2).$$

(2) 当 $1<x_1<x_2$ 时,有 $x_1x_2>1$,所以 $1-\dfrac{1}{x_1x_2}>0$,从而

$$f(x_2)-f(x_1)>0,\quad 即\ f(x_1)<f(x_2).$$

(3) 当$-1\leqslant x_1<x_2<0$ 时,有 $0<x_1x_2<1$,所以 $1-\dfrac{1}{x_1x_2}<0$,从而

$$f(x_2)-f(x_1)<0,\quad 即\ f(x_1)>f(x_2).$$

(4) 当 $x_1<x_2<-1$ 时,有 $x_1x_2>1$,所以 $1-\dfrac{1}{x_1x_2}>0$,从而

$$f(x_2)-f(x_1)>0,\quad 即\ f(x_1)<f(x_2).$$

由以上分析可知,函数 $f(x)=x+\dfrac{1}{x}$ 在区间$[-1,0)$和$(0,1]$上是减函数;在区间$(-\infty,-1)$和$(1,+\infty)$上是增函数.

作 $y=f(x)=x+\dfrac{1}{x}$的图像,可先在同一坐标系内分别作 $y_1=x$ 和 $y_2=\dfrac{1}{x}$ 的图像. 然后对于横坐标 x 的每一个值,把与其对应的纵坐标 y_1 和 y_2 相加,就得函数$y=f(x)$的相应纵坐标的值. 这种作图方法叫做坐标合成法,也叫图像加法.

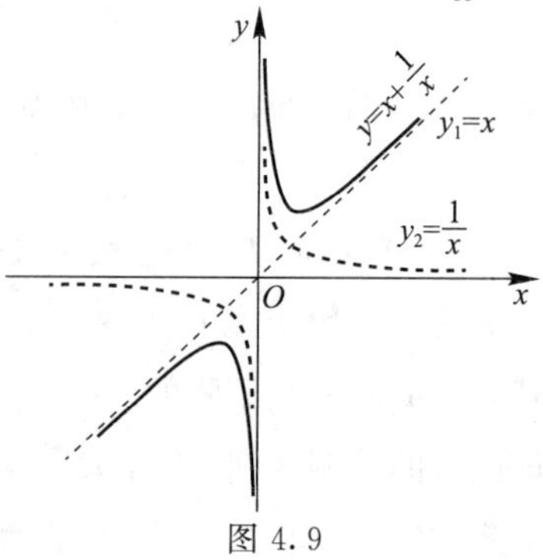

图 4.9

在图 4.9 中,$y_1=x$ 和 $y_2=\dfrac{1}{x}$的图像以虚线表示,$y=x+\dfrac{1}{x}$ 的图像用实线表示. 图像能清楚地

反映函数的增减变化.

关于复合函数的单调性,有下面的定理.

定理 3　如果函数 $y=f(u)$ 和函数 $u=g(x)$ 的单调性相同,则复合函数 $y=f[g(x)]$ 是增函数;如果 $y=f(u)$ 和 $u=g(x)$ 的单调性相反,则 $y=f[g(x)]$ 是减函数.

证　设 $y=f(u)$ 与 $u=g(x)$ 都是增函数. 在 $f[g(x)]$ 的定义域内任取 $x_1<x_2$,则有 $g(x_1)<g(x_2)$,即 $u_1<u_2$. 又因 $f(u)$ 也是增函数,故有 $f(u_1)<f(u_2)$,即 $y_1<y_2$. 所以 $y=f(g(x))$ 是增函数. 同样,若 $y=f(u)$ 与 $u=g(x)$ 都是减函数,也易证明 $y=f(g(x))$ 是增函数.

本定理的后半部分留给读者自己证明.

定理 4　如果函数 $y=f(x)$ 是定义在区间 D 上的单调函数,那么在区间 D 上一定有反函数 $x=f^{-1}(y)$ 存在. $x=f^{-1}(y)$ 也是单调的,并且它和 $y=f(x)$ 的单调性相同.

证　不妨设 $y=f(x)$ 是递增的,对应的函数值域设为 E. 先证它的反函数存在. 对于任意的 $y_0\in E$,在 D 中至少有一个值 x_0,使 $y_0=f(x_0)$,否则就有 $y_0\notin E$. 接着证明 x_0 是唯一的. 假设还有一个 $x_1\in D$ 也满足 $y_0=f(x_1)$,如果 $x_1<x_0$,根据 $f(x)$ 的递增性,就有 $f(x_1)<f(x_0)$,从而推出 $y_0<y_0$,这是不可能的;如果 $x_1>x_0$,同理有 $f(x_1)>f(x_0)$,从而推出 $y_0>y_0$,这也是不可能的. 因此必有 $x_1=x_0$. 这样,函数 $y=f(x)$ 就是区间 D 到值域 E 上的一一映射,按反函数定义,存在它的反函数 $x=f^{-1}(y)$.

再证 $x=f^{-1}(y)$ 是递增的. 在 E 中任取 y_1,y_2,且 $y_1<y_2$,则在 D 中必有 x_1,x_2 满足

$$x_1=f^{-1}(y_1),x_2=f^{-1}(y_2),\quad 即\ y_1=f(x_1),y_2=f(x_2).$$

如果 $x_1=x_2$,则有 $y_1=y_2$;如果 $x_1>x_2$,按照 $f(x)$ 的递增性,则有 $y_1>y_2$. 这两种情形都和 $y_1<y_2$ 的假设矛盾,因而是不可能的. 所以必有 $x_1<x_2$. 这就证明了反函数 $x=f^{-1}(y)$ 是递增的.

对于 $y=f(x)$ 是递减的情形同理可证.

定理 4 常用来断定反函数的存在性. 但是它的条件是充分条件,而非必要条件. 例如分段函数

$$y=\begin{cases}-x+1, & -1\leqslant x<0,\\ x, & 0\leqslant x\leqslant 1\end{cases}$$

在整个定义域$[-1,1]$上不是单调的,但有反函数

$$y=\begin{cases}1-x & 1<x\leqslant 2,\\ x, & 0\leqslant x\leqslant 1.\end{cases}$$

例 10　设 $a>1$,讨论函数 $y=a^{x^2+2x-3}$ 的单调性和有界性.

解　所给函数由 $y=a^u$ 和 $u=x^2+2x-3$ 复合而成. 因为 $a>1$,所以 $y=a^u$ 是增函数. 又 $u=x^2+2x-3=(x+1)^2-4$,其定义域可划分为 $(-\infty,-1]$ 和 $(-1,+\infty)$ 两个区间.

在区间 $(-\infty,-1]$ 上,$u=x^2+2x-3$ 是减函数,所以 $y=a^{x^2+2x-3}(a>1)$ 也是减函数;

在区间 $(-1,+\infty)$ 上,$u=x^2+2x-3$ 是增函数,所以 $y=a^{x^2+2x-3}(a>1)$ 也是增函数;

当 $x=-1$ 时,y 取得最小值 a^{-4}. 因此 $y=a^{x^2+2x-3}(a>1)$ 有下界 $y=a^{-4}$,但无上界,因此它仍是无界函数.

例 11　已知点 $M(1,2)$ 既在函数 $y=f(x)=ax^2+b(x\geqslant 0)$ 的图像上,又在其反函数的图像上.

(1) 求反函数 $y=f^{-1}(x)$;(2) 证明 $f^{-1}(x)$ 在其定义域上是减函数.

解　(1) 由

$$y=ax^2+b\quad(x\geqslant 0)\tag{①}$$

解得 $x=\sqrt{\frac{y}{a}-\frac{b}{a}}$. 故反函数为

$$y=f^{-1}(x)=\sqrt{\frac{x}{a}-\frac{b}{a}}.\tag{②}$$

将点 $(1,2)$ 的坐标代入①式和②式,得

$$\begin{cases}a+b=2,\\4a+b=1,\end{cases}\quad\text{所以}\begin{cases}a=-\dfrac{1}{3},\\b=\dfrac{7}{3}.\end{cases}$$

因此,所求反函数是

$$y=f^{-1}(x)=\sqrt{7-3x}\quad\left(x\leqslant\frac{7}{3}\right).$$

(2) 设 $x_1,x_2\in\left(-\infty,\frac{7}{3}\right]$,且 $x_1<x_2$,则

$$7-3x_1>7-3x_2\geqslant 0,$$

所以

$$\sqrt{7-3x_1}>\sqrt{7-3x_2},\quad\text{即 } f^{-1}(x_1)>f^{-1}(x_2).$$

因此 $f^{-1}(x)$ 在 $\left(-\infty,\frac{7}{3}\right]$ 上是减函数.

3. 函数的奇偶性

定义 11　设函数 $f(x)$ 的定义域为 D,若对于任意 $x\in D$,都有 $f(-x)=-f(x)$,则称 $f(x)$ 为奇函数;若对于任意 $x\in D$,都有 $f(-x)=f(x)$,则称 $f(x)$ 为偶函数.

定义 11 表明,函数的奇偶性是在整个定义域 D 上讨论的,不论奇函数或偶函数,

x 和$(-x)$都同时在 D 内,因此 D 一定是关于原点对称的. 若一个函数的定义域关于原点不对称,则可据此断定它既非奇函数,也非偶函数.

函数的奇偶性明确地反映在函数图像上:奇函数的图像关于原点成中心对称,偶函数的图像关于 y 轴成轴对称.

例 12 判断函数 $f(x)=\lg(\sqrt{x^2+1}-x)$的奇偶性.

解 对于任意 $x\in\mathbf{R}$,都有$\sqrt{x^2+1}-x>0$,所以 $f(x)$的定义域 $D=\mathbf{R}$. 因为

$$\begin{aligned}f(-x)+f(x)&=\lg(\sqrt{x^2+1}+x)+\lg(\sqrt{x^2+1}-x)\\&=\lg(\sqrt{x^2+1}+x)(\sqrt{x^2+1}-x)\\&=\lg 1=0,\end{aligned}$$

所以 $f(-x)=-f(x)$. 因此 $f(x)=\lg(\sqrt{x^2+1}-x)$是奇函数.

例 13 已知函数

$$y=f(x)=\begin{cases}x(1-x), & x>0,\\0, & x=0,\\x(1+x), & x<0.\end{cases}$$

(1) 判断函数 $f(x)$的奇偶性;

(2) 根据其性质作出 $f(x)$的图像;

(3) 依据 $f(x)$的图像写出它的单调区间.

解 (1) 若 $x>0$,则$-x<0$. 于是有

$$f(-x)=(-x)(1-x)=-f(x);$$

若 $x<0$,则$-x>0$,于是

$$f(-x)=-x(1+x)=-f(x);$$

若 $x=0$,则有 $f(-x)=-f(x)=0$.

所以 $f(x)$是奇函数.

(2) 因奇函数的图像关于原点对称,故只需先作出 Oy 轴右边的图像,即先作出

$$y=x(1-x)=-\left(x-\frac{1}{2}\right)^2+\frac{1}{4}$$

的图像,然后作出关于原点对称的 Oy 轴左边的图像(图 4.10).

(3) 因为函数图像有极大值点 $\left(\frac{1}{2},\frac{1}{4}\right)$,极小值点 $\left(-\frac{1}{2},-\frac{1}{4}\right)$,因此函数$f(x)$的递增区间是$\left[-\frac{1}{2},\frac{1}{2}\right]$,递减区间是 $\left(-\infty,-\frac{1}{2}\right]$ 和 $\left[\frac{1}{2},+\infty\right)$.

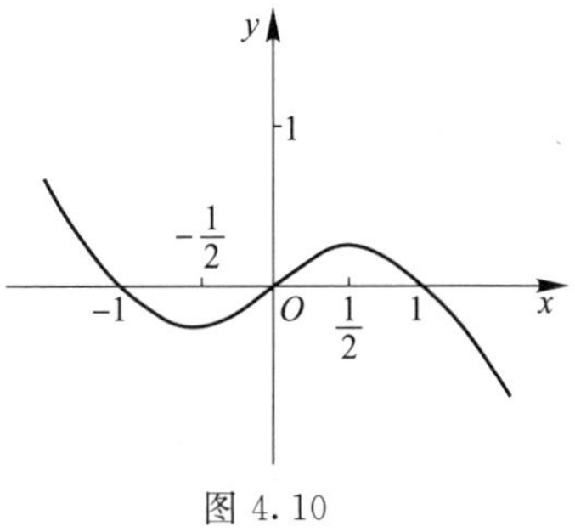

图 4.10

定理 5 设函数 $y=f[g(x)]$是函数 $y=f(u)$和 $u=g(x)$的复合函数并定义在对称于原点的数集 D 上.

(1) 若 $g(x)$是奇函数,则当 $f(u)$是奇(或偶)函数时,复合函数 $y=f[g(x)]$是奇(或偶)函数;

(2) 若 $g(x)$是偶函数,则不论 $f(u)$是否有奇偶性,复合函数 $y=f[g(x)]$都是偶函数.

证　(1) 设 $u=g(x)$的定义域是关于原点对称的数集 A,即对于任意 $x\in A$,都有 $-x\in A$. 因为 $g(-x)=-g(x)=-u$,所以 $u=g(x)$的值域 B 也是关于原点对称的数集.

如果 $f(u)$是定义在 $B'(B'\subseteq B)$上的奇函数,有 $f(-u)=-f(u)$,则

$$f[g(-x)]=f[-g(x)]=f(-u)=-f(u)=-f[g(x)].$$

所以 $y=f[g(x)]$是定义在 $D(D\subseteq A)$上的奇函数.

如果 $f(u)$是定义在 $B'(B'\subseteq B)$上的偶函数,有 $f(-u)=f(u)$,则

$$f[g(-x)]=f[-g(x)]=f(-u)=f(u)=f[g(x)].$$

所以 $y=f[g(x)]$是定义在 $D(D\subseteq A)$上的偶函数.

类似地,可证明(2).

关于函数奇偶性的判定,还可依据以下一些结论:两个奇(偶)函数的代数和仍为奇(偶)函数;两个奇(偶)函数的积是偶函数,一个奇函数和一个偶函数的积是奇函数;奇(偶)函数的倒数(分母不为零)仍为奇(偶)函数;如果奇函数的反函数存在,且定义在对称于原点的数集上,则此反函数仍为奇函数. 以上这些结论都可由奇函数和偶函数的定义推出.

例 14　判断 $f(x)=e^{\cos x}$的奇偶性.

解　$f(x)$由 $u=\cos x$ 和 e^u 复合而成. 因为 $u=\cos x$ 是偶函数,根据定理 5,复合函数 $f(x)=e^{\cos x}$是偶函数.

4. 周期性

定义 12　设 $f(x)$是定义在数集 D 上的函数,若存在常数 $T\neq 0$,对任何$x\in D$都有 $x\pm T\in D$,且 $f(x+T)=f(x)$总能成立,则称 $f(x)$为周期函数. 常数 T 叫做 $f(x)$的一个周期.

上述定义比中学课本中关于周期函数的定义增加了“对任何 $x\in D$ 都有 $x\pm T\in D$”的条件,是为了强调周期函数的定义域一定是上、下无界的无穷数集,否则 $f(x)$就不可能是周期函数. 当然,最重要的条件仍然是 $f(x+T)=f(x)$这个等式.

由定义 12 知,若 $T\neq 0$ 是 $f(x)$的周期,则

$$\begin{aligned} f[x+(-T)]&=f[x+(-T)+T]=f(x),\\ f(x+nT)&=f[x+(n-1)T+T]=f[x+(n-1)T]\\ &=f[x+(n-2)T+T]=f[x+(n-2)T]\\ &=\cdots=f(x+T)=f(x). \end{aligned}$$

由此可知,$-T$ 和 nT(n 为非零整数)也是 $f(x)$的周期. 因此一个周期函数的周期不

是唯一的,它们构成一个上、下无界的无穷数集.

在周期函数的正周期中最小的一个,叫做函数的最小正周期,也称为主周期或基本周期. 周期函数不一定都有最小正周期. 例如常值函数 $f(x)=c(x\in\mathbf{R})$,任何非零实数都是它的周期,但是它没有最小正周期.

若函数 $f(x)$ 具有最小正周期 T_0,则 $f(x)$ 的任一正周期 T 一定是 T_0 的正整数倍,即存在一个正整数 n,使得 $T=nT_0$. 其理由是:如果 T 不是 T_0 的正整数倍,设 $T=kT_0+r(k\in\mathbf{N},0<r<T_0)$,则有

$$f(x+T)=f(x+kT_0+r)=f(x+r)=f(x).$$

这样,r 也成为 $f(x)$ 的周期了. 但 $0<r<T_0$,就和 T_0 是 $f(x)$ 的最小正周期矛盾.

例 15 证明 $y=\sin x$ 的最小正周期是 2π.

证法 1 设 $y=\sin x$ 的周期为 T,则对于任意 $x\in\mathbf{R}$,都有 $\sin(x+T)=\sin x$ 成立,即

$$\sin(x+T)-\sin x\equiv 0,$$

$$2\cos\left(x+\frac{T}{2}\right)\sin\frac{T}{2}\equiv 0,$$

其中因子 $\cos\left(x+\frac{T}{2}\right)$ 是变数,所以 $\sin\frac{T}{2}=0$,

$$\frac{T}{2}=k\pi,\quad 即\ T=2k\pi.$$

当 k 取最小正整数 1 时,得最小正周期为 2π.

证法 2 根据正弦函数定义,角的终边逆时针旋转一个周角,终边位置不变,正弦值也不变,即

$$\sin(x+2\pi)=\sin x.$$

因此 2π 是 $\sin x$ 的周期. 假设 x 的最小正周期为 T,且 $0<T<2\pi$. 则 $\sin(x+T)=\sin x$ 对于一切 $x\in\mathbf{R}$ 均成立. 令 $x=\frac{\pi}{2}$,得

$$\sin\left(\frac{\pi}{2}+T\right)=\sin\frac{\pi}{2},\quad 即\ \cos T=1.$$

但是 $0<T<2\pi$,必有 $\cos T<1$,因而矛盾.

所以 2π 为 $\sin x$ 的最小正周期.

例 16 判断函数 $y=x\cos x$ 是否为周期函数.

解 假设 $y=x\cos x$ 有周期 T,则对于任意 $x\in\mathbf{R}$ 都有

$$(x+T)\cos(x+T)=x\cos x. \tag{①}$$

令①式中 $x=0$,得 $T\cos T=0$. 因 $T\neq 0$,所以 $\cos T=0$,$T=\frac{\pi}{2}+k\pi,k\in\mathbf{Z}$. 将 T 值代入①式,得

$$\left(x+\frac{\pi}{2}+k\pi\right)\cos\left(x+\frac{\pi}{2}+k\pi\right)=x\cos x. \qquad ②$$

在②式中，令 $x=\frac{\pi}{2}$，得

$$(\pi+k\pi)\cos(\pi+k\pi)=0.$$

但 $\cos(\pi+k\pi)\neq 0$，所以 $\pi+k\pi=0$，推出 $k=-1$. 在②式中，令 $x=-\frac{\pi}{2}$，得

$$(k\pi)\cos k\pi=0.$$

但 $\cos k\pi\neq 0$，从而 $k\pi=0$，推得 $k=0$. 这和 $k=-1$ 矛盾，因此 $y=x\cos x$ 不是周期函数.

关于函数经运算、复合后的周期性问题，有如下定理：

定理 6　设 $f(x)$ 是定义在集合 D 上的周期函数，它的最小正周期是 T，则有

(1) 函数 $k\cdot f(x)+c$（k,c 为常数且 $k\neq 0$）仍然是 D 上的周期函数，且最小正周期仍为 T.

(2) 函数 $\frac{k}{f(x)}$（k 为非 0 常数）是集合 $\{x\,|\,f(x)\neq 0, x\in D\}$ 上的周期函数，最小正周期仍为 T.

(3) 函数 $f(ax+b)$（$a\neq 0, ax+b\in D$）是以 $\frac{T}{|a|}$ 为最小正周期的周期函数.

证　这里只证明(3). 先证 $\frac{T}{|a|}$ 是 $f(ax+b)$ 的周期. 因为 T 是 $f(x)$ 的最小正周期，所以

$$f(ax+b)=f[(ax+b)+T]=f\left[a\left(x+\frac{T}{a}\right)+b\right]$$

对于任何 $x\in\{x\,|\,ax+b\in D\}$ 都成立. 这说明 $f(ax+b)$ 是周期函数，$\frac{T}{a}$ 是它的周期，从而 $\frac{T}{|a|}$ 是它的周期.

再证 $\frac{T}{|a|}$ 是 $f(ax+b)$ 的最小正周期. 假设 $0<T'<\frac{T}{|a|}$，T' 也是 $f(ax+b)$ 的周期. 则有

$$f(ax+b)=f[a(x+T')+b]=f[(ax+b)+aT'].$$

上式表明 aT' 进而 $|aT'|$ 也是 $f(x)$ 的周期，但是

$$0<|aT'|=|a|\cdot|T'|<|a|\cdot\frac{T}{|a|}=T,$$

这与 T 是 $f(x)$ 的最小正周期矛盾. 因此，$\frac{T}{|a|}$ 是 $f(ax+b)$ 的最小正周期.

定理 7　设 $u=g(x)$ 是定义在集合 D 上的周期函数，其最小正周期为 T. 如果 $f(x)$

是定义在集合 E 上的函数，且当 $x\in D$ 时，$g(x)\in E$，则复合函数 $f[g(x)]$ 是集合 D 上以 T 为周期的周期函数.

证 因为 T 是 $g(x)$ 的最小正周期，对于任意 $x\in D$，总有 $g(x+T)=g(x)$，因而 $f[g(x+T)]=f[g(x)]$. 所以，复合函数 $f[g(x)]$ 是集合 D 上的周期函数，T 是它的一个周期.

这里应指出，$f[g(x)]$ 和 $g(x)$ 的最小正周期未必相同. 一般地说，$f[g(x)]$ 的最小正周期不大于 $g(x)$ 的最小正周期. 例如，$\cos x$ 的最小正周期是 2π，$\cos^2 x$ 的最小正周期是 π.

还应指出，如果 $f(u)$ 是周期函数，而 $u=g(x)$ 不是周期函数，这时复合函数 $f[g(x)]$ 不一定是周期函数. 例如，$f(u)=\cos u$，当 $u=g(x)=ax+b$ 时，

$$f[g(x)]=\cos(ax+b)$$

仍是周期函数；而当 $u=h(x)=\dfrac{1}{x}$ 时，

$$f[h(x)]=\cos\frac{1}{x}$$

就不是周期函数.

定理 8 设 $f_1(x)$ 和 $f_2(x)$ 都是定义在集合 D 上的周期函数，它们的正周期分别为 T_1 和 T_2. 如果 $\dfrac{T_2}{T_1}$ 是有理数，则它们的和与积也是 D 上的周期函数，T_1 和 T_2 的公倍数是它们的和与积的一个周期.

证 设 $\dfrac{T_2}{T_1}=\dfrac{p}{q}$（$p,q$ 为互素正整数），令 $T=pT_1=qT_2$，则对任何 $x\in D$，有

$$\begin{aligned}f_1(x+T)+f_2(x+T)&=f_1(x+pT_1)+f_2(x+qT_2)\\&=f_1(x)+f_2(x),\\f_1(x+T)\cdot f_2(x+T)&=f_1(x+pT_1)\cdot f_2(x+qT_2)\\&=f_1(x)\cdot f_2(x).\end{aligned}$$

所以，$f_1(x)+f_2(x)$ 与 $f_1(x)\cdot f_2(x)$ 都是以 T 为周期的周期函数.

同样可以证明 $f_1(x)-f_2(x)$ 以及 $\dfrac{f_1(x)}{f_2(x)}$（$f_2(x)\neq 0$）也是以 T 为周期的周期函数.

必须指出，定理 8 没有肯定 T 的最小性. 事实上，T 未必是最小正周期. 例如函数 $\sin^2 x$ 和 $\cos^2 x$ 都是以 π 为最小正周期的周期函数，但是 $\sin^2 x+\cos^2 x=1$ 成为常值函数，根本就没有最小正周期（虽然仍是周期函数）.

定理 8 提出的条件是充分的，而不是必要的. 事实上，两个非周期函数的和或积也可能是周期函数，例如，x^2 与 $\sin x-x^2$ 是两个非周期函数，但是它们的和是周期函数.

如果把 $f_1(x)$ 与 $f_2(x)$ 限定为集合 D 上的连续周期函数，T_1 和 T_2 分别是它们

的最小正周期,那么,$f(x)=f_1(x)+f_2(x)$以及 $g(x)=f_1(x)\cdot f_2(x)$为周期函数的充要条件是 $\dfrac{T_2}{T_1}$ 为有理数(证明略). 据此可以判定:$\sin x+\sin \pi x$,$\cos x\cdot\cos\sqrt{2}x$,等等,都是非周期函数.

例 17　讨论函数 $y=\sin\left(2x-\dfrac{\pi}{4}\right)+\sqrt{2}\cos\dfrac{2}{3}x$ 的周期性.

解　由定理 6,$\sin\left(2x-\dfrac{\pi}{4}\right)$的最小正周期是 π,而$\sqrt{2}\cos\dfrac{2}{3}x$ 的最小正周期为 3π. 根据定理 8,它们的和仍为周期函数. 又 π 和 3π 的最小公倍数是 3π,所以,$y=\sin\left(2x-\dfrac{\pi}{4}\right)+\sqrt{2}\cos\dfrac{2}{3}x$ 是周期函数,3π 是它的一个周期.

例 18　设函数 $f(x)=\sin^n x$ 的最小正周期为 T. 试证:当 n 为奇数时,$T=2\pi$;当 n 为偶数时,$T=\pi$.

证　(1) 当 $n=2k+1(k\in\mathbf{Z})$时,$f(x)=(\sin x)^{2k+1}$,根据定理 7,2π 是 $f(x)$的一个周期.

再证 2π 是最小正周期. 假设 $f(x)$有周期 l,且 $0<l<2\pi$. 则对于任意 $x\in\mathbf{R}$,总有

$$\sin^{2k+1}(x+l)=\sin^{2k+1}x.$$

令 $x=\dfrac{\pi}{2}$,得 $\sin^{2k+1}\left(\dfrac{\pi}{2}+l\right)=1$,即

$$\cos^{2k+1}l=1,\quad \cos l=1.$$

但是在区间$(0,2\pi)$内这样的 l 不存在. 因此 2π 是 $\sin^{2k+1}x$ 的最小正周期.

(2) 当 $n=2k(k\in\mathbf{Z})$时,$f(x)=\sin^{2k}x=(\sin^2 x)^k$,因为 π 是 $\sin^2 x$ 的最小正周期,所以也是 $\sin^{2k} x$ 的周期.

假设 $\sin^{2k} x$ 有周期 l,且 $0<l<\pi$,则对于任意 $x\in\mathbf{R}$,总有

$$\sin^{2k}(x+l)=\sin^{2k}x.$$

令 $x=0$,得 $\sin^{2k}l=0$,即 $\sin l=0$. 在区间$(0,\pi)$内这样的 l 不存在. 因此,π 是 $\sin^{2k}x$ 的最小正周期.

当一个函数具有最小正周期时,研究它的性质时就可局限在最小正周期内进行讨论. 例如 $y=\sin x$,就可局限在$[0,2\pi]$内讨论它的性质,然后将它在$[0,2\pi]$内的性质经过周期延拓,就可知道它在整个定义域$(-\infty,+\infty)$上的性质了. 在作周期函数的图像时,也只要先作出它在一个周期内的图像,然后按周期向左、右两个方向平移就行了.

§ 4.3　基本初等函数

常值函数、幂函数、指数函数、对数函数、三角函数和反三角函数,统称为基本初等

函数，其中常值函数 $f(x)=c$（c 为常数）最简单，无须讨论. 除常值函数和反三角函数外其余四种，由于在初等数学里占有重要地位，在中学数学里作了详细介绍. 这里只对它们的定义、性质和图像作一概括的整理.

一、幂函数

定义 13　形如 $y=x^{\alpha}$ 的函数叫做幂函数，其中 α 是给定的实数.

对于幂函数 $y=x^{\alpha}$，指数 α 取什么样的常数具有决定性的意义.

1. 整数指数幂函数

当 $\alpha=0$ 时，$y=x^{0}(x\neq 0)$ 可归结为常值函数，所以下面只考虑 $\alpha\neq 0$ 的情形.

（1）正整数指数幂函数

$y=x^{n}(n\in\mathbf{N}^{*})$ 可理解为 n 个 x 的连乘积，其中 x 可取任意实数，函数性质则依赖于指数 n 取奇数还是偶数. 今列表（表 4.1）以便对比.

表 4.1　正整数指数幂函数的性质和图像

函数类型	$y=x^{n}(n\in\mathbf{N}^{*})$	
	n 为奇数	n 为偶数
定义域	$(-\infty,+\infty)$	$(-\infty,+\infty)$
值域	$(-\infty,+\infty)$	$[0,+\infty)$
奇偶性	奇函数	偶函数
单调性	在 $(-\infty,+\infty)$ 上递增	在 $(-\infty,0]$ 上递减， 在 $(0,+\infty)$ 上递增
函数图像举例	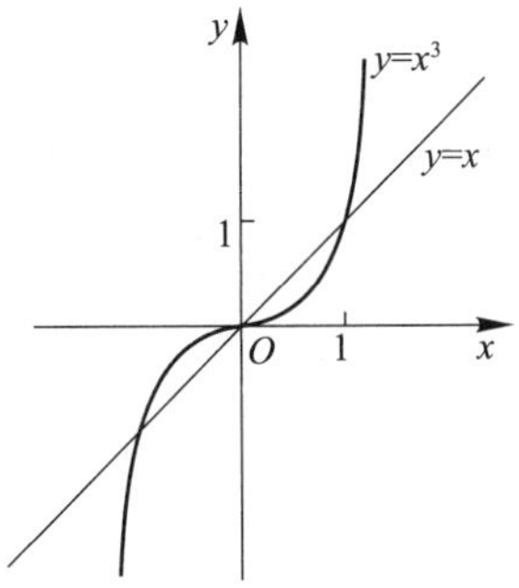	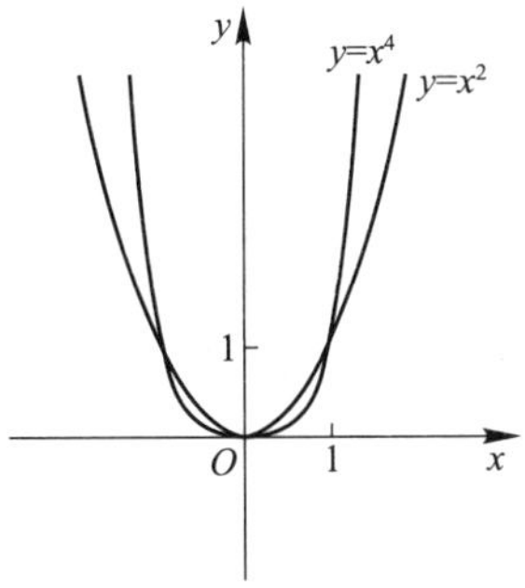

（2）负整数指数幂函数

$y=x^{-n}(n\in\mathbf{N}^{*})$ 可表达为分数形式

$$y=\frac{1}{x^{n}}.$$

因为分母不为零，分子为非零常数，所以其定义域和值域都不包含 0. 显然，$y=x^{-n}$ 和 $y=x^{n}$ 的奇偶性相同，而增减变化状况则相反.

$y=x^{-n}(n\in\mathbf{N}^{*})$ 的函数性质，也依赖于指数 n 取奇数还是偶数. 读者可仿照

表 4.1，列表展示负整指数幂函数的性质，并画出 $y=x^{-3}$ 和 $y=x^{-2}$ 的图像.

2. 分数指数幂函数

(1) 正分数指数幂函数

$y=x^{\frac{p}{q}}$（$p,q\in\mathbf{N}^*$，p,q 互素，$q>1$）不能理解为 $\dfrac{p}{q}$ 个 x 的连乘积，而应理解为 x^p 的 q 次根，即 $\sqrt[q]{x^p}$. 当 q 为奇数时，被开方数可取任意实数. 此时函数性质又依赖于 p 取奇数或偶数；而当 q 为偶数时，被开方数只能取非负实数，此时 p 只能取奇数（因为 p 和 q 互素），y 值取算术根，因而定义域和值域都为非负实数. 表 4.2 列举了对应的函数性质和图像.

表 4.2　正分数指数幂函数的性质和图像

函数类型	$y=x^{\frac{p}{q}}$（$p,q\in\mathbf{N}^*$，p 和 q 互素，$q>1$）		
	q 为奇数		q 为偶数
	p 为奇数	p 为偶数	p 为奇数
定义域	$(-\infty,+\infty)$	$(-\infty,+\infty)$	$[0,+\infty)$
值域	$(-\infty,+\infty)$	$[0,+\infty)$	$[0,+\infty)$
奇偶性	奇函数	偶函数	非奇非偶
单调性	在 $(-\infty,+\infty)$ 上递增	在 $(-\infty,0)$ 上递减， 在 $[0,+\infty)$ 上递增	在 $[0,+\infty)$ 上递增
函数图像举例	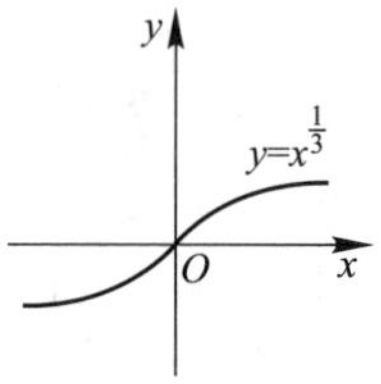	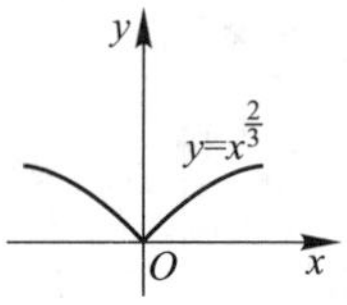	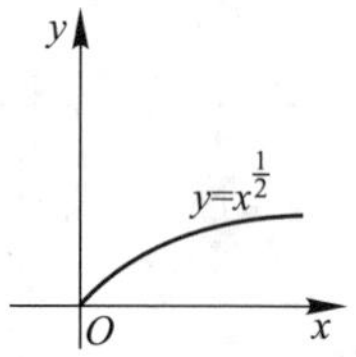

(2) 负分数指数幂函数

因为

$$y=x^{-\frac{p}{q}}=\frac{1}{x^{\frac{p}{q}}}=\frac{1}{\sqrt[q]{x^p}},$$

其中 $p,q\in\mathbf{N}^*$，p 和 q 互素，$q>1$，所以负分数指数幂函数的研究方法与正分数指数幂函数的研究方法基本相同. 但是由于要取倒数，所以它的定义域中不包含 0；它在单调区间上的递增、递减情况也因取倒数而和正分数指数幂函数截然相反，因而它们的图像也是截然不同的. 不过它们的奇偶性却是相同的.

3. 无理指数幂函数

因为无理指数幂 x^α，其意义是通过以无理指数 α 的不足或过剩近似值为指数的有理指数幂来刻画的，所以为了保证 x^α 有意义，就必须保证以 α 的任何近似值为指数的有理指数幂有意义. 因此,无理指数幂函数的定义域是$(0,+\infty)$,它的值域因而也是$(0,+\infty)$.

利用对数恒等式,可将 $y=x^\alpha$ 改写成

$$y=a^{\alpha\log_a x}\quad (a>1,x>0),$$

于是幂函数 $y=x^\alpha$ 可以视为 $y=a^u$ 和 $u=\alpha\log_a x$ 的复合函数,从而可以通过指数函数与对数函数来研究无理指数幂函数以及一般实指数幂函数的性质.

二、指数函数与对数函数

因为指数函数与对数函数互为反函数,所以放在一起,以便对比研究.

定义 14　形如 $y=a^x(a>0$,且 $a\neq1)$的函数叫做指数函数.

根据反函数定义和对数存在定理(§ 3.6,定理 15),可由指数函数导出它的反函数——对数函数.

定义 15　形如 $y=\log_a x$ 的函数叫做对数函数,其中 $a>0$,且 $a\neq1$.

这两种函数在它们的定义域、值域和函数性质等方面存在着密切的互相依存的关系. 现列表进行对照(表 4.3).

表 4.3　指数函数、对数函数对比

函数名称	指数函数	对数函数
函数式	$y=a^x(a>0,a\neq1)$	$y=\log_a x(a>0,a\neq1)$
定义域	$(-\infty,+\infty)$	$(0,+\infty)$
值域	$(0,+\infty)$	$(-\infty,+\infty)$
数值变化	若 $a>1$,则 $a^x\begin{cases}>1, & x>0,\\=1, & x=0,\\<1, & x<0;\end{cases}$ 若 $0<a<1$,则 $a^x\begin{cases}<1, & x>0,\\=1, & x=0,\\>1, & x<0.\end{cases}$	若 $a>1$,则 $\log_a x\begin{cases}>0, & x>1,\\=0, & x=1,\\<0, & 0<x<1;\end{cases}$ 若 $0<a<1$,则 $\log_a x\begin{cases}<0, & x>1,\\=0, & x=1,\\>0, & 0<x<1.\end{cases}$
单调性	当 $a>1$ 时,$y=a^x$ 是增函数; 当 $0<a<1$ 时,$y=a^x$ 是减函数	当 $a>1$ 时,$y=\log_a x$ 是增函数; 当 $0<a<1$ 时,$y=\log_a x$ 是减函数

$y=a^x$ 的图像与 $y=\log_a x$ 的图像关于直线 $y=x$ 对称. 图 4.11 和图 4.12 分别是 $y=2^x$ 与 $y=\log_2 x$,$y=\left(\dfrac{1}{2}\right)^x$ 与 $y=\log_{\frac{1}{2}} x$ 的图像.

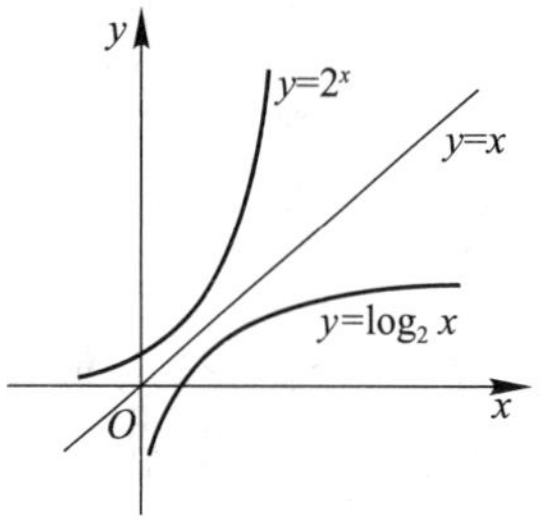

图 4.11

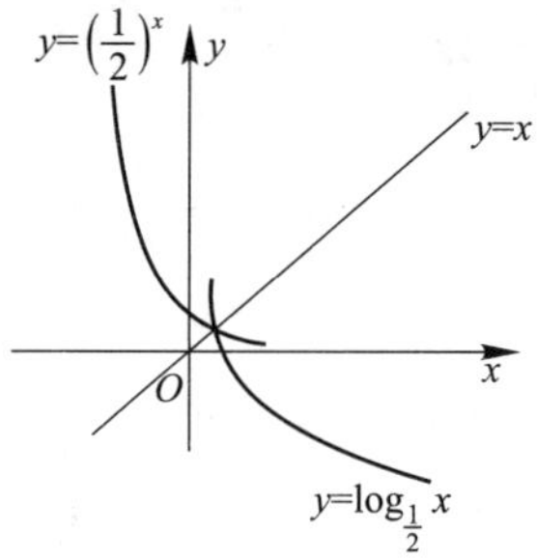

图 4.12

例 1 设 $f(x)=2^x$，$g(x)=4^x$，解方程 $f(g(x))=g(f(x))$.

解 所给方程即

$$2^{4^x}=4^{2^x},\quad 即\ 2^{2^{2x}}=(2^2)^{2^x},$$

所以 $2^{2x}=2^{x+1}$，从而 $x=1$.

例 2 设 $f(x)=\log_a(x-ka)-\log_a(x^2-a^2)(a>0,a\neq1)$. 试用 k,a 表示 $f(x)$的定义域.

解 由题设，

$$\begin{cases}x-ka>0,\\x^2-a^2>0,\end{cases}\quad 即\begin{cases}x>ka,\\x<-a\ 或\ x>a.\end{cases}$$

当 $k\geqslant1$ 时，$ka\geqslant a$，$f(x)$的定义域为$(ka,+\infty)$；

当$-1<k<1$ 时，$-a<ka<a$，$f(x)$的定义域为$(a,+\infty)$；

当 $k\leqslant-1$ 时，$ka\leqslant-a$，$f(x)$的定义域为$(ka,-a)\cup(a,+\infty)$.

例 3 设 $f(x)=\lg\dfrac{10^x+10^{-x}}{2}$，试比较 $f(x+1)$与 $f(x)+f(1)$的大小.

解 由题意，

$$f(x+1)=\lg\frac{10^{x+1}+10^{-(x+1)}}{2};$$

$$f(x)+f(1)=\lg\frac{(10^x+10^{-x})(10+10^{-1})}{4}.$$

$\lg x$ 是增函数，可用比较真数的大小来比较对数大小. 因为

$$\frac{10^{x+1}+10^{-(x+1)}}{2}-\frac{(10^x+10^{-x})(10+10^{-1})}{4}$$

$$=\frac{(10^x-10^{-x})(10-10^{-1})}{4},\qquad ①$$

所以当 $x=0$ 时，①式为 0，$f(x+1)=f(x)+f(1)$；

当 $x>0$ 时，①式大于 0，$f(x+1)>f(x)+f(1)$；

当 $x<0$ 时，①式小于 0，$f(x+1)<f(x)+f(1)$.

三、三角函数

定义 16　设 x 为任意角，$y=\sin x$，$y=\cos x$，$y=\tan x$，$y=\cot x$，$y=\sec x$ 和 $y=\csc x$ 统称为三角函数.

1. 正弦、余弦函数的性质和图像

正弦函数和余弦函数是两种最基本的三角函数，其余三角函数都可用它们表出. 特别是正弦函数和正弦曲线（正弦函数的图像），其应用十分广泛. §4.2 已经详细讨论过周期性，这里把正弦、余弦函数的一般性质列表对照（表 4.4），作为对于中学阶段已学知识的一次系统回顾.

表 4.4　正弦、余弦函数的性质和图像

函数名称	正弦函数（$y=\sin x$）	余弦函数（$y=\cos x$）
定义域	$(-\infty,+\infty)$	$(-\infty,+\infty)$
值域	$[-1,1]$	$[-1,1]$
奇偶性	奇函数	偶函数
周期性	最小正周期 2π	最小正周期 2π
单调性	在区间 $\left[-\frac{\pi}{2}+2k\pi,\frac{\pi}{2}+2k\pi\right]$（$k\in\mathbf{Z}$）上，函数由 -1 递增到 1； 在区间 $\left[\frac{\pi}{2}+2k\pi,\frac{3\pi}{2}+2k\pi\right]$（$k\in\mathbf{Z}$）上，函数由 1 递减到 -1.	在区间 $[-\pi+2k\pi,2k\pi]$（$k\in\mathbf{Z}$）上，函数由 -1 递增到 1； 在区间 $[2k\pi,\pi+2k\pi]$（$k\in\mathbf{Z}$）上，函数由 1 递减到 -1.
图像	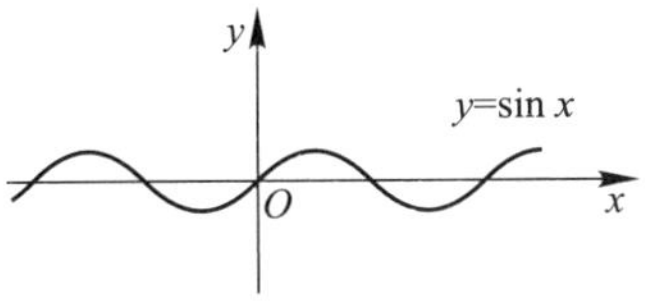	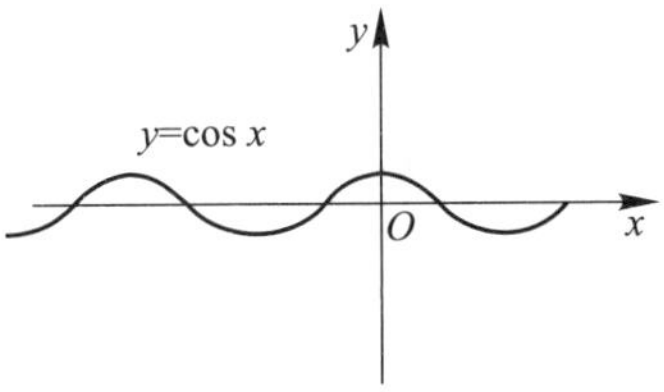

2. 正切、余切函数的性质和图像

正切、余切函数可用正弦函数和余弦函数表出，即

$$y=\tan x=\frac{\sin x}{\cos x},\quad x\in\left(-\frac{\pi}{2}+k\pi,\frac{\pi}{2}+k\pi\right),k\in\mathbf{Z};$$

$$y=\cot x=\frac{\cos x}{\sin x},\quad x\in(k\pi,\pi+k\pi),k\in\mathbf{Z}.$$

由上式容易推知，$\tan x$ 和 $\cot x$ 的值域为 $(-\infty,+\infty)$，它们都是奇函数，且都以 π 为最小正周期.

$y=\tan x$ 在区间 $\left(-\frac{\pi}{2}+k\pi,\frac{\pi}{2}+k\pi\right)$（$k\in\mathbf{Z}$）上，由 $-\infty$ 递增到 $+\infty$，其图像（正

切曲线)是被平行线 $x=\frac{\pi}{2}+k\pi(k\in\mathbf{Z})$隔开的无数支上升曲线(图 4.13).

$y=\cot x$ 在区间$(k\pi,\pi+k\pi)(k\in\mathbf{Z})$上,由$+\infty$递减到$-\infty$;其图像(余切曲线)是被平行线 $x=k\pi(k\in\mathbf{Z})$隔开的无数支下降曲线(图 4.14).

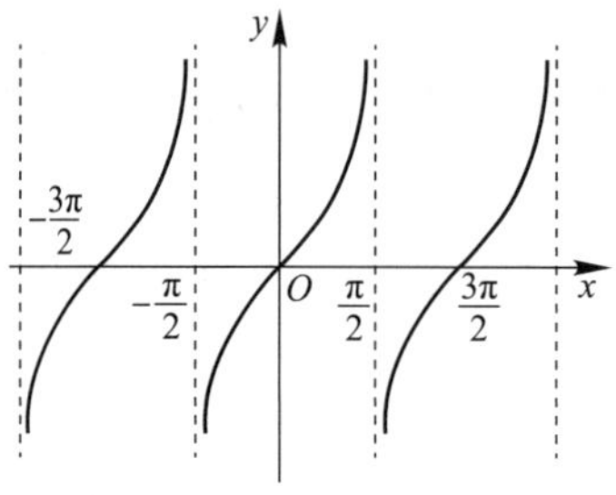

图 4.13

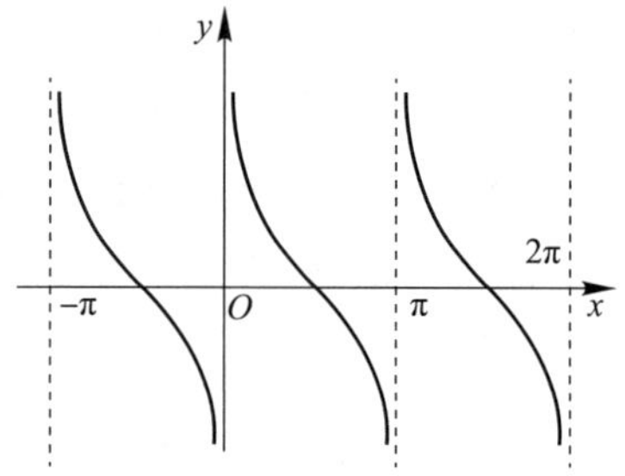

图 4.14

例 4　求函数 $y=\sqrt{2\sin x+\sqrt{3}}+\sqrt{\lg\tan x}$的定义域.

解　首先 $x\neq k\pi+\frac{\pi}{2},k\in\mathbf{Z}$. 又

$$\begin{cases}2\sin x+\sqrt{3}\geqslant 0,\\ \lg\tan x\geqslant 0,\\ \tan x>0,\end{cases}\quad 即\quad \begin{cases}\sin x\geqslant -\frac{\sqrt{3}}{2},\\ \tan x\geqslant 1,\end{cases}$$

解不等式,得

$$\begin{cases}2k\pi-\frac{\pi}{3}\leqslant x\leqslant 2k\pi+\frac{4\pi}{3},\\ k\pi+\frac{\pi}{4}\leqslant x<k\pi+\frac{\pi}{2}.\end{cases}$$

因此,所求函数定义域为

$$\left[\frac{\pi}{4}+2k\pi,\ \frac{\pi}{2}+2k\pi\right)\cup\left[\frac{5\pi}{4}+2k\pi,\ \frac{4\pi}{3}+2k\pi\right],\quad k\in\mathbf{Z}.$$

例 5　求证函数 $y=\cos x$ 在区间$[0,\pi]$上单调递减.

证　设 $0\leqslant x_1<x_2\leqslant\pi$,则

$$\cos x_1-\cos x_2=2\sin\frac{x_1+x_2}{2}\sin\frac{x_2-x_1}{2}.$$

因为 $0<\frac{x_1+x_2}{2}<\pi$,所以 $\sin\frac{x_1+x_2}{2}>0$. 又因为 $0<\frac{x_2-x_1}{2}<\frac{\pi}{2}$,所以 $\sin\frac{x_2-x_1}{2}>0$. 从而

$$\cos x_1-\cos x_2>0,\quad 即\ \cos x_1>\cos x_2.$$

因此 $y=\cos x$ 在$[0,\pi]$上单调递减.

考虑到 $y=\cos x$ 是以 2π 为最小正周期的周期函数,可推出它在$[2k\pi,(2k+1)\pi]$上是减函数. 同样可证,它在$[(2k-1)\pi,2k\pi]$上是增函数.

例 6 求函数 $f(x)=\sqrt{\log_2 \frac{1}{\sin x}-1}$ 的递减区间.

解 求 $f(x)$ 的递减区间即求 $\sin x$ 的递增区间,x 必须同时满足

$$\begin{cases}\sin x>0, & ① \\ \log_2 \frac{1}{\sin x}-1\geqslant 0, & ② \\ 2k\pi-\frac{\pi}{2}\leqslant x\leqslant 2k\pi+\frac{\pi}{2}. & ③\end{cases}$$

由①式和②式得 $0<\sin x\leqslant\frac{1}{2}$,所以

$$2k\pi<x\leqslant 2k\pi+\frac{\pi}{6} \quad 或 \quad 2k\pi+\frac{5\pi}{6}\leqslant x<2k\pi+\pi.$$

取上式与③式的公共部分,得

$$2k\pi<x\leqslant 2k\pi+\frac{\pi}{6},$$

所以函数 $f(x)$ 的递减区间是 $\left(2k\pi,2k\pi+\frac{\pi}{6}\right](k\in\mathbf{Z})$.

在确定函数的定义域和周期性等问题中,要警惕求解过程中因恒等变形而引起定义域的扩大或缩小.

例 7 求下列函数的定义域:

(1) $y=\frac{2\cos x}{\sin x-\cos x}$; (2) $y=\sqrt{\tan x\cos x}$.

错解 (1) x 必须满足 $\sin x\neq\cos x$,即 $\tan x\neq 1$,所以

$$x\neq k\pi+\frac{\pi}{4}且\ x\neq k\pi+\frac{\pi}{2}, \quad k\in\mathbf{Z}.$$

所以,所求函数定义域是

$$\left\{x\,\middle|\,x\neq k\pi+\frac{\pi}{4}且\ x\neq k\pi+\frac{\pi}{2},k\in\mathbf{Z}\right\}.$$

(2) x 必须满足 $\tan x\cos x\geqslant 0$,即 $\sin x\geqslant 0$,所以

$$2k\pi\leqslant x\leqslant 2k\pi+\pi, \quad k\in\mathbf{Z}.$$

因此,所求函数定义域是

$$\{x\mid 2k\pi\leqslant x\leqslant 2k\pi+\pi,k\in\mathbf{Z}\}.$$

评述 题(1)的解法错在由 $\sin x\neq\cos x$ 推出 $\tan x\neq 1$ 的过程中,增加了 $\cos x\neq 0$ 的条件,因而增加了 $x\neq k\pi+\frac{\pi}{2}(k\in\mathbf{Z})$ 的限制. 这类似于解方程时两边同除以一个含未知数的式子可能失根,补救的方法是将可能的失根代回原方程检验,以检回可能的失根. 现在将 $x=k\pi+\frac{\pi}{2}$ 代回原不等式 $\sin x\neq\cos x$ 检验,适合. 所以,题(1)的定义

域是

$$\left\{x \middle| x \neq k\pi + \frac{\pi}{4}, k \in \mathbf{Z}\right\}.$$

题(2)的解法错在由 $\tan x\cos x \geqslant 0$ 推出 $\sin x \geqslant 0$ 的过程中扩大了定义域的范围,这个过程是

$$\tan x\cos x = \frac{\sin x}{\cos x} \cdot \cos x = \sin x,$$

其中关键的一步是约去分子、分母的公因子 $\cos x$. 由于其结果不再出现 $\cos x$,因而容易忽略 $\cos x \neq 0$ 这一限制条件,以致扩大了定义域的范围,补救的方法是维持使 $\cos x \neq 0$ 成立的限制:$x \neq k\pi + \frac{\pi}{2}(k \in \mathbf{Z})$. 所以,题(2)的定义域是

$$\left\{x \middle| 2k\pi \leqslant x \leqslant 2k\pi + \pi \text{ 且 } x \neq 2k\pi + \frac{\pi}{2}, k \in \mathbf{Z}\right\}.$$

例 8　讨论函数 $g(x) = \dfrac{\cos 5x - \cos 3x}{2\sin x}$ 的周期性.

错解　函数 $g(x)$ 的定义域是 $D = \{x \mid x \in \mathbf{R}, x \neq k\pi, k \in \mathbf{Z}\}$. $\forall x \in D$,有

$$g(x) = \frac{-2\sin 4x\sin x}{2\sin x} = -\sin 4x. \qquad ①$$

因为 $-\sin 4x$ 是周期函数,有最小正周期 $\frac{\pi}{2}$,所以 $g(x)$ 是周期函数,有最小正周期 $\frac{\pi}{2}$.

评述　这里犯了忽视 $g(x)$ 的定义域的错误. 虽然 $g(x)$ 的解析式可以化简为 $-\sin 4x$,但是它的定义域没有变化,仍然受 $x \neq k\pi(k \in \mathbf{Z})$ 的限制. 设

$$g_1(x) = -\sin 4x \quad (x \in \mathbf{R}). \qquad ②$$

②式和①式的不同处就是它们的定义域不同. 它们的图像表现为曲线形状相同,但是 $g_1(x)$ 是处处连续的曲线,而 $g(x)$ 在 $x = k\pi(k \in \mathbf{Z})$ 处为间断点,这些间断点位于 x 轴上,用空心点"∘"表示,如图 4.15 所示.

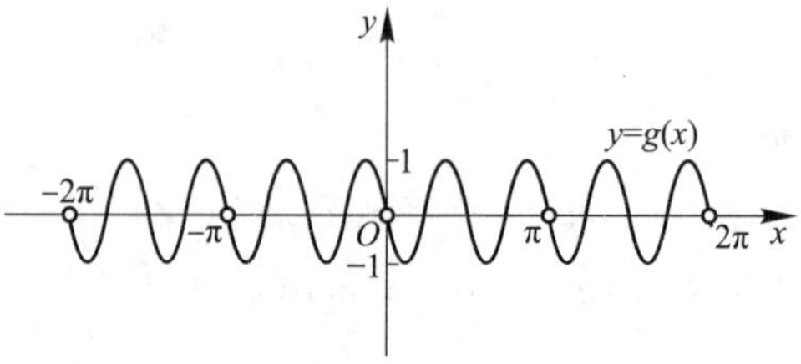

图 4.15

$g(x)$ 是周期函数,但是它的最小正周期不是 $\frac{\pi}{2}$.

假设 $\frac{\pi}{2}$ 是 $g(x)$ 的周期，则有 $g\left(x+\frac{\pi}{2}\right)=g(x)$ 成立. 令 $x=\frac{\pi}{2}$，则

$$g\left(\frac{\pi}{2}+\frac{\pi}{2}\right)=g\left(\frac{\pi}{2}\right)=-\sin 2\pi=0.$$

但是 $g(x)$ 的定义域是 $x\neq k\pi(k\in\mathbf{Z})$，$g\left(\frac{\pi}{2}+\frac{\pi}{2}\right)=g(\pi)$ 是没有定义的，矛盾. 所以 $g(x)$ 的最小正周期不是 $\frac{\pi}{2}$.

因此，确定 $g(x)$ 的最小正周期除了参照 $g_1(x)$ 的周期外，还应当考虑间断点. 而间断点 $k\pi$ 也是有周期的，其最小正周期是 π. π 恰好也是 $g_1(x)$ 的周期. 所以 $g(x)$ 是以 π 为最小正周期的周期函数.

例 9 已知 $0<\alpha,\beta,\gamma<\frac{\pi}{2}$，且

$$\cos\alpha=\tan\beta,\quad \cos\beta=\tan\gamma,\quad \cos\gamma=\tan\alpha,$$

求证：$\alpha=\beta=\gamma$.

证 由题设，不妨设 $0<\alpha\leqslant\beta\leqslant\gamma<\frac{\pi}{2}$. 根据三角函数在第一象限的单调性，有

$$\tan\alpha\leqslant\tan\beta\leqslant\tan\gamma, \tag{①}$$

$$\cos\alpha\geqslant\cos\beta\geqslant\cos\gamma. \tag{②}$$

将题设条件代入②式，得

$$\tan\beta\geqslant\tan\gamma\geqslant\tan\alpha. \tag{③}$$

比较①式和③式，得

$$\tan\beta=\tan\gamma,\quad 所以\ \beta=\gamma,$$

$$\tan\gamma=\tan\alpha,\quad 所以\ \gamma=\alpha.$$

因此，$\alpha=\beta=\gamma$.

四、反三角函数

由于三角函数在其整个定义域上的函数关系不是一一对应，而是多对一的对应，所以在整个定义域上不存在反函数. 但是根据三角函数的性质，各个三角函数都有无穷多个单调区间. 例如 $y=\sin x$ 的单调区间是

$$\left[-\frac{\pi}{2}+2k\pi,\frac{\pi}{2}+2k\pi\right]及\left[\frac{\pi}{2}+2k\pi,\frac{3\pi}{2}+2k\pi\right]\quad(k\in\mathbf{Z}).$$

在这无穷多个单调区间中的任意一个上，理论上都存在 $\sin x$ 的反函数. 但是为了便于研究和应用，还得按一定条件选定其中一个区间作为反函数的值域. 这些条件通常是：

(1) 该区间是这个三角函数的单调区间，以保证反函数的存在；

(2) 在该区间内，这个三角函数能够取得它可能取的一切值，以反映函数的全貌；

(3) 该区间包括所有锐角，以便应用.

这样选定的区间，通常叫做这个三角函数的反函数主值区间. 例如正弦函数的反函数主值区间是$\left[-\frac{\pi}{2},\frac{\pi}{2}\right]$，它也是反正弦函数的值域.

定义 17　正弦函数 $y=\sin x$ 在区间$\left[-\frac{\pi}{2},\frac{\pi}{2}\right]$上的反函数，叫做反正弦函数.

类似地，可定义反余弦函数、反正切函数和反余切函数. 它们的主要性质见表 4.5.

表 4.5　反三角函数的主要性质

函数	定义域	值域	奇偶性	单调性
$y=\arcsin x$	$[-1,1]$	$\left[-\frac{\pi}{2},\frac{\pi}{2}\right]$	奇函数	增函数
$y=\arccos x$	$[-1,1]$	$[0,\pi]$	非奇非偶	减函数
$y=\arctan x$	$(-\infty,+\infty)$	$\left(-\frac{\pi}{2},\frac{\pi}{2}\right)$	奇函数	增函数
$y=\operatorname{arccot} x$	$(-\infty,+\infty)$	$(0,\pi)$	非奇非偶	减函数

反正弦函数和反余弦函数的图像分别是一条有限长的曲线(图 4.16 和图 4.17).

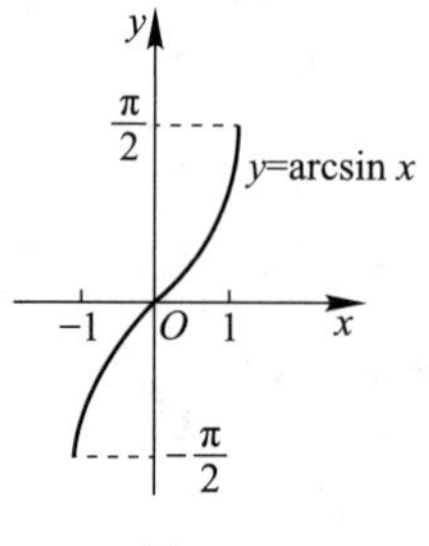

图 4.16

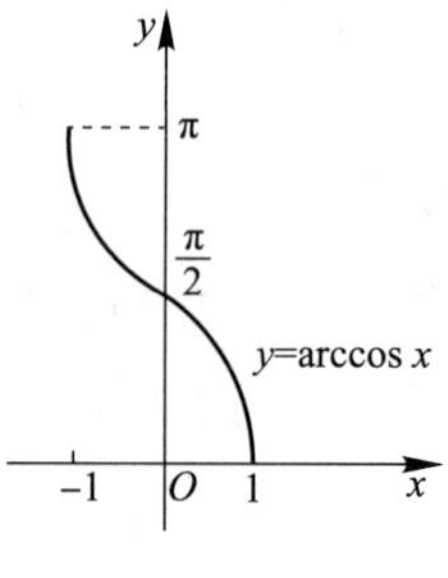

图 4.17

反正切和反余切函数的图像，分别是位于两条水平渐近线之间的无限长的曲线(图 4.18 和图 4.19).

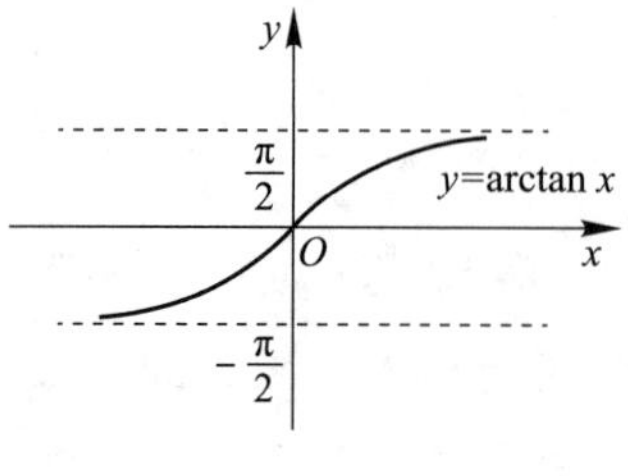

图 4.18

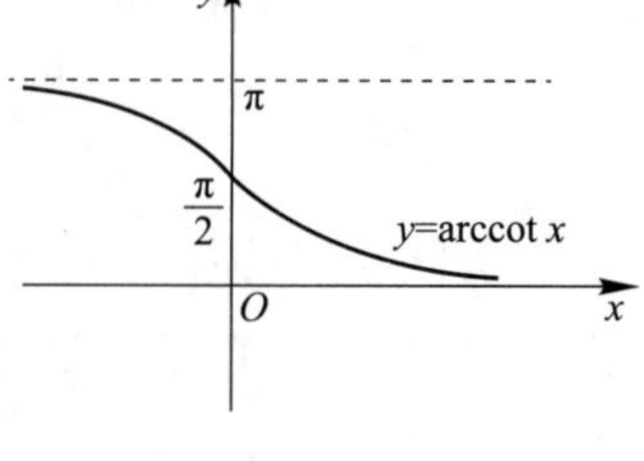

图 4.19

由反三角函数的定义立即得以下关系式：

$$\sin(\arcsin x)=x,\quad \tan(\arctan x)=x,$$
$$\cos(\arccos x)=x,\quad \cot(\operatorname{arccot} x)=x.$$

其他关系式已经在§3.7中讨论过,这里不再重述.

例 10 求下列函数的定义域和值域:

(1) $y=\log_{\frac{1}{2}}[\arcsin(x-1)]$;

(2) $y=2\arctan\dfrac{2x+1}{x-1}$.

解 (1) 真数 $\arcsin(x-1)>0$,所以 $0<x-1\leqslant 1$,从而 $x\in(1,2]$. 又

$$0<\arcsin(x-1)\leqslant\frac{\pi}{2},$$

所以

$$\log_{\frac{1}{2}}\left(\frac{\pi}{2}\right)\leqslant\log_{\frac{1}{2}}[\arcsin(x-1)]<+\infty.$$

因此,函数 $y=\log_{\frac{1}{2}}[\arcsin(x-1)]$的定义域是$(1,2]$,值域是$\left[\log_{\frac{1}{2}}\dfrac{\pi}{2},+\infty\right)$.

(2) 由题设,$x\neq 1$. 若令 $u=\dfrac{2x+1}{x-1}$,则 $x=\dfrac{u+1}{u-2}$,从而 $u\neq 2$. 所以

$$\arctan\frac{2x+1}{x-1}\neq\arctan 2.$$

因此,函数 $y=2\arctan\dfrac{2x+1}{x-1}$ 的定义域是$(-\infty,1)\cup(1,+\infty)$,值域是$(-\pi,2\arctan 2)\cup(2\arctan 2,\pi)$.

例 11 比较 $\arcsin\left(-\dfrac{1}{3}\right)$,$\arctan\left(-\dfrac{1}{2}\right)$和 $\arccos\left(-\dfrac{2}{3}\right)$的大小.

解 $\arcsin\left(-\dfrac{1}{3}\right)=-\arcsin\dfrac{1}{3}$,$\arctan\left(-\dfrac{1}{2}\right)=-\arctan\dfrac{1}{2}$.

现在来比较 $\arcsin\dfrac{1}{3}$和 $\arctan\dfrac{1}{2}$的大小. 可构造直角三角形 ABC(图 4.20),使$\angle A=\arcsin\dfrac{1}{3}$,即令 $BC=1$,$AB=3$,则 $AC=2\sqrt{2}$.

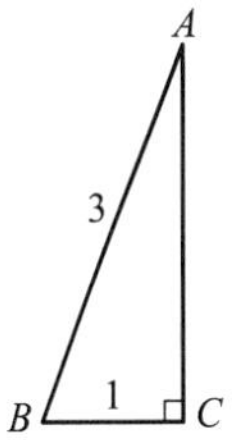

图 4.20

所以

$$\arcsin\frac{1}{3}=\arctan\frac{1}{2\sqrt{2}}=\arctan\frac{\sqrt{2}}{4}<\arctan\frac{1}{2}.$$

从而$-\arcsin\dfrac{1}{3}>-\arctan\dfrac{1}{2}$. 又因

$$\arccos\left(-\frac{2}{3}\right)=\pi-\arccos\frac{2}{3}>\frac{\pi}{2},$$

所以

$$\arccos\left(-\frac{2}{3}\right)>\arcsin\left(-\frac{1}{3}\right)>\arctan\left(-\frac{1}{2}\right).$$

五、初等函数及其分类

1. 初等函数的概念

定义 18 由基本初等函数经过有限次代数运算及函数复合构成的、用一个解析式表示的函数叫做初等函数.

例如，$y=\frac{x^2+3x+1}{(x-2)^2}$，$y=ax^2+bx+c$，$y=\lg(x^2+\cos x)$等都是初等函数.

初等函数之外还有许多其他函数. 例如，$y=[x]$（其值等于不大于 x 的最大整数），它不是由基本初等函数经有限次代数运算或函数复合构成的，因而不是初等函数. 又如

$$f(x)=1+x+x^2+x^3+\cdots+x^n+\cdots$$

不是初等函数，因为它不是由基本初等函数经过有限次代数运算构成的.

2. 初等函数的分类

定义 19 由基本初等函数 $f_1(x)=x$ 和 $f_2(x)=c$（c 为常数）经过有限次代数运算得到的初等函数，称为初等代数函数（或代数显函数）. 不是初等代数函数的初等函数，称为初等超越函数.

初等代数函数又分有理函数和无理函数. 例如，$f(x)=\frac{x^2+2}{x^2-1}$ 是有理函数；$g(x)=\sqrt[3]{x}+x^2$ 是无理函数. 它们的区别在于是否含有对自变量的表达式进行开方运算.

有理函数又可分为两类. 其解析式不含有对自变量施行除法运算的有理函数叫做有理整函数（多项式函数），含有对自变量施行除法运算的有理函数叫做有理分函数.

这样，初等函数的分类可罗列如下：

- 初等函数
  - 初等代数函数
    - 有理函数
      - 有理整函数
      - 有理分函数
    - 无理函数
  - 初等超越函数

上述分类和解析式的分类十分相似. 但应注意，解析式的分类是一种形式的分类，而函数的分类则要看其实质. 例如

$$y=x^3+\sin^2 x+\frac{1+\cos 2x}{2},$$

就解析式说，它是一个超越式；但就函数说，由于它可以表示为 $y=x^3+1$，所以它是有理整函数，而不是超越函数.

3. 代数函数的广义定义

定义 20 凡能作为代数方程的解的函数都叫做代数函数，即假设

$$P(x,y)=P_n(x)y^n+P_{n-1}(x)y^{n-1}+\cdots+P_1(x)y+P_0$$

是两个变量 x,y 的非零多项式，若以 y 为未知量，则代数方程 $P(x,y)=0$ 的各个根就是以 x 为自变量的代数函数.

前述初等代数函数，即代数显函数，都是符合定义 20 的代数函数. 例如，常量函数 $y=c$（c 为常数）是代数函数，因为它满足最简单的代数方程 $y-c=0$. 又如无理函数 $y=\sqrt[n]{R(x)}$（$R(x)$是有理函数）是代数函数，因为它满足 $y^n-R(x)=0$.

除了上述代数显函数之外，还有许多不能表达成显函数形式的代数函数. 例如，由代数方程

$$y^5+(x^2-1)y^2+\sqrt{5}\,y-2x=0$$

所确定的函数是一个代数函数，但是它不能用自变量和常量经有限次代数运算所组成的显函数来表示，因为五次及五次以上的代数方程，一般说来是没有根式解的.

不能满足定义 20 的函数，即不是代数函数的函数，称为超越函数. 基本初等函数中的无理指数的幂函数、指数函数、对数函数、三角函数和反三角函数，以及由它们构成的初等函数，都是超越函数（初等超越函数）. 它们的超越性，可以通过反证法得到证明.

例 12 试证指数函数 $y=a^x(a>0,a\neq1)$是超越函数.

证 先证 $a>1$ 的情形. 假设 $y=a^x(a>1)$是代数函数，它满足代数方程 $P(x,y)=0$，即有 $P(x,a^x)\equiv0$. 将 $P(x,a^x)$按照 a^x 的降幂排列，得

$$P_n(x)a^{nx}+P_{n-1}(x)a^{(n-1)x}+\cdots+P_0(x)\equiv0, \qquad ①$$

其中 $P_n(x),P_{n-1}(x),\cdots,P_0(x)$都是多项式，$P_n(x)\neq0$. 设

$$P_n(x)=b_mx^m+b_{m-1}x^{m-1}+\cdots+b_0,$$

其中 $b_i(i=0,1,2,\cdots,m)\in\mathbf{R}$，且 $b_m\neq0$，代入①式，得

$$\begin{aligned}&(b_mx^m+b_{m-1}x^{m-1}+\cdots+b_0)a^{nx}\\&\quad+P_{n-1}(x)a^{(n-1)x}+\cdots+P_0(x)\equiv0,\end{aligned}$$

即

$$a^{nx}x^m\left[b_m+\frac{b_{m-1}}{x}+\cdots+\frac{b_0}{x^m}+\frac{P_{n-1}(x)}{a^xx^m}+\cdots+\frac{P_0(x)}{a^{nx}x^m}\right]\equiv0. \qquad ②$$

因为

$$\lim_{x\to+\infty}\frac{c}{x}=0,\quad \lim_{x\to+\infty}\frac{x^k}{a^x}=0(c\in\mathbf{R},k\in\mathbf{N}^*,a>1),$$

所以

$$\lim_{x\to+\infty}\left[b_m+\frac{b_{m-1}}{x}+\cdots+\frac{b_0}{x^m}+\frac{P_{n-1}(x)}{a^xx^m}+\cdots+\frac{P_0(x)}{a^{nx}x^m}\right]=b_m\neq0.$$

但是 $\lim\limits_{x\to+\infty}a^{nx}x^m=+\infty$，因此，当 x 取值足够大时，②式不能成立，因而①式也不能成立.

当 $0<a<1$ 时，可设 $a'=\dfrac{1}{a}>1$，从而化归为 $a>1$ 的情形.

所以,指数函数 $y=a^x(a>0,a\neq1)$是超越函数.

习 题 四

1. 已知半径为 r 的圆 O 内接等腰梯形 $ABCD$(图 4.21),梯形的下底 AB 是圆 O 的直径,上底 CD 的端点在圆周上.

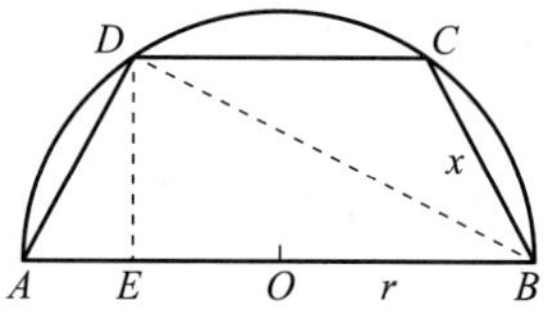

图 4.21

(1) 写出梯形的周长 y 和腰长 x 之间的函数关系式,并求其定义域;

(2) 当腰长为何值时,该等腰梯形的周长有最大值?并求出最大值.

2. 设函数 $y=f(x)$定义在 $\mathbf{R}$ 上,当 $x>0$ 时 $f(x)>1$,且对于任意 $m,n\in\mathbf{R}$,有

$$f(m+n)=f(m)f(n).$$

又当 $m\neq n$ 时,$f(m)\neq f(n)$.求证:

(1) $f(0)=1$;

(2) 对于任意 $x\in\mathbf{R}$,均有 $f(x)>0$.

3. 判断下列各组函数是不是同一函数,并说出理由:

(1) $f(x)=\lg x^2, g(x)=2\lg|x|$;

(2) $f(x)=|x|, g(x)=\sqrt[3]{x^3}$.

4. 求下列函数的定义域:

(1) $y=(4x-5)^0+\sqrt{\dfrac{8}{|x|}-1}$;

(2) $y=\log_{(2x-1)}(3x-2)$;

(3) $y=\sqrt{\log_{0.5}(\log_2 x^2+1)}$;

(4) $y=\dfrac{\sqrt{7-|x-2|}}{\lg(9-3^x)}$;

(5) $y=\sqrt{1-\left(\dfrac{1}{3}\right)^{2x-1}}$;

(6) $y=\sqrt{\lg x}+\lg(5-2x)$;

(7) $y=\arccos(2x^2-x)$;

(8) $y=\arcsin(x-1)+\dfrac{1}{\sqrt{5x-1}}$;

(9) $y=\sqrt{\sin x-1}+(1-\sin x)^{\frac{1}{4}}$;

(10) $y=\lg\cos 3x$.

5. (1) 已知函数 $f(x)$的定义域是$[1,4]$,求 $f\left(\dfrac{1}{x^2}\right)$的定义域;

(2) 已知函数 $f(x)$的定义域是$[-2,2]$,求 $f(\sqrt{x})$的定义域;

(3) 如果函数 $f(x)$的定义域是$\left(\dfrac{1}{2},3\right)$,求 $f(\lg x)$的定义域.

6. 设函数 $f(x)=\left(x^2-4kx+4k^2+k+\dfrac{1}{k-1}\right)^{-\frac{1}{2}}(k\in\mathbf{R})$. 求证：$f(x)$的定义域为实数集 $\mathbf{R}$ 的充要条件是 $k>1$.

7. 求下列函数的值域：

(1) $y=\dfrac{x^2+x}{x^2+x+1}$;

(2) $y=\dfrac{7}{\cos x+\sin x+3}$;

(3) $y=\sqrt{\lg(-3x^2+6x+7)}$;

(4) $y=\dfrac{2}{x-1}+2x-1$;

(5) $y=2x-3+\sqrt{13-4x}$;

(6) $y=\sqrt{4x-3}+\sqrt{4x^2+4x-3}$;

(7) $y=\dfrac{\mathrm{e}^x-\mathrm{e}^{-x}}{\mathrm{e}^x+\mathrm{e}^{-x}}$;

(8) $y=1+\lg\dfrac{2^x}{2^x+1}(1<x<2)$;

(9) $y=3\arccos\left(x-\dfrac{1}{2}\right)$;

(10) $y=\operatorname{arccot}\sqrt{2^x-1}(0\leqslant x\leqslant 2)$.

8. 已知 $f(4x+1)=\dfrac{5x+4}{4x^2-3}$,试求 $f(x)$的值域.

9. 求下列函数的反函数,并求反函数的定义域和值域.

(1) $y=-\sqrt{-2x+2}$;　　(2) $y=\dfrac{2x}{5x+1}$.

10. 试证：函数 $y=1+\dfrac{1}{x^2}$有下界但无上界.

11. 设函数 $f(x)$和 $g(x)$具有同一定义域 D, $f(x)$是有界函数,但 $g(x)$没有上界. 求证：$f(x)$与 $g(x)$的和在定义域 D 上无上界.

12. 讨论函数 $y=2^{\sqrt{-x^2+2x+8}}$的单调性.

13. 判断下列函数的奇偶性：

(1) $f(x)=x^5(x^2+1)$;　　(2) $f(x)=\lg(1+x)+\lg(1-x)$;

(3) $f(x)=\dfrac{1}{x+2}$;　　(4) $y=\sin 2x+\cos x$;

(5) $y=\cos(\sin x)$;　　(6) $y=x^2+2|x|-1$.

14. 设 $g(x)$是实数集上奇函数,判断 $f(x)=g(x)\left(\dfrac{1}{a^x-1}+\dfrac{1}{2}\right)$(其中 $a>0,a\neq 1$)的奇偶性.

15. 已知 $y=\lg\dfrac{1-x}{1+x}$,判断它的奇偶性,并求出它的单调区间.

16. 设 $y=f(x)=\lg(x+\sqrt{x^2+1})$.

(1) 确定 $f(x)$的定义域和奇偶性;

(2) 求它的反函数 $f^{-1}(x)$；

(3) 求它的值域；

(4) 求证 $f(x)$在其定义域上是增函数.

17. 设 $f(x)$是奇函数，当 $x>0$ 时，$f(x)=x^2-x+2$，求当 $x<0$ 时 $f(x)$的表达式.

18. 设 $x\in\left(-\frac{\pi}{2},\frac{\pi}{2}\right)$，判断函数 $f(x)=\frac{1+\sin x-\cos x}{1+\sin x+\cos x}$的奇偶性.

19. 设 $x,y,z\in\mathbf{R}^+$，且满足 $2^x=3^y=6^z$.

(1) 比较 $2x,3y$ 和 $6z$ 的大小；

(2) 求证：$\frac{1}{x}+\frac{1}{y}=\frac{1}{z}$.

20. 求函数 $y=2\sqrt{1-x}+\sqrt{4x+3}$的值域.

21. 求 $\sin(\cos x)$的递减区间.

22. 设 x 是第二象限的角，$\cos\frac{x}{2}+\sin\frac{x}{2}=-\frac{\sqrt{5}}{2}$，求 $\sin\frac{x}{2}-\cos\frac{x}{2}$的值.

23. 证明 $f(x)=|\sin x|+|\cos x|$的最小正周期是$\frac{\pi}{2}$.

24. 证明 $f(x)=x\sin x$ 不是周期函数.

25. 求下列函数的定义域，并判断函数的奇偶性.

(1) $f(x)=\arcsin(\tan x)$；

(2) $g(x)=\csc(\operatorname{arccot} x)$.

26. 求值：

(1) $\arcsin\left(\sin\frac{9\pi}{8}\right)-\arccos\left(\sin\frac{11\pi}{8}\right)$；

(2) $\sin\left[\arccos\left(-\frac{7}{25}\right)+2\arctan\left(-\frac{3}{4}\right)\right]$.

27. 用初等方法讨论函数 $y=\arctan(\tan x)$，并画出它的图像.

第四章部分习题

参考答案或提示

第五章　方　　程

方程是初等代数最重要、最基本的内容之一. 它可以用来研究事物间的等量关系,并为人们提供由已知量推求未知量的重要方法,在数学各分支及其他许多学科中都有广泛的应用.

方程和方程组的中心问题是求解. 现代数学教育中的方程理论,是以集合和函数概念为基础、以解析式的恒等变形为主要工具展开的. 本章着重讨论方程(组)的同解性理论和一些特殊方程的解法.

§ 5.1　方程与方程的同解性

解方程的想法源自人类由已知探求未知的朴素愿望,人类经过漫长的探索过程才形成方程概念. 解方程的过程,是通过对等式两边的解析式进行一系列变形来实现的. 为了判别方程的解在变形过程中是否“失真”,必须首先研究方程的同解性.

一、方程发展简史

关于方程的最早历史文献当推巴比伦泥版书(约公元前 2000 年)和埃及莱因德纸草书(成书于公元前 1650 年左右,由英国的埃及学者莱因德(Rhind)于 1858 年收藏). 以莱因德纸草书第 24 题为例:

某数加上它的 $\frac{1}{7}$,得 19,求某数.

这类问题放在现代就是一个简单的一元一次方程问题. 不过,当时埃及人面对这样的问题,其解法是试算法:先估计一个初值,按题意进行试算. 将算得的结果和题设结果作比较,然后按比例对初值进行修正,再行试算.

本题解法是先估算某数为 7,按题意进行试算:

$$7+7\times\frac{1}{7}=8,$$

但题设结果为 19,因此将初值扩大为 $\frac{19}{8}$ 倍,即用 $7\times\frac{19}{8}$ 再行试算. 但是埃及人在这里要先将分数 $\frac{19}{8}$ 化为单位分数之和,才能与 7 相乘(具体计算比较烦琐,从略). 由此可见,埃及人的试算方法为算术方法.

中国《九章算术》(1世纪)多处讨论了方程问题的数值解法. 如"勾股"章给出一元二次方程的解法. "少广"章"开方术"专门讲开平方、开立方的方法,相当于求特殊方程的解. 而且算法简捷,相当接近于现代笔算方法. 尤其是"方程"章中"方程术",专讲线性方程组问题的解法:先将问题中的已知数据列成一个长方形的阵式,称之为"方程",其实质相当于现在解线性方程组时所列的增广矩阵;然后通过类似于矩阵初等变换的方法消元,求得问题的答案. 这一思想方法在数学史上非常重要,在西方被称为"高斯消元法".

《九章算术》没有引入未知数,重在算的方法,故名"算术". 最早引入未知数、并创设了未知数符号的是希腊数学家丢番图(3世纪). 丢番图的名著《算术》以研究不定方程著名,但也讨论了一次方程、二次方程和个别三次方程,并使代数学完全脱离几何.

公元9世纪,阿拉伯数学家花拉子米(Khwārizmī)的《代数学》是初等代数发展史上的一个新起点. 该书首先把代数学作为一门有别于其他学科的独立的数学分支来处理,并在一般意义下研究一元二次方程的求根问题. 花拉子米知道一元二次方程有两个根,但是由于他不接受0和负数,系数和根都只取正数,因此无法得到一元二次方程的统一形式,而必须分成六种类型进行研究.

花拉子米指出,通过"复原"与"对消"两种变换,所有其他形式的一次、二次方程都能化成这六种类型的方程. 他所说的"复原"与"对消",即现今的移项与消去等式两端相同的项. 他把这两者看成解方程的两种最基本的变换. 事实上,他的《代数学》这本书的原名即由复原(al-jebr)和对消(muqabalah)两词组合而成. 这本书后来在欧洲广为流传数百年. 传抄过程中第二个词渐被忘却,第一个词演化成今日的代数(algebra).

13世纪的中国在方程解法方面作出了重大贡献. 南宋数学家秦九韶在其名著《数书九章》(1247年)中有两项卓越成就. 一项是"正负开方术",给出了一般高次方程的数值解法,系数可正可负. 秦九韶的演算程序和西方19世纪的"鲁菲尼-霍纳(Ruffini-Horner)方法"基本相同. 另一项成就是"大衍求一术"(关于同余式组理论),后来被称为中国剩余定理. 同时期的李冶发展了"天元术",其中"立天元一为某某",就相当于现今"设 x 为某某". 李冶的《测圆海镜》(1248年)是应用天元术解高次方程的杰作. 朱世杰又在天元术的基础上创立"四元术". 他的杰作《四元玉鉴》(1303年)用天、地、人、物代表四个未知数,然后根据题设条件导出四元高次方程组,再逐步求其数值解. 朱世杰的数学成就处于当时世界的最高水平,也是中国传统数学最后的绝唱.

16世纪最伟大的数学成就,是意大利人发现了一元三次方程和四次方程的求根公式. 塔尔塔利亚(Tartaglia)于1535年宣布自己发现了三次方程的解法. 1545年,卡尔达诺出版《大术》,其中公布了三次方程和四次方程的解法,并给出了求根公式的理论证明. 卡尔达诺的三次方程的解法,虽然受益于塔尔塔利亚关于缺二次项的三次方程的解法的启迪,但他确系经过自己的独立研究,得出所有各种类型的三次方程的解法并给出理论证明. 他是欧洲第一个允许二次方程和三次方程取负根的数学家,并首次发现某些三次方程有三个实根. 他在《大术》一书中还专章讨论了解方程时遇到虚根的问题. 通俗的例子是"将 10 分成两部分，使其乘积为 40"，他得到（译成现代符号）

$$(5+\sqrt{-15})(5-\sqrt{-15})=25-(-15)=40,$$

并认识到如果一个方程有一个虚根，则还应有与之共轭的另一虚根. 因此，卡尔达诺是第一个发现虚数的数学家. 至于四次方程的求根公式，是他的学生费拉里（Ferrari）所发现的.

卡尔达诺之后，许多数学家致力于一般的五次方程的解法的研究，但都以失败告终. 19 世纪，鲁菲尼和阿贝尔都证明了一般五次方程或超过五次的方程的根不可能用方程系数的根式表示. 至此，关于一般代数方程的公式解的研究画上了句号. 从此，代数学的研究开启了以群论和行列式理论为先导的新的征程.

二、方程的基本概念及其分类

1. 方程的基本概念

中学数学里将方程定义为含有未知数的等式. 所谓等式，是指用等号联结两个解析式所形成的式子. 这里从函数观点出发给出比较严格的方程定义.

定义 1 形如

$$f(x,y,\cdots,z)=g(x,y,\cdots,z) \tag{①}$$

的等式叫做方程，其中 f 和 g 是变元 $x,y,\cdots,z$ 的函数，且 f 和 g 中至少有一个不是常量函数.

变元 $x,y,\cdots,z$ 叫做方程①的未知数. $f(x,y,\cdots,z)$ 和 $g(x,y,\cdots,z)$ 的定义域的交集叫做该方程的定义域，记作 M.

定义 2 设方程

$$f(x,y,\cdots,z)=g(x,y,\cdots,z) \tag{①}$$

的定义域为 M. 如果有序数组 $(a,b,\cdots,c)\in M$，且有

$$f(a,b,\cdots,c)=g(a,b,\cdots,c)$$

成立，则称数组 $(a,b,\cdots,c)$ 为方程①的解.

方程的所有解组成的集合叫做方程的解集，记作 S. 求方程的解集的过程叫做解方程. 同一个方程在不同数集里的解集可能不同. 例如，方程

$$(x+3)(x^2-8)(x^2+5)=0.$$

当此方程的定义域指定为 $M=\mathbf{Q}$ 时，其解集 $S=\{-3\}$；当定义域指定为 $M=\mathbf{R}$ 时，其解集为 $S=\{-3,2\sqrt{2},-2\sqrt{2}\}$；当定义域指定为 $M=\mathbf{C}$ 时，其解集为 $S=\{-3,2\sqrt{2},-2\sqrt{2},\sqrt{5}\mathrm{i},-\sqrt{5}\mathrm{i}\}$.

如果方程没有指定定义域，则定义域 M 即为使方程两端的解析式有意义的未知

数的允许值集合(或允许值范围).

显然，$S\subseteq M$.

2. 方程的分类

依据不同的标准，可对方程作不同的分类.

(1) 以方程的解集 S 与方程定义域 M 之间的关系为标准，可将方程分为条件方程($S\subsetneqq M$，且 $S\neq\varnothing$)；恒等方程($S=M$)；矛盾方程($S=\varnothing$). 例如，$\sqrt{x^2}=|x|$，是恒等方程；$2\sin x=3$，属矛盾方程. 以上三类方程又可分别叫做条件等式、恒等式和矛盾等式. 当一个方程被判定为矛盾方程时，称此方程无解.

(2) 以方程中所含未知元的个数为标准，可分为一元方程、二元方程和多元方程(三元及三元以上的方程). 其中一元方程 $f(x)=g(x)$ 最为常见. 这种方程的解称为方程的根.

(3) 以方程两边的函数类别为标准，在方程 $f(x,y,\cdots,z)=g(x,y,\cdots,z)$ 中，如果 f 和 g 都是代数函数，那么这种方程叫做代数方程；如果 f 和 g 中含有初等超越函数，那么这种方程叫做初等超越方程，简称超越方程.

同函数分类一样，代数方程包括有理方程和无理方程，有理方程又包括整式方程和分式方程，其中整式方程又可按照次数分为一次方程、二次方程和高次方程(指三次及三次以上的方程). 超越方程又可按照超越函数的类别作进一步分类.

三、方程的同解概念和同解定理

1. 同解方程概念

定义 3　如果两个方程的解集相等，就称它们是同解方程.

定义 4　如果方程

$$f_1(x)=g_1(x) \quad ①$$

的任意一个解都是方程

$$f_2(x)=g_2(x) \quad ②$$

的解，即方程①的解集 S_1 是方程②的解集 S_2 的子集：$S_1\subseteq S_2$，则称方程②为方程①的结果.

如果方程①的任一解是方程②的解(即②是①的结果)，同时方程②的任一解也是方程①的解(即①是②的结果)，则方程①和②的解集显然相等，即它们是同解方程.

在识别两个方程是否同解时，应注意以下几点：

(1) 两个方程是否同解，与在什么数集上讨论有关. 例如下列两个方程：

$$x-7=0, \quad ①$$

$$x(x^2+1)=7(x^2+1), \quad ②$$

它们在实数集上有相同的解集{7}，因而同解. 但在复数集上讨论时，虽然方程②是方程①的结果，但①不是②的结果，因此不同解.

(2) 当整式方程有重根时，只有当其中一个方程的重根是另一方程的同次重根时，这两个方程才是同解的. 例如方程

$$(x^2-1)(x+1)^2=0 \quad ①$$

和方程

$$(x-1)(x+1)^2=0 \quad ②$$

不同解. 因为虽然 1 和 -1 都是方程①和②的解，但 -1 是①的三重根，而只是②的二重根，所以方程①和②不同解.

在使用集合记号表示方程解集时，为了表达根的重数，可在重根的右下角加上重数标志. 例如，方程①的解集可表示为 $\{1,-1_{(3)}\}$.

(3) 任意矛盾方程的解集都是空集. 因而约定：某个数集上的所有矛盾方程都是同解的.

(4) 同解方程的概念可以推广到方程与方程组之间. 例如在实数集上方程

$$(x+y+1)^2+(2x-y-4)^2=0$$

与方程组

$$\begin{cases}x+y+1=0,\\2x-y-4=0\end{cases}$$

是同解的.

2. 同解方程的性质

方程间的同解关系是一个等价关系，即同解方程满足下列性质：

(1) 反身性：方程 A 与方程 A 自身同解；

(2) 对称性：如果方程 A 与方程 B 同解，则方程 B 与方程 A 同解；

(3) 传递性：如果方程 A 与方程 B 同解，方程 B 与方程 C 同解，则方程 A 与方程 C 同解.

3. 导出方程

定义 5　将一个方程的两边通过恒等变形或某种数学运算得出的新方程，叫做原方程的导出方程.

导出方程同原方程的关系可能有三种情形：

(1) 导出方程与原方程同解. 如果在解方程的过程中，每一步的变形都有同解定理做依据(这种变形叫同解变形)，就能保证导出方程与原方程同解.

(2) 导出方程是原方程的结果，即除了含有原方程的所有解之外，还可能增加了某些不适合原方程的解(即增解，一元情形也叫增根).

(3) 导出方程不是原方程的结果，即它的解集失去了原方程的某些解(不排除同时产生增解). 失去的解叫做失解(一元情形可称为失根).

如果在解方程的过程中，使用了一些没有同解定理做依据的变形步骤，例如，在解无理方程时对方程两边施行偶数次乘方；又如，在解对数方程时，运用对数运算法则作

变形，这样得到的导出方程可能是原方程的结果，也可能不是原方程的结果. 当然，我们希望导出方程与原方程同解；在无法避免增解或失解时，也希望能够通过检验予以发现，并找出产生增解或失解的原因. 为此，必须掌握方程的同解定理. 下面仍以一元方程为例进行讨论，但这些定理都可推广到二元或多元方程.

4. 同解定理

定理 1(恒等变形定理)　对方程

$$f(x)=g(x) \quad ①$$

的两端分别施以恒等变形，即

$$f(x)\equiv f_1(x),\quad g(x)\equiv g_1(x),$$

得新方程

$$f_1(x)=g_1(x). \quad ②$$

如果方程①和②有相同的定义域 M，则方程①和②同解.

证　设 $x=\alpha$ 是方程①的任一解，则

$$f(\alpha)=g(\alpha),\quad \alpha\in M.$$

因为方程①与②的定义域都是 M，则对任意 $x\in M$ 都有

$$f(x)\equiv f_1(x),\quad g(x)\equiv g_1(x).$$

因为 $\alpha\in M$，必有

$$f(\alpha)\equiv f_1(\alpha),\quad g(\alpha)\equiv g_1(\alpha),$$

所以 $f_1(\alpha)=g_1(\alpha)$，即 $x=\alpha$ 是方程②的解.

反之，设 $x=\beta$ 是方程②的任一解，同理可证 β 也是方程①的解.

所以，方程①和②同解.

定理 1 说明，在对方程两端(包括只对一端)施行恒等变形时，定义域不变是保证导出方程和原方程同解的充分条件. 例如对整式方程施行合并同类项等恒等变形，因定义域无变化，所得导出方程和原方程同解.

如果定义域发生变化，导出方程就有可能和原方程不同解. 例如方程

$$\frac{(x^2-1)\lg x^2}{x+1}=0 \quad ①$$

和方程

$$(x-1)\lg x^2=0 \quad ②$$

不同解. 方程①的解集是$\{1\}$，方程②的解集是$\{1,-1\}$，即产生增根-1. 原因是在约分时扩大了定义域. 又如方程 $\lg x^2=0$ 和它的导出方程 $2\lg x=0$ 不同解：因定义域缩小而出现失根-1.

定理 2(加法定理)　方程

$$f(x)=g(x) \quad ①$$

与方程

$$f(x)+h(x)=g(x)+h(x) \quad ②$$

同解,其中 $h(x)$ 对于方程①的定义域 M 中的一切数都有意义.

证 设 $x=\alpha$ 是方程①的任一解,则

$$f(\alpha)=g(\alpha), \quad \alpha\in M.$$

因为 $h(x)$ 对 M 中一切数都有意义,因而 $h(\alpha)$ 有意义,所以

$$f(\alpha)+h(\alpha)=g(\alpha)+h(\alpha).$$

因此,α 是方程②的解.

反之,若 β 是方程②的任一解,则有

$$f(\beta)+h(\beta)=g(\beta)+h(\beta),$$

所以 $f(\beta)=g(\beta)$. 因此,β 是方程①的解. 所以方程①和②同解

应用定理 2 时应注意 $h(x)$ 对 M 中一切数都有意义这一条件,否则,导出方程未必和原方程同解. 例如,方程 $x+2=0$ 与 $x+2+\sqrt{x+1}=\sqrt{x+1}$ 就不同解.

由定理 2 容易推出下列结论:

推论 1(移项法则) 方程中任一解析式都可由方程的一端改变符号后移到方程的另一端.

因此,每一个形如 $f(x)=g(x)$ 的方程,都可化归为和它同解的方程 $F(x)=0$(其中 $F(x)=f(x)-g(x)$). 方程 $F(x)=0$ 的根就是函数 $F(x)$ 的零点.

推论 2 方程的两端都加上(或都减去)同一个数或同一个整式,所得方程和原方程同解.

定理 3(乘法定理) 方程

$$f(x)=g(x) \quad ①$$

与方程

$$f(x)h(x)=g(x)h(x) \quad ②$$

同解,其中 $h(x)$ 对于方程①的定义域 M 中的一切数都有意义,且它的值不等于零.

证明和定理 2 类似,这里从略.

应用定理 3 时应注意其中 $h(x)$ 必须满足的两个条件.

如果 $h(x)$ 对于原方程定义域 M 中的某些数值无意义,可能引起失根. 例如方程

$$(x^2+1)(x+2)=(2x^2+5)(x+2),$$

两端同乘 $\dfrac{1}{x+2}$,得 $x^2+1=2x^2+5$,就失去了 $x=-2$ 这个根.

如果 $h(x)$ 的值等于零,有可能引进增根. 例如在方程

$$\frac{x^2}{x-2}=\frac{4}{x-2}$$

的两端同乘 $h(x)=x-2$,得导出方程 $x^2=4$. 它有两根 2 和 -2,其中 2 是增根.

推论 方程的两端都乘(或都除以)不等于零的同一个数,所得方程和原方程同解.

定理 4(因式分解定理)　如果

$$F(x)=f_1(x)f_2(x)\cdots f_n(x),$$

则方程 $F(x)=0$ 的解集等于下列各个方程

$$f_1(x)=0,\quad f_2(x)=0,\quad \cdots,\quad f_n(x)=0$$

的解集的并集,其中每一个解都属于这 n 个方程的定义域的交集.

证　设 $F(x)$ 的定义域为 M, $f_i(x)$ 的定义域为 $M_i(i=1,2,\cdots,n)$,由于

$$F(x)=f_1(x)f_2(x)\cdots f_n(x),$$

所以

$$M=M_1\cap M_2\cap\cdots\cap M_n.$$

又设 $F(x)=0$ 的解集为 A, $f_i(x)=0$ 的解集为 $B_i(i=1,2,\cdots,n)$. 如果 $\alpha\in A$,则$\alpha\in M$,且 $F(\alpha)=0$. 所以 $\alpha\in M_1\cap M_2\cap\cdots\cap M_n$,且

$$f_1(\alpha)f_2(\alpha)\cdots f_n(\alpha)=0.$$

上式左端至少有一个因式等于零,即至少有一个 $B_k(1\leqslant k\leqslant n)$,使 $\alpha\in B_k$. 所以

$$\alpha\in B_1\cup B_2\cup\cdots\cup B_n,$$

从而

$$A\subseteq B_1\cup B_2\cup\cdots\cup B_n.$$

同理可证,$B_1\cup B_2\cup\cdots\cup B_n\subseteq A$. 所以

$$A=B_1\cup B_2\cup\cdots\cup B_n.$$

四、常见方程的解法的同解性分析

1. 一元一次方程

任何一元一次方程,都可通过脱括号、移项、合并同类项、用一个非零常数去乘(或除)方程的两边等步骤求得方程的解,而以上步骤全都有相应的同解定理做依据,都是同解变形,所以不会产生增根或失根.

例 1　解方程 $a^2x-a^2=x+a-2$.

解

$$a^2x-x=a^2+a-2,\qquad\text{(移项法则)}$$

$$(a-1)(a+1)x=(a-1)(a+2).\qquad\text{(恒等变形定理)}$$

若 $a\neq\pm1$,则

$$x=\frac{a+2}{a+1};\qquad\text{(乘法定理的推论)}$$

若 $a=1$,则 $0\cdot x=0$,为恒等方程,x 可为任何数;

若 $a=-1$,则 $0\cdot x=-2$,无解.

2. 一元二次方程

运用方程的同解变形,任何一元二次方程都可化成如下标准形式:

$$ax^2+bx+c=0\quad(a\neq0),\qquad①$$

这里约定 $a,b,c\in\mathbf{R},b^2-4ac\geqslant 0$.

下面来分析导出求根公式的各步骤的同解性:①式的两边同除以 a(乘法定理推论),

$$x^2+\frac{b}{a}x+\frac{c}{a}=0, \tag{②}$$

将②式的左边配成平方差的形式(恒等变形定理),

$$\left(x+\frac{b}{2a}\right)^2-\left(\frac{\sqrt{b^2-4ac}}{2a}\right)^2=0. \tag{③}$$

将③式的左边因式分解(恒等变形定理),

$$\left(x+\frac{b}{2a}-\frac{\sqrt{b^2-4ac}}{2a}\right)\left(x+\frac{b}{2a}+\frac{\sqrt{b^2-4ac}}{2a}\right)=0. \tag{④}$$

将④式化成两个一次方程(因式分解定理),

$$x+\frac{b}{2a}-\frac{\sqrt{b^2-4ac}}{2a}=0,\quad x+\frac{b}{2a}+\frac{\sqrt{b^2-4ac}}{2a}=0. \tag{⑤}$$

由⑤式得到方程的两个解(移项法则),

$$x_1=\frac{-b+\sqrt{b^2-4ac}}{2a},\quad x_2=\frac{-b-\sqrt{b^2-4ac}}{2a}.$$

由此可见,解一元二次方程的各步骤都是同解变形,因此不会产生增根或失根.

例 2　解方程 $|x^2+3x-4|=|2x-1|-1$.

解　含绝对值符号的方程通常在实数集内求解,首先将实数轴划分为若干区间,就各区间脱去绝对值符号,再分别按普通二次方程求解.

分别令 $x^2+3x-4=0,2x-1=0$,求得划分区间的分界点:$-4,\frac{1}{2}$ 和 1.

(1) 当 $x<-4$ 时,原方程化为 $x^2+5x-4=0$,解得 $x=\frac{-5\pm\sqrt{41}}{2}$,其中

$$\frac{-5-\sqrt{41}}{2}<-4,\quad 而\quad \frac{-5+\sqrt{41}}{2}>\frac{-5+6}{2}>-4.$$

所以 $x=\frac{-5-\sqrt{41}}{2}$ 是原方程的根.

(2) 当 $-4\leqslant x<\frac{1}{2}$ 时,原方程化为 $x^2+x-4=0$,解得 $x=\frac{-1\pm\sqrt{17}}{2}$,其中

$$-4<\frac{-1-\sqrt{17}}{2}<\frac{1}{2},\quad 而\quad \frac{-1+\sqrt{17}}{2}>\frac{1}{2},$$

所以 $x=\frac{-1-\sqrt{17}}{2}$ 是原方程的根.

(3) 当 $\frac{1}{2}\leqslant x<1$ 时,原方程化为 $x^2+5x-6=0$,解得 $x=-6,1$. 两根都不满足

条件$\frac{1}{2}\leqslant x<1$,都舍去.

(4) 当$x\geqslant 1$时,原方程化为$x^2+x-2=0$,解得$x=-2,1$. 显然$x=1$满足条件$x\geqslant 1$,$x=-2$不合题意,舍去.

因此原方程有三个根:$\frac{-5-\sqrt{41}}{2}$,$\frac{-1-\sqrt{17}}{2}$,1.

3. 分式方程

解分式方程的基本思想是通过变形化归为整式方程. 倘无特别说明,分式方程一般在实数域上讨论.

例 3 解方程$\frac{x^2+5}{x^2+x-2}=\frac{2}{x-1}$. ①

解法 1 方程的定义域$M=\{x\mid x\in\mathbf{R}$,且$x\neq -2,1\}$. 将①式的左边分母分解因式,

$$\frac{x^2+5}{(x-1)(x+2)}=\frac{2}{x-1}. \quad ②$$

两边同乘各分母的最小公倍式$(x-1)(x+2)$(乘法定理),得

$$\frac{x^2+5}{(x-1)(x+2)}(x-1)(x+2)=\frac{2}{x-1}(x-1)(x+2), \quad ③$$

对③式的两边约分(恒等变形定理),得

$$x^2+5=2(x+2). \quad ④$$

注意④式的定义域是$\mathbf{R}$,说明③式约分时扩大了方程的定义域. 再对④式作恒等变形,得

$$(x-1)^2=0 \quad 即 \quad (x-1)(x-1)=0. \quad ⑤$$

依据因式分解定理解得二重根$x=1$.

但$x=1$不在原方程的定义域内,为增根(它是在对③式的两边分别约分时混入的),所以原方程无解.

解法 2 原方程的定义域$M=\{x\mid x\in\mathbf{R}$,且$x\neq -2,1\}$. 将原方程右边的分式移到左边(移项法则),

$$\frac{x+5}{x^2+x-2}-\frac{2}{x-1}=0. \quad ⑥$$

将⑥式的左边通分,整理(恒等变形定理),

$$\frac{-(x-1)}{(x-1)(x+2)}=0, \quad ⑦$$

约去公因子$x-1\neq 0$,将方程左边化为最简分式(恒等变形),

$$\frac{-1}{x+2}=0. \quad ⑧$$

⑧式的分子为非零常数,显然无解. 因为各个步骤都是同解变形,所以原方程无解.

由于解法 2 能避免出现增根或失根，所以要比解法 1 好.

定理 5 如果分式方程 $\dfrac{P(x)}{Q(x)}=0$ 的左端是最简分式，则它和整式方程 $P(x)=0$ 同解.

证 因为多项式 $P(x)$ 和 $Q(x)$ 无公因子，因而凡满足 $P(x)=0$ 的任何 $x=\alpha$，都使 $Q(\alpha)\neq 0$. 根据乘法定理，$P(x)=0$ 和 $\dfrac{P(x)}{Q(x)}=0$ 同解.

对于某些结构特殊的分式方程，有时可利用比例的性质予以化简. 但这类变形往往是非同解变形，所以求得的解应予检验，以查出增根或失根.

例 4 解方程

$$\frac{x^2+3x+2}{x^2-3x+2}=\frac{2x^2+3x+1}{2x^2-3x+1}. \quad ①$$

解法 1 原方程的定义域 $M=\left\{x \,\middle|\, x\in\mathbf{R}, 且\ x\neq 1,2,\frac{1}{2}\right\}$. 利用合分比性质对①式变形，得

$$\frac{2x^2+4}{6x}=\frac{4x^2+2}{6x}, \quad ②$$

两边同乘 $6x\neq 0$（乘法定理），

$$2x^2+4=4x^2+2, \quad ③$$

解得 $x=\pm 1$，其中 $1\notin M$，为增根. 所以 -1 是原方程的根.

再检查一下有无失根. 经观察，在方程①→②的变形中，定义域发生了变化. ②式的定义域为

$$M'=\{x \mid x\in\mathbf{R}, x\neq 0\}.$$

可见集合 M' 比 M 增加了 $1,2$ 和 $\frac{1}{2}$ 共三个元素，同时减少了 0 这个元素. 将 $x=0$ 代入①式，适合，故为失根. 所以原方程有两个根 -1 和 0.

解法 2 由观察知，原方程的分子、分母均易分解因式，于是原方程可变形为

$$\frac{(x+1)(x+2)}{(x-1)(x-2)}=\frac{(x+1)(2x+1)}{(x-1)(2x-1)}. \quad ④$$

经移项、通分、整理得

$$\frac{6x(x+1)}{(x-1)(x-2)(2x-1)}=0. \quad ⑤$$

⑤式的左边为最简分式，根据定理 5，它和

$$6x(x+1)=0 \quad ⑥$$

同解. 于是解得 $x=0, x=-1$.

4. 无理方程

无理方程通常在实数域上讨论. 解无理方程的关键是将无理方程转化为有理方

程. 在对方程两边施行同次乘方以及其他变形的过程中,常常会产生增根. 下面举例分析之.

例 5 解方程

$$2\sqrt{x+5}=x-10. \tag{①}$$

解 将①式两边平方,

$$(2\sqrt{x+5})^2=(x-10)^2, \tag{②}$$

经恒等变形,得

$$x^2-24x+80=0, \tag{③}$$

解得 $x=4,20$. 经检验,$x=20$ 是原方程的根;$x=4$ 是增根.

检查各步骤可知,增根出在①→②这一步. 方程①即

$$2\sqrt{x+5}-(x-10)=0; \tag{④}$$

方程②即

$$(2\sqrt{x+5})^2-(x-10)^2=0,$$

$$[2\sqrt{x+5}-(x-10)][2\sqrt{x+5}+(x-10)]=0. \tag{⑤}$$

方程⑤左边第一个因式就是方程④左边,因此,将方程①两边平方,就相当于用方程④左边的共轭根式去乘④的两边. 而增根 $x=4$ 正好使共轭根式 $2\sqrt{x+5}+(x-10)$ 的值为 0. 由此可见,解无理方程产生增根的一个重要原因是采用乘方变形:经乘方变形所得导出方程与原方程未必同解,它是原方程的结果.

定理 6 如果对方程

$$f(x)=g(x) \tag{①}$$

两边同时施行 n 次乘方,得

$$f^n(x)=g^n(x), \tag{②}$$

则方程②是方程①的结果.

证 将方程①和②分别化为

$$f(x)-g(x)=0, \tag{③}$$

$$f^n(x)-g^n(x)=0. \tag{④}$$

将方程④因式分解,

$$[f(x)-g(x)][f^{n-1}(x)+f^{n-2}(x)g(x)+\cdots+ f(x)g^{n-2}(x)+g^{n-1}(x)]=0.$$

根据因式分解定理,方程④的解集等于方程

$$f(x)-g(x)=0,$$

$$f^{n-1}(x)+f^{n-2}(x)g(x)+\cdots+f(x)g^{n-2}(x)+g^{n-1}(x)=0 \tag{⑤}$$

的解集的并集. 显然,方程③的解集和方程①的解集相同,而方程⑤的解集中可能含有不满足方程①的根. 所以,方程②(即方程④)是方程①的结果.

例 6 解方程

$$\sqrt{x-1}\cdot\sqrt{x+1}=\sqrt{x+5}. \quad ①$$

解 将方程①变形为

$$\sqrt{x^2-1}=\sqrt{x+5}, \quad ②$$

两边同时平方，得

$$(\sqrt{x^2-1})^2=(\sqrt{x+5})^2, \quad ③$$

即 $x^2-x-6=0$，解得 $x=3,-2$.

经检验，$x=3$ 是原方程的根，而 $x=-2$ 是增根. 这里增根不是产生于由方程②到方程③的乘方变形，而是产生于由方程①到方程②的恒等变形. 因为在这一步恒等变形中，原方程的定义域 $\{x \mid x\geqslant 1\}$ 扩大为方程②的定义域 $\{x \mid -5\leqslant x\leqslant -1$ 或 $x\geqslant 1\}$.

在解无理方程时，可根据所给方程的具体结构，运用换元法、因式分解法、三角代换法等方法和技巧.

例 7 解方程 $(3-x)\sqrt[3]{\dfrac{3-x}{x-1}}+(x-1)\sqrt[3]{\dfrac{x-1}{3-x}}=2$.

解 方程的定义域是 $x\neq 1, x\neq 3$ 的一切实数. 设 $y=\sqrt[3]{\dfrac{3-x}{x-1}}$，将原方程化为

$$(3-x)y+\frac{x-1}{y}=2,$$

即

$$(3-x)y^2-2y+(x-1)=0.$$

将它看成关于 y 的二次方程，解得

$$y_1=1, \quad y_2=\frac{x-1}{3-x}.$$

由 $\sqrt[3]{\dfrac{3-x}{x-1}}=1$，解得 $x=2$. 由 $\sqrt[3]{\dfrac{3-x}{x-1}}=\dfrac{x-1}{3-x}$，同样解得 $x=2$.

经检验，$x=2$ 是原方程的根.

例 8 设 $x\in\mathbf{R}$，解方程 $x+\dfrac{x}{\sqrt{x^2-1}}=\dfrac{35}{12}$.

解 易知 $x>1$. 令 $x=\sec\alpha$，$\alpha\in\left(0,\dfrac{\pi}{2}\right)$，代入原方程，得

$$\sec\alpha+\frac{\sec\alpha}{\tan\alpha}=\frac{35}{12}, \quad 即 \quad \frac{1}{\cos\alpha}+\frac{1}{\sin\alpha}=\frac{35}{12}.$$

方程两边同乘 $12\sin\alpha\cos\alpha$，得

$$12(\sin\alpha+\cos\alpha)=35\sin\alpha\cos\alpha. \quad ①$$

令 $\sin\alpha+\cos\alpha=t\,(t>0)$，则 $\sin\alpha\cos\alpha=\dfrac{t^2-1}{2}$，代入①式，整理得

$$35t^2-24t-35=0,$$

解得 $t=\frac{7}{5}$,或 $t=-\frac{5}{7}$(不满足 $t>0$,舍去). 因此

$$\begin{cases}\sin\alpha+\cos\alpha=\frac{7}{5},\\ \sin\alpha\cos\alpha=\frac{12}{25}.\end{cases} \qquad ②$$

解②式,得

$$\begin{cases}\sin\alpha=\frac{4}{5},\\ \cos\alpha=\frac{3}{5},\end{cases} \quad \begin{cases}\sin\alpha=\frac{3}{5},\\ \cos\alpha=\frac{4}{5}.\end{cases}$$

由 $x=\sec\alpha$,得 $x=\frac{5}{3},\frac{5}{4}$.

经检验,原方程的根是$\frac{5}{3},\frac{5}{4}$.

§ 5.2 一元 n 次方程

本节在一元多项式(§3.3)的基础上,讨论一元 n 次方程的根的一些性质、方程的变换和一些特殊方程的解法.

一、一元 n 次方程的根

关于一元 n 次方程,有几个最基本的定理.

余数定理 多项式 $f(x)$除以 $x-b$ 所得的余数等于 $f(b)$.

证 设 $f(x)$除以 $x-b$ 所得的商式为 $q(x)$,余数为 r,则有

$$f(x)=(x-b)\cdot q(x)+r,$$

所以

$$f(b)=(b-b)\cdot q(b)+r,$$

即得余数 $r=f(b)$.

因式定理 多项式 $f(x)$有一个因式 $x-b$ 的充要条件是 $f(b)=0$.

因式定理可以看成余数定理的推论.

由因式定理可知,方程 $f(x)=0$ 有一个根 $x=b$ 的充要条件是多项式 $f(x)$有一个一次因式 $x-b$.

代数基本定理 每一个复系数一元 n 次($n\geqslant1$)代数方程至少有一个根.

该定理的证明比较复杂,故从略.

由代数基本定理可知,在复数域上所有次数大于 1 的多项式都是可约的,因而不

可约多项式只有一次多项式. 于是复数域上的多项式都可分解为一次因式的乘积,故有下面的定理成立.

复系数多项式因式分解定理 每一个复系数一元 n 次多项式 $f(x)$ 有且仅有 n 个一次因式,因此 $f(x)$ 就具有唯一确定的因式分解形式

$$f(x)=a_n(x-x_1)^{k_1}(x-x_2)^{k_2}\cdots(x-x_m)^{k_m}, \quad ①$$

其中 $k_1,k_2,\cdots,k_m\in\mathbf{N}^*$,且 $k_1+k_2+\cdots+k_m=n$,复数 $x_1,x_2,\cdots,x_m$ 两两不等(这里说的“唯一确定”,不考虑各因式的书写顺序,也不考虑常数因子).

根据因式定理,由①式可知 $x_1,x_2,\cdots,x_m$ 都是一元 n 次方程 $f(x)=0$ 的根,由于$x-x_i$是多项式 $f(x)$的 k_i 重一次因式,我们相应地把 x_i 叫做方程$f(x)=0$ 的 k_i 重根($i=1,2,\cdots,m$). 当 $k_i=1$ 时,相应的 x_i 叫做单根(1 重根). 所谓 k_i 重根,就是 k_i 个相同的根. 这样,一元 n 次方程就有 n 个根,而且不再有其他的根. 于是得到下面的定理.

定理 7 复系数一元 n 次方程在复数集 $\mathbf{C}$ 中有且仅有 n 个根(k 重根算作 k 个根).

例如,六次方程 $(x-4)(x+2)^2(x-7)^3=0$ 有 6 个根:1 重根 4,2 重根 -2,3 重根 7. 这个方程的解集可表示为 $\{4,-2_{(2)},7_{(3)}\}$,其中元素右边下标括号中的数 k,表示这个元素是相应方程的 k 重根($k\geqslant 2$).

定理 8 如果既约分数 $\dfrac{q}{p}$ 是整系数一元 n 次方程

$$f(x)=a_nx^n+a_{n-1}x^{n-1}+\cdots+a_1x+a_0=0$$

的根,那么 p 一定是 a_n 的约数,q 一定是 a_0 的约数.

证 因为 $f\left(\dfrac{q}{p}\right)=0$. 所以

$$a_n\left(\frac{q}{p}\right)^n+a_{n-1}\left(\frac{q}{p}\right)^{n-1}+\cdots+a_1\left(\frac{q}{p}\right)+a_0=0. \quad ①$$

把第二项起的各项移到右边,并将两边都乘 p^{n-1},得

$$\frac{a_nq^n}{p}=-(a_{n-1}q^{n-1}+\cdots+a_1qp^{n-2}+a_0p^{n-1}).$$

等式的右边是一个整数,所以 $\dfrac{a_nq^n}{p}$ 也是一个整数,即 p 能整除 a_nq^n. 但因 p,q 互素,故 p 的任何一个素因数都不是 q 的约数,从而也不是 q^n 的约数. 由此可知,p 一定是 a_n 的约数.

同理,在等式①的两边同乘 $\dfrac{p^n}{q}$,并移项,可得

$$\frac{a_0p^n}{q}=-(a_nq^{n-1}+a_{n-1}q^{n-2}p+\cdots+a_1p^{n-1}).$$

可以证明 q 一定是 a_0 的约数.

推论 1 如果整系数一元 n 次方程的首项系数是 1,那么这个方程的有理数根只

可能是整数.

推论 2　如果整系数一元 n 次方程有整数根. 那么它一定是常数项的约数.

定理 9　如果虚数 $a+b\mathrm{i}(a, b\in\mathbf{R}$,且 $b\neq 0)$是实系数一元 n 次方程 $f(x)=0$ 的根,那么 $a-b\mathrm{i}$ 也是这个方程的根,并且它们的重数相等.

证　令

$$\begin{aligned} g(x) &= [x-(a+b\mathrm{i})][x-(a-b\mathrm{i})] \\ &= x^2-2ax+(a^2+b^2). \end{aligned} \quad ①$$

用 $g(x)$除 $f(x)$,设商式为 $q(x)$,余式为 $mx+n$,则

$$f(x)=g(x)q(x)+mx+n. \quad ②$$

由题设,$f(a+b\mathrm{i})=0$. 由①式知 $g(a+b\mathrm{i})=0$,将 $a+b\mathrm{i}$ 代入②式,得

$$\left.\begin{array}{l} 0=0+m(a+b\mathrm{i})+n \\ b\neq 0 \end{array}\right\} \Rightarrow m=0, n=0.$$

因此

$$f(x)=g(x)q(x). \quad ③$$

由①式知,$g(a-b\mathrm{i})=0$,由③式得

$$f(a-b\mathrm{i})=0\cdot q(a-b\mathrm{i})=0.$$

所以 $a-b\mathrm{i}$ 是方程 $f(x)=0$ 的根.

再证 $a+b\mathrm{i}$ 与 $a-b\mathrm{i}$ 的重数相等. 上面已证若 $a+b\mathrm{i}$ 是方程 $f(x)=0$ 的根,则有③式成立. 其中 $f(x)$,$g(x)$都是实系数多项式,因而 $q(x)$也是实系数多项式.

如果 $a+b\mathrm{i}$ 是方程 $f(x)=0$ 的重根,则它必然是实系数方程 $q(x)=0$ 的根;根据上面的证明,$a-b\mathrm{i}$ 也必然是方程 $q(x)=0$ 的根,所以 $a-b\mathrm{i}$ 也是方程$f(x)=0$ 的重根. 设 $a+b\mathrm{i}$ 与 $a-b\mathrm{i}$ 分别是方程 $f(x)=0$ 的 k 重根和 l 重根,重复运用上述推理,可知 $k\leqslant l$. 同理可证,$l\leqslant k$,所以 $k=l$.

定理 9 表明,实系数一元 n 次方程的虚根必然成对出现.

定理 10　如果 $a+\sqrt{b}(a, b\in\mathbf{Q}$, $\sqrt{b}$ 是无理数)是有理系数一元 n 次方程 $f(x)=0$ 的根,则 $a-\sqrt{b}$ 也是方程 $f(x)=0$ 的根.

仿定理 9 可证.

二、一元 n 次方程的根与系数的关系(韦达定理)

设一元二次方程 $x^2+px+q=0$ 的两根为 x_1,x_2,则

$$\begin{aligned} x^2+px+q &= (x-x_1)(x-x_2) \\ &= x^2-(x_1+x_2)x+x_1x_2. \end{aligned}$$

比较两端的系数,得

$$x_1+x_2=-p, \quad x_1x_2=q.$$

对于一元 n 次方程

$$x^n+a_{n-1}x^{n-1}+a_{n-2}x^{n-2}+\cdots+a_1x+a_0=0, \quad ①$$

设 $x_1,x_2,\cdots,x_n$ 为它在复数集中的 n 个根，则有

$$\begin{aligned}&x^n+a_{n-1}x^{n-1}+\cdots+a_1x+a_0\\&=(x-x_1)(x-x_2)\cdots(x-x_n).\end{aligned} \quad ②$$

将②式的右端展开，通过比较两端的系数，可得

$$\begin{cases}x_1+x_2+\cdots+x_n=-a_{n-1},\\ x_1x_2+x_1x_3+\cdots+x_{n-1}x_n=\sum\limits_{1\leqslant i<j\leqslant n}x_ix_j=a_{n-2},\\ x_1x_2x_3+\cdots+x_{n-2}x_{n-1}x_n=\sum\limits_{1\leqslant i<j<k\leqslant n}x_ix_jx_k=-a_{n-3},\\ \cdots\cdots\cdots\cdots\\ x_1x_2x_3\cdots x_n=(-1)^na_0.\end{cases} \quad ③$$

上述一元 n 次方程的根与系数的关系是法国数学家韦达首先发现的，故名韦达定理. 其逆定理也成立，即如果有 n 个数 $x_1,x_2,\cdots,x_n$ 满足③式，则 $x_1,x_2,\cdots,x_n$ 一定是方程①的 n 个根.

例 1 解方程 $2x^4+7x^3-30x^2+x+6=0$.

解 方程所有可能的有理数根为 $\pm1,\pm2,\pm3,\pm6,\pm\dfrac{1}{2},\pm\dfrac{3}{2}$. 先用 $\pm1,\pm2,\pm3$ 等较简单数值代入试验，均被排除. 再对后面的数值用综合除法试探：

-6	2	$+7$	-30	$+1$	$+6$
		-12	$+30$	$+0$	-6
$\frac{1}{2}$	2	-5	$+0$	$+1$	$+0$
		1	-2	-1	
	2	-4	-2	$+0$	

解方程 $2x^2-4x-2=0$，得 $x=1\pm\sqrt{2}$.

所以原方程的解集为 $\left\{-6,\dfrac{1}{2},1+\sqrt{2},1-\sqrt{2}\right\}$.

例 2 求方程 $2x^4-7x^3+23x^2+9x+13=0$ 在复数集中的解集，已知它的根中有一个是 $2-3\mathrm{i}$.

解法 1 因为已知方程的系数都是实数，且 $2-3\mathrm{i}$ 是它的根，可知 $2+3\mathrm{i}$ 也是它的根. 用

$$x^2-4x+13=[x-(2-3\mathrm{i})][x-(2+3\mathrm{i})]$$

除 $2x^4-7x^3+23x^2+9x+13$，得商式 $2x^2+x+1$. 解方程

$$2x^2+x+1=0,\quad 得\ x=\frac{-1\pm\sqrt{7}\mathrm{i}}{4}.$$

所以原方程的解集为$\left\{2-3\mathrm{i},2+3\mathrm{i},\frac{-1+\sqrt{7}\mathrm{i}}{4},\frac{-1-\sqrt{7}\mathrm{i}}{4}\right\}$.

解法 2　原方程有两个根 $2-3\mathrm{i},2+3\mathrm{i}$,设另外两根为 α,β. 将原方程两边同除以 2,变换为

$$x^4-\frac{7}{2}x^3+\frac{23}{2}x^2+\frac{9}{2}x+\frac{13}{2}=0.$$

由韦达定理得

$$\begin{cases}\alpha+\beta+(2-3\mathrm{i})+(2+3\mathrm{i})=\dfrac{7}{2},\\ \alpha\cdot\beta\cdot(2-3\mathrm{i})(2+3\mathrm{i})=\dfrac{13}{2},\end{cases}$$

即

$$\begin{cases}\alpha+\beta=-\dfrac{1}{2},\\ \alpha\beta=\dfrac{1}{2},\end{cases}\quad\text{所以}\begin{cases}\alpha=\dfrac{-1+\sqrt{7}\mathrm{i}}{4},\\ \beta=\dfrac{-1-\sqrt{7}\mathrm{i}}{4}.\end{cases}$$

因此原方程的解集是$\left\{2-3\mathrm{i},2+3\mathrm{i},\frac{-1+\sqrt{7}\mathrm{i}}{4},\frac{-1-\sqrt{7}\mathrm{i}}{4}\right\}$.

三、方程的变换

方程的变换是对方程所作的一类特殊变形. 它运用换元法,研究一个方程的根的变化与系数的变化之间的关系,寻求将一般高次方程化归为具有某种特定形式的方程的办法,从而为求解一元高次方程创造条件. 常用的方程变换有以下三种:差根变换,倍根变换和倒根变换. 下面讨论的对象是一般形式的一元 n 次方程

$$f(x)=a_nx^n+a_{n-1}x^{n-1}+\cdots+a_1x+a_0=0\quad(a_n\neq0,n\in\mathbf{N}^*).$$

1. 差根变换

定理 11　方程 $f(y+h)=0$ 的各根,分别等于方程 $f(x)=0$ 的各根减去 h.

证　设 $\alpha_i(i=1,2,\cdots,n)$是 n 次方程 $f(x)=0$ 的根,即 $f(\alpha_i)=0$,所以

$$f[(\alpha_i-h)+h]=0,$$

表明 α_i-h 是 n 次方程 $f(y+h)=0$ 的 n 个根. 由于 $f(y+h)=0$ 只有 n 个根,所以 $f(y+h)=0$ 的各个根分别等于 $f(x)=0$ 的各根减去 h.

定理 11 称为差根变换定理.

例 3　求一个方程,使它的各根比已知方程

$$f(x)=x^4-2x^3+x^2+2x-2=0$$

的各根少 2.

解法 1　所求方程应为

$$f(y+2)=(y+2)^4-2(y+2)^3+(y+2)^2+2(y+2)-2=0.$$

运用二项式定理将$(y+2)^4$，$(y+2)^3$ 等展开后，整理得

$$g(y)=f(y+2)=y^4+6y^3+13y^2+14y+6=0.$$

解法 2 由于 $f(x)=f(y+2)=g(y)=g(x-2)$，所以有

$$\begin{aligned}&x^4-2x^3+x^2+2x-2\\ \equiv\,&c_4(x-2)^4+c_3(x-2)^3+c_2(x-2)^2+c_1(x-2)+c_0.\end{aligned}$$

如果这个恒等式的两端都除以 $x-2$，再把所得商除以 $x-2$，这样继续下去，每次相除两边所得的余数必然相等，这样就可利用综合除法求出 c_0，c_1，c_2，c_3，c_4 的值. 这种方法可以推广到 n 次方程的一般情形. 本例的综合除法算式如下：

2	1	-2	1	2	-2
		2	0	2	8
2	1	0	1	4	6$(=c_0)$
		2	4	10	
2	1	2	5	14$(=c_1)$	
		2	8		
2	1	4	13$(=c_2)$		
		2			
	$(c_4=)$1	6$(=c_3)$			

因此，所求方程为

$$y^4+6y^3+13y^2+14y+6=0.$$

2. 倍根变换

定理 12 方程 $f\left(\dfrac{y}{k}\right)=0$ 的各根，分别等于方程 $f(x)=0$ 的各根的 k 倍.

证 设 $\alpha_i(i=1,2,\cdots,n)$是 n 次方程 $f(x)=0$ 的根，即 $f(\alpha_i)=0$，所以

$$f\left(\frac{k\alpha_i}{k}\right)=f(\alpha_i)=0,$$

表明 $k\alpha_i$ 是 n 次方程 $f\left(\dfrac{y}{k}\right)=0$ 的根. 由于 $f\left(\dfrac{y}{k}\right)=0$ 只有 n 个根，所以，$f\left(\dfrac{y}{k}\right)=0$ 的各个根分别是 $f(x)=0$ 的各根的 k 倍.

定理 12 称为倍根变换定理.

推论 把 n 次方程 $f(x)=a_nx^n+a_{n-1}x^{n-1}+\cdots+a_1x+a_0=0$ 的各个根都改变符号，对应的方程是

$$a_nx^n-a_{n-1}x^{n-1}+a_{n-2}x^{n-2}-\cdots+(-1)^na_0=0. \quad ①$$

证 方程①即 $f(-x)=0$，由定理 12 知，它的各个根分别是 $f(x)=0$ 的各根乘(-1)，故推论成立.

3. 倒根变换

定理 13　如果方程 $f(x)=0$ 的各根都不为零,则方程 $f\left(\frac{1}{y}\right)=0$ 的各根分别等于方程 $f(x)=0$ 的各根的倒数.

证　设 $\alpha_i(i=1,2,\cdots,n)$ 是 n 次方程 $f(x)=0$ 的根,并且各 $\alpha_i\neq 0$. 因为 $f(\alpha_i)=0$,所以 $f\left(\frac{1}{1/\alpha_i}\right)=f(\alpha_i)=0$. 这表明 $\frac{1}{\alpha_i}$ 是方程

$$f\left(\frac{1}{y}\right)=\frac{1}{y^n}(a_0y^n+a_1y^{n-1}+\cdots+a_{n-1}y+a_n)=0 \qquad ①$$

的根,即 $\frac{1}{\alpha_i}$ 是方程

$$a_0y^n+a_1y^{n-1}+\cdots+a_{n-1}y+a_n=0 \qquad ②$$

的根. 由于②式是 n 次方程,它只有 n 个根. 又 $\frac{1}{y}\neq 0$,方程①和②同解,因而方程①也只有 n 个根. 所以 $f\left(\frac{1}{y}\right)=0$ 的各根分别是 $f(x)=0$ 的各根的倒数.

定理 13 称为倒根变换定理. 由以上证明可知,有如下结论成立:

推论　如果 n 次方程 $g(x)=0$ 的各根分别是 n 次方程

$$f(x)=a_nx^n+a_{n-1}x^{n-1}+\cdots+a_1x+a_0=0$$

的各根的倒数,则

$$g(x)=a_0x^n+a_1x^{n-1}+\cdots+a_{n-1}x+a_n=0.$$

例 4　设 $f(x)=x^3+3x^2+6x+2=0$ 的三个根为 α,β,γ. 试求以

$$x_1=\frac{\alpha}{\beta+\gamma-2\alpha},\quad x_2=\frac{\beta}{\gamma+\alpha-2\beta},\quad x_3=\frac{\gamma}{\alpha+\beta-2\gamma}$$

为根的三次方程.

解法 1　因为 $\alpha+\beta+\gamma=-3$,所以

$$x_1=\frac{\alpha}{\beta+\gamma-2\alpha}=\frac{\alpha}{(\alpha+\beta+\gamma)-3\alpha}=\frac{-\alpha}{3(1+\alpha)}.$$

同理

$$x_2=\frac{\beta}{\gamma+\alpha-2\beta}=-\frac{\beta}{3(1+\beta)},\quad x_3=\frac{\gamma}{\alpha+\beta-2\gamma}=-\frac{\gamma}{3(1+\gamma)}.$$

所以

$$\frac{1}{x_1}=-3\left(\frac{1}{\alpha}+1\right),\quad \frac{1}{x_2}=-3\left(\frac{1}{\beta}+1\right),\quad \frac{1}{x_3}=-3\left(\frac{1}{\gamma}+1\right).$$

由倒根变换,以 $\frac{1}{\alpha},\frac{1}{\beta},\frac{1}{\gamma}$ 为根的方程是

$$2x^3+6x^2+3x+1=0.$$

由差根变换，以 $\frac{1}{\alpha}+1,\frac{1}{\beta}+1,\frac{1}{\gamma}+1$ 为根的方程是

$$2x^3-3x+2=0.$$

由倍根变换，以 $\frac{1}{x_1},\frac{1}{x_2},\frac{1}{x_3}$ 为根的方程是

$$2x^3-27x-54=0.$$

然后再由倒根变换，得到所求 x_1,x_2 和 x_3 为根的方程

$$54x^3+27x^2-2=0.$$

解法 2　在得出 $x_1=\frac{-\alpha}{3(1+\alpha)},x_2=\frac{-\beta}{3(1+\beta)},x_3=\frac{-\gamma}{3(1+\gamma)}$ 之后（过程同解法 1），发现它们结构相同. 令

$$X=\frac{-x}{3(1+x)},\quad 解得\quad x=\frac{-3X}{1+3X},$$

则

$$f\left(\frac{-3X}{1+3X}\right)\equiv\left(\frac{-3X}{1+3X}\right)^3+3\left(\frac{-3X}{1+3X}\right)^2+6\left(\frac{-3X}{1+3X}\right)+2=0.$$

化简得 $54X^3+27X^2-2=0$，即所求方程.

四、一元三次方程的解法

实系数的一元三次方程的一般形式是

$$ax^3+bx^2+cx+d=0\quad(a\neq0),\tag{①}$$

即

$$x^3+\frac{b}{a}x^2+\frac{c}{a}x+\frac{d}{a}=0.$$

运用差根变换，各根减去 $-\frac{b}{3a}$，可得缺二次项的三次方程（未知元仍用 x 表示）：

$$x^3+px+q=0,\tag{②}$$

经计算，方程②和①的系数间的关系是

$$p=\frac{3ac-b^2}{3a^2},\quad q=\frac{2b^3-9abc+27a^2d}{27a^3}.$$

这样，我们只需讨论方程②的解法.

据说，16 世纪发现三次方程求根公式的数学家，是将方程②和恒等式

$$(u-v)^3+3uv(u-v)=u^3-v^3\tag{③}$$

作对比的. 从对比中悟出可设 $x=u-v$，于是令②式和③式的对应系数相等，得

$$\begin{cases}uv=\frac{p}{3},\\u^3-v^3=-q,\end{cases}\quad 即\quad \begin{cases}u^3v^3=\frac{p^3}{27},\\u^3-v^3=-q.\end{cases}$$

由以上方程组解得

$$u^3=-\frac{q}{2}+\sqrt{\left(\frac{q}{2}\right)^2+\left(\frac{p}{3}\right)^3}, \tag{4}$$

$$v^3=\frac{q}{2}+\sqrt{\left(\frac{q}{2}\right)^2+\left(\frac{p}{3}\right)^3}, \tag{5}$$

它们满足

$$uv=\frac{p}{3}. \tag{6}$$

设 u_1是④式的任意一个解，则 u 的另外两解为

$$u_2=u_1\omega,\quad u_3=u_1\omega^2,$$

其中 ω 是 1 的三次单位根 $\dfrac{-1+\sqrt{3}\mathrm{i}}{2}$. 由⑥式得到与 u_1, u_2, u_3 相对应的 v 的三个解：

$$v_1=\frac{p}{3u_1},\quad v_2=v_1\omega^2,\quad v_3=v_1\omega.$$

因此 $x^3+px+q=0$ 的三个根是

$$x_1=u_1-v_1=\sqrt[3]{-\frac{q}{2}+\sqrt{\left(\frac{q}{2}\right)^2+\left(\frac{p}{3}\right)^3}}-\sqrt[3]{\frac{q}{2}+\sqrt{\left(\frac{q}{2}\right)^2+\left(\frac{p}{3}\right)^3}},$$

$$x_2=u_2-v_2=\omega\sqrt[3]{-\frac{q}{2}+\sqrt{\left(\frac{q}{2}\right)^2+\left(\frac{p}{3}\right)^3}}-\omega^2\sqrt[3]{\frac{q}{2}+\sqrt{\left(\frac{q}{2}\right)^2+\left(\frac{p}{3}\right)^3}},$$

$$x_3=u_3-v_3=\omega^2\sqrt[3]{-\frac{q}{2}+\sqrt{\left(\frac{q}{2}\right)^2+\left(\frac{p}{3}\right)^3}}-\omega\sqrt[3]{\frac{q}{2}+\sqrt{\left(\frac{q}{2}\right)^2+\left(\frac{p}{3}\right)^3}}.$$

这里，$\left(\frac{q}{2}\right)^2+\left(\frac{p}{3}\right)^3$被称为实系数三次方程 $x^3+px+q=0$ 的判别式，可由它的符号看出根的一些性质：

(1) 如果 $\left(\frac{q}{2}\right)^2+\left(\frac{p}{3}\right)^3>0$，则 u^3 和 v^3 都是实数，且 $u^3+v^3\neq0$. 此时方程②有一个实根和两个共轭虚根.

(2) 如果 $\left(\frac{q}{2}\right)^2+\left(\frac{p}{3}\right)^3=0$，则 u^3 和 v^3 都是实数，且 $u^3+v^3=0$. 此时方程②有三个实根，且其中两个相等(即 $2u_1, -u_1, -u_1$).

（3）如果 $\left(\frac{q}{2}\right)^2+\left(\frac{p}{3}\right)^3<0$，则 u^3 和 $-v^3$ 是共轭虚数. 设

$$u^3=r(\cos\theta+\mathrm{i}\sin\theta),\quad v^3=r[\cos(\pi-\theta)+\mathrm{i}\sin(\pi-\theta)],$$

则可用三角方法求出三个互不相等的实根. 但是在这种情形下，其求解过程无法用在根号下仅出现实数的根式形式来表示. 这一令人惊异的现象在 16 世纪就已经被发现，并被当时的数学家称为三次方程的不可约情形.

例 5　解方程 $x^3-12x-8\sqrt{2}=0$.　①

解　一次项 $p=-12$，常数项 $q=-8\sqrt{2}$，则

$$\left(\frac{q}{2}\right)^2+\left(\frac{p}{3}\right)^3=32-64=-32<0.$$

可知方程①属于不可约情形，适宜用三角方法求解.

$$u^3=-\frac{q}{2}+\sqrt{\left(\frac{q}{2}\right)^2+\left(\frac{p}{3}\right)^3}=4\sqrt{2}+4\sqrt{2}\mathrm{i}$$

$$=8\left(\cos\frac{\pi}{4}+\mathrm{i}\sin\frac{\pi}{4}\right),$$

$$v^3=-4\sqrt{2}+4\sqrt{2}\mathrm{i}=8\left(\cos\frac{3\pi}{4}+\mathrm{i}\sin\frac{3\pi}{4}\right),$$

其中 u 和 v 应满足 $uv=\frac{p}{3}=-4$. 由复数的开方运算，可知

$$u_1=2\left(\cos\frac{\pi}{12}+\mathrm{i}\sin\frac{\pi}{12}\right),$$

$$u_2=2\left(\cos\frac{3\pi}{4}+\mathrm{i}\sin\frac{3\pi}{4}\right),$$

$$u_3=2\left(\cos\frac{17\pi}{12}+\mathrm{i}\sin\frac{17\pi}{12}\right)=2\left(\cos\frac{7\pi}{12}-\mathrm{i}\sin\frac{7\pi}{12}\right).$$

满足 $uv=-4$ 的对应的 v 值是

$$v_1=-2\left(\cos\frac{\pi}{12}-\mathrm{i}\sin\frac{\pi}{12}\right),$$

$$v_2=-2\left(\cos\frac{3\pi}{4}-\mathrm{i}\sin\frac{3\pi}{4}\right),$$

$$v_3=-2\left(\cos\frac{7\pi}{12}+\mathrm{i}\sin\frac{7\pi}{12}\right),$$

因此原方程的三个根是

$$x_1=u_1-v_1=4\cos\frac{\pi}{12}=\sqrt{6}+\sqrt{2},$$

$$x_2=u_2-v_2=4\cos\frac{3\pi}{4}=-2\sqrt{2},$$

$$x_3=u_3-v_3=4\cos\frac{7\pi}{12}=\sqrt{2}-\sqrt{6}.$$

五、一元四次方程的解法

一元四次方程的根式解是由费拉里发现的. 他巧妙地运用配方法,将四次方程转化为一个三次方程和两个二次方程. 下面就介绍费拉里法.

设复系数的一元四次方程的一般形式是

$$x^4+ax^3+bx^2+cx+d=0,$$

即

$$x^4+ax^3=-bx^2-cx-d.$$

先将左端配成完全平方,

$$x^4+ax^3+\left(\frac{a}{2}x\right)^2=\left(\frac{a}{2}x\right)^2-bx^2-cx-d,$$

即

$$\left(x^2+\frac{a}{2}x\right)^2=\left(\frac{a^2}{4}-b\right)x^2-cx-d. \quad ①$$

若方程①的右端是一个完全平方式,则方程化为易解的二次方程. 否则引入辅助未知数 t,在方程①两端都加上 $\left(x^2+\frac{a}{2}x\right)t+\frac{t^2}{4}$,以保证方程①的左端仍为完全平方式,得

$$\left(x^2+\frac{a}{2}x+\frac{t}{2}\right)^2=\left(\frac{a^2}{4}-b+t\right)x^2+\left(\frac{at}{2}-c\right)x+\left(\frac{t^2}{4}-d\right). \quad ②$$

要使方程②的右端二次三项式为完全平方式,须其判别式

$$\left(\frac{at}{2}-c\right)^2-4\left(\frac{a^2}{4}-b+t\right)\left(\frac{t^2}{4}-d\right)=0,$$

整理,得

$$t^3-bt^2+(ac-4d)t-(a^2d-4bd+c^2)=0. \quad ③$$

解三次方程③,设 t_0 是其任一根,则方程②的右端可配成 $(\alpha x+\beta)^2$ 的形式,于是方程②成为

$$\left(x^2+\frac{a}{2}x+\frac{t_0}{2}\right)^2=(\alpha x+\beta)^2, \quad ④$$

其中

$$\alpha=\sqrt{\frac{a^2}{4}-b+t_0},\quad \beta=\sqrt{\frac{t_0^2}{4}-d}.$$

由④式得

$$x^2+\frac{a}{2}x+\frac{t_0}{2}=\alpha x+\beta \quad 或 \quad x^2+\frac{a}{2}x+\frac{t_0}{2}=-(\alpha x+\beta),$$

于是原方程化成两个二次方程

$$x^2+\left(\frac{a}{2}-\alpha\right)x+\left(\frac{t_0}{2}-\beta\right)=0,$$

或

$$x^2+\left(\frac{a}{2}+\alpha\right)x+\left(\frac{t_0}{2}+\beta\right)=0.$$

解之，即得原四次方程的四个根.

例 6　解方程 $x^4-6x^3+6x^2+6x+1=0$.

解　移项并配方，

$$x^4-6x^3+9x^2=3x^2-6x-1,$$

$$(x^2-3x)^2=3x^2-6x-1. \quad ①$$

在①式两端同加 $(x^2-3x)t+\frac{t^2}{4}$，得

$$\left(x^2-3x+\frac{t}{2}\right)^2=(3+t)x^2-(6+3t)x+\frac{t^2}{4}-1. \quad ②$$

为使②式的右端为完全平方式，令其判别式

$$(6+3t)^2-4(3+t)\left(\frac{t^2}{4}-1\right)=0,$$

即

$$t^3-6t^2-40t-48=0.$$

用综合除法试除得一根 $t=-2$，代入②式，得

$$(x^2-3x-1)^2=x^2, \quad ③$$

$$x^2-3x-1=\pm x.$$

方程③化归为以下两个二次方程：

$$x^2-4x-1=0,\quad 得\ x=2\pm\sqrt{5};$$

$$x^2-2x-1=0,\quad 得\ x=1\pm\sqrt{2}.$$

因此，原四次方程的解集是

$$\{2+\sqrt{5},2-\sqrt{5},1+\sqrt{2},1-\sqrt{2}\}.$$

六、倒数方程

1. 倒数方程及其分类

定义 6　如果复数 $\alpha(\alpha\neq0)$ 是整式方程

$$f(x)=a_nx^n+a_{n-1}x^{n-1}+\cdots+a_1x+a_0=0 \quad ①$$

的根，且 $\frac{1}{\alpha}$ 也是这个方程的根，那么 $f(x)=0$ 就叫做倒数方程.

定义 6 说明，倒数方程不可能有零根.

根据倒根变换定理的推论，方程

$$g(x)=a_0x^n+a_1x^{n-1}+\cdots+a_{n-1}x+a_n=0 \quad ②$$

的各根都是方程①的根；反之，方程①的根都是方程②的根. 所以，方程②和①具有完全相同的根. 根据韦达定理，方程①和②的对应项系数成比例，即

$$\frac{a_n}{a_0}=\frac{a_{n-1}}{a_1}=\cdots=\frac{a_0}{a_n}.$$

因为 $\frac{a_n}{a_0}=\frac{a_0}{a_n}$，所以 $a_n=\pm a_0$.

如果 $a_n=a_0$，则 $a_{n-1}=a_1$，$a_{n-2}=a_2$，…，即与首末两项“等距离”的项的系数都相等. 具有这种特点的方程称为第一类倒数方程.

如果 $a_n=-a_0$，则 $a_{n-1}=-a_1$，$a_{n-2}=-a_2$，…，即与首末两项“等距离”的项的系数互为相反数. 具有这种特点的方程称为第二类倒数方程.

以上两类方程又各自分为偶次、奇次两种，因此共有四种倒数方程. 例如，

$$2x^6+4x^5-3x^4+x^3-3x^2+4x+2=0, \quad ①$$

$$7x^5-2x^4+3x^3+3x^2-2x+7=0 \quad ②$$

分别属于第一类偶次倒数方程和第一类奇次倒数方程；

$$6x^5-3x^4+5x^3-5x^2+3x-6=0, \quad ③$$

$$4x^4+5x^3-5x-4=0 \quad ④$$

分别属于第二类奇次倒数方程和第二类偶次倒数方程. 注意，第二类偶次倒数方程（如方程④），和一般的偶次方程的项数为奇数不同，前者的正中间一项系数为 0，因此它的非零项的项数为偶数.

第一类偶次倒数方程，也称为标准型倒数方程，因为其他三类方程都可以化归为这种类型.

（1）第一类奇次倒数方程 $f(x)=0$，因满足 $f(-1)=0$，有

$$f(x)=(x+1)g(x)=0,$$

而 $g(x)=0$ 为标准型倒数方程. 如方程②可化为

$$(x+1)(7x^4-9x^3+12x^2-9x+7)=0.$$

（2）第二类奇次倒数方程 $f(x)=0$，因满足 $f(1)=0$，故有

$$f(x)=(x-1)g(x)=0,$$

而 $g(x)=0$ 为标准型倒数方程. 如方程③可化为

$$(x-1)(6x^4+3x^3+8x^2+3x+6)=0.$$

（3）第二类偶次倒数方程 $f(x)=0$，它有偶数个项，满足 $f(1)=0$ 及 $f(-1)=0$，故有

$$f(x)=(x^2-1)g(x)=0,$$

而 $g(x)=0$ 为标准型倒数方程. 如方程④可化为

$$(x^2-1)(4x^2+5x+4)=0.$$

2. 倒数方程的解法

定理 14　标准型倒数方程

$$f(x)=a_0x^{2k}+a_1x^{2k-1}+\cdots+a_kx^k+\cdots+a_1x+a_0=0 \quad (a_0\neq 0)$$

可化为一个 k 次方程.

证　因为 $x\neq 0$,故可在方程两端同除以 x^k,得

$$\frac{1}{x^k}f(x)=a_0\left(x^k+\frac{1}{x^k}\right)+a_1\left(x^{k-1}+\frac{1}{x^{k-1}}\right)+\cdots+$$

$$a_{k-1}\left(x+\frac{1}{x}\right)+a_k=0. \qquad ①$$

设 $x+\frac{1}{x}=y$,则

$$x^2+\frac{1}{x^2}=\left(x+\frac{1}{x}\right)\left(x+\frac{1}{x}\right)-2=y^2-2,$$

$$x^3+\frac{1}{x^3}=\left(x^2+\frac{1}{x^2}\right)\left(x+\frac{1}{x}\right)-\left(x+\frac{1}{x}\right)=y^3-3y,$$

$$x^4+\frac{1}{x^4}=\left(x^3+\frac{1}{x^3}\right)\left(x+\frac{1}{x}\right)-\left(x^2+\frac{1}{x^2}\right)=y^4-4y^2+2.$$

由数学归纳法,

$$x^k+\frac{1}{x^k}=\left(x^{k-1}+\frac{1}{x^{k-1}}\right)\left(x+\frac{1}{x}\right)-\left(x^{k-2}+\frac{1}{x^{k-2}}\right)$$

为 y 的一个 k 次多项式. 将以上各式代入①式,所得方程显然是 y 的 k 次方程.

以上证明过程给出了标准型倒数方程的解法. 由于其他类型倒数方程可以化归为标准型,因而也得以解决.

例 7　解方程 $x^5-11x^4+36x^3-36x^2+11x-1=0$.

解　原方程属于第二类奇次倒数方程,可分解为

$$(x-1)(x^4-10x^3+26x^2-10x+1)=0,$$

显然有一根 $x=1$. 为求出其他根,要解方程

$$x^4-10x^3+26x^2-10x+1=0. \qquad ①$$

因为 $x\neq 0$,以 x^2 除①式两端,整理得

$$\left(x^2+\frac{1}{x^2}\right)-10\left(x+\frac{1}{x}\right)+26=0. \qquad ②$$

令 $x+\frac{1}{x}=y$,则 $x^2+\frac{1}{x^2}=y^2-2$,代入②式,得

$$y^2-10y+24=0.$$

解之,得 $y_1=4$,$y_2=6$,再据此求 x:

$$x+\frac{1}{x}=4,\quad 解得\ x=2\pm\sqrt{3};$$

$$x+\frac{1}{x}=6,\quad 解得\ x=3\pm 2\sqrt{2}.$$

所以,原方程有 5 个根:$1,2\pm\sqrt{3},3\pm 2\sqrt{2}$.

此外,对于虽非倒数方程但却具有倒数方程的类似特点的高次方程,也可应用倒数方程的解题思想求解.

例 8　解方程:$6x^4-25x^3+12x^2+25x+6=0$.

解　显然,$x\neq 0$,因此可在方程两边同除以 x^2,

$$6\left(x^2+\frac{1}{x^2}\right)-25\left(x-\frac{1}{x}\right)+12=0.$$

令 $y=x-\frac{1}{x}$,则 $x^2+\frac{1}{x^2}=y^2+2$. 故有

$$6y^2-25y+24=0,$$

从而 $y=\frac{3}{2}$,或 $y=\frac{8}{3}$. 回代,

$$x-\frac{1}{x}=\frac{3}{2},\quad 解得\ x=2,-\frac{1}{2},$$

$$x-\frac{1}{x}=\frac{8}{3},\quad 解得\ x=3,-\frac{1}{3}.$$

所以,原方程的根为 $2,-\frac{1}{2},3,-\frac{1}{3}$.

七、二项方程和三项方程

定义 7　形如 $x^n-a=0$ 的方程叫做二项方程.

解二项方程 $x^n-a=0$,相当于求数 a 的 n 次方根. 在复数域上求一个数的 n 次方根,可用复数的三角形式计算. 例如,解方程

$$(1+\mathrm{i})x^4+4=0.$$

因为

$$x^4=\frac{-4}{1+\mathrm{i}}=-2+2\mathrm{i}=2\sqrt{2}\left(\cos\frac{3\pi}{4}+\mathrm{i}\sin\frac{3\pi}{4}\right),$$

所以,

$$x=\sqrt[8]{8}\left[\cos\left(\frac{3\pi}{16}+\frac{k\pi}{2}\right)+\mathrm{i}\sin\left(\frac{3\pi}{16}+\frac{k\pi}{2}\right)\right],\quad k=0,1,2,3.$$

定义 8　形如

$$ax^{2n}+bx^n+c=0\quad (a\neq 0,b\neq 0) \tag{①}$$

的方程叫做三项方程. 方程①两端同除以 a,就得到三项方程的更简洁的形式:

$$x^{2n}+px^n+q=0. \tag{②}$$

当 $n=2$ 时,三项方程(①或②)又叫做双二次方程.

令方程②中的 $x^n=y$，方程就转化成二次方程 $y^2+py+q=0$. 因此解三项方程可以转化为解一个一元二次方程和两个二项方程.

例 9　解 $x^6-6x^3+5=0$.

解　设 $x^3=y$，则有 $y^2-6y+5=0$，解之得 $y_1=1$，$y_2=5$. 分别解 $x^3=1$ 和 $x^3=5$，可得原方程的解为

$$x_1=1,\quad x_2=\omega,\quad x_3=\omega^2,$$

$$x_4=\sqrt[3]{5},\quad x_5=\omega\sqrt[3]{5},\quad x_6=\omega^2\sqrt[3]{5},$$

其中 $\omega=\dfrac{-1+\sqrt{3}\mathrm{i}}{2}$.

§ 5.3　含有参数的方程

本节要讨论一类比较特殊的方程.

定义 9　形如

$$f(x,a,b,\cdots,c)=0$$

的方程，其中 x 是未知元，而 $a,b,\cdots,c$ 等字母代表能在一定范围内取值的常量，就是参数，这样的方程叫做含有参数的方程.

解含有参数的方程，必须讨论参数的允许值范围，即讨论参数在什么范围内取值时，方程有确定的符合要求的解. 有时还应指出当参数取什么数值时方程无解，或有无数多组解.

例 1　在复数集内解方程：

$$\frac{x+a}{x-a}+\frac{x-a}{x+a}+\frac{x+b}{x-b}+\frac{x-b}{x+b}=0,$$

其中 a,b 为参数，$a,b\in\mathbf{R}$.

解　原方程即

$$\frac{2(x^2+a^2)}{x^2-a^2}+\frac{2(x^2+b^2)}{x^2-b^2}=0. \qquad ①$$

(1) 当 $a^2=b^2$ 时，方程①可化为

$$\frac{x^2+a^2}{x^2-a^2}=0. \qquad ②$$

这时如果 $a=0$，则方程②为矛盾方程；如果 $a\neq0$，可以将方程②去分母，得

$$x^2+a^2=0,\quad 所以\ x=\pm a\mathrm{i}.$$

将 $x=\pm a\mathrm{i}$ 代入方程②，分母不为零，是原方程的根.

(2) 当 $a^2\neq b^2$ 即 $a\neq\pm b$ 时，将方程①变形为

$$\frac{x^4-a^2b^2}{(x^2-a^2)(x^2-b^2)}=0. \qquad ③$$

如果 $ab=0$，则 a 和 b 之中有且只有一个为 0，不妨设 $b=0, a\neq 0$. 方程③变形为

$$\frac{x^4}{(x^2-a^2)x^2}=0, \quad ④$$

方程④无解.

如果 $ab\neq 0$，则 $a\neq 0$ 且 $b\neq 0$. 将方程③去分母，得

$$x^2=ab \quad 或 \quad x^2=-ab,$$

即

$$x=\pm\sqrt{ab} \quad 或 \quad x=\pm\sqrt{ab}\,\mathrm{i}.$$

此时方程④的分母不为 0，所以是原方程的解.

因此，当 $a^2=b^2\neq 0$ 时，原方程有两解：$x=\pm a\mathrm{i}$；当 $a^2=b^2=0$ 时，原方程无解；当 $a^2\neq b^2$ 且 $ab\neq 0$ 时，原方程有四解：$x=\pm\sqrt{ab}$，$x=\pm\sqrt{ab}\,\mathrm{i}$；当 $a^2\neq b^2$ 且 $ab=0$ 时，原方程无解.

例 2　解关于 x 的方程

$$\sqrt{x^2-a}+2\sqrt{x^2-1}=x \quad (a\in\mathbf{R}). \quad ①$$

解　x 应满足

$$x^2\geqslant 1 \quad 且 \quad x^2\geqslant a. \quad ②$$

将方程①两端平方，得

$$(x^2-a)+4(x^2-1)+4\sqrt{x^2-a}\sqrt{x^2-1}=x^2,$$

即

$$4\sqrt{x^2-a}\sqrt{x^2-1}=a+4-4x^2. \quad ③$$

由方程③可知，

$$a+4-4x^2\geqslant 0, \quad 即\ x^2\leqslant 1+\frac{a}{4}. \quad ④$$

将方程③的两端平方，整理得

$$x^2=\frac{(4-a)^2}{8(2-a)}. \quad ⑤$$

由方程⑤可知，$a<2$，因而 $4-a>0$，所以

$$x=\frac{4-a}{2\sqrt{4-2a}}.$$

由②，④，⑤三式可知

$$\begin{cases} a\leqslant\dfrac{(4-a)^2}{8(2-a)}\leqslant 1+\dfrac{a}{4}, \\ 1\leqslant\dfrac{4-a}{2\sqrt{4-2a}}. \end{cases} \quad ⑥$$

解不等式组⑥，得参数 a 的取值范围是 $0\leqslant a\leqslant\frac{4}{3}$.

经检验得知原方程的解是

$$x=\frac{4-a}{2\sqrt{4-2a}}\quad\left(0\leqslant a\leqslant\frac{4}{3}\right).$$

§5.4 不定方程

所谓不定方程,是指未知数的个数多于方程个数的整系数代数方程.不定方程有着悠久的历史.例如,在巴比伦泥版书中记载的勾股数组,就是满足 $x^2+y^2=z^2$ 的正整数组.希腊数学家丢番图是研究不定方程的大家,以致后人把不定方程称为丢番图方程.

定义 10 形如 $ax+by=c$ 的方程叫做二元一次不定方程.

不定方程的系数通常限取整数,而且一般只研究它的整数解,有时只需求出它的正整数解.

定理 15 二元一次不定方程

$$ax+by=c\quad(a,b,c\in\mathbf{Z})\qquad ①$$

有整数解的充要条件是 $(a,b)\mid c$.

证 必要性显然成立,下证充分性.

设 $(a,b)=d$, $a=da'$, $b=db'$,且 $(a',b')=1$.如果 $d\mid c$,设 $c=dc'$.将 a,b,c 代入方程,得

$$da'x+db'y=dc',$$

$$a'x+b'y=c'.\qquad ②$$

因为 $(a',b')=1$,总存在整数 p,q 使

$$a'p+b'q=1,\qquad ③$$

③式的两边同乘 c',得

$$a'(pc')+b'(qc')=c'.\qquad ④$$

④式表明,$x=pc'$, $y=qc'$ 是方程②的解,因而也是方程①的解.

由定理 15 可知,要讨论方程 $ax+by=c$ 的解,只要讨论 $(a,b)=1$ 的情形.若 $(a,b)=d\neq1$,则可先用 d 除方程的两端.

定理 16 设方程

$$ax+by=c\quad(a,b,c\in\mathbf{Z},\text{且}(a,b)=1)\qquad ①$$

有一个整数解:$x=x_0$, $y=y_0$,则它的一切整数解可表示为

$$\begin{cases}x=x_0+bt,\\y=y_0-at\end{cases}\quad(t\text{ 为任意整数}).$$

证 由题设,

$$ax_0+by_0=c.\qquad ②$$

①－②，得 $a(x-x_0)+b(y-y_0)=0$，即

$$a(x-x_0)=b(y_0-y). \tag{③}$$

因为 $(a,b)=1$，所以 $b\mid(x-x_0)$. 设 $x-x_0=bt$（t 为任意整数），则 $x=x_0+bt$. 将 x 值代入③式的左边，得

$$abt=b(y_0-y).$$

所以 $y=y_0-at$.

定理 16 提供的公式，叫做二元一次不定方程的通解公式. 由此可见，解不定方程的关键是求出一组整数解（特解），将特解代入公式即可得到通解.

求二元一次不定方程的整数解的方法较多，这里只介绍两种常用方法.

1. 观察法

当方程中的系数比较简单时，可由观察直接得到一组整数解，然后据此写出通解.

例 1　求方程 $5x+2y=142$ 的整数解的通式.

解　由观察得方程的一组整数解是 $x_0=28$，$y_0=1$，所以原方程的通解是

$$\begin{cases}x=28+2t,\\y=1-5t.\end{cases}$$

2. 逐步取整法

通过逐步缩小未知数系数的绝对值来求出方程的整数解.

例 2　求方程 $7x+19y=213$ 的正整数解.

解　用 y 表示系数较小的 x，得

$$x=30-2y+\frac{3-5y}{7}. \tag{①}$$

因为 x,y 是整数，所以 $\frac{3-5y}{7}$ 也是整数. 令

$$\frac{3-5y}{7}=u,\quad 即\quad 7u=3-5y.$$

用 u 表示系数绝对值较小的 y，得

$$y=-u+\frac{3-2u}{5}. \tag{②}$$

因为 y,u 是整数，所以 $\frac{3-2u}{5}$ 也是整数. 令

$$\frac{3-2u}{5}=v,\quad 即\quad 5v=3-2u,$$

$$u=\frac{3-5v}{2}=1-2v+\frac{1-v}{2}. \tag{③}$$

再令 $\frac{1-v}{2}=t$，t 是整数，于是得 $v=1-2t$. 代入③式，得 $u=-1+5t$，代入②式，得 $y=2-7t$. 将 y 值代入①式，得 $x=25+19t$. 所以原方程的通解是

$$\begin{cases}x=25+19t,\\ y=2-7t\end{cases}\quad (t\in\mathbf{Z}).$$

为了求正整数解，还必须解不等式组

$$\begin{cases}25+19t>0,\\ 2-7t>0,\end{cases}\quad 得 -\frac{25}{19}<t<\frac{2}{7}.$$

所以 $t=0,-1$，代入通解得所求的正整数解是

$$\begin{cases}x=25,\\ y=2\end{cases}\quad 和\quad \begin{cases}x=6,\\ y=9.\end{cases}$$

本例求解过程似觉冗长，其实没有必要用逐步取整法机械地做到底. 在每一步都可结合观察法看是否能使未知数 $x,y,u,\cdots$ 同时取到整数. 事实上，本例在得到①式

$$x=30-2y+\frac{3-5y}{7}$$

时，就可以看出取 $y=2$ 时，x 也为整数，即 $x=30-4-1=25$. 于是立即就可写出方程的通解.

运用二元一次不定方程的解法，也可求出三元一次不定方程的整数解. 下例是我国晋代《张丘建算经》(约公元5世纪成书)里的一道趣题.

例 3(百鸡问题)　鸡翁一，值钱五；鸡母一，值钱三；鸡雏三，值钱一. 百钱买百鸡. 问鸡翁母雏各几何.

解　设鸡翁、鸡母、鸡雏各为 x,y,z 只，则有

$$\begin{cases}x+y+z=100, & ①\\ 5x+3y+\dfrac{z}{3}=100. & ②\end{cases}$$

②×3－①，得 $14x+8y=200$，即

$$7x+4y=100. \qquad ③$$

由观察知，方程③有一组特解 $x_0=0, y_0=25$. 于是得方程③的通解为

$$x=4t,\quad y=25-7t\quad (t\in\mathbf{Z}).$$

代入①式，得 $z=75+3t$. 所以原方程组的通解为

$$\begin{cases}x=4t,\\ y=25-7t,\\ z=75+3t\end{cases}\quad (t\in\mathbf{Z}).$$

按题意，x,y,z 应为非负整数. 即

$$4t\geqslant 0,\quad 25-7t\geqslant 0,\quad 75+3t\geqslant 0,$$

所以 $0\leqslant t\leqslant\frac{25}{7}$. 因此 $t=0,1,2,3$，原题有四组解

$$\begin{cases}x=0,\\ y=25,\\ z=75;\end{cases}\quad \begin{cases}x=4,\\ y=18,\\ z=78;\end{cases}\quad \begin{cases}x=8,\\ y=11,\\ z=81;\end{cases}\quad \begin{cases}x=12,\\ y=4,\\ z=84.\end{cases}$$

§ 5.5　初等超越方程

初等超越方程一般不能用初等方法求解. 本节所讨论的是某些可用初等方法求解的特殊初等超越方程,这种讨论是在实数域上进行的.

设 $f(x)$是基本初等超越函数,$F(x)$是初等超越函数,则称形如 $f(x)=c$ 的方程为最简超越方程,形如 $F(x)=0$ 的方程为初等超越方程. 初等超越方程的求解最终都化归为最简超越方程的求解.

一、指数方程

定义 11　在指数里含有未知数的方程叫做指数方程. 特殊地,形如 $a^x=c(a>0,a\neq1)$的方程叫做最简指数方程.

1. 最简指数方程的解

当 $c>0$ 时,方程 $a^x=c(a>0,a\neq1)$有唯一解 $x=\log_a c$;当 $c\leqslant0$ 时,方程无解.

2. 指数方程的初等解法

解指数方程的主要工具是下面的几种同解变形:

(1) 方程

$$a^{f(x)}=c\quad(a>0,a\neq1,c>0)$$

与方程 $f(x)=\log_a c$ 同解(根据定义);

(2) 方程

$$a^{f(x)}=a^{g(x)}\quad(a>0,a\neq1)$$

与方程 $f(x)=g(x)$同解(根据指数函数是一一映射);

(3) 方程

$$a^{f(x)}=b^{f(x)}\quad(a>0,a\neq1,b>0,b\neq1;\text{且 }a\neq b)$$

与方程 $f(x)=0$ 同解 $\left(\text{因为}\left(\frac{a}{b}\right)^{f(x)}=1\right)$;

(4) 方程

$$a^{f(x)}=b^{g(x)}\quad(a>0,a\neq1,b>0,b\neq1)$$

与方程

$$f(x)\log_c a=g(x)\log_c b\quad(c>0,c\neq1)$$

同解(取 $c=a$ 或 $c=b$,常常可使解法简便);

(5) 方程

$$f(a^{g(x)})=0\quad(a>0,a\neq1)$$

与方程组

$$\begin{cases}t=a^{g(x)},\\ f(t)=0\end{cases}$$

同解(换元法).

例 1 解方程 $7^{x^2-5x+9}=343$.

解 $x^2-5x+9=\log_7 343=3$. 所以

$$x^2-5x+6=0,\quad 即\quad x_1=2, x_2=3.$$

例 2 解方程 $4^x-3^{x-\frac{1}{2}}=3^{x+\frac{1}{2}}-2^{2x-1}$.

解 原方程可化为

$$2^{2x}-\frac{1}{\sqrt{3}}\cdot 3^x=\sqrt{3}\cdot 3^x-\frac{1}{2}\cdot 2^{2x},$$

即

$$\frac{3}{2}\cdot 2^{2x}=\frac{4}{\sqrt{3}}\cdot 3^x,\quad 2^{2x-3}=3^{x-\frac{3}{2}}.$$

从而

$$(2x-3)\lg 2=\left(x-\frac{3}{2}\right)\lg 3,$$

$$(2x-3)\left(\lg 2-\frac{1}{2}\lg 3\right)=0.$$

因为 $\lg 2\neq\frac{1}{2}\lg 3$,所以 $x=\frac{3}{2}$.

例 3 解方程 $9^x+6^x=2\cdot 4^x$.

解 以 4^x 除原方程的两边,得

$$\left(\frac{3}{2}\right)^{2x}+\left(\frac{3}{2}\right)^x-2=0.$$

令 $\left(\frac{3}{2}\right)^x=t\ (t>0)$,代入上式,得

$$t^2+t-2=0,\quad 解得\ t_1=1, t_2=-2.$$

其中 $t_2=-2$ 不满足条件 $t>0$,舍去. 所以

$$\left(\frac{3}{2}\right)^x=1,\quad 从而\ x=0.$$

二、对数方程

定义 12 在对数符号后面含有未知数的方程叫做对数方程. 特殊地,形如 $\log_a x=b$ $(a>0, a\neq 1)$ 的方程叫做最简对数方程.

1. 最简对数方程的解

对于任何 $b\in\mathbf{R}$,方程 $\log_a x=b\ (a>0, a\neq 1)$ 总有唯一解 $x=a^b$.

2. 对数方程的初等解法

解对数方程时不仅要用到同解变形,而且要运用非同解变形. 所以在求出根后,一般应验根,以发现有无增根、失根. 常用变形有以下几种:

(1) 根据对数的定义，方程

$$\log_a f(x)=c \quad (a>0, a\neq 1)$$

可同解变形为 $f(x)=a^c$；

(2) 方程

$$\log_a f(x)=\log_a g(x) \quad (a>0, a\neq 1)$$

可以变形为 $f(x)=g(x)$（定义域扩大，应验根）；

(3) 运用对数基本恒等式、对数运算法则和换底公式进行变形（应注意验根）；

(4) 对一个等式的两边取对数（等式两边必须都取正值）；

(5) 方程

$$f(\log_a g(x))=0 \quad (a>0, a\neq 1)$$

与方程组

$$\begin{cases} t=\log_a g(x), \\ f(t)=0 \end{cases}$$

同解（即换元法）.

例 4　解方程 $\log_3(5+4\log_3(x-1))=2$.

解　根据对数定义，

$$5+4\log_3(x-1)=3^2,$$

$$\log_3(x-1)=1.$$

所以

$$x-1=3, \quad 即 \quad x=4.$$

例 5　解方程 $2\log_x 27-3\log_{27} x=1$.

解　运用换底公式将原方程化为

$$\frac{2}{\log_{27} x}-3\log_{27} x=1.$$

令 $\log_{27} x=t$，则有

$$\frac{2}{t}-3t=1, \quad 即 \quad 3t^2+t-2=0.$$

所以 $t_1=-1, t_2=\frac{2}{3}$.

由 $\log_{27} x=-1$，得 $x_1=\frac{1}{27}$；由 $\log_{27} x=\frac{2}{3}$，得 $x_2=27^{\frac{2}{3}}=9$.

经检验，$x_1=\frac{1}{27}$ 和 $x_2=9$ 都是原方程的根.

例 6　解方程 $(x+1)^{\lg(x+1)}=100(x+1)$.

解　方程定义域是 $x>-1$，对方程两边取常用对数，得

$$\lg^2(x+1)=2+\lg(x+1). \qquad ①$$

令 $\lg(x+1)=t$，则①式可化为 $t^2-t-2=0$，解得 $t_1=-1, t_2=2$.

由 $\lg(x+1)=-1$，$x+1=0.1$，得 $x_1=-0.9$；

由 $\lg(x+1)=2$，$x+1=100$，得 $x_2=99$.

经检验，两根都是原方程的根.

三、三角方程

定义 13　含有未知数的三角函数的方程叫做三角方程. 特殊地，形如 $\sin x=a$，$\cos x=a$，$\tan x=a$，$\cot x=a$ 的方程叫做最简三角方程.

最简三角方程是其他三角方程的基础. 求解三角方程的关键，就是要运用各种三角式及代数式的恒等变形公式，把原方程变形为最简三角方程.

由于三角函数的周期性，注定三角方程的解常有无穷多个. 由这无穷多个解组成的解集的表达式，叫做三角方程的通解公式. 例如，方程 $\sin x=\dfrac{1}{2}$ 的解集（通解公式）是 $\left\{x \,\middle|\, x=(-1)^k\cdot\dfrac{\pi}{6}+k\pi, k\in\mathbf{Z}\right\}$，为了简便，也可直接写成 $x=(-1)^k\cdot\dfrac{\pi}{6}+k\pi(k\in\mathbf{Z})$.

1. 最简三角方程的通解公式

$\sin x=a(|a|\leqslant 1)$ 的解集是

$$x=(-1)^k\arcsin a+k\pi,\quad k\in\mathbf{Z};$$

$\cos x=a(|a|\leqslant 1)$ 的解集是

$$x=\pm\arccos a+2k\pi,\quad k\in\mathbf{Z};$$

$\tan x=a$ 的解集是

$$x=\arctan a+k\pi,\quad k\in\mathbf{Z};$$

$\cot x=a$ 的解集是

$$x=\operatorname{arccot} a+k\pi,\quad k\in\mathbf{Z}.$$

2. 三角方程的解法

凡是可以用初等方法求解的三角方程，一般总可以通过三角式的恒等变形和代数方法将原方程化归为一个或几个最简三角方程，然后写出它的解. 由于三角函数内涵丰富，三角恒等变形千变万化，因而三角方程的解法也是灵活多样的.

三角方程的常用解法有以下几种：

(1) 利用同名三角函数的相等关系.

根据最简三角方程的通解公式，有以下命题成立：

$$\sin\alpha=\sin\beta\Leftrightarrow\alpha=(-1)^k\beta+k\pi,\quad k\in\mathbf{Z},$$

$$\Leftrightarrow\alpha=\beta+2k\pi,\alpha=-\beta+(2k+1)\pi,\quad k\in\mathbf{Z};$$

$$\cos\alpha=\cos\beta\Leftrightarrow\alpha=\pm\beta+2k\pi,\quad k\in\mathbf{Z};$$

$$\tan\alpha=\tan\beta\Leftrightarrow\alpha=\beta+k\pi,\quad k\in\mathbf{Z}.$$

如果其中 α,β 是 x 的函数,以上诸式仍然成立.

例 7　解方程 $3\sin\left(x-\frac{\pi}{3}\right)+4\sin\left(x+\frac{\pi}{6}\right)+5\sin\left(5x+\frac{\pi}{6}\right)=0$.

解　将原方程变形为

$$\frac{3}{5}\sin\left(x-\frac{\pi}{3}\right)+\frac{4}{5}\cos\left(x-\frac{\pi}{3}\right)=\sin\left(-5x-\frac{\pi}{6}\right).\qquad ①$$

令 $\frac{3}{5}=\cos\varphi$,$\frac{4}{5}=\sin\varphi$,则方程①可化为

$$\sin\left(\varphi+x-\frac{\pi}{3}\right)=\sin\left(-5x-\frac{\pi}{6}\right),\qquad ②$$

所以

$$x+\varphi-\frac{\pi}{3}=-5x-\frac{\pi}{6}+2k\pi$$

或

$$x+\varphi-\frac{\pi}{3}=5x+\frac{\pi}{6}+(2k+1)\pi,$$

即

$$x=-\frac{1}{6}\varphi+\frac{\pi}{36}+\frac{k\pi}{3}\quad 或\quad x=\frac{1}{4}\varphi-\frac{3}{8}\pi+\frac{k\pi}{2}.$$

由于 $\varphi=\arctan\frac{4}{3}$,代入上式,得原方程的解

$$x_1=-\frac{1}{6}\arctan\frac{4}{3}+\frac{\pi}{36}+\frac{k\pi}{3},$$

$$x_2=\frac{1}{4}\arctan\frac{4}{3}-\frac{3\pi}{8}+\frac{k\pi}{2},\quad k\in\mathbf{Z}$$

(2) 利用和差化积、倍角公式等进行因式分解.

例 8　解方程 $\sin x+\sin 2x+\sin 3x=1+\cos x+\cos 2x$.

解　原方程即

$$(\sin x+\sin 3x)+\sin 2x=(1+\cos 2x)+\cos x,$$

$$2\sin 2x\cos x+\sin 2x=2\cos^2 x+\cos x,$$

$$\sin 2x(2\cos x+1)=\cos x(2\cos x+1),\qquad ①$$

$$(2\cos x+1)\cdot\cos x\cdot(2\sin x-1)=0.$$

分别解

$$2\cos x+1=0,\quad \cos x=0,\quad 2\sin x-1=0,$$

得原方程的解为

$$x_1=\pm\frac{2\pi}{3}+2k\pi,\ x_2=\frac{\pi}{2}+k\pi,\ x_3=(-1)^k\frac{\pi}{6}+k\pi,\quad k\in\mathbf{Z}.$$

以上解题过程都用的是恒等变形,定义域无变化,故无增解、失解. 如果在方程①

两边同除以 $2\cos x+1$，将会失解.

(3) 化为关于 $\sin x$ 和 $\cos x$ 的齐次方程.

例 9 解方程 $6\sin^2 x-\sin x\cos x-\cos^2 x=3$.

解 方程化为

$$6\sin^2 x-\sin x\cos x-\cos^2 x-3(\sin^2 x+\cos^2 x)=0,$$

$$3\sin^2 x-\sin x\cos x-4\cos^2 x=0. \qquad ①$$

两边同除以 $\cos^2 x$（暂设 $\cos x\neq 0$），得

$$3\tan^2 x-\tan x-4=0, \qquad ②$$

$$(\tan x+1)(3\tan x-4)=0.$$

由 $\tan x=-1$，得 $x=-\dfrac{\pi}{4}+k\pi, k\in\mathbf{Z}$；

由 $\tan x=\dfrac{4}{3}$，得 $x=\arctan\dfrac{4}{3}+k\pi, k\in\mathbf{Z}$.

解题过程中，在方程①到②这一步可能失根. 为此，须将 $\cos x=0$ 的解 $x=\dfrac{\pi}{2}+k\pi$ 代入原方程检验，显然不适合（如果适合，则须补回此失根）.

因此原方程的解是

$$x_1=-\frac{\pi}{4}+k\pi,\ x_2=\arctan\frac{4}{3}+k\pi,\quad k\in\mathbf{Z}.$$

(4) 引入辅助角.

对于形如 $a\sin x+b\cos x=c$（a,b,c 为非零实数，$a>0$）的三角方程，可在方程两边都除以 $\sqrt{a^2+b^2}$，然后令

$$\cos\varphi=\frac{a}{\sqrt{a^2+b^2}},\ \sin\varphi=\frac{b}{\sqrt{a^2+b^2}}\quad\left(\text{即 }\varphi=\arctan\frac{b}{a}\right),$$

则方程变形为

$$\sin(x+\varphi)=\frac{c}{\sqrt{a^2+b^2}}.$$

当 $\left|\dfrac{c}{\sqrt{a^2+b^2}}\right|\leqslant 1$ 时，方程有解.

在例 7 的解题过程①式到②式中，曾经采取引入辅助角的步骤. 这里不再举例.

(5) 运用降次公式.

例 10 解方程 $\sin^2 x+\sin^2 2x=1$.

解 原方程可化为

$$\frac{1-\cos 2x}{2}+\frac{1-\cos 4x}{2}=1.$$

$$\cos 2x+\cos 4x=0,\quad \text{即}\quad 2\cos 3x\cos x=0.$$

由 $\cos 3x=0$，得

$$x=\frac{\pi}{6}+\frac{k\pi}{3},\quad k\in\mathbf{Z};\qquad ①$$

由 $\cos x=0$，得

$$x=\frac{\pi}{2}+n\pi,\quad n\in\mathbf{Z}.\qquad ②$$

注意，解集②是①的真子集，不必重复．所以原方程的解是 $x=\frac{\pi}{6}+\frac{k\pi}{3}, k\in\mathbf{Z}$.

(6) 换元法．

例 11　解方程 $\sin x+\cos x=1+\sin x\cos x$.

解　令 $\sin x+\cos x=t$，则 $\sin x\cos x=\frac{t^2-1}{2}$．原方程化为

$$t=1+\frac{t^2-1}{2},\quad 即\quad (t-1)^2=0,\ t=1.$$

所以

$$\sin x+\cos x=1,\quad \cos\frac{\pi}{4}\cos x+\sin\frac{\pi}{4}\sin x=\frac{1}{\sqrt{2}},$$

即 $\cos\left(x-\frac{\pi}{4}\right)=\frac{\sqrt{2}}{2}$，所以 $x=\frac{\pi}{4}\pm\frac{\pi}{4}+2k\pi, k\in\mathbf{Z}$.

从而 $x_1=\frac{\pi}{2}+2k\pi, x_2=2k\pi, k\in\mathbf{Z}$.

(7) 运用三角函数的有界性．

例 12　解方程

$$\sin x\left(\cos\frac{x}{4}-2\sin x\right)+\cos x\left(1+\sin\frac{x}{4}-2\cos x\right)=0.$$

解　原方程化为

$$\left(\sin x\cos\frac{x}{4}+\cos x\sin\frac{x}{4}\right)+\cos x-2(\sin^2 x+\cos^2 x)=0,$$

即

$$\sin\frac{5x}{4}+\cos x=2.\qquad ①$$

因为 $\sin\frac{5x}{4}\leqslant 1, \cos x\leqslant 1$，而要使方程①成立，必须

$$\begin{cases}\sin\frac{5x}{4}=1,\\ \cos x=1\end{cases}\Rightarrow\begin{cases}\frac{5x}{4}=\frac{\pi}{2}+2k\pi,\\ x=2n\pi\end{cases}$$

$$\Rightarrow\begin{cases}x=\frac{2\pi}{5}+k\cdot\frac{8\pi}{5},\\ x=2n\pi\end{cases}\quad (k,n\in\mathbf{Z}),$$

所以

$$2n\pi=\frac{2\pi}{5}+k\cdot\frac{8\pi}{5},\quad n=\frac{1+4k}{5}(k\in\mathbf{Z}).$$

因为 $n\in\mathbf{Z}$，所以 $k=1+5m(m\in\mathbf{Z})$.

因此原方程的解是 $x=2\pi+8m\pi, m\in\mathbf{Z}$.

解三角方程产生增根、失根的原因有两种. 第一种原因和一般代数方程的基本相同. 例如方程两边同乘 $\cos x$，或将方程两边分别平方，可能产生增根；而方程两边同除以 $\cos x$，则可能失根. 第二种原因是在解含有 $\tan x$，$\cot x$ 等函数的方程时，奇值点(指那些使函数无意义的变量的取值，例如 $\cot x$ 的奇值点是 $k\pi, k\in\mathbf{Z}$)的增减变化引起定义域的变化，因而产生增根或失根.

例 13 解方程

$$\tan x\cdot\cot 2x=0. \qquad ①$$

解 由 $\tan x=0$，得 $x_1=k\pi, k\in\mathbf{Z}$；

由 $\cot 2x=0$，得 $x_2=\frac{\pi}{4}+\frac{n\pi}{2}, n\in\mathbf{Z}$.

这里采取的变形所依据的是因式分解定理(定理 4)，但是定义域发生了变化. 方程①的定义域 M 是

$$M=\left\{x\left|x\neq\frac{\pi}{2}+k\pi, x\neq\frac{n\pi}{2}, k\in\mathbf{Z}, n\in\mathbf{Z}\right.\right\},$$

即方程①有两类奇值点：$\frac{\pi}{2}+k\pi$ 和 $\frac{n\pi}{2}$. 但是对于方程 $\tan x=0$，只有一类奇值点：$\frac{\pi}{2}+k\pi$，奇值点减少意味着定义域的扩大. 而 $x_1=k\pi(k\in\mathbf{Z})$，正巧属于方程①的第二类奇值点 $\frac{n\pi}{2}(n\in\mathbf{Z})$ 中 n 取偶数的情形，故为增根.

因此，原方程的解是 $x=\frac{\pi}{4}+\frac{n\pi}{2}, n\in\mathbf{Z}$.

3. 三角方程的解集的等效性

在解三角方程时，由于解法不同或所取特殊解的代表值不同，而使解集具有不同表达式. 一般地说，只要解法正确，在剔除增解、补回失解之后，同一方程的不同形式的解集应该是等效的.

判别解集等效性有两种常用方法.

(1) 推理法：通过推理，证明同一方程的表达式不同的两个解集是相等的.

例 14 解方程 $3\sin x=4\sin^3 x$.

解法 1 $\sin x(3-4\sin^2 x)=0$，故原方程的解集为

$$A=\{x\mid x=k\pi\}\cup\left\{x\left|x=k\pi\pm\frac{\pi}{3}\right.\right\}\quad(k\in\mathbf{Z}).$$

解法 2 根据三倍角公式，原方程即

$$\sin 3x=0.$$

所以原方程的解集为 $B=\left\{x \middle| x=\frac{n\pi}{3}, n\in\mathbf{Z}\right\}$.

解集 A 和 B 是等效的，即它们是相等的集合. 证明如下：

$$A=\{x \mid x=k\pi\}\cup\left\{x \middle| x=k\pi\pm\frac{\pi}{3}\right\} \quad (k\in\mathbf{Z})$$

$$=\left\{x \middle| x=\frac{\pi}{3}\cdot 3k\right\}\cup\left\{x \middle| x=\frac{\pi}{3}(3k+1)\right\}\cup\left\{x \middle| x=\frac{\pi}{3}(3k-1)\right\}.$$

因为 $\{3k\}\cup\{3k+1\}\cup\{3k-1\}=\{n\}$，其中 $k\in\mathbf{Z}, n\in\mathbf{Z}$，所以

$$A=\left\{x \middle| x=\frac{n\pi}{3}, n\in\mathbf{Z}\right\}=B.$$

(2) 实验法：先找出两个解集的代表值增减的公共周期 T，然后算出两个解集在区间 $[0,T]$ 内的具体数值，看它们是否一致.

例 15　解方程 $\sin x+\sin 2x+\sin 3x=0$.

解法 1　方程化为

$$(\sin x+\sin 3x)+\sin 2x=0,$$

$$\sin 2x(2\cos x+1)=0,$$

得解集

$$A=\left\{x \middle| x=\frac{k\pi}{2}\right\}\cup\left\{x \middle| x=2k\pi\pm\frac{2}{3}\pi\right\} \quad (k\in\mathbf{Z}).$$

解法 2　方程化为

$$2\sin\frac{3x}{2}\cos\frac{x}{2}+2\sin\frac{3x}{2}\cos\frac{3x}{2}=0,$$

$$4\sin\frac{3x}{2}\cdot\cos x\cos\frac{x}{2}=0.$$

得解集

$$B=\left\{x \middle| x=\frac{2k\pi}{3}\right\}\cup\left\{x \middle| x=k\pi+\frac{\pi}{2}\right\}\cup\{x \mid x=2k\pi+\pi\} \quad (k\in\mathbf{Z}).$$

当 k 值每增加 1 时，A 和 B 中所含的五个子集的代表值分别增加

$$\frac{\pi}{2},\ 2\pi,\ \frac{2\pi}{3},\ \pi,\ 2\pi.$$

它们的最小公倍数是 2π，即公共周期 $T=2\pi$.

算出 A 和 B 在 0 到 2π 间的特殊解的值为

$$A:0,\frac{\pi}{2},\pi,\frac{3\pi}{2},2\pi,\frac{2\pi}{3},\frac{4\pi}{3};$$

$$B:0,\frac{2\pi}{3},\frac{4\pi}{3},2\pi,\frac{\pi}{2},\frac{3\pi}{2},\pi.$$

可见 A 和 B 的这两组取值相同，因此 A 和 B 是等效的.

四、反三角方程

这里说的反三角方程，是指仅在反三角函数符号后面含有未知数的方程.

解反三角方程常需对方程的两边施行三角运算，这样变形的结果容易引入增解，有时也可能失解. 例如方程

$$f(x)=g(x) \tag{①}$$

与方程

$$\sin f(x)=\sin g(x) \tag{②}$$

不是同解的. 方程②是方程①的结果，方程②的解是

$$f(x)=(-1)^k g(x)+k\pi, \quad k\in \mathbf{Z}. \tag{③}$$

可见方程②不仅含有方程①的解（当 $k=0$ 时③式的值），而且含有许多不符合方程①的解（当 $k\neq 0$ 时③式的值），即含有方程①的增解.

因此，在解反三角方程时必须注意根的检验.

例 16 解方程 $\arccos x-\arcsin x=\dfrac{\pi}{6}$. ①

解 因为

$$\arccos x+\arcsin x=\frac{\pi}{2}. \tag{②}$$

①+②，得 $2\arccos x=\dfrac{2\pi}{3}$，所以 $\arccos x=\dfrac{\pi}{3}$，$x=\dfrac{1}{2}$.

经验算知 $x=\dfrac{1}{2}$是原方程的根.

例 17 解方程 $2\arcsin x+\arccos(1-x)=0$.

解 原方程即

$$2\arcsin x=-\arccos(1-x), \tag{①}$$

$$\cos(2\arcsin x)=\cos[-\arccos(1-x)],$$

即

$$1-2x^2=1-x, \quad 2x^2-x=0.$$

由此得 $x_1=0$，$x_2=\dfrac{1}{2}$.

经验算，$x=0$ 是原方程的根，$x=\dfrac{1}{2}$ 是增根.

§5.6 方 程 组

由于线性方程组在高等代数中已作详细讨论，这里不再重复. 本节主要讨论方程

组的同解性和特殊类型的方程组的解法.

一、方程组的基本概念

定义 14 未知元 $x,y,\cdots,z$ 的 $k(k\geqslant 2)$ 个方程联立的集合

$$(\text{I})\begin{cases} f_1(x,y,\cdots,z)=g_1(x,y,\cdots,z), \\ f_2(x,y,\cdots,z)=g_2(x,y,\cdots,z), \\ \cdots\cdots\cdots\cdots \\ f_k(x,y,\cdots,z)=g_k(x,y,\cdots,z), \end{cases}$$

称为含有未知元 $x,y,\cdots,z$ 的 k 个方程的方程组. 方程组(Ⅰ)的定义域 M,是(Ⅰ)中各个方程的定义域的交集,或者说,是所含各方程的定义域的公共部分.

定义 15 如果 $x=a,y=b,\cdots,z=c$ 能使方程组(Ⅰ)中每个等式的左右两边相等,那么有序数组 $(a,b,\cdots,c)$ 称为方程组(Ⅰ)的解.

由方程组(Ⅰ)的全部解组成的一个数组集合,叫做这个方程组的解集. 显然,方程组的解集是方程组中每一个方程的解集的交集. 求出方程组的解集的过程叫做解方程组.

如果方程组的解集是空集,或者说方程组无解,就称这个方程组是矛盾方程组. 显然,只要方程组中有一个方程无解,这个方程组就是矛盾方程组;但即使方程组中每个方程都有解,方程组也不一定有解.

方程组的解集同涉及的数集有关,例如方程组 $\begin{cases} 4x^2+4y^2=11, \\ y^2=10x \end{cases}$ 在有理数集中无解;在实数集中有两解;在复数集中有四解.

中学数学中讨论的方程组,所含方程的个数和未知元的个数一般是相等的. 如果未知元的个数是 n,且各个方程的最高次数是 m,就称该方程组为 n 元 m 次方程组.

二、方程组的同解性

为了叙述方便,下面讨论同解性时以二元方程组为例,并将每个方程尽可能写成等号右边为零的形式. 所述同解定理对于多元方程组是同样适用的.

1. 方程组的同解概念

定义 16 如果在给定数集内,两个方程组

$$(\text{I})\begin{cases} f(x,y)=0, \\ g(x,y)=0 \end{cases} \quad \text{和} \quad (\text{II})\begin{cases} f_1(x,y)=0, \\ g_1(x,y)=0 \end{cases}$$

的解集相等,就称它们是同解方程组.

如果方程组(Ⅰ)的解集是方程组(Ⅱ)的解集的子集,则称(Ⅱ)是(Ⅰ)的结果. 因此当(Ⅰ)和(Ⅱ)互为结果时,(Ⅰ)和(Ⅱ)就同解.

方程组的同解概念与方程一样,和所涉及的数集有关. 例如

$$\begin{cases}3x-y=12,\\x-y=2\end{cases}\quad 与\quad \begin{cases}x+y=8,\\x^3=125\end{cases}$$

在实数集上同解,但在复数集上不同解.

2. 方程组的同解定理

定理 17 如果方程 $f(x,y)=0$ 和方程 $f_1(x,y)=0$ 同解,则方程组

$$(\text{I})\begin{cases}f(x,y)=0, & ①\\g(x,y)=0 & ②\end{cases}$$

和方程组

$$(\text{II})\begin{cases}f_1(x,y)=0, & ③\\g(x,y)=0\end{cases}$$

同解.

证 设方程组(Ⅰ)和(Ⅱ)的解集分别是 S_1 和 S_2. 因为 S_1 是方程①与②的解集的交集,而方程①与③同解,所以 S_1 也是方程②与③的解集的交集,即 $S_1=S_2$.

定理 17 说明,方程组中的任何一个方程,可以替换成和它同解的方程,而不改变原方程组的解集.

定理 18 方程组

$$(\text{I})\begin{cases}f(x,y)=0,\\g(x,y)=0\end{cases}$$

和方程组

$$(\text{II})\begin{cases}m\cdot f(x,y)+n\cdot g(x,y)=0,\\f(x,y)=0\end{cases}$$

或

$$(\text{III})\begin{cases}m\cdot f(x,y)+n\cdot g(x,y)=0,\\g(x,y)=0\end{cases}$$

同解,其中 m,n 为任意非零常数.

证 设 (a,b) 是方程组(Ⅰ)的解,则

$$\begin{cases}f(a,b)=0,\\g(a,b)=0,\end{cases}$$

所以

$$m\cdot f(a,b)+n\cdot g(a,b)=0.$$

因此,(a,b) 是方程组(Ⅱ)和(Ⅲ)的解.

反之,如果 (a,b) 是方程组(Ⅱ)的解,则

$$\begin{cases}m\cdot f(a,b)+n\cdot g(a,b)=0,\\f(a,b)=0.\end{cases}$$

因为 $f(a,b)=0$,所以

$$m \cdot f(a,b)+n \cdot g(a,b)=n \cdot g(a,b)=0.$$

又因为 $n \neq 0$,所以 $g(a,b)=0$,即 (a,b) 是方程组(Ⅰ)的解.

同理,如果 (a,b) 是方程组(Ⅲ)的解,那么 (a,b) 也是方程组(Ⅰ)的解.

所以,方程组(Ⅰ)与(Ⅱ)同解,或方程组(Ⅰ)和(Ⅲ)同解.

定理 18 是用加减消元法解方程组的理论依据.

定理 19　方程组

$$(\text{Ⅰ})\begin{cases} f(x,y)=0, \\ y=\varphi(x) \end{cases} \quad 与 \quad (\text{Ⅱ})\begin{cases} f(x,\varphi(x))=0, \\ y=\varphi(x) \end{cases}$$

同解.

证明和定理 18 的证法类似,从略.

定理 19 是用代入消元法解方程组的理论依据.

定理 20　方程组

$$(\text{Ⅰ})\begin{cases} f(x,y)=0, \\ g_1(x,y)g_2(x,y)=0 \end{cases}$$

的解集等于方程组

$$(\text{Ⅱ})\begin{cases} f(x,y)=0, \\ g_1(x,y)=0 \end{cases} \quad 和 \quad (\text{Ⅲ})\begin{cases} f(x,y)=0, \\ g_2(x,y)=0 \end{cases}$$

的解集的并集.

证　设 (a,b) 是方程组(Ⅰ)的解,则有

$$f(a,b)=0,且\ g_1(a,b)=0\ 或\ g_2(a,b)=0,$$

这里的"或"包括两者之一成立,及两者同时成立. 因此 (a,b) 也是方程组(Ⅱ)或(Ⅲ)的解.

反之,设 (a',b') 是方程组(Ⅱ)或(Ⅲ)的解,显然 (a',b') 也适合方程组(Ⅰ),即也为(Ⅰ)的解.

定理 20 是用因式分解法解二元二次方程组和高次方程组的理论依据.

除了以上四个同解定理,同样可证以下两个定理成立.

定理 21　如果方程组中某个方程是组内其余方程的结果,那么这方程便可弃去,弃去后所得方程组和原方程组同解.

推论 1　如果方程组中某个方程是恒等方程,可将它弃去而不改变原方程组的解集.

推论 2　在方程组中可根据需要添上一个恒等方程,而不改变原方程组的解集.

定理 22　如果方程组中某个方程用其结果代替,所得新方程组是原方程组的结果.

例 1　解方程组

$$(\text{Ⅰ})\begin{cases} 3x^2-xy-4y^2-3x+4y=0, & ① \\ x^2+y^2=25, & ② \end{cases}$$

并分析求解过程的同解性.

解　将方程①作因式分解,并与②联立得

$$(\text{Ⅱ})\begin{cases}(3x-4y)(x+y-1)=0,\\ x^2+y^2=25,\end{cases}$$

则方程组(Ⅰ)和(Ⅱ)同解(定理17). 又方程组(Ⅱ)的解集等于如下两个方程组的解集的并集(定理20):

$$(\text{Ⅲ})\begin{cases}x^2+y^2=25,\\ 3x-4y=0;\end{cases}$$

$$(\text{Ⅳ})\begin{cases}x^2+y^2=25,\\ x+y-1=0.\end{cases}$$

解(Ⅲ):由代入法解得

$$\begin{cases}x=4,\\ y=3;\end{cases}\quad\begin{cases}x=-4,\\ y=-3.\end{cases}$$

解(Ⅳ):仍用代入法得

$$\begin{cases}x=4,\\ y=-3;\end{cases}\quad\begin{cases}x=-3,\\ y=4.\end{cases}$$

因此,原方程组有四个解:(4,3),(−4,−3),(4,−3),(−3,4).

三、特殊类型方程组解法举例

1. 二元二次与二元三次方程组

如果一个二元二次方程组中有一个是二元一次方程,或者虽然两个都是二元二次方程,但可通过加减消元法消去二次项或其中有一个可以分解成一次因式(如例1),这些情形就可用代入法等方法求解. 下面讨论两种特殊类型的二元二次与二元三次方程组.

(1) 对称方程组

若将方程组中两个未知元互换,方程组不变,则称该方程组为对称方程组.

例2 解方程组

$$\begin{cases}x^2+y^2+xy-x-y=1, & ①\\ x^2+y^2+3xy=-1. & ②\end{cases}$$

解 本题显然是对称方程组. 令 $x+y=u$, $xy=v$,代入方程①,②,得

$$\begin{cases}u^2-v-u=1, & ③\\ u^2+v=-1. & ④\end{cases}$$

③+④,得 $2u^2-u=0$,解得 $u=0$ 或 $\frac{1}{2}$,代入④得

$$\begin{cases}u=0,\\ v=-1;\end{cases}\quad\begin{cases}u=\dfrac{1}{2},\\ v=-\dfrac{5}{4}.\end{cases}$$

这样,原方程组归结为

$$\begin{cases}x+y=0,\\ xy=-1\end{cases}\quad 和 \quad \begin{cases}x+y=\dfrac{1}{2},\\ xy=-\dfrac{5}{4}.\end{cases}$$

由此得原方程组的解为

$$(1,-1),(-1,1),\ \left(\frac{1+\sqrt{21}}{4},\frac{1-\sqrt{21}}{4}\right),\ \left(\frac{1-\sqrt{21}}{4},\frac{1+\sqrt{21}}{4}\right).$$

例 3　解方程组

$$\begin{cases}x^3=5y, & ①\\ y^3=5x. & ②\end{cases}$$

解　若将 x,y 互换,方程易位,但整个方程组不变,所以仍为对称方程组. 先变形为可分解因式的形式:①+②,得

$$x^3+y^3=5(x+y),$$

①-②,得

$$x^3-y^3=-5(x-y),$$

于是原方程组化为

$$\begin{cases}(x+y)(x^2-xy+y^2-5)=0, & ③\\ (x-y)(x^2+xy+y^2+5)=0. & ④\end{cases}$$

将方程③和④的因式搭配,得下列四个方程组:

$$(\text{I})\begin{cases}x+y=0,\\ x-y=0;\end{cases}\qquad (\text{II})\begin{cases}x+y=0,\\ x^2+xy+y^2+5=0;\end{cases}$$

$$(\text{III})\begin{cases}x^2-xy+y^2-5=0,\\ x-y=0;\end{cases}\qquad (\text{IV})\begin{cases}x^2-xy+y^2-5=0,\\ x^2+xy+y^2+5=0.\end{cases}$$

显然,它们都是易解的二元二次方程组. 分别解之,原方程组共有 9 组解:

$$(0,0),\ (\sqrt{5}\mathrm{i},-\sqrt{5}\mathrm{i}),\ (-\sqrt{5}\mathrm{i},\sqrt{5}\mathrm{i}),\ (\sqrt{5},\sqrt{5}),\ (-\sqrt{5},-\sqrt{5}),$$

$$\left(\frac{\sqrt{10}(1+\mathrm{i})}{2},\frac{-\sqrt{10}(1-\mathrm{i})}{2}\right),\ \left(\frac{-\sqrt{10}(1-\mathrm{i})}{2},\frac{\sqrt{10}(1+\mathrm{i})}{2}\right),$$

$$\left(\frac{\sqrt{10}(1-\mathrm{i})}{2},\frac{-\sqrt{10}(1+\mathrm{i})}{2}\right),\ \left(\frac{-\sqrt{10}(1+\mathrm{i})}{2},\frac{\sqrt{10}(1-\mathrm{i})}{2}\right).$$

(2) 除常数外皆为齐次项的方程组

例 4　在实数集内解方程组

$$\begin{cases}4x^3+3x^2y+y^3=8, & ①\\ 2x^3-2x^2y+xy^2=1. & ②\end{cases}$$

解　方程组的左边是三次齐次式. 令 $y=tx$,分别代入方程①和②,得

$$\begin{cases} x^3(4+3t+t^3)=8, & ③ \\ x^3(2-2t+t^2)=1. & ④ \end{cases}$$

由方程③和④解出 x^3 的表示式，得

$$\frac{8}{4+3t+t^3}=\frac{1}{2-2t+t^2}. \quad ⑤$$

将⑤式变形，整理，得

$$t^3-8t^2+19t-12=0,$$

即

$$(t-1)(t-3)(t-4)=0,$$

所以 $t=1,3,4$.

将 $t=1$ 代入③式，得 $x^3=1$，所以

$$x=1, \quad y=tx=1;$$

将 $t=3$ 代入③式，得 $x^3=\frac{1}{5}$，所以

$$x=\frac{1}{5}\sqrt[3]{25}, \quad y=tx=\frac{3}{5}\sqrt[3]{25};$$

将 $t=4$ 代入③式，得 $x^3=\frac{1}{10}$，所以

$$x=\frac{1}{10}\sqrt[3]{100}, \quad y=tx=\frac{2}{5}\sqrt[3]{100}.$$

因此，原方程组的实数根是

$$(1,1), \left(\frac{1}{5}\sqrt[3]{25}, \frac{3}{5}\sqrt[3]{25}\right), \left(\frac{1}{10}\sqrt[3]{100}, \frac{2}{5}\sqrt[3]{100}\right).$$

2. 三元方程组

对于三元二次或三元高次方程组，只有特殊情形才能用初等方法求解. 这时可根据方程组的具体特征，采用适当方法消元、降次.

例 5 解方程组

$$\begin{cases} x^2=15+(y-z)^2, \\ y^2=5+(z-x)^2, \\ z^2=3+(x-y)^2. \end{cases}$$

解 原方程组可变形为

$$\begin{cases} (x-y+z)(x+y-z)=15, & ① \\ (x+y-z)(-x+y+z)=5, & ② \\ (-x+y+z)(x-y+z)=3. & ③ \end{cases}$$

①×②×③，得

$$(-x+y+z)^2(x-y+z)^2(x+y-z)^2=225. \quad ④$$

将④式两边开方，得

$$(-x+y+z)(x-y+z)(x+y-z)=15, \quad ⑤$$

$$(-x+y+z)(x-y+z)(x+y-z)=-15. \quad ⑥$$

将①—③式分别代入⑤式，得方程组

$$\begin{cases}-x+y+z=1,\\x-y+z=3,\\x+y-z=5,\end{cases} \text{解得}\begin{cases}x=4,\\y=3,\\z=2.\end{cases}$$

将①—③式分别代入⑥式，得方程组

$$\begin{cases}-x+y+z=-1,\\x-y+z=-3,\\x+y-z=-5,\end{cases} \text{解得}\begin{cases}x=-4,\\y=-3,\\z=-2.\end{cases}$$

因此，原方程组的解是(4,3,2)和(−4,−3,−2).

例 6 解方程组

$$\begin{cases}x+y+z=6, & ①\\x^2+y^2+z^2=14, & ②\\(x+y)(y+z)(z+x)=60. & ③\end{cases}$$

解 这是一个对称方程组，将①式的两边平方，再减去②式，得

$$xy+yz+zx=11. \quad ④$$

依据①式，方程③可化为

$$(6-z)(6-x)(6-y)=60,$$

即

$$216-36(x+y+z)+6(xy+yz+zx)-xyz=60.$$

把①式和④式代入上式，得

$$xyz=6. \quad ⑤$$

由①式、④式和⑤式可知，x,y,z 是三次方程

$$t^3-6t^2+11t-6=0 \quad ⑥$$

的三个根. 解方程⑥，得 $t=1,2,3$. 将 1,2,3 作全排列，依次对应于 x,y,z 的值. 因此原方程组的解是

$$(1,2,3),\ (1,3,2),\ (2,1,3),\ (2,3,1),\ (3,1,2),\ (3,2,1).$$

3. 超越方程组

如果在方程组内至少有一个方程是初等超越方程，就称该方程组是初等超越方程组，简称超越方程组. 它没有系统的初等解法可循，但对于某些特殊的超越方程组，则可根据其特点采用适当的初等方法求解. 这里只讨论含有两个未知元且比较简单的超越方程组. 可依据有关函数的性质，结合所给方程的具体特征考虑其解法.

例 7 解方程组

$$\begin{cases}2^{y-x}(x+y)=1, & ①\\(x+y)^{x-y}=2. & ②\end{cases}$$

解法 1 方程①两边同乘 2^{x-y}，得

$$x+y=2^{x-y}. \qquad ③$$

将③式代入②式，得 $2^{(x-y)^2}=2$，所以

$$(x-y)^2=1, \quad x-y=\pm 1.$$

原方程组的解集等于以下两个方程组的解集的并集：

$$\begin{cases}(x+y)^{x-y}=2,\\x-y=1\end{cases} \quad 和 \quad \begin{cases}(x+y)^{x-y}=2,\\x-y=-1.\end{cases}$$

这两个方程组等价于

$$(\text{Ⅰ})\begin{cases}x+y=2,\\x-y=1\end{cases} \quad 和 \quad (\text{Ⅱ})\begin{cases}x+y=\dfrac{1}{2},\\x-y=-1.\end{cases}$$

因此原方程组的解是 $\left(\dfrac{3}{2},\dfrac{1}{2}\right),\left(-\dfrac{1}{4},\dfrac{3}{4}\right)$.

解法 2 方程①和②的两边分别取对数，得

$$\begin{cases}(y-x)\lg 2+\lg(x+y)=0,\\(x-y)\lg(x+y)=\lg 2,\end{cases}$$

即

$$\begin{cases}\lg(x+y)=(x-y)\lg 2, & ④\\\lg(x+y)=\dfrac{1}{x-y}\lg 2. & ⑤\end{cases}$$

比较④式和⑤式可知 $x-y=\dfrac{1}{x-y}$，即

$$x-y=\pm 1. \qquad ⑥$$

④式和⑥式联立，解得原方程组的解是 $\left(\dfrac{3}{2},\dfrac{1}{2}\right),\left(-\dfrac{1}{4},\dfrac{3}{4}\right)$.

例 8 解方程组

$$\begin{cases}4^{\frac{x}{y}+\frac{y}{x}}=32, & ①\\\log_3(x-y)=1-\log_3(x+y). & ②\end{cases}$$

解 $x,y\in\mathbf{R}, xy\neq 0, x+y>0$ 且 $x>y$. 由方程①，

$$\frac{x}{y}+\frac{y}{x}=\log_4 32=\frac{5}{2},$$

$$2\left(\frac{x}{y}\right)^2-5\left(\frac{x}{y}\right)+2=0, \quad \left(\frac{x}{y}-2\right)\left(\frac{2x}{y}-1\right)=0.$$

所以

$$x=2y \quad 或 \quad y=2x.$$

由方程②，

$$\log_3(x-y)(x+y)=1, \quad 即 \quad x^2-y^2=3.$$

因此，原方程组可化为

$$(\text{Ⅰ})\begin{cases}x=2y,\\x^2-y^2=3;\end{cases} \quad (\text{Ⅱ})\begin{cases}y=2x,\\x^2-y^2=3.\end{cases}$$

由方程组(Ⅰ)得$\begin{cases}x=2,\\y=1\end{cases}$和$\begin{cases}x=-2,\\y=-1,\end{cases}$后者不合题意，舍去. 由方程组(Ⅱ)得$\begin{cases}y=2x,\\x^2=-1,\end{cases}$在实数集内无解.

所以原方程组的解是(2,1).

例 9　解方程组

$$\begin{cases}x+y=\dfrac{5\pi}{6}, & ①\\[2mm] \cos^2 x+\cos^2 y=\dfrac{1}{4}. & ②\end{cases}$$

解　利用降次公式，②式即

$$\cos 2x+\cos 2y=\frac{-3}{2},$$

$$2\cos(x+y)\cos(x-y)=-\frac{3}{2}. \qquad ③$$

①式代入③式，化简得 $\cos(x-y)=\dfrac{\sqrt{3}}{2}$，所以

$$x-y=\pm\frac{\pi}{6}+2k\pi. \qquad ④$$

①式和④式联立，解得

$$\begin{cases}x=\dfrac{\pi}{2}+k\pi,\\[2mm] y=\dfrac{\pi}{3}-k\pi,\end{cases} \quad \begin{cases}x=\dfrac{\pi}{3}+k\pi,\\[2mm] y=\dfrac{\pi}{2}-k\pi\end{cases} \quad (k\in\mathbf{Z}).$$

经检验，以上两组解是原方程组的解.

例 10　解方程组

$$\begin{cases}\sin x\cos y=\dfrac{1}{4}, & ①\\[2mm] 3\tan x=\tan y. & ②\end{cases}$$

解　方程②即

$$3\sin x\cos y-\sin y\cos x=0. \qquad ③$$

将①式代入③式，得方程组

$$(\text{Ⅰ})\begin{cases}\sin x\cos y=\dfrac{1}{4},\\[2ex]\cos x\sin y=\dfrac{3}{4}.\end{cases}\quad ④$$

将①式、④式相加、相减，得

$$(\text{Ⅱ})\begin{cases}\sin(x+y)=1,\\[2ex]\sin(x-y)=-\dfrac{1}{2}.\end{cases}$$

方程组(Ⅱ)可化为

$$(\text{Ⅲ})\begin{cases}x+y=\dfrac{\pi}{2}+2k\pi,\\[2ex]x-y=-\dfrac{\pi}{6}+2l\pi;\end{cases}\qquad(\text{Ⅳ})\begin{cases}x+y=\dfrac{\pi}{2}+2k\pi,\\[2ex]x-y=\dfrac{7\pi}{6}+2l\pi.\end{cases}$$

由方程组(Ⅲ)得

$$\begin{cases}x=\dfrac{\pi}{6}+(k+l)\pi,\\[2ex]y=\dfrac{\pi}{3}+(k-l)\pi\end{cases}\qquad(k,l\in\mathbf{Z});$$

由方程组(Ⅳ)得

$$\begin{cases}x=\dfrac{5\pi}{6}+(k+l)\pi,\\[2ex]y=-\dfrac{\pi}{3}+(k-l)\pi\end{cases}\qquad(k,l\in\mathbf{Z}).$$

经检验，以上两解是原方程组的解.

例 11 解方程组

$$\begin{cases}\arcsin x+\arcsin y=\dfrac{2\pi}{3}, & ①\\[2ex]\arccos x-\arccos y=\dfrac{\pi}{3}. & ②\end{cases}$$

解 ①+②，

$$(\arcsin x+\arccos x)+(\arcsin y-\arccos y)=\pi.\quad ③$$

因为

$$\arcsin x+\arccos x=\frac{\pi}{2},\quad \arcsin y=\frac{\pi}{2}-\arccos y,$$

将以上两式代入③式，整理得

$$\arccos y=0,\quad ④$$

所以 $y=\cos 0=1$. 将④式代入②式，得

$$\arccos x=\frac{\pi}{3},$$

所以 $x=\cos\frac{\pi}{3}=\frac{1}{2}$.

所以原方程组的解是 $\left(\frac{1}{2},1\right)$.

习　题　五

1. 试按函数类别，将代数方程和超越方程作进一步分类，并列出分类表.

2. 方程 $x^2+1=0$ 和 $x^4+1=0$ 在有理数集上是否同解？在实数集上呢？在复数集上呢？

3. 判别下列各对方程在实数域上是否同解？为什么？

(1) $x^3+\frac{1}{x}-\frac{1}{x}=x$ 和 $x^3=x$；

(2) $2x-1+\frac{1}{x-2}=5-x+\frac{1}{x-2}$ 和 $2x-1=5-x$；

(3) $\frac{x^2-1}{x+1}=2$ 和 $x-1=2$；

(4) $\frac{x^2-1}{x-1}=2$ 和 $x+1=2$；

(5) $\frac{3x-2}{x-1}=\frac{2x+1}{x-1}$ 和 $3x-2=2x+1$；

(6) $\lg x^5=0$ 和 $5\lg x=0$；

(7) $\lg x^4=0$ 和 $4\lg x=0$；

(8) $\lg x^2=0$ 和 $2\lg|x|=0$；

(9) $x^2+2x+2=1$ 和 $\lg(x^2+2x+2)=\lg 1$；

(10) $x^2+3x+2=x+1$ 和 $\lg(x^2+3x+2)=\lg(x+1)$.

4. 在实数域上解下列方程：

(1) $\frac{x}{2(x-1)(x-2)}+\frac{1}{(x-2)(x-3)}=\frac{1}{(x-3)(x-1)}$；

(2) $\frac{1}{x+2}-\frac{2}{x-2}+\frac{4x}{x^2-4}=1$；

(3) $\frac{12x+1}{6x-2}-\frac{9x-5}{3x+1}=\frac{108x-36x^2-9}{4(9x^2-1)}$；

(4) $\frac{11(6-x)}{3(x-4)}+\frac{5(6-x)}{x-2}=\frac{10(5-x)}{3(x-4)}$；

(5) $\frac{1}{x^2+7x}-\frac{1}{x^2+7x+6}+\frac{1}{x^2+7x+18}-\frac{1}{x^2+7x+12}=0$；

(6) $\frac{x^2}{3}+\frac{48}{x^2}=10\left(\frac{x}{3}-\frac{4}{x}\right)$.

5. 解下列方程：

(1) $\frac{x^3+2x^2+3x+4}{x^3-2x^2+3x-4}=\frac{x^2+5x+6}{x^2-5x+6}$；

(2) $\frac{x+6}{x-6}\left(\frac{x-4}{x+4}\right)^2+\frac{x-6}{x+6}\left(\frac{x+9}{x-9}\right)^2=\frac{2(x^2+36)}{x^2-36}$；

(3) $17\left(\frac{2-3x}{x+1}-\frac{4x+11}{x+4}\right)+59=5\left(\frac{3-7x}{x+2}+\frac{2-5x}{x+3}\right)$；

(4) $\frac{x^2-10x+15}{x^2-6x+15}=\frac{3x}{x^2-8x+15}$.

6. 在实数域上解下列方程：

(1) $\sqrt{2x^2+21x-11}-\sqrt{2x^2-9x+4}=\sqrt{18x-9}$；

(2) $\sqrt{x+5}+\sqrt{x+3}=\sqrt{2x+7}$；

(3) $\sqrt{2x+4}-2\sqrt{2-x}=\frac{12x-8}{\sqrt{9x^2+16}}$；

(4) $\sqrt{x}+\sqrt{y-1}+\sqrt{z-2}=\frac{1}{2}(x+y+z)$.

7. 解下列方程：

(1) $x^3-6x^2+15x-14=0$；

(2) $x^4+4x^3-2x^2-12x+9=0$；

(3) $x^5+x^4-6x^3-14x^2-11x-3=0$.

8. 作五次方程，使其各根分别为方程 $2x^5-x^3-4x^2+8=0$ 各根的 -2 倍.

9. 作三次方程，使其各根分别为方程 $3x^3+2x^2-2x+11=0$ 各根的倒数减 2.

10. 设方程 $x^3+2x-1=0$ 的三根为 x_1,x_2,x_3，作一个方程使其根为 x_1x_2,x_2x_3 和 x_3x_1.

11. 设方程 $x^3-x^2-3=0$ 的三根为 x_1,x_2,x_3，作一个方程使其根为

$$\frac{x_1}{-x_1+x_2+x_3},\ \frac{x_2}{x_1-x_2+x_3},\ \frac{x_3}{x_1+x_2-x_3}.$$

12. 设多项式 $6x^4-7x^3+px^2+3x+2$ 能被 x^2-x+q 整除，求 p 和 q.

13. 解下列方程：

(1) $x^3+6x+2=0$；

(2) $x^3-3x^2-3x+11=0$；

(3) $x^4-x^3-x^2+2x-2=0$；

(4) $x^4-x^3-3x^2+5x-10=0$.

14. 解下列方程：

(1) $6x^4-13x^3+12x^2-13x+6=0$；

(2) $30x^4-17x^3-228x^2+17x+30=0$；

(3) $15x^5+34x^4+15x^3-15x^2-34x-15=0$；

(4) $3x^4+7x^3+7x+3=0$；

(5) $15x^4-34x^3+34x-15=0$；

(6) $x^7+2x^6-5x^5-13x^4-13x^3-5x^2+2x+1=0$.

15. 已知 5，3 和 $\frac{1}{3}$ 都是一个四次倒数方程的根，求这个四次方程.

16. 解方程：

(1) $(-2-2\mathrm{i})x^4-8=0$；

(2) $x^6+1=0$；

(3) $36x^8-13x^4+1=0$；

(4) $(x^2+3)^4+12(x^2+3)^2-64=0$；

17. 设 α 是方程 $x^3=c$ 的一个根. 求证：方程 $x^3=c$ 的另外两个根是 $\alpha\omega$ 和 $\alpha\omega^2$.

18. 解下列含有参数的方程：

(1) $\dfrac{x+a}{ax^2}=\dfrac{1}{(a-1)x}+\dfrac{1}{a(a-1)}$；

(2) $\sqrt{1+x+x^2}+\sqrt{1-x+x^2}=a$.

19. 求下列方程的整数解：

(1) $13x-15y=7$；

(2) $54x+37y=1$；

(3) $81x+52y=5$；

(4) $24x-56y=72$.

20. 试将 118 写成两个整数的和的形式，使其中一个数为 11 的倍数，另一个数为 17 的倍数.

21. 解下列方程：

(1) $(\sqrt{2-\sqrt{3}})^x+(\sqrt{2+\sqrt{3}})^x=4$；

(2) $\dfrac{\lg(2x)}{\lg(4x-15)}=2$；

(3) $x^{2\lg^3 x-\frac{3}{2}\lg x}=\sqrt{10}$；

(4) $10^{\log_a(x^2-3x+5)}=3^{\log_a 10}$；

(5) $\dfrac{1}{\log_6(3+x)}+\dfrac{2\log_{0.25}(4-x)}{\log_2(3+x)}=1$；

(6) $(7^x+7^{-x})^2-7(7^x+7^{-x})+6=0$.

22. 解下列方程：

(1) $6\sin^2 x-4\sin 2x+1=0$；

(2) $\dfrac{1+\tan x}{1-\tan x}=1+\sin 2x$；

(3) $\sin\left(x-\dfrac{\pi}{6}\right)+\sqrt{3}\cos\left(x+\dfrac{5\pi}{6}\right)=\sqrt{3}$；

(4) $(\sqrt{3}\sin 3x+\cos 3x)^2=\cos\left(\dfrac{\pi}{3}-3x\right)+5$；

(5) $3^{1+\tan x}-3^{1-\tan x}=8$；

(6) $\lg(1-\sin x)-4\lg\cos x+\lg(1+\sin x)=0$；

(7) $\arcsin x+\arctan\dfrac{1}{7}=\dfrac{\pi}{4}$；

(8) $\arcsin\dfrac{x+1}{x-3}=\arccos\dfrac{x-1}{x-3}$.

23. 设方程 $\sin^2 x+2\sin x\cos x-2\cos^2 x-m=0$ 恒有解，求实数 m 的范围.

24. 解下列方程组：

(1) $\begin{cases} \dfrac{x^2}{y}+\dfrac{y^2}{x}=12, \\ \dfrac{1}{x}+\dfrac{1}{y}=\dfrac{1}{3}; \end{cases}$

(2) $\begin{cases} \dfrac{1}{x}-\dfrac{1}{y}=\dfrac{1}{36}, \\ xy^2-x^2y=324; \end{cases}$

(3) $\begin{cases} x^2+y^2+x+y=32, \\ 12(x+y)=7xy; \end{cases}$

(4) $\begin{cases} (5x-1)(3y+2)=(2x+1)(9y-2), \\ (3x+2)(2y-9)=-(x+2)(y+9); \end{cases}$

(5) $\begin{cases} \dfrac{x^2+y^2}{xy}=\dfrac{5}{2}, \\ x^2-y^2=3; \end{cases}$

(6) $\begin{cases} xy+\dfrac{1}{xy}+\dfrac{x}{y}+\dfrac{y}{x}=13, \\ xy-\dfrac{1}{xy}-\dfrac{x}{y}+\dfrac{y}{x}=12; \end{cases}$

(7) $\begin{cases} x+y+z=13, \\ x^2+y^2+z^2=91, \\ y^2=xz; \end{cases}$

(8) $\begin{cases} x(1+y)=z^2(1+x), \\ y(1+z)=x^2(1+y), \\ z(1+x)=y^2(1+z). \end{cases}$

25. 解下列方程组：

(1) $\begin{cases} \sqrt{\dfrac{6x}{x+y}}+\sqrt{\dfrac{x+y}{6x}}=\dfrac{5}{2}, \\ xy-x-y=0; \end{cases}$

(2) $\begin{cases} \sqrt[4]{1+5x}+\sqrt[4]{5-y}=3, \\ 5x-y=11; \end{cases}$

(3) $\begin{cases} x^2+y\sqrt{xy}=420, \\ y^2+x\sqrt{xy}=280; \end{cases}$

(4) $\begin{cases} \sqrt{1-16y^2}-\sqrt{1-16x^2}=2(x+y), \\ x^2+y^2+4xy=\dfrac{1}{5}. \end{cases}$

26. 解下列方程组：

(1) $\begin{cases} 64^{2x}+64^{2y}=12, \\ 64^{x+y}=4\sqrt{2}; \end{cases}$

(2) $\begin{cases} \log_{0.5}(y-x)+\log_2\left(\dfrac{1}{y}\right)=-2, \\ x^2+y^2=25; \end{cases}$

(3) $\begin{cases} 5(\log_y x+\log_x y)=26, \\ xy=64; \end{cases}$

(4) $\begin{cases} \lg^2 x+\lg^2 y=7, \\ \lg x-\lg y=2. \end{cases}$

27. 解下列方程组：

(1) $\begin{cases} \sin^2 x+\sin^2 y=\dfrac{3}{4}, \\ x+y=\dfrac{5\pi}{12}; \end{cases}$

(2) $\begin{cases} \sin x+\sin y=1, \\ \cos x+\cos y=\sqrt{3}; \end{cases}$

(3) $\begin{cases} \tan x \cdot \tan y=1, \\ \tan^2 x+\tan^2 y=\dfrac{10}{3}; \end{cases}$

(4) $\begin{cases} \sin(x+y)=\sin x-\sin y, \\ \cos(x+y)=\cos x-\cos y \end{cases}$ $\left(-\pi<x<\pi, -\dfrac{\pi}{2}<y<\dfrac{\pi}{2}\right)$.

第五章部分习题

参考答案或提示

第六章　不　等　式

虽然数量上的不等关系要比相等关系更广泛地存在于现实世界里，但是人们对于不等式的认识要比方程迟得多. 直到 17 世纪以后，不等式理论才逐渐发展起来，成为数学基础理论的一个重要组成部分.

本章主要研究不等式的性质、常用证明方法和不等式的解法. 如无特别说明，都是在实数域上讨论的，所用字母都表示实数.

§ 6.1　不等式及其性质

作为表达同类量之间的大小关系的一种数学形式，不等式必须在定义了大小关系的有序数集上研究，一般在实数域(有时在有理数域)上讨论. 由于复数域内无法定义大小关系，所以复数域与不等式“无缘”.

§2.6 中关于实数域的性质的讨论，是我们研究不等式概念及其性质的基础.

一、不等式的基本概念

定义 1　用不等号联结两个解析式所成的式子，叫做不等式.

常用的不等号有两类：“$>$”和“$<$”，叫做严格不等号；“$\geqslant$”和“$\leqslant$”叫做非严格不等号(相应的不等式分别叫做严格不等式和非严格不等式). 例如 $a\geqslant b$ 表示“$a>b$ 或 $a=b$有一个成立”，因此 $1\geqslant 0$ 和 $1\leqslant 1$ 都为真. 另外，日常还使用一种只肯定不等关系但不区别孰大孰小的不等号，即“$\neq$”.

下面主要讨论关于严格不等式的性质. 这些性质一般都可推广到相应的非严格不等式.

定义 2　形如

$$f(x,y,\cdots,z)>g(x,y,\cdots,z) \quad ①$$

$$(\text{或 } g(x,y,\cdots,z)<f(x,y,\cdots,z))$$

的式子，叫做关于变元(也称未知元或不定元)$x,y,\cdots,z$ 的不等式.

在①式中，$f(x,y,\cdots,z)$ 与 $g(x,y,\cdots,z)$的定义域的交集，叫做不等式①的定义域，记作 M. 因为不等式只在实数域上讨论，所以 $M\subseteq\mathbf{R}$.

如果不等式①的定义域 M 中的一切值组都使①成立，则称①为绝对不等式；如果 M 中的一切值组都不能使不等式①成立，则称①为矛盾不等式；如果 M 中有某些值组使①成立，而另一些值组不能使①成立，则称①为条件不等式. 我们关注的主要是绝对不等式的证明和条件不等式的解法.

像方程一样，不等式也可按照出现于不等式两边的解析式进行分类，即可分为代数不等式和初等超越不等式. 代数不等式又可细分为整式不等式、分式不等式和无理不等式等；初等超越不等式又包括指数不等式、对数不等式、三角不等式和反三角不等式.

二、不等式的性质

讨论不等式性质的出发点，是实数域上的运算比较性质(参见§2.6)：

(1) $a>b\Leftrightarrow a-b>0$；

(2) $a<b\Leftrightarrow a-b<0$；

(3) $a=b\Leftrightarrow a-b=0$.

这个性质相当于给 $a>b$，$a<b$ 和 $a=b$ 下了个定义，从而为证明不等式性质提供了依据.

不等式的主要性质可概括如下：

(1) (对逆性)若 $a>b$，则 $b<a$；反之，若 $b<a$，则 $a>b$.

(2) (传递性)若 $a>b$，$b>c$，则 $a>c$.

(3) (加法单调性)若 $a>b$，则 $a+c>b+c$.

(4) (乘法单调性)若 $a>b$，$c>0$，则 $ac>bc$；若 $a>b$，$c<0$，则 $ac<bc$.

上面这四条是不等式的基本性质，其实它们就是实数域作为有序域所必须满足的一些条件(此外还有三分性). 可用运算比较性质对它们给出简易的证明. 由这四个基本性质，可以推出关于两个不等式相加、相减、相乘等如下法则：

(5) (相加法则)若 $a>b$，$c>d$，则 $a+c>b+d$.

(6) (相减法则)若 $a\geqslant b$，$c<d$，则 $a-c>b-d$.

(7) (相乘法则)若 $a>b>0$，$c>d>0$，则 $ac>bd$.

(8) (相除法则)若 $a\geqslant b>0$，$0<c<d$，则 $\dfrac{a}{c}>\dfrac{b}{d}$.

(9) (乘方法则)设 a，$b\in\mathbf{R}^+$，若 $a>b$，整数 $n>1$，则 $a^n>b^n$.

(10) (开方法则)设 a，$b\in\mathbf{R}^+$，若 $a>b$，整数 $n>1$，则 $\sqrt[n]{a}>\sqrt[n]{b}$.

在这十条性质中，(1)、(3)、(4)、(9)和(10)这五条性质是可以逆推的，它们既可用于证明不等式，也可用作解不等式的依据. 其余性质不可逆推，不能用作解不等式的依据，但可以用来证明不等式(需用可逆推理的证法除外).

§6.2 证明不等式的常用方法

证明不等式可以和证明恒等式作类比，就是要证明给定不等式对于其定义域中一切数都能成立. 换句话说，即要证明它是一个绝对不等式.

证明不等式的主要依据是不等式的性质，以及一些熟知的基本不等式，例如：

$$a^2+b^2\geqslant 2ab\quad（当且仅当 a=b 时等式成立），$$

$$\frac{b}{a}+\frac{a}{b}\geqslant 2\quad（a,b 同号，当且仅当 a=b 时等式成立），$$

$$\frac{a+b}{2}\geqslant\sqrt{ab}\quad（a,b\in\mathbf{R}^+，当且仅当 a=b 时等式成立）.$$

不等式的证明方法多种多样. 下面就一些常用方法举例说明之.

一、比较法

比较法是直接作出所求证不等式两边的差（或商），然后推演结论的方法. 具体地说，欲证 $A>B$（或 $A<B$），直接将差式 $A-B$ 与 0 比较大小（这时也称比差法）；或者当 $A,B\in\mathbf{R}^+$ 时，直接将商式 $\frac{A}{B}$ 与 1 比较大小（这时也称比商法）.

例 1　已知 $0<x<1$，求证：$|\log_a(1-x)|>|\log_a(1+x)|$.

证法 1（比差法）　按 a 的取值范围分两种情形作差.

（1）当 $0<a<1$ 时，因为 $0<x<1$，所以

$$\begin{aligned}&|\log_a(1-x)|-|\log_a(1+x)|\\=&\log_a(1-x)+\log_a(1+x)=\log_a(1-x^2)>0;\end{aligned}$$

（2）当 $a>1$ 时，因为 $0<x<1$，所以

$$\begin{aligned}&|\log_a(1-x)|-|\log_a(1+x)|\\=&-\log_a(1-x)-\log_a(1+x)=-\log_a(1-x^2)>0.\end{aligned}$$

综合（1）、（2）可知，原不等式成立.

证法 2（比商法）　因为 $0<x<1$，所以

$$|\log_a(1-x)|>0,\quad |\log_a(1+x)|>0.$$

作比

$$\begin{aligned}\frac{|\log_a(1-x)|}{|\log_a(1+x)|}&=|\log_{(1+x)}(1-x)|=-\log_{(1+x)}(1-x)\\&=\log_{(1+x)}\left(\frac{1}{1-x}\right)=\log_{(1+x)}\left(\frac{1+x}{1-x^2}\right)\\&>\log_{(1+x)}(1+x)=1,\end{aligned}$$

从而 $|\log_a(1-x)|>|\log_a(1+x)|$.

二、综合法

综合法是“由因导果”，即从已知条件出发，依据不等式性质、函数性质或熟知的基本不等式，逐步推导出要证明的不等式.

例 2　已知 $a^2+b^2=1$，求证：$a\sin\alpha+b\cos\alpha\leqslant 1$.

证法 1（综合法）　因为

$$a^2+\sin^2\alpha\geqslant 2a\sin\alpha,\quad b^2+\cos^2\alpha\geqslant 2b\cos\alpha,$$

所以

$$a^2+\sin^2\alpha+b^2+\cos^2\alpha\geqslant 2a\sin\alpha+2b\cos\alpha,$$
$$1+1\geqslant 2a\sin\alpha+2b\cos\alpha.$$

从而

$$a\sin\alpha+b\cos\alpha\leqslant 1.$$

证法 2(比较法)　因为

$$\begin{aligned}1-(a\sin\alpha+b\cos\alpha)&=\frac{1}{2}(2-2a\sin\alpha-2b\cos\alpha)\\&=\frac{1}{2}(a^2+b^2+\sin^2\alpha+\cos^2\alpha-2a\sin\alpha-2b\cos\alpha)\\&=\frac{1}{2}[(a-\sin\alpha)^2+(b-\cos\alpha)^2]\geqslant 0,\end{aligned}$$

所以

$$1\geqslant a\sin\alpha+b\cos\alpha,\quad 即\quad a\sin\alpha+b\cos\alpha\leqslant 1.$$

三、分析法

分析法是“执果索因”,即从所求证的结论出发,步步推求使之能成立的充分条件(或充要条件),直至归结到已知条件或已知成立的结论为止.

例 3　已知 $n\in\mathbf{N}^*$,求证:

$$\frac{1}{n+1}\left(1+\frac{1}{3}+\frac{1}{5}+\cdots+\frac{1}{2n-1}\right)$$
$$\geqslant\frac{1}{n}\left(\frac{1}{2}+\frac{1}{4}+\frac{1}{6}+\cdots+\frac{1}{2n}\right).\qquad①$$

证　要证不等式①,只需证

$$n\left(1+\frac{1}{3}+\frac{1}{5}+\cdots+\frac{1}{2n-1}\right)$$
$$\geqslant(n+1)\left(\frac{1}{2}+\frac{1}{4}+\cdots+\frac{1}{2n}\right).\qquad②$$

②式不等号左边即

$$\frac{n}{2}+\frac{n}{2}+n\left(\frac{1}{3}+\frac{1}{5}+\cdots+\frac{1}{2n-1}\right),\qquad③$$

不等号右边即

$$\left(\frac{1}{2}+\frac{1}{4}+\cdots+\frac{1}{2n}\right)+n\left(\frac{1}{2}+\frac{1}{4}+\frac{1}{6}+\cdots+\frac{1}{2n}\right),$$
$$=\frac{n}{2}+\left(\frac{1}{2}+\frac{1}{4}+\cdots+\frac{1}{2n}\right)+n\left(\frac{1}{4}+\frac{1}{6}+\cdots+\frac{1}{2n}\right).\qquad④$$

比较③式和④式,可知要证②式成立,只需证

$$\frac{n}{2}\geqslant\frac{1}{2}+\frac{1}{4}+\frac{1}{6}+\cdots+\frac{1}{2n},\qquad ⑤$$

$$\frac{1}{3}+\frac{1}{5}+\cdots+\frac{1}{2n-1}\geqslant\frac{1}{4}+\frac{1}{6}+\cdots+\frac{1}{2n}.\qquad ⑥$$

⑤、⑥两式显然成立，故不等式①成立.

用分析法证明不等式时，应注意每一步推理都要保证能够反推回来. 分析法的优点是比较适合探索题解的思路；缺点是叙述往往比较冗长. 因此，思路一旦打通，可改用综合法作解答.

四、数学归纳法

对于与正整数有关的不等式，可试用数学归纳法来证明.

例 4　求证：$1+\frac{1}{2^2}+\frac{1}{3^2}+\cdots+\frac{1}{n^2}<2-\frac{1}{n}$（$n$ 为大于 1 的正整数）.

证　当 $n=2$ 时，$1+\frac{1}{2^2}<2-\frac{1}{2}$，显然成立.

设 $n=k$ 时不等式成立，即

$$1+\frac{1}{2^2}+\frac{1}{3^2}+\cdots+\frac{1}{k^2}<2-\frac{1}{k},$$

则有

$$\begin{aligned}&1+\frac{1}{2^2}+\frac{1}{3^2}+\cdots+\frac{1}{k^2}+\frac{1}{(k+1)^2}\\&<2-\frac{1}{k}+\frac{1}{(k+1)^2}=2-\frac{k^2+k+1}{k(k+1)^2}\\&<2-\frac{k^2+k}{k(k+1)^2}=2-\frac{1}{k+1}.\end{aligned}$$

所以，当 $n=k+1$ 时，不等式成立.

因此，所求证的不等式对于任何大于 1 的正整数都成立.

关于数学归纳法，将在 § 7.5 作进一步讨论.

五、反证法

反证法是从否定所求证的结论出发，经正确的推理，引出一个矛盾的结果，从而肯定原命题成立.

反证法是一种间接证法，而前述四种方法都是直接证法. 当给定不等式不便用直接法证明，或其自身是一种否定式命题时，可考虑用反证法.

例 5　设 $x,y,z\in\mathbf{R}^+$，且 $\sin^2x+\sin^2y+\sin^2z=1$. 求证：$x+y+z>\frac{\pi}{2}$.

证　假设

$$x+y+z\leqslant\frac{\pi}{2},\tag{①}$$

则有

$$0<x+y\leqslant\frac{\pi}{2}-z<\frac{\pi}{2}.$$

因为正弦函数在区间 $\left(0,\frac{\pi}{2}\right)$ 内是增函数，所以

$$\sin(x+y)\leqslant\sin\left(\frac{\pi}{2}-z\right)=\cos z.\tag{②}$$

②式两边都为正数，两边平方，得

$$\begin{aligned}&\sin^2 x\cos^2 y+\cos^2 x\sin^2 y+2\sin x\cos y\cos x\sin y\\ \leqslant&\cos^2 z=1-\sin^2 z=\sin^2 x+\sin^2 y.\end{aligned}$$

整理，得

$$\sin x\sin y\cos(x+y)\leqslant 0\tag{③}$$

但是由①式可知，$x,y,(x+y)\in\left(0,\frac{\pi}{2}\right)$，表明③式不可能成立. 因此 $x+y+z>\frac{\pi}{2}$.

六、换元法

换元法是根据不等式的结构特征，选取适当的变量代换，从而化繁为简，或实现某种转化，以便证明.

例 6 设 $x,y\in\mathbf{R}^+$，且 $x+y=1$，求证：

$$\left(x+\frac{1}{x}\right)\left(y+\frac{1}{y}\right)\geqslant\frac{25}{4}.$$

分析 如果运用基本不等式 $a^2+b^2\geqslant 2ab$，则有

$$\left(x+\frac{1}{x}\right)\left(y+\frac{1}{y}\right)\geqslant 2\cdot 2=4.$$

4 要比 $\frac{25}{4}$ 小得多！此路不通的原因是忽视了 $x+y=1$ 这个条件. $x+y=1$ 表明变元 x 和 y 的平均值为 $\frac{1}{2}$，此时可令 $x=\frac{1}{2}+t$，$y=\frac{1}{2}-t$，既满足了 $x+y=1$ 的条件，又可减少变元个数，便于操作.

证 令 $x=\frac{1}{2}+t$，$y=\frac{1}{2}-t\left(-\frac{1}{2}<t<\frac{1}{2}\right)$，则

$$\begin{aligned}\left(x+\frac{1}{x}\right)\left(y+\frac{1}{y}\right)&=\frac{(x^2+1)(y^2+1)}{xy}\\&=\frac{t^4+\frac{3}{2}t^2+\frac{25}{16}}{\frac{1}{4}-t^2}\geqslant\frac{\frac{25}{16}}{\frac{1}{4}}=\frac{25}{4}.\end{aligned}$$

例7 实数 x,y 满足 $x^2+4y^2=4x$，求证：

$$2-\sqrt{5}\leqslant x+y\leqslant 2+\sqrt{5}.$$

分析 已知式为椭圆方程，化为标准式即

$$\frac{(x-2)^2}{4}+y^2=1.$$

作三角代换

$$\begin{cases}\dfrac{x-2}{2}=\cos\theta,\\ y=\sin\theta,\end{cases}$$

即可利用三角恒等变形的工具寻找证法.

证 已知式可化为 $\dfrac{(x-2)^2}{4}+y^2=1$，令 $x=2+2\cos\theta, y=\sin\theta$，则

$$x+y=2+2\cos\theta+\sin\theta=2+\sqrt{5}\sin(\theta+\varphi),$$

其中 $\varphi=\arctan 2$. 因为 $-1\leqslant\sin(\theta+\varphi)\leqslant 1$，所以

$$2-\sqrt{5}\leqslant x+y\leqslant 2+\sqrt{5}.$$

七、放缩法

放缩法又称传递法. 它是根据不等式的传递性，将所求证的不等式的一边适当地放大或缩小，使不等关系变得明朗化，从而证得原不等式成立.

放缩法的具体做法要依据原不等式的结构来确定. 例如对于和式，将某些项代之以较大（或较小）的数来得到一个较大（或较小）的和，或者舍去一个或几个正项来得到较小的和；又如对于分式（分子、分母为正），则缩小（或放大）分母或者放大（或缩小）分子，来增值（或减值）. 总之，放缩法使用的是不等量代换，这同换元法使用等量代换有着明显的区别.

例8 设 $a_i>0(i=1,2,\cdots,n)$，求证：

$$\frac{a_2}{(a_1+a_2)^2}+\frac{a_3}{(a_1+a_2+a_3)^2}+\cdots+\frac{a_n}{(a_1+a_2+\cdots+a_n)^2}<\frac{1}{a_1}.$$

证 左边 $<\dfrac{a_2}{a_1(a_1+a_2)}+\dfrac{a_3}{(a_1+a_2)(a_1+a_2+a_3)}+\cdots+$

$$\frac{a_n}{(a_1+a_2+\cdots+a_{n-1})(a_1+a_2+\cdots+a_n)}$$

$$=\left(\frac{1}{a_1}-\frac{1}{a_1+a_2}\right)+\left(\frac{1}{a_1+a_2}-\frac{1}{a_1+a_2+a_3}\right)+\cdots+$$

$$\left(\frac{1}{a_1+a_2+\cdots+a_{n-1}}-\frac{1}{a_1+a_2+\cdots+a_n}\right)$$

$$=\frac{1}{a_1}-\frac{1}{a_1+a_2+\cdots+a_n}<\frac{1}{a_1}.$$

例 9　设 $n\in\mathbf{N}^*$，求证：

$$\frac{n(n+1)}{2}<\sqrt{1\cdot 2}+\sqrt{2\cdot 3}+\cdots+\sqrt{n(n+1)}<\frac{(n+1)^2}{2}.$$

证　因为

$$k<\sqrt{k(k+1)}<\frac{2k+1}{2}\quad(k\in\mathbf{N}^*),$$

所以

$$\sum_{k=1}^{n}k<\sum_{k=1}^{n}\sqrt{k(k+1)}<\sum_{k=1}^{n}\frac{2k+1}{2}.$$

由自然数的求和公式，得

$$\frac{n(n+1)}{2}<\sum_{k=1}^{n}\sqrt{k(k+1)}<\frac{n(n+2)}{2}<\frac{n^2+2n+1}{2}=\frac{(n+1)^2}{2}.$$

所以原不等式成立.

在用放缩法证不等式时，有时用到下面一些式子.

(1) $\frac{1}{n}-\frac{1}{n+1}=\frac{1}{n(n+1)}<\frac{1}{n^2}<\frac{1}{n(n-1)}=\frac{1}{n-1}-\frac{1}{n}(n>1)$；

(2) $\sqrt{n+1}-\sqrt{n}=\frac{1}{\sqrt{n+1}+\sqrt{n}}<\frac{1}{2\sqrt{n}}<\frac{1}{\sqrt{n}+\sqrt{n-1}}=\sqrt{n}-\sqrt{n-1}(n>1)$；

(3) $n<\sqrt{n(n+1)}<\frac{2n+1}{2}(n\geqslant 1)$；

(4) $\frac{n}{n+1}<\frac{n+1}{n+2}(n\in\mathbf{N}^*)$.

§ 6.3　几个著名的不等式

在不等式证明中，利用已知不等式常能收到事半功倍的效果. 前一节已经介绍了一些初等数学中常用的已知基本不等式，本节在此基础上，着重讨论几个在数学领域有着广泛应用的著名不等式.

一、柯西不等式

定理 1　设 $a_i,b_i\in\mathbf{R}(i=1,2,\cdots,n)$，则有不等式

$$\left(\sum_{i=1}^{n}a_ib_i\right)^2\leqslant\left(\sum_{i=1}^{n}a_i^2\right)\left(\sum_{i=1}^{n}b_i^2\right)$$

成立；当且仅当 $b_i=ka_i(i=1,2,\cdots,n)$时等号成立.

证　当 $a_i(i=1,2,\cdots,n)$全为零时，命题显然成立. 如果 a_i 不全为零，考察二次函数

$$f(x)=\left(\sum_{i=1}^{n}a_i^2\right)x^2-2\left(\sum_{i=1}^{n}a_ib_i\right)x+\sum_{i=1}^{n}b_i^2=\sum_{i=1}^{n}(a_ix-b_i)^2.$$

因为 $a_i, b_i \in \mathbf{R}$，对于任意 $x \in \mathbf{R}$，$f(x) \geqslant 0$. 所以，$f(x)$的判别式

$$\Delta = \left(2\sum_{i=1}^{n} a_i b_i\right)^2 - 4\left(\sum_{i=1}^{n} a_i^2\right)\left(\sum_{i=1}^{n} b_i^2\right) \leqslant 0,$$

则

$$\left(\sum_{i=1}^{n} a_i b_i\right)^2 \leqslant \left(\sum_{i=1}^{n} a_i^2\right)\left(\sum_{i=1}^{n} b_i^2\right).$$

当且仅当 $f(x)$有二重根 $x=k$，即 $\sum\limits_{i=1}^{n}(a_i k - b_i)^2 = 0$ 时等号成立. 因此，当且仅当 $b_i = k a_i (i=1,2,\cdots,n)$时等号成立.

柯西不等式可作为证明其他不等式的依据. 这类证明的关键是要善于构造适当的两组数.

例 1　设 $a_i(i=1,2,\cdots,n)$都是正数，求证：

$$\left(\sum_{i=1}^{n} a_i\right)\left(\sum_{i=1}^{n} \frac{1}{a_i}\right) \geqslant n^2.$$

证　比照柯西不等式，构造如下两组数：

$$\sqrt{a_1}, \sqrt{a_2}, \cdots, \sqrt{a_n};$$

$$\frac{1}{\sqrt{a_1}}, \frac{1}{\sqrt{a_2}}, \cdots, \frac{1}{\sqrt{a_n}}.$$

由柯西不等式，得

$$\left(\sum_{i=1}^{n} \sqrt{a_i} \cdot \frac{1}{\sqrt{a_i}}\right)^2 \leqslant \sum_{i=1}^{n} (\sqrt{a_i})^2 \cdot \sum_{i=1}^{n} \left(\frac{1}{\sqrt{a_i}}\right)^2,$$

即

$$n^2 \leqslant \left(\sum_{i=1}^{n} a_i\right)\left(\sum_{i=1}^{n} \frac{1}{a_i}\right).$$

所以原不等式成立.

二、均值不等式

常用的平均值除了 n 个正数的几何平均值 G_n 和算术平均值 A_n 之外，还有另外两种，定义如下：

定义 3　n 个正数的倒数的算术平均值的倒数，叫做这 n 个正数的调和平均值，用 H_n 表示；n 个正数的 k 次幂的算术平均值的 k 次算术根，叫做这 n 个正数的 k 次幂平均值，用 M_k 表示.

设 $a_i \in \mathbf{R}^+ (i=1,2,\cdots,n)$，则

$$H_n = \frac{n}{\dfrac{1}{a_1} + \dfrac{1}{a_2} + \cdots + \dfrac{1}{a_n}}, \quad M_k = \sqrt[k]{\frac{a_1^k + a_2^k + \cdots + a_n^k}{n}},$$

其中 n, k 均为大于 1 的自数然.

定理 2　$G_n \leqslant A_n$，即若 $a_i \in \mathbf{R}^+ (i=1,2,\cdots,n)$，则

$$\sqrt[n]{a_1 a_2 \cdots a_n} \leqslant \frac{a_1+a_2+\cdots+a_n}{n}, \qquad ①$$

当且仅当 $a_1=a_2=\cdots=a_n$ 时取等号.

证　用数学归纳法.

(1) 当 $n=2$ 时，原不等式成为

$$\sqrt{a_1 a_2} \leqslant \frac{a_1+a_2}{2},$$

此式明显成立，当且仅当 $a_1=a_2$ 时取等号.

(2) 假设 $n=k-1$ 时结论成立. 当 $n=k$ 时，不妨假定

$$a_1 \leqslant a_2 \leqslant \cdots \leqslant a_{k-1} \leqslant a_k,$$

令 $A=\dfrac{a_1+a_2+\cdots+a_k}{k}$，则

$$a_k=\frac{ka_k}{k} \geqslant \frac{a_1+a_2+\cdots+a_k}{k}=A \quad (\text{同理 } a_1 \leqslant A), \qquad ②$$

所以

$$a_1+a_k-A>0.$$

根据归纳假设，有下式成立：

$$\sqrt[k-1]{a_2 a_3 \cdots a_{k-1}(a_1+a_k-A)}$$
$$\leqslant \frac{a_2+a_3+\cdots+a_{k-1}+(a_1+a_k-A)}{k-1}=\frac{kA-A}{k-1}=A,$$

即

$$a_2 a_3 \cdots a_{k-1}(a_1+a_k-A) \leqslant A^{k-1},$$

所以

$$a_2 a_3 \cdots a_{k-1}(a_1+a_k-A)A \leqslant A^k.$$

因为

$$a_1 a_k-(a_1+a_k-A)A=(A-a_1)(A-a_k) \leqslant 0 \quad (\text{根据②式}),$$

所以 $a_1 a_k \leqslant (a_1+a_k-A)A$，即

$$a_1 a_2 \cdots a_{k-1} a_k \leqslant a_2 a_3 \cdots a_{k-1}(a_1+a_k-A)A \leqslant A^k, \qquad ③$$

当且仅当 $a_1=a_2=\cdots=a_k$ 时，③式中等号成立. 将③式两边取 k 次算术根，即得

$$\sqrt[k]{a_1 a_2 \cdots a_{k-1} a_k} \leqslant A,$$

当且仅当 $a_1=a_2=\cdots=a_k$ 时取等号.

由(1)、(2)可知，不等式①成立.

定理 2 有多种证法，上面是比较简便的一种.

定理 3　$H_n \leqslant G_n$，即若 $a_i \in \mathbf{R}^+ (i=1,2,\cdots,n)$，则

$$\frac{n}{\frac{1}{a_1}+\frac{1}{a_2}+\cdots+\frac{1}{a_n}}\leqslant\sqrt[n]{a_1a_2\cdots a_n}.$$

证　根据定理 2，

$$\frac{\frac{1}{a_1}+\frac{1}{a_2}+\cdots+\frac{1}{a_n}}{n}\geqslant\sqrt[n]{\frac{1}{a_1}\cdot\frac{1}{a_2}\cdot\cdots\cdot\frac{1}{a_n}},$$

上式两边都是正数，两边取倒数得异向不等式

$$\frac{n}{\frac{1}{a_1}+\frac{1}{a_2}+\cdots+\frac{1}{a_n}}\leqslant\sqrt[n]{a_1a_2\cdots a_n}.$$

定理 4　$A_n\leqslant M_2$，即若 $a_i\in\mathbf{R}^+(i=1,2,\cdots,n)$，则

$$\frac{a_1+a_2+\cdots+a_n}{n}\leqslant\sqrt{\frac{a_1^2+a_2^2+\cdots+a_n^2}{n}}.\qquad ①$$

证　要证①式成立，只需证

$$\left(\frac{a_1+a_2+\cdots+a_n}{n}\right)^2\leqslant\frac{a_1^2+a_2^2+\cdots+a_n^2}{n},$$

即只需证

$$(a_1+a_2+\cdots+a_n)^2\leqslant(a_1^2+a_2^2+\cdots+a_n^2)\cdot n.\qquad ②$$

②式可写成

$$(a_1\cdot1+a_2\cdot1+\cdots+a_n\cdot1)^2$$
$$\leqslant(a_1^2+a_2^2+\cdots+a_n^2)(1^2+1^2+\cdots+1^2),\qquad ③$$

根据柯西不等式，③式成立. 因此 $A_n\leqslant M_2$.

综上所述，四种平均值之间的关系是

$$H_n\leqslant G_n\leqslant A_n\leqslant M_2.\qquad ④$$

④式(或其中一部分)被笼统称为均值不等式.

例 2　在梯形 $ABCD$(图 6.1)中，设底 $AB=a_1$，$DC=a_2$，$E_iF_i(i=1,2,3,4)$是一组平行于底边的线段. 如果 E_1F_1 分梯形 $ABCD$ 为等积的两部分；E_2F_2 是梯形 $ABCD$ 的中位线；E_3F_3 分梯形 $ABCD$ 为两个相似图形；E_4F_4 过梯形 $ABCD$ 两条对角线的交点 O，则 $E_1F_1\geqslant E_2F_2\geqslant E_3F_3\geqslant E_4F_4$.

证　因为 $E_1F_1/\!/AB/\!/DC$，延长 AD 和 BC 相交于 P 点，则得一组相似三角形. 由 $S_{梯形ABF_1E_1}=S_{梯形E_1F_1CD}$，知 $S_{\triangle PDC}+S_{\triangle PAB}=2S_{\triangle PE_1F_1}$，继而推出

$$DC^2+AB^2=2E_1F_1^2,\quad 即\ a_2^2+a_1^2=2E_1F_1^2,$$

所以 $E_1F_1=\sqrt{\frac{a_1^2+a_2^2}{2}}$. 同样，由相似三角形间的关系可推出

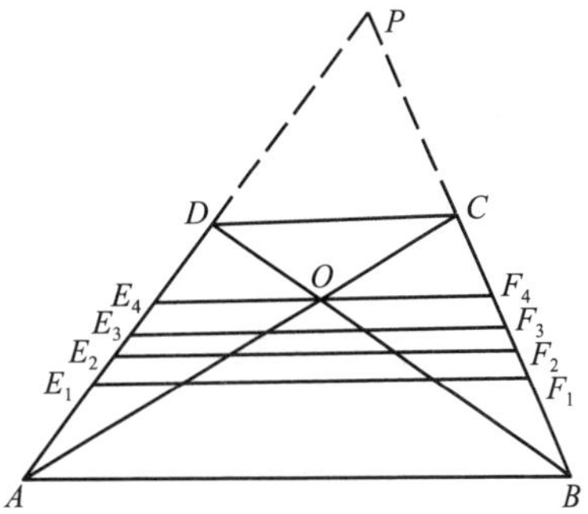

图 6.1

$$E_4F_4=\frac{2a_1a_2}{a_1+a_2}.$$

又 $E_2F_2=\frac{a_1+a_2}{2}$，$E_3F_3=\sqrt{a_1a_2}$. 因此，线段 E_1F_1，E_2F_2，E_3F_3 和 E_4F_4 分别是正数 a_1 和 a_2 的四种平均值：M_2，A_2，G_2 和 H_2. 根据均值不等式，得

$$E_1F_1\geqslant E_2F_2\geqslant E_3F_3\geqslant E_4F_4.$$

这样，例 2 及图 6.1 揭示了均值不等式

$$H_2\leqslant G_2\leqslant A_2\leqslant M_2$$

的几何意义.

例 3 设 n 是大于 1 的自然数，求证：

$$(n!)^2<\left[\frac{(n+1)(2n+1)}{6}\right]^n.$$

证 根据均值不等式 $G_n\leqslant A_n$，得

$$\sqrt[n]{1^2\cdot 2^2\cdot\cdots\cdot n^2}<\frac{1^2+2^2+\cdots+n^2}{n}.$$

因为

$$1^2+2^2+\cdots+n^2=\frac{1}{6}n(n+1)(2n+1),$$

所以

$$\sqrt[n]{1^2\cdot 2^2\cdot\cdots\cdot n^2}<\frac{1}{6}(n+1)(2n+1).$$

两边作 n 次乘方，即得

$$(n!)^2<\left[\frac{1}{6}(n+1)(2n+1)\right]^n.$$

例 4 利用不等式 $G_n\leqslant A_n$ 证明柯西不等式.

证 要证柯西不等式成立，只要证

$$a_1b_1+a_2b_2+\cdots+a_nb_n$$
$$\leqslant\sqrt{a_1^2+a_2^2+\cdots+a_n^2}\cdot\sqrt{b_1^2+b_2^2+\cdots+b_n^2}. \qquad ①$$

令

$$a_1^2+a_2^2+\cdots+a_n^2=A^2,\quad b_1^2+b_2^2+\cdots+b_n^2=B^2, \qquad ②$$

式中 $A>0$，$B>0$，则①式即

$$a_1b_1+a_2b_2+\cdots+a_nb_n\leqslant AB,$$
$$\frac{a_1b_1+a_2b_2+\cdots+a_nb_n}{AB}\leqslant 1. \qquad ③$$

下面证明不等式③，由均值不等式 $G_n\leqslant A_n$，

$$\sqrt{\frac{a_1^2b_1^2}{A^2B^2}}\leqslant\frac{\frac{a_1^2}{A^2}+\frac{b_1^2}{B^2}}{2},\quad 即\quad \frac{2a_1b_1}{AB}\leqslant\frac{a_1^2}{A^2}+\frac{b_1^2}{B^2}.$$

同理

$$\frac{2a_2b_2}{AB}\leqslant\frac{a_2^2}{A^2}+\frac{b_2^2}{B^2},\quad \cdots,\quad \frac{2a_nb_n}{AB}\leqslant\frac{a_n^2}{A^2}+\frac{b_n^2}{B^2}.$$

将以上各式相加，得

$$\begin{aligned}&\frac{2}{AB}(a_1b_1+a_2b_2+\cdots+a_nb_n)\\&\leqslant\frac{a_1^2+a_2^2+\cdots+a_n^2}{A^2}+\frac{b_1^2+b_2^2+\cdots+b_n^2}{B^2}.\end{aligned} \tag{④}$$

根据②式可知，④式即

$$\frac{2}{AB}(a_1b_1+a_2b_2+\cdots+a_nb_n)\leqslant 2.$$

因此不等式③成立，于是柯西不等式得证.

例 5　设 $a,b,c,d\in\mathbf{R}^+$，且

$$\frac{a^2}{1+a^2}+\frac{b^2}{1+b^2}+\frac{c^2}{1+c^2}+\frac{d^2}{1+d^2}=1, \tag{①}$$

求证：$abcd\leqslant\frac{1}{9}$.

分析　题设①比较复杂，需经探索寻求适当的变量代换，利用已知不等式将其和结论联系起来.

证法 1　令 $x_1=\frac{a^2}{1+a^2}, x_2=\frac{b^2}{1+b^2}, x_3=\frac{c^2}{1+c^2}, x_4=\frac{d^2}{1+d^2}$，则

$$x_1+x_2+x_3+x_4=1,\quad x_1,x_2,x_3,x_4\in(0,1).$$

所以 $a=\sqrt{\frac{x_1}{1-x_1}}, b=\sqrt{\frac{x_2}{1-x_2}}, c=\sqrt{\frac{x_3}{1-x_3}}, d=\sqrt{\frac{x_4}{1-x_4}}$,

$$\begin{aligned}abcd&=\sqrt{\frac{x_1x_2x_3x_4}{(1-x_1)(1-x_2)(1-x_3)(1-x_4)}}\\&=\sqrt{\frac{x_1x_2x_3x_4}{(x_2+x_3+x_4)(x_1+x_3+x_4)(x_1+x_2+x_4)(x_1+x_2+x_3)}}\\&\leqslant\sqrt{\frac{x_1x_2x_3x_4}{3\sqrt[3]{x_2x_3x_4}\cdot 3\sqrt[3]{x_1x_3x_4}\cdot 3\sqrt[3]{x_1x_2x_4}\cdot 3\sqrt[3]{x_1x_2x_3}}}\\&=\frac{1}{9}.\end{aligned}$$

证法 2　令 $x=\frac{1}{1+\left(\frac{1}{a}\right)^2}, y=\frac{1}{1+\left(\frac{1}{b}\right)^2}, z=\frac{1}{1+\left(\frac{1}{c}\right)^2}, u=\frac{1}{1+\left(\frac{1}{d}\right)^2}$，则原题条件化为 $x+y+z+u=1$. 又

$$\left(\frac{1}{a}\right)^2=\frac{1-x}{x},\quad \left(\frac{1}{b}\right)^2=\frac{1-y}{y},\quad \left(\frac{1}{c}\right)^2=\frac{1-z}{z},\quad \left(\frac{1}{d}\right)^2=\frac{1-u}{u},$$

所以

$$\left(\frac{1}{abcd}\right)^2=\frac{1-x}{x}\cdot\frac{1-y}{y}\cdot\frac{1-z}{z}\cdot\frac{1-u}{u}$$

$$=\frac{y+z+u}{x}\cdot\frac{x+z+u}{y}\cdot\frac{x+y+u}{z}\cdot\frac{x+y+z}{u}$$

$$\geqslant\frac{3\sqrt[3]{yzu}}{x}\cdot\frac{3\sqrt[3]{xzu}}{y}\cdot\frac{3\sqrt[3]{xyu}}{z}\cdot\frac{3\sqrt[3]{xyz}}{u}$$

$$=81,$$

即 $\frac{1}{abcd}\geqslant 9$，得 $abcd\leqslant\frac{1}{9}$.

证法 3　令 $a=\tan\alpha, b=\tan\beta, c=\tan\gamma, d=\tan\delta$，其中 $\alpha,\beta,\gamma,\delta\in\left(0,\frac{\pi}{2}\right)$，则原题条件转化为

$$\sin^2\alpha+\sin^2\beta+\sin^2\gamma+\sin^2\delta=1,$$

即

$$\sin^2\alpha+\sin^2\beta+\sin^2\gamma=\cos^2\delta,$$

$$3\sqrt[3]{\sin^2\alpha\sin^2\beta\sin^2\gamma}\leqslant\sin^2\alpha+\sin^2\beta+\sin^2\gamma=\cos^2\delta.$$

同理

$$3\sqrt[3]{\sin^2\alpha\sin^2\beta\sin^2\delta}\leqslant\cos^2\gamma,$$

$$3\sqrt[3]{\sin^2\alpha\sin^2\gamma\sin^2\delta}\leqslant\cos^2\beta,$$

$$3\sqrt[3]{\sin^2\beta\sin^2\gamma\sin^2\delta}\leqslant\cos^2\alpha,$$

四式相乘得

$$81\sin^2\alpha\sin^2\beta\sin^2\gamma\sin^2\delta\leqslant\cos^2\alpha\cos^2\beta\cos^2\gamma\cos^2\delta.$$

所以

$$\tan^2\alpha\tan^2\beta\tan^2\gamma\tan^2\delta\leqslant\frac{1}{81},$$

$$\tan\alpha\tan\beta\tan\gamma\tan\delta\leqslant\frac{1}{9},\quad 即\quad abcd\leqslant\frac{1}{9}.$$

三、三角形不等式

定理 5　对于任意实数 a_i 和 $b_i(i=1,2,\cdots,n)$，有

$$\left(\sum_{i=1}^n a_i^2\right)^{\frac{1}{2}}+\left(\sum_{i=1}^n b_i^2\right)^{\frac{1}{2}}\geqslant\left[\sum_{i=1}^n(a_i+b_i)^2\right]^{\frac{1}{2}}, \qquad ①$$

当且仅当 $a_i=kb_i(i=1,2,\cdots,n)$ 时取等号.

证　根据柯西不等式，

$$\left(\sum_{i=1}^n a_i^2\right)^{\frac{1}{2}}\left[\sum_{i=1}^n(a_i+b_i)^2\right]^{\frac{1}{2}}\geqslant\sum_{i=1}^n a_i(a_i+b_i),$$

$$\left(\sum_{i=1}^{n} b_i^2\right)^{\frac{1}{2}}\left[\sum_{i=1}^{n}(a_i+b_i)^2\right]^{\frac{1}{2}}\geqslant\sum_{i=1}^{n} b_i(a_i+b_i),$$

两式相加，得

$$\left[\sum_{i=1}^{n}(a_i+b_i)^2\right]^{\frac{1}{2}}\left[\left(\sum_{i=1}^{n} a_i^2\right)^{\frac{1}{2}}+\left(\sum_{i=1}^{n} b_i^2\right)^{\frac{1}{2}}\right]\geqslant\sum_{i=1}^{n}(a_i+b_i)^2. \qquad ②$$

②式两边同除以$\left[\sum\limits_{i=1}^{n}(a_i+b_i)^2\right]^{\frac{1}{2}}$，于是得

$$\left(\sum_{i=1}^{n} a_i^2\right)^{\frac{1}{2}}+\left(\sum_{i=1}^{n} b_i^2\right)^{\frac{1}{2}}\geqslant\left[\sum_{i=1}^{n}(a_i+b_i)^2\right]^{\frac{1}{2}},$$

当且仅当 $a_i=kb_i(i=1,2,\cdots,n)$时取等号. 定理得证.

当 $n=2$ 时，不等式①成为

$$\sqrt{a_1^2+a_2^2}+\sqrt{b_1^2+b_2^2}\geqslant\sqrt{(a_1+b_1)^2+(a_2+b_2)^2}, \qquad ③$$

其中等号当且仅当 $a_1=kb_1$，$a_2=kb_2$ 时成立.

它的几何意义如图 6.2 所示. 在$\triangle OAC$ 中，

$$|OA|=\sqrt{a_1^2+a_2^2},$$

$$|AC|=|OB|=\sqrt{b_1^2+b_2^2},$$

$$|OC|=\sqrt{(a_1+b_1)^2+(a_2+b_2)^2}.$$

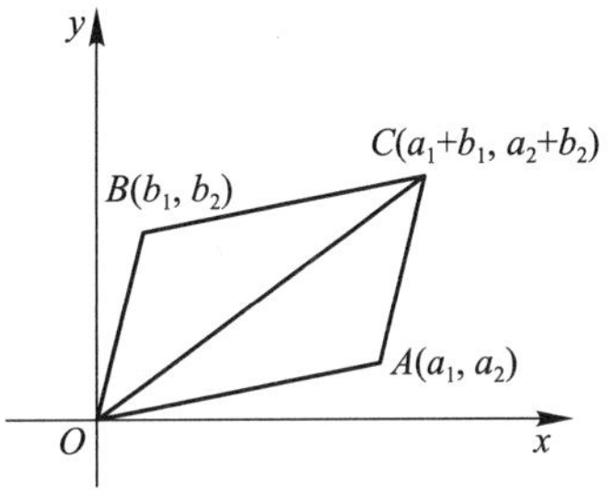

图 6.2

不等式③揭示了三角形中两边之和大于第三边这一基本性质(当三角形退化为三顶点共线时取等号). 不等式①是不等式③的推广，因此获得“三角形不等式”这一名称.

利用三角形不等式可以证明基本的绝对值不等式.

例 6　求证：对于任意实数 a,b 有

$$||a|-|b||\leqslant|a\pm b|\leqslant|a|+|b|.$$

证　由三角形不等式，$[(a+b)^2]^{\frac{1}{2}}\leqslant(a^2)^{\frac{1}{2}}+(b^2)^{\frac{1}{2}}$，即

$$|a+b|\leqslant|a|+|b|, \qquad ①$$

因此

$$|a+b+(-b)|\leqslant|a+b|+|-b|,$$

$$|a|-|b|\leqslant|a+b|.$$

同样

$$|b|-|a|=-(|a|-|b|)\leqslant|a+b|,$$

所以

$$||a|-|b||\leqslant|a+b|\leqslant|a|+|b|. \qquad ②$$

将②式中的 b 换成$(-b)$，即得

$$||a|-|b||\leqslant|a-b|\leqslant|a|+|b|.$$

本例也可根据绝对值的定义直接证明.

不等式 $|a+b|\leqslant|a|+|b|$ 可以推广为

$$|a_1+a_2+\cdots+a_n|\leqslant|a_1|+|a_2|+\cdots+|a_n|.$$

例 7 用三角形不等式证明：当直角三角形的斜边为 c 时，两直角边的和小于或等于 $\sqrt{2}c$.

证 设两直角边为 x, y. 则 $x^2+y^2=c^2$. 根据三角不等式，有

$$\sqrt{(c-x)^2+(c-y)^2}+\sqrt{x^2+y^2}\geqslant\sqrt{c^2+c^2},$$

即

$$\sqrt{(c-x)^2+(c-y)^2}\geqslant(\sqrt{2}-1)c,$$

$$\sqrt{c^2+x^2-2cx+c^2+y^2-2cy}\geqslant(\sqrt{2}-1)c,$$

$$\sqrt{3c^2-2c(x+y)}\geqslant(\sqrt{2}-1)c.$$

所以

$$3c^2-2c(x+y)\geqslant 3c^2-2\sqrt{2}c^2,$$

$$x+y\leqslant\sqrt{2}c.$$

四、延森不等式①

定义 4 设函数 $f(x)$ 定义在某一区间上，对于这个区间内的任意 $x_1\neq x_2$，如果恒有

$$f\left(\frac{x_1+x_2}{2}\right)<\frac{f(x_1)+f(x_2)}{2},$$

则称 $f(x)$ 在这个区间上是凹函数；如果恒有

$$f\left(\frac{x_1+x_2}{2}\right)>\frac{f(x_1)+f(x_2)}{2},$$

则称 $f(x)$ 在这个区间上是凸函数.

定理 6（延森（Jensen）不等式） 如果 $y=f(x)$ 在某区间上是凹函数，则对于该区间上任意 $x_1, x_2, \cdots, x_n$，都有

$$f\left(\frac{x_1+x_2+\cdots+x_n}{n}\right)\leqslant\frac{f(x_1)+f(x_2)+\cdots+f(x_n)}{n} \quad ①$$

成立；如果 $y=f(x)$ 在某区间上是凸函数，则对于该区间上任意 $x_1, x_2, \cdots, x_n$，都有

$$f\left(\frac{x_1+x_2+\cdots+x_n}{n}\right)\geqslant\frac{f(x_1)+f(x_2)+\cdots+f(x_n)}{n} \quad ②$$

成立. 以上两个不等式中的等号当且仅当 $x_1=x_2=\cdots=x_n$ 时成立.

证 用数学归纳法证明不等式①.

(1) 当 $n=2$ 时，由凹函数定义知不等式①成立.

(2) 假设不等式①对大于 1 而小于 n 的自然数成立，证明它对于 n 也成立.

---

① 又译琴生不等式或詹生不等式.

当 n 为偶数 $2k$ 时，

$$
\begin{aligned}
&f\left(\frac{x_1+x_2+\cdots+x_n}{n}\right)\\
=&f\left[\frac{1}{2}\left(\frac{x_1+x_2+\cdots+x_k}{k}+\frac{x_{k+1}+x_{k+2}+\cdots+x_{2k}}{k}\right)\right]\\
\leqslant&\frac{1}{2}\left[f\left(\frac{x_1+x_2+\cdots+x_k}{k}\right)+f\left(\frac{x_{k+1}+x_{k+2}+\cdots+x_{2k}}{k}\right)\right]\\
\leqslant&\frac{1}{2}\left[\frac{f(x_1)+f(x_2)+\cdots+f(x_k)}{k}+\frac{f(x_{k+1})+f(x_{k+2})+\cdots+f(x_{2k})}{k}\right]\\
=&\frac{f(x_1)+f(x_2)+\cdots+f(x_n)}{n}.
\end{aligned}
$$

所以不等式①对于偶数 n 成立.

当 n 为奇数时，$n+1$ 为偶数，因此

$$
\begin{aligned}
&f\left(\frac{x_1+x_2+\cdots+x_n}{n}\right)\\
=&f\left[\frac{1}{n+1}\left(x_1+x_2+\cdots+x_n+\frac{x_1+x_2+\cdots+x_n}{n}\right)\right]\\
\leqslant&\frac{f(x_1)+f(x_2)+\cdots+f(x_n)+f\left(\frac{x_1+x_2+\cdots+x_n}{n}\right)}{n+1}.
\end{aligned}
$$

将上式整理后，得

$$
\frac{n}{n+1}f\left(\frac{x_1+x_2+\cdots+x_n}{n}\right)\leqslant\frac{f(x_1)+f(x_2)+\cdots+f(x_n)}{n+1},
$$

$$
f\left(\frac{x_1+x_2+\cdots+x_n}{n}\right)\leqslant\frac{f(x_1)+f(x_2)+\cdots+f(x_n)}{n}.
$$

由(1)、(2)可知，不等式①对于任意大于 1 的自然数都成立. 显然，其中等号当且仅当 $x_1=x_2=\cdots=x_n$ 时成立.

同理可证，不等式②也成立.

运用延森不等式证明命题时，关键在于构造适当的凹函数或凸函数 $f(x)$.

例 8 用延森不等式证明 $A_n\geqslant G_n$.

证 设 $f(x)=\lg x$. 对于任意两个相异正实数 x,y，有

$$
\lg\left(\frac{x+y}{2}\right)>\lg\sqrt{xy}=\frac{1}{2}(\lg x+\lg y).
$$

所以，$\lg x$ 在区间$(0,+\infty)$上是凸函数.

设 $x_1,x_2,\cdots,x_n\in\mathbf{R}^+$，由延森不等式，得

$$
\begin{aligned}
\lg\left(\frac{x_1+x_2+\cdots+x_n}{n}\right)&\geqslant\frac{\lg x_1+\lg x_2+\cdots+\lg x_n}{n}\\
&=\lg\sqrt[n]{x_1x_2\cdots x_n}.
\end{aligned}
$$

因为 lg x 在定义区间上是增函数，所以

$$\frac{x_1+x_2+\cdots+x_n}{n}\geqslant\sqrt[n]{x_1x_2\cdots x_n},\quad 即\quad A_n\geqslant G_n.$$

例 9 在△ABC 中，求证：

$$\sin A+\sin B+\sin C\leqslant\frac{3}{2}\sqrt{3}.$$

证法 1 设 $f(x)=\sin x$. 对于 $x_1,x_2\in(0,\pi)$ 且 $x_1\neq x_2$，因为

$$\frac{f(x_1)+f(x_2)}{2}=\frac{\sin x_1+\sin x_2}{2}=\sin\frac{x_1+x_2}{2}\cos\frac{x_1-x_2}{2}$$

$$<\sin\frac{x_1+x_2}{2}=f\left(\frac{x_1+x_2}{2}\right),$$

所以 $f(x)=\sin x$ 在 $(0,\pi)$ 上是凸函数.

因为 $A+B+C=\pi$ 且 $A,B,C\in(0,\pi)$，根据延森不等式，有

$$\sin\frac{A+B+C}{3}\geqslant\frac{\sin A+\sin B+\sin C}{3},$$

所以

$$\sin A+\sin B+\sin C\leqslant 3\sin\frac{\pi}{3}=\frac{3}{2}\sqrt{3}.$$

证法 2 由题设，$A+B+C=\pi$，且 $A,B,C\in(0,\pi)$. 因为

$$\sin A+\sin B+\sin C+\sin\frac{\pi}{3}$$

$$=2\sin\frac{A+B}{2}\cos\frac{A-B}{2}+2\sin\left(\frac{C}{2}+\frac{\pi}{6}\right)\cos\left(\frac{C}{2}-\frac{\pi}{6}\right)$$

$$\leqslant 2\sin\frac{A+B}{2}+2\sin\left(\frac{C}{2}+\frac{\pi}{6}\right)\quad(当 A=B=C 时等号成立)$$

$$=4\sin\frac{\frac{A+B+C}{2}+\frac{\pi}{6}}{2}\cos\frac{\frac{A+B-C}{2}-\frac{\pi}{6}}{2}$$

$$\leqslant 4\sin\frac{\pi}{3}\quad(当 A=B=C 时等号成立)$$

$$=2\sqrt{3},$$

所以 $\sin A+\sin B+\sin C\leqslant\frac{3}{2}\sqrt{3}$.

§ 6.4 解不等式(组)

不等式的解法可以与方程的解法作类比. 只是方程的解集通常是离散的，而且在许多情形下只含有限多个数值解；而不等式的解集通常是连续的，往往以区间形式给

出，含有无限多个数值解.

一、不等式的同解性

1. 不等式(组)的解集

定义 5 如果不等式两边的解析式含有变数字母(即未知元)，那么它的定义域 M 内能使不等式成立的未知元的取值叫做不等式的解. 不等式的解的全体组成的集合，叫做不等式的解集，记作 S. 显然，$S\subseteq M$.

定义 6 由含有相同未知元的几个不等式联立成一组，叫做不等式组. 不等式组中各个不等式的解集的交集，叫做这个不等式组的解集.

求出不等式(组)的解集的过程，叫做解不等式(组).

2. 同解不等式

解不等式如同解方程一样，要进行一系列的变形. 为了在变形中不使解集“失真”，必须研究不等式的同解性. 为了叙述方便，下面以一元不等式为例进行讨论.

定义 7 如果两个不等式的解集相等，就称这两个不等式是同解不等式.

按照定义，可以这样来判别两个不等式是否同解：如果第一个不等式的任意一个解也是第二个不等式的解；反之，第二个不等式的任意一个解也是第一个不等式的解，那么这两个不等式同解.

3. 不等式的同解定理

不等式的同解定理和方程的同解定理在形式上颇为相似，证明方法也大致相同. 今列举如下：

定理 7(不等式恒等变形定理) 若对不等式

$$f(x)>g(x) \tag{①}$$

的两边分别作恒等变形

$$f(x)\equiv f_1(x),\quad g(x)\equiv g_1(x),$$

得不等式

$$f_1(x)>g_1(x), \tag{②}$$

且不等式①和②具有相同的定义域，则它们同解.

它的证明和方程的“恒等变形定理”(§5.1 定理 1)的证明基本相同，这里从略.

在运用定理 7 时须注意，如果恒等变形中定义域改变了，不等式①和②就未必同解. 例如，$\dfrac{x^2-1}{(x+1)(x-3)}>0$ 与 $\dfrac{x-1}{x-3}>0$ 的定义域不同. 它们的差别在于前者定义域不含 $x=-1$，后者定义域含有 $x=-1$，而且 $x=-1$ 是后者的解，因此它们不同解.

$\dfrac{x^2-1}{(x+1)(x-3)}<0$ 与 $\dfrac{x-1}{x-3}<0$ 的定义域仍然不同，但是不同部分 $x=-1$ 不是 $\dfrac{x-1}{x-3}<0$ 的解，因此这两个不等式同解.

定理 8(对逆定理)　不等式 $f(x)>g(x)$ 与不等式 $g(x)<f(x)$ 同解.

证　设 α 是 $f(x)>g(x)$ 的任一解，则 $f(\alpha)>g(\alpha)$. 依据不等式的基本性质(1)(对逆性)，得 $g(\alpha)<f(\alpha)$. 所以 α 是 $g(x)<f(x)$ 的解.

反之，若 β 是 $g(x)<f(x)$ 的解，则 $g(\beta)<f(\beta)$，同理 $f(\beta)>g(\beta)$，所以 β 是 $f(x)>g(x)$ 的解.

因此，$f(x)>g(x)$ 和 $g(x)<f(x)$ 同解.

依据对逆定理，当在命题中使用"$>$"或"$<$"符号时，意味着它的对逆形式同样成立. 例如定理 7 中①式换成 $g(x)<f(x)$，②式换成 $g_1(x)<f_1(x)$，定理同样成立.

同样地，可以证明以下不等式同解定理.

定理 9　如果对于 $f(x)>g(x)$ 的定义域 M 中的一切值，$h(x)$ 都有意义，则 $f(x)>g(x)$ 与 $f(x)+h(x)>g(x)+h(x)$ 同解.

推论　不等式中任何一项可以改变符号后，由不等式的一边移到另一边.

定理 10　对于 $f(x)>g(x)$ 的定义域 M 中的任意值，如果总有 $h(x)>0$，则 $f(x)>g(x)$ 与 $f(x)h(x)>g(x)h(x)$ 同解；反之，如果总有 $h(x)<0$，则 $f(x)>g(x)$ 与 $f(x)h(x)<g(x)h(x)$ 同解.

推论 1　不等式的两边都乘(或除以)同一个正数，所得不等式与原不等式同解.

推论 2　不等式的两边都乘(或除以)同一个负数，并把不等号改变方向，所得不等式与原不等式同解.

推论 3　不等式 $\dfrac{f(x)}{g(x)}>0$ 与不等式 $f(x)g(x)>0$ 同解；不等式 $\dfrac{f(x)}{g(x)}<0$ 与不等式 $f(x)g(x)<0$ 同解.

定理 11　设不等式 $f(x)>g(x)$ 在其定义域的某个子集上恒有 $f(x)>g(x)>0$，则在此子集上，$f(x)>g(x)$ 与 $f^n(x)>g^n(x)$ 同解，其中 $n\in\mathbf{N}^*$.

定理 12　设不等式 $f(x)>g(x)$ 在其定义域的某个子集上恒有 $f(x)>g(x)>0$，则在此子集上 $f(x)>g(x)$ 与 $\sqrt[n]{f(x)}>\sqrt[n]{g(x)}$ 同解，其中 $n\in\mathbf{N}$，且 $n>1$.

以上五个同解定理(定理 8—定理 12)的依据分别是不等式性质(1)、(3)、(4)、(9)和(10). §6.1 中指出，这些性质是可以逆推的，因而能够为不等式的同解性提供依据. 另一方面，这些可逆推的基本性质也可看成相应的同解定理的特殊情形.

定理 13　不等式 $f(x)g(x)>0\left(\text{或 }\dfrac{f(x)}{g(x)}>0\right)$ 的解集是不等式组 $\begin{cases}f(x)>0,\\g(x)>0\end{cases}$ 和 $\begin{cases}f(x)<0,\\g(x)<0\end{cases}$ 的解集的并集.

证　设不等式 $f(x)g(x)>0$ 的解集是 A；不等式组 $\begin{cases}f(x)>0,\\g(x)>0\end{cases}$ 和 $\begin{cases}f(x)<0,\\g(x)<0\end{cases}$ 的解集分别是 B 和 C，要证明 $A=B\cup C$.

设 $\alpha\in A$，则 $f(\alpha)g(\alpha)>0$，于是 $f(\alpha)$ 和 $g(\alpha)$ 同号. 当 $f(\alpha)$ 与 $g(\alpha)$ 同为正时，$\alpha\in B$；当 $f(\alpha)$ 与 $g(\alpha)$ 同为负时，$\alpha\in C$，所以 $\alpha\in B\cup C$. 因此

$$A\subseteq B\cup C. \qquad ①$$

反之，设 $\beta\in B\cup C$，则 $\beta\in B$ 或 $\beta\in C$. 当 $\beta\in B$ 时，$f(\beta)$ 与 $g(\beta)$ 同为正；当 $\beta\in C$ 时，$f(\beta)$ 与 $g(\beta)$ 同为负. 从而都有 $f(\beta)g(\beta)>0$，即 $\beta\in A$. 因此

$$B\cup C\subseteq A. \qquad ②$$

由①式和②式即得 $A=B\cup C$. 定理得证.

同样可证下面的定理：

定理 14 不等式 $f(x)g(x)<0$ $\left(\text{或 } \dfrac{f(x)}{g(x)}<0\right)$ 的解集是不等式组 $\begin{cases}f(x)>0,\\ g(x)<0\end{cases}$ 和 $\begin{cases}f(x)<0,\\ g(x)>0\end{cases}$ 的解集的并集.

上述不等式同解定理，与相应的方程(组)的同解定理在结构形式和证明方法上都有类似之处，但同时应注意它们的实质性区别. 例如方程组

$$\begin{cases}f(x)=0,\\ g(x)=0\end{cases} \quad \text{与} \quad \begin{cases}f(x)=0,\\ f(x)\pm g(x)=0\end{cases}$$

是同解的，但是不等式组

$$\begin{cases}f(x)>0,\\ g(x)>0\end{cases} \quad \text{与} \quad \begin{cases}f(x)>0,\\ f(x)\pm g(x)>0\end{cases}$$

却是不同解的. 因此在进行不等式(组)的变形时，应当依据不等式的同解定理推演，而不能盲目地仿用方程(组)的同解定理.

二、一元一次和一元二次不等式(组)

像方程一样，含 m 个未知元且未知元的最高次项的次数为 n 的整式不等式，叫做 m 元 n 次不等式. 这里首先讨论一元一次和一元二次不等式(组).

1. 一元一次不等式

任何一元一次不等式，都可经恒等变形整理为

$$ax>b \qquad ①$$

的形式.

不等式①的解集，视 a 的取值而异.

若 $a>0$，解集为 $\left\{x\,\middle|\,x>\dfrac{b}{a}\right\}$；若 $a<0$，解集为 $\left\{x\,\middle|\,x<\dfrac{b}{a}\right\}$.

当 $a=0$ 时，$ax>b$ 成为 $0x>b$，它不是一元一次不等式. 这时若 $b\geqslant 0$，则 $0x>b$ 无解；若 $b<0$，则 $0x>b$ 为绝对不等式，解集为 $(-\infty,+\infty)$.

例 1 解不等式 $(a^2+a+1)x-3a>(2+a)x+5a$.

解 原不等式即$(a^2-1)x>8a$.

如果$|a|>1$,解集为$\left\{x\,\middle|\,x>\dfrac{8a}{a^2-1}\right\}$. 如果$|a|<1$,解集为$\left\{x\,\middle|\,x<\dfrac{8a}{a^2-1}\right\}$.

如果$a=1$,则不等式变为$0\cdot x>8$,无解.

如果$a=-1$,则不等式变为$0\cdot x>-8$,解集为$(-\infty,+\infty)$.

如例1所示,不等式解集的标准写法,是写成集合形式或区间形式. 但有时为了简便,也可略去集合记号. 例如,$\left\{x\,\middle|\,x<\dfrac{8a}{a^2-1}\right\}$可简化为$x<\dfrac{8a}{a^2-1}$.

2. 一元一次不等式组

解不等式组,首先要分别求出组内每个不等式的解集,然后求它们的交集. 求交集时,可先在数轴上画出每个不等式的解集,然后根据重合部分找出它们的交集.

如果一元一次不等式组$\begin{cases}ax>b,\\cx>d\end{cases}$中每个不等式都有解,则可归结为下列四种情形之一:

$$\begin{cases}x>\alpha,\\x>\beta;\end{cases}\quad\begin{cases}x<\alpha,\\x<\beta;\end{cases}\quad\begin{cases}x>\alpha,\\x<\beta;\end{cases}\quad\begin{cases}x<\alpha,\\x>\beta.\end{cases}$$

设$\alpha<\beta$,则以上各组的解集依次是$x>\beta$;$x<\alpha$;$\alpha<x<\beta$;空集(无解).

例2 解不等式组

$$\begin{cases}(a+3)x<5a+6,\\x>3.\end{cases}$$

解 (1) 如果$a>-3$,原不等式组可化为

$$\begin{cases}x<\dfrac{5a+6}{a+3},\\x>3.\end{cases}$$

因为

$$\frac{5a+6}{a+3}>3\overset{a>-3}{\Longleftrightarrow}5a+6>3a+9\Leftrightarrow a>\frac{3}{2},$$

所以当$a>\dfrac{3}{2}$时,原不等式组的解集为$3<x<\dfrac{5a+6}{a+3}$. 又因为

$$\frac{5a+6}{a+3}\leqslant 3\overset{a>-3}{\Longleftrightarrow}a\leqslant\frac{3}{2},$$

所以当$-3<a\leqslant\dfrac{3}{2}$时,原不等式组无解.

(2) 如果$a<-3$,则原不等式组可化为

$$\begin{cases}x>\dfrac{5a+6}{a+3},\\x>3.\end{cases}$$

因为

$$\frac{5a+6}{a+3}>3 \xLeftrightarrow{a<-3} 5a+6<3a+9 \Leftrightarrow a<\frac{3}{2},$$

而当 $a<-3$ 时,$a<\frac{3}{2}$ 是必然的,所以此时原不等式组的解集为 $x>\frac{5a+6}{a+3}$.

(3) 如果 $a=-3$,则原不等式组变为$\begin{cases}0\cdot x<-9,\\ x>3,\end{cases}$故无解.

所以,当 $a<-3$ 时,原不等式组的解集为 $x>\frac{5a+6}{a+3}$;当 $a>\frac{3}{2}$ 时,原不等式组的解集为 $3<x<\frac{5a+6}{a+3}$;当 $-3\leqslant a\leqslant\frac{3}{2}$ 时,原不等式组无解.

3. 一元二次不等式

任何一个一元二次不等式,都可经恒等变形整理为

$$ax^2+bx+c>0 \quad (a\neq 0)$$

的形式. 两边同除以非零实数 a,即可归结为下面两种情形之一:

(1) $x^2+px+q>0$. ①

(2) $x^2+px+q<0$. ②

如果 $\Delta=p^2-4q<0$,①式的解集为$(-\infty,+\infty)$,②式无解.

如果 $\Delta=0$,①式的解集为$\left\{x\,\middle|\,x\neq-\frac{p}{2}\right\}$;②式无解.

如果 $\Delta>0$,$x^2+px+q=0$ 有两实根 x_1 和 x_2,设 $x_1<x_2$,则①式的解集为$\{x\mid x<x_1$ 或 $x>x_2\}$,②式的解集为$\{x\mid x_1<x<x_2\}$.

例 3 解不等式 $56x^2+ax-a^2<0$.

解 $\Delta=225a^2\geqslant 0$,方程 $56x^2+ax-a^2=0$ 有两个实根:$-\frac{a}{7}$和$\frac{a}{8}$.

若 $a>0$,则不等式解集为$-\frac{a}{7}<x<\frac{a}{8}$;

若 $a<0$,则不等式解集为$\frac{a}{8}<x<-\frac{a}{7}$;

若 $a=0$,则不等式无解.

4. 一元二次不等式组

一元二次不等式组可经恒等变形整理为

$$\begin{cases}a_1x^2+b_1x+c_1>0, & ①\\ a_2x^2+b_2x+c_2>0 & ②\end{cases}$$

的形式,其中 a_1 和 a_2 至少有一个不为 0. 这时可分别求出不等式①和②的解集,然后求出这两个解集的交集,即为原不等式组的解.

三、一元高次不等式

一元 n 次不等式的标准形式是

$$f(x)=a_nx^n+a_{n-1}x^{n-1}+\cdots+a_0>0 \quad (a_n\neq 0), \tag{①}$$

其中 $a_i\in\mathbf{R}(i=1,2,\cdots,n)$. 当 $n\geqslant 3$ 时,不等式①称为一元高次不等式.

由于实系数多项式 $f(x)$ 总可以分解成若干个一次因式和二次既约因式的乘积,所以 $f(x)$ 总可表示为 $f(x)=a_nf_1(x)f_2(x)$,其中 $f_1(x)$ 是 $f(x)$ 中所有首项系数为 1 的一次因式的乘积,$f_2(x)$ 是所有首项系数为 1 的二次既约因式的乘积. 由于首项系数为 1 的二次既约因式恒为正值,所以当 $a_n>0$ 时,不等式 $f(x)>0$ 与 $f_1(x)>0$ 同解;当 $a_n<0$ 时,不等式 $f(x)>0$ 与 $f_1(x)<0$ 同解.

下面分两种情形考虑不等式 $f_1(x)>0$ 或 $f_1(x)<0$ 的解法.

1. 当 $f_1(x)$ 中没有重因式时,按以下步骤求解:

(1) 将 $f_1(x)$ 写成 $(x-x_1)(x-x_2)\cdots(x-x_k)$ 的形式,其中 x_i 是 $f_1(x)$ 的零点,并有 $x_1<x_2<\cdots<x_k$.

(2) 将 $f_1(x)$ 的零点 $x_1,x_2,\cdots,x_k$ 在数轴上标出,从而将数轴划分为 $k+1$ 个区间. 从最右一个区间 $(x_k,+\infty)$ 开始,从右向左在各个区间上依次相间地标出"+""−"号.

(3) 所有"+"区间(开区间)的并集,就是 $f_1(x)>0$ 的解集;所有"−"区间(开区间)的并集,就是 $f_1(x)<0$ 的解集.

2. 当 $f_1(x)$ 中有重因式时,可把奇次重因式改为一次单因式,并把偶次重因式弃去,这样就可按照没有重因式的情形处理. 但是应将所得解集去掉偶次重因式的零点.

这种解法叫做"零点分区法". 当应用此法求解 $f_1(x)\geqslant 0$ 或 $f_1(x)\leqslant 0$ 时,要把开区间改为闭区间,同时在弃去偶次重因式后不必去掉偶次重因式的零点.

例 4　解不等式 $(2x+1)(3-x)(x+1)(x+3)>0$.

解　原式即 $f_1(x)=(x+3)(x+1)\left(x+\dfrac{1}{2}\right)(x-3)<0$. 将 $f_1(x)$ 的零点 -3, -1, $-\dfrac{1}{2}$ 和 3 在数轴上标出,将数轴划分为 5 个区间,并从右向左依次相间地标出"+""−"号(图 6.3):

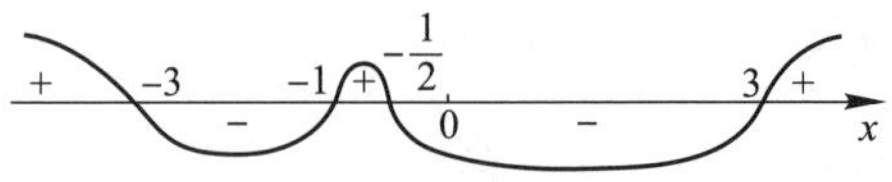

图 6.3

原不等式的解集即所有"−"区间的并集:

$$(-3,-1)\cup\left(-\frac{1}{2},3\right).$$

注 图6.3上"+""−"号的标注,是根据各个一次因式的符号决定的. 当 $x\in(3,+\infty)$(最右边的区间)时,各个因式的符号都取正号,故标"+"号. 而当 $x\in\left(-\frac{1}{2},3\right)$时,因式 $x-3$取负号,其余各因式都取正号,故标"−"号. 再向左,当 $x\in\left(-1,-\frac{1}{2}\right)$时,有两个因式$(x-3)$和 $\left(x+\frac{1}{2}\right)$ 取负号,其余各因式都取"+"号,故标"+"号…… 这就是"从右向左在各个区间上依次相间地标出正、负号"的道理. 至于图6.3中的曲线,是$y=f_1(x)$的曲线示意图,它只表示 y 值的正负,而不是函数的图像,解题时可以不画出.

例5 解不等式

$$x^2(x-3)(x+8)^3(x-5)^4(x+1)^5(x^2+2x+3)>0. \qquad ①$$

解 ①式中 x^2+2x+3 为既约二次因式,必取正值,可弃去;奇次重因式改为一次单因式;偶次重因式可弃去,但其零点要从①式的解集中去掉. 因此①式可化为

$$\begin{cases}(x+8)(x+1)(x-3)>0, & ②\\ x\neq 0, x\neq 5. & ③\end{cases}$$

用零点分区法解不等式②,得$-8<x<-1$,$x>3$. 再结合③式,得原不等式的解集为

$$\{x\mid -8<x<-1\}\cup\{x\mid 3<x<5\}\cup\{x\mid x>5\}.$$

四、一元分式不等式

一元分式不等式可整理为

$$\frac{f(x)}{g(x)}>0 \qquad ①$$

的形式. 根据定理10的推论3,它可化为

$$f(x)g(x)>0. \qquad ②$$

因为这里的分式指有理分式,即 $f(x)$和 $g(x)$代表多项式,所以②式为一元整式不等式. 这样,解分式不等式就可归结为解二次或高次不等式.

例6 解不等式 $\dfrac{x^3-3x^2-x+3}{x^2+3x+2}>0$.

解 定义域 M:$x\neq -1$,$x\neq -2$. 由因式分解得

$$\frac{(x+1)(x-1)(x-3)}{(x+1)(x+2)}>0, \qquad ①$$

即

$$\begin{cases}(x+2)(x-1)(x-3)>0, & ②\\ x\neq -1, x\neq -2. & ③\end{cases}$$

用零点分区法解不等式②,得$-2<x<1$,$x>3$. 结合③式的条件,得原不等式的解

集为

$$(-2,-1)\cup(-1,1)\cup(3,+\infty).$$

五、无理不等式

一元无理不等式可整理为 $f(x)>0$ 的形式，其中 $f(x)$ 是 x 的无理函数. 解无理不等式的基本方法是运用定理 11，将所给无理不等式转化为和它同解的有理不等式组.

在解无理不等式的过程中，经常会因为在不等式的两边施行乘方运算而出现增解，所以必须检查所得解是否超出原不等式的定义域. 另外，有些不等式的一边允许取负值，忽略这一点可能导致失解.

例 7　解不等式

$$\sqrt{x^2-4x+3}\geqslant 2-x. \qquad ①$$

分析　若将原不等式化为不等式组

$$\begin{cases}x^2-4x+3\geqslant 0,\\ x^2-4x+3\geqslant(2-x)^2\end{cases}\Rightarrow\begin{cases}x\leqslant 1, x\geqslant 3,\\ 3\geqslant 4,\end{cases}$$

此不等式组无解，因而得出原不等式无解的错误结论. 这里在将①式两边平方时，不自觉地假设 $2-x\geqslant 0$，但实际上 $2-x$ 可能小于 0，于是导致失解.

解　原不等式的解集等于下面两个不等式组的解集的并集：

$$(\text{Ⅰ})\begin{cases}x^2-4x+3\geqslant 0,\\ 2-x\geqslant 0,\\ x^2-4x+3\geqslant(2-x)^2\end{cases}\Rightarrow\begin{cases}x\leqslant 1 \text{ 或 } x\geqslant 3,\\ x\leqslant 2,\\ 3\geqslant 4,\end{cases}$$

$$(\text{Ⅱ})\begin{cases}x^2-4x+3\geqslant 0,\\ 2-x<0\end{cases}\Rightarrow\begin{cases}x\leqslant 1 \text{ 或 } x\geqslant 3,\\ x>2,\end{cases}$$

所以不等式组(Ⅰ)无解，不等式组(Ⅱ)的解集是 $[3,+\infty)$. 因此，原不等式的解集是 $[3,+\infty)$.

例 8　解不等式 $\dfrac{\sqrt{24-2x-x^2}}{x}<1$.

解　原不等式的解集等于下面两个不等式组的解集的并集：

$$(\text{Ⅰ})\begin{cases}24-2x-x^2\geqslant 0,\\ x>0,\\ 24-2x-x^2<x^2\end{cases}\Rightarrow\begin{cases}-6\leqslant x\leqslant 4,\\ x>0,\\ x<-4 \text{ 或 } x>3.\end{cases}$$

$$(\text{Ⅱ})\begin{cases}24-2x-x^2\geqslant 0,\\ x<0\end{cases}\Rightarrow\begin{cases}-6\leqslant x\leqslant 4,\\ x<0,\end{cases}$$

所以不等式组(Ⅰ)的解集是 $3<x\leqslant 4$，不等式组(Ⅱ)的解集是 $-6\leqslant x<0$. 因此原不等式的解集是 $[-6,0)\cup(3,4]$.

六、绝对值不等式

定义 8 绝对值符号内含有未知元(或变元)的不等式叫做含有绝对值的不等式，简称绝对值不等式.

解绝对值不等式的关键，在于脱去绝对值符号，将它转化为普通不等式，其主要依据是绝对值定义，和由定义推出的下述同解关系：

设 $a>0$，则

$$|x|<a \Leftrightarrow x^2<a^2 \Leftrightarrow -a<x<a,$$

$$|x|>a \Leftrightarrow x^2>a^2 \Leftrightarrow x<-a \text{ 或 } x>a.$$

据此，可推出下面的同解定理.

定理 15 不等式 $|f(x)|<g(x)$ 与不等式组

$$(\text{I})\ -g(x)<f(x)<g(x) \quad \left(\text{即}\begin{cases} f(x)<g(x), \\ f(x)>-g(x) \end{cases}\right)$$

同解.

证 设原不等式的解集为 A，不等式组(Ⅰ)的解集为 B.

(1) 如果 $a\in A$，则 $|f(a)|<g(a)$，显然 $g(a)>0$. 因此

$$-g(a)<f(a)<g(a).$$

这表明 $a\in B$，因此 $A\subseteq B$.

(2) 如果 $b\in B$，则 $-g(b)<f(b)<g(b)$，即

$$\begin{cases} f(b)<g(b), & ① \\ f(b)>-g(b). & ② \end{cases}$$

当 $f(b)\geqslant 0$ 时，由①式得 $|f(b)|<g(b)$；当 $f(b)<0$ 时，由②式得

$$|f(b)|=-f(b)<g(b).$$

这表明 $b\in A$，因此 $B\subseteq A$.

由(1)，(2)可知，$A=B$. 于是定理得证.

类似地，可证明下面的定理.

定理 16 不等式 $|f(x)|>g(x)$ 的解集等于下面两个不等式的解集的并集：

$$f(x)<-g(x), \quad f(x)>g(x).$$

例 9 证明不等式

$$|f(x)|<|g(x)| \qquad ①$$

的解集等于下面两个不等式组的解集的并集：

$$(\text{I})\begin{cases} f(x)<g(x), \\ f(x)>-g(x); \end{cases} \qquad (\text{II})\begin{cases} f(x)<-g(x), \\ f(x)>g(x). \end{cases}$$

证 不等式①即 $|g(x)|>|f(x)|$. 根据定理 16，它等于下面两个不等式解集的并集：

$$g(x)>|f(x)|,\qquad ②$$

$$-g(x)>|f(x)|.\qquad ③$$

再由定理 15,不等式②与不等式组(Ⅰ)同解;不等式③与不等式组(Ⅱ)同解. 因此,不等式①的解集等于不等式组(Ⅰ)和(Ⅱ)的解集的并集.

例 10　解不等式$|x-1|+|x+1|<4$.

解法 1　原式即

$$|x-1|<4-|x+1|.\qquad ①$$

根据定理 15,不等式①同解于不等式组

$$\begin{cases}x-1<4-|x+1|,\\ x-1>|x+1|-4\end{cases}\quad 即\begin{cases}|x+1|<5-x,\quad ②\\ |x+1|<x+3.\quad ③\end{cases}$$

解不等式②,得 $x<2$;解不等式③,得 $x>-2$. 所以,原不等式的解集是区间$(-2,2)$.

解法 2　原不等式的两边显然都为正数. 两边平方,

$$(|x-1|+|x+1|)^2<4^2,$$

整理得$|x^2-1|<7-x^2$. 所以

$$x^2-7<x^2-1<7-x^2,$$

其中 $x^2-7<x^2-1$ 是绝对不等式;由 $x^2-1<7-x^2$,得 $x^2<4$,从而$-2<x<2$. 因此,原不等式的解集是区间$(-2,2)$.

解法 3　令原不等式的各绝对值项为 0,得零点 1 和-1. 零点-1 和 1 将数轴分成三个区间,分别就每个区间考虑脱去绝对值符号. 这样,原不等式的解集等于下列三个不等式组的解集的并集:

$$(\text{Ⅰ})\begin{cases}x\leqslant-1,\\ -(x-1)-(x+1)<4;\end{cases}$$

$$(\text{Ⅱ})\begin{cases}-1<x\leqslant1,\\ -(x-1)+(x+1)<4;\end{cases}$$

$$(\text{Ⅲ})\begin{cases}x>1,\\ (x-1)+(x+1)<4.\end{cases}$$

解得不等式组(Ⅰ)的解集是$-2<x\leqslant-1$;(Ⅱ)的解集是$-1<x\leqslant1$;(Ⅲ)的解集是 $1<x<2$,它们的并集是$-2<x<2$. 所以,原不等式的解集是区间$(-2,2)$.

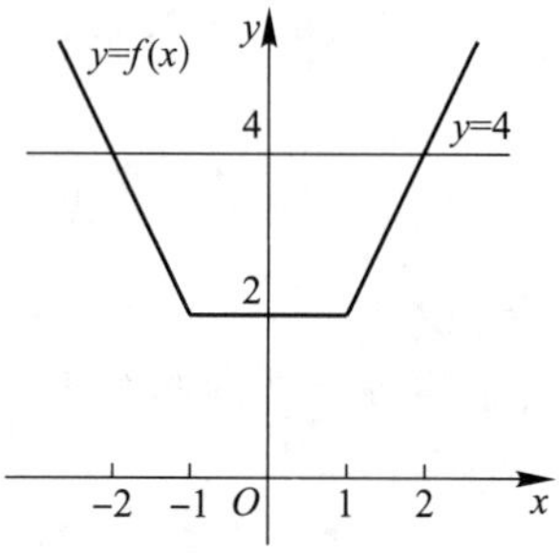

图 6.4

例 10 的不等式的解集如图 6.4 所示.

作出函数 $y=f(x)=|x-1|+|x+1|$ 和 $y=4$ 的图像. 在区间$(-2,2)$上,函数 $y=f(x)$的图像位于函数 $y=4$ 的图像的下方,这就表明在此区间上 $f(x)<4$.

例 11　解不等式$\dfrac{|2x-1|}{x^2-x-2}>\dfrac{1}{2}$.

解 原不等式的解集等于下列两个不等式组的解集的并集；

$$(\text{Ⅰ})\begin{cases}x<\dfrac{1}{2}, & ①\\ \dfrac{-2x+1}{x^2-x-2}>\dfrac{1}{2}; & ②\end{cases}$$

$$(\text{Ⅱ})\begin{cases}x\geqslant\dfrac{1}{2},\\ \dfrac{2x-1}{x^2-x-2}>\dfrac{1}{2}.\end{cases}$$

不等式②可化为

$$\frac{(x+4)(x-1)}{(x+1)(x-2)}<0, \quad ③$$

分式不等式③和高次不等式

$$(x+4)(x+1)(x-1)(x-2)<0 \quad ④$$

同解，可用零点分区法求得不等式④的解集是$(-4,-1)\cup(1,2)$. 结合不等式①，得不等式组(Ⅰ)的解集是区间$(-4,-1)$.

同理，可求得不等式组(Ⅱ)的解集是区间$(2,5)$.

因此，原不等式的解集是$(-4,-1)\cup(2,5)$.

七、初等超越不等式

解指数、对数、三角函数不等式时，要依据有关函数的定义和性质，尽量把它们转化为代数不等式来解.

1. 指数不等式

最简单的指数不等式形如

$$a^{f(x)}>b \quad (a>0,a\neq1)$$

或

$$a^{f(x)}<b \quad (a>0,a\neq1).$$

如果$b\leqslant0$，则不等式$a^{f(x)}>b$为绝对不等式，$a^{f(x)}<b$无解.

如果$b>0$，则当$a>1$时，

$$a^{f(x)}>b\Leftrightarrow f(x)>\log_a b,$$

$$a^{f(x)}<b\Leftrightarrow f(x)<\log_a b;$$

当$0<a<1$时，

$$a^{f(x)}>b\Leftrightarrow f(x)<\log_a b,$$

$$a^{f(x)}<b\Leftrightarrow f(x)>\log_a b.$$

指数不等式的常用解法，是先将不等式两边化为同底的幂，然后区分$a>1$和$0<a\leqslant1$两种情形，据此比较它们的指数.

例 12　解不等式 $\left(\frac{5}{4}\right)^{1-x}<\left(\frac{16}{25}\right)^{2(1+\sqrt{x})}$.

解　原式即 $\left(\frac{4}{5}\right)^{x-1}<\left(\frac{4}{5}\right)^{4(1+\sqrt{x})}$. 因为 $0<\frac{4}{5}<1$,所以

$$x-1>4(1+\sqrt{x}),\quad 即\quad (\sqrt{x}+1)(\sqrt{x}-5)>0,$$

从而 $x>25$. 原不等式的解集是区间 $(25,+\infty)$.

2. 对数不等式

最简单的对数不等式形如

$$\log_a x>b\quad (a>0,a\neq 1)$$

或

$$\log_a x<b\quad (a>0,a\neq 1).$$

如果 $a>1$,则

$$\log_a x>b\Leftrightarrow x>a^b,\quad \log_a x<b\Leftrightarrow x<a^b.$$

如果 $0<a<1$,则

$$\log_a x>b\Leftrightarrow x<a^b,\quad \log_a x<b\Leftrightarrow x>a^b.$$

对数不等式的常用解法,是先将不等式两边化为同底的对数,然后区分 $a>1$ 和 $0<a<1$ 两种情形,比较它们的真数. 解题时应注意不等式的定义域.

例 13　解不等式 $\log_{0.5}\log_8\frac{x^2-2x}{x-3}<0$.

解　因为底数 $0.5<1$,所以

$$\log_8\frac{x^2-2x}{x-3}>1. \tag{①}$$

因为底数 $8>1$,所以

$$\frac{x^2-2x}{x-3}>8. \tag{②}$$

解不等式②,得 $3<x<4$ 或 $x>6$.

所以原不等式的解集是 $(3,4)\cup(6,+\infty)$.

例 14　解不等式

$$\lg(x^2+2x-1)-\lg(x-2)>\lg(10x+5)-1. \tag{①}$$

解　先求①式的定义域:

$$\begin{cases}x^2+2x-1>0,\\ x-2>0,\\ 10x+5>0,\end{cases}\qquad 解之,得\ x>2.$$

在 $x>2$ 的条件下解不等式①,即解不等式组

$$(\text{I})\begin{cases}\lg(x^2+2x-1)+1>\lg(10x+5)+\lg(x-2), & ②\\ x>2. & ③\end{cases}$$

②式即

$$\lg[10(x^2+2x-1)]>\lg(10x+5)(x-2),$$

所以

$$10(x^2+2x-1)>(10x+5)(x-2).$$

整理得 $35x>0$,从而 $x>0$. 不等式组(Ⅰ)同解于$\begin{cases}x>0,\\x>2,\end{cases}$ 即 $x>2$.

因此,原不等式的解集是区间$(2,+\infty)$.

3. 三角不等式

含有未知元(变元)的三角函数的不等式,叫做三角不等式. 解三角不等式一般都要归结到最简三角不等式. 形如

$$\sin x>a \text{ 或 } \sin x<a,$$

$$\cos x>a \text{ 或 } \cos x<a,$$

$$\tan x>a \text{ 或 } \tan x<a \quad (a\in\mathbf{R})$$

的不等式叫做最简三角不等式.

解最简三角不等式,可先在所给三角函数的一个周期内求出其特解,然后加上该函数的最小正周期的整数倍,即得它的一般解.

对于可用初等方法求解的三角不等式,通常运用变量代换、因式分解等方法化繁为简,归结为最简三角不等式.

例 15 解最简三角不等式:(1) $\sin x>a$;(2) $\sin x<a$.

解 (1) 当 $a\geqslant 1$ 时,$\sin x>a$ 无解;当 $a<-1$ 时,$\sin x>a$ 的解集为 $\mathbf{R}$.

当 $-1\leqslant a<1$ 时,由 $\sin x$ 的单调性可知,在单位圆的右半圆周内,$\arcsin a<x<\frac{\pi}{2}$;而在左半圆周内,$\frac{\pi}{2}\leqslant x<\pi-\arcsin a$,所以在区间 $\left[-\frac{\pi}{2},\frac{3\pi}{2}\right]$ 内 $\sin x>a$ 的特解为

$$\arcsin a<x<\pi-\arcsin a \quad (\text{图 } 6.5).$$

因此,它的一般解为

$$\arcsin a+2k\pi<x<\pi-\arcsin a+2k\pi,\quad k\in\mathbf{Z}.$$

(2) 当 $a\leqslant -1$ 时,$\sin x<a$ 无解;当 $a>1$ 时,$\sin x<a$ 的解集为 $\mathbf{R}$.

当 $-1<a\leqslant 1$ 时,在区间 $\left[-\frac{3\pi}{2},\frac{\pi}{2}\right]$ 内,$\sin x<a$ 的特解为

$$-\pi-\arcsin a<x<\arcsin a \quad (\text{图 } 6.6).$$

因此,它的一般解为

$$-\arcsin a+(2k-1)\pi<x<\arcsin a+2k\pi,\quad k\in\mathbf{Z}.$$

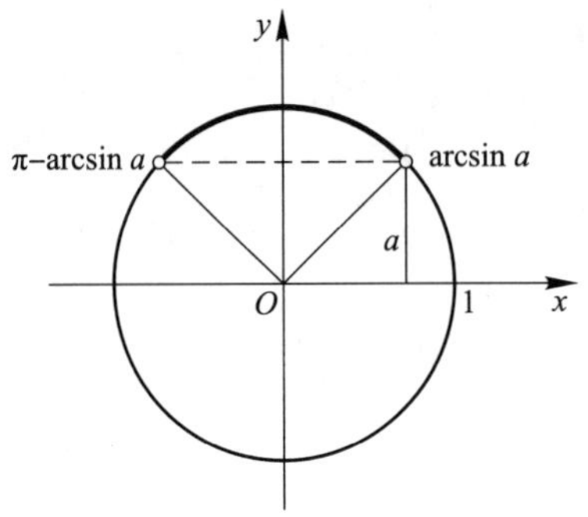

图 6.5

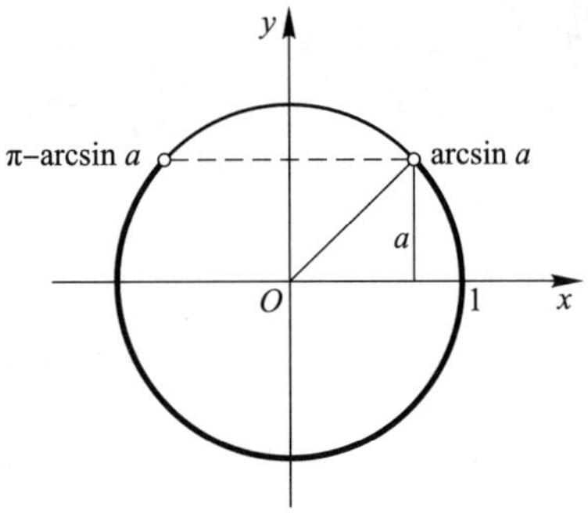

图 6.6

例 16　解最简三角不等式:(1) $\cos x>a$;(2) $\tan x>a$.

解　(1) 当 $a\geqslant 1$ 时,$\cos x>a$ 无解;当 $a<-1$ 时,$\cos x>a$ 的解集为 $\mathbf{R}$.

当 $-1\leqslant a<1$ 时,在区间 $[-\pi,\pi]$ 内,$\cos x>a$ 的特解为

$$-\arccos a<x<\arccos a \quad (\text{图 } 6.7).$$

因此,它的一般解为

$$-\arccos a+2k\pi<x<\arccos a+2k\pi,\quad k\in\mathbf{Z}.$$

(2) 当 a 为任意实数时,$\tan x$ 在区间 $\left(-\frac{\pi}{2},\frac{\pi}{2}\right)$ 内的特解为

$$\arctan a<x<\frac{\pi}{2} \quad (\text{图 } 6.8).$$

因此,它的一般解为

$$\arctan a+k\pi<x<\frac{\pi}{2}+k\pi,\quad k\in\mathbf{Z}.$$

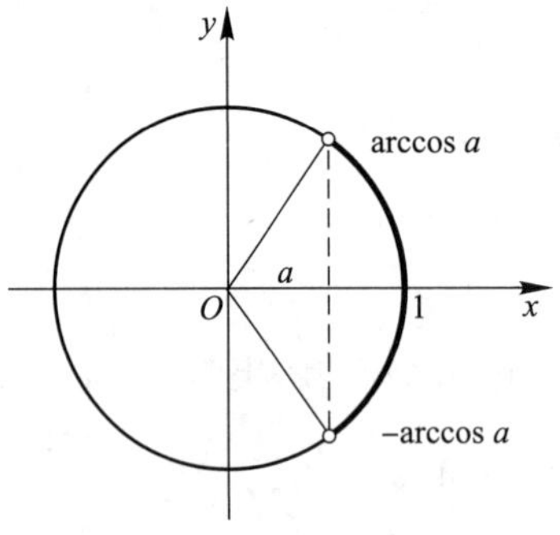

图 6.7

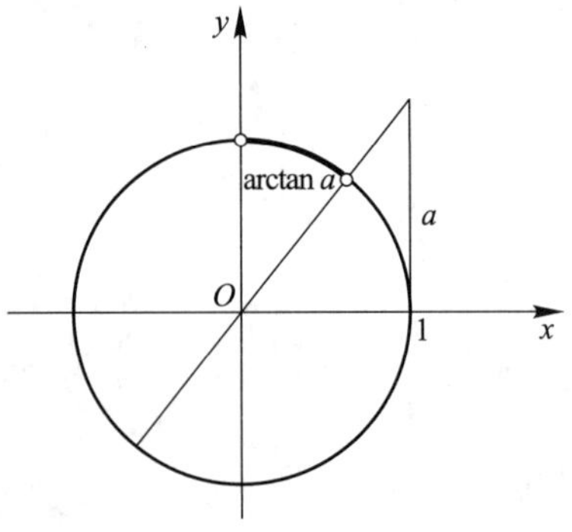

图 6.8

同样,可求得不等式 $\cos x<a$ 在区间 $[0,2\pi]$ 内的特解为

$$\arccos a<x<-\arccos a+2\pi;$$

不等式 $\tan x<a$ 在区间 $\left(-\frac{\pi}{2},\frac{\pi}{2}\right)$ 内的特解为 $-\frac{\pi}{2}<x<\arctan a$.

例 17 解不等式 $\sin x>\cos x$.

解 原式即$\sqrt{2}\sin\left(x-\frac{\pi}{4}\right)>0$. 因为 $\sin\left(x-\frac{\pi}{4}\right)>0$ 在区间 $\left[-\frac{\pi}{2},\frac{3\pi}{2}\right]$ 内的特解为$0<x-\frac{\pi}{4}<\pi$,所以$\frac{\pi}{4}<x<\frac{5\pi}{4}$,因此原不等式的一般解为

$$\frac{\pi}{4}+2k\pi<x<\frac{5\pi}{4}+2k\pi,\quad k\in\mathbf{Z}.$$

例 18 设 x 为锐角,解不等式

$$4\sin^2 x+2(\sqrt{3}+\sqrt{2})\cos x-(4+\sqrt{6})>0.$$

解 原式可化为

$$(2\cos x-\sqrt{2})(2\cos x-\sqrt{3})<0,$$

所以 $\frac{\sqrt{2}}{2}<\cos x<\frac{\sqrt{3}}{2}$. 因为 $\cos x$ 在第一象限为减函数,所以

$$\arccos\frac{\sqrt{3}}{2}<x<\arccos\frac{\sqrt{2}}{2},$$

即原不等式的解集为 $\frac{\pi}{6}<x<\frac{\pi}{4}$.

例 19 解不等式 $4\sin^2 x+3\tan x-2\sec^2 x>0$.

解 由所给不等式可知 $x\neq\frac{\pi}{2}+n\pi$,故 $\cos x\neq 0$. 原不等式两边同乘 $\cos^2 x$,得

$$(\sin 2x)^2+\frac{3}{2}\sin 2x-2>0. \tag{①}$$

令 $\sin 2x=t$,则①式可化为不等式组

$$\begin{cases} t^2+\frac{3}{2}t-2>0, \\ -1\leqslant t\leqslant 1. \end{cases}$$

解之得 $\frac{\sqrt{41}-3}{4}<t\leqslant 1$,所以 $\sin 2x>\frac{\sqrt{41}-3}{4}$,

$$\arcsin\frac{\sqrt{41}-3}{4}+2k\pi<2x<\pi-\arcsin\frac{\sqrt{41}-3}{4}+2k\pi.$$

因此原不等式的解是

$$\frac{1}{2}\arcsin\frac{\sqrt{41}-3}{4}+k\pi<x<\frac{\pi}{2}-\frac{1}{2}\arcsin\frac{\sqrt{41}-3}{4}+k\pi,\quad k\in\mathbf{Z}.$$

关于反三角不等式,这里仅举一例.

例 20 解不等式 $\arcsin x+2\arccos x<\frac{2\pi}{3}$.

分析 因其定义域为 $x\in[-1,1]$,故可设 $x=\sin\theta$,作变量代换.

解　令 $x=\sin\theta,\theta\in\left[-\frac{\pi}{2},\frac{\pi}{2}\right]$. 因 $\frac{\pi}{2}-\theta\in[0,\pi]$，故

$$\arccos x=\arccos(\sin\theta)=\arccos\left[\cos\left(\frac{\pi}{2}-\theta\right)\right]=\frac{\pi}{2}-\theta,$$

原不等式于是化为 $\theta+2\left(\frac{\pi}{2}-\theta\right)<\frac{2\pi}{3}$. 所以

$$\frac{\pi}{3}<\theta\leqslant\frac{\pi}{2},\quad \frac{\sqrt{3}}{2}<\sin\theta\leqslant 1.$$

因此原不等式的解集是 $\left(\frac{\sqrt{3}}{2},1\right]$.

§ 6.5　不等式的应用

不等式理论在数学研究和科学技术中有着广泛的应用. 本书 § 4.2 就已运用不等式求函数的定义域和值域，研究函数的有界性和单调性. 这里主要讨论应用不等式求解各类函数的最值.

一、用配方法和判别式求最值

定义 9　设函数 $f(x)$ 在区间 $[a,b]$ 上有定义，如果存在 $x_0\in[a,b]$，使得对于任意 $x\in[a,b]$ 且 $x\neq x_0$，都有

$$f(x_0)\geqslant f(x)\quad(\text{或 } f(x_0)\leqslant f(x)),$$

就称 $f(x_0)$ 是函数 $f(x)$ 在区间 $[a,b]$ 上的最大值（或最小值）. 最大值与最小值统称为最值.

最值概念和数学分析中详细讨论的极值概念是有区别的. 极值是函数的局部性质. 例如极大值 $f(x_0)$，它大于和 x_0 邻近的各点函数值，但在整个区间上不一定是最大的. 在同一区间上可能出现几个极大值，而同一区间上的最大值却只有一个.

配方法和判别式法是最常用的求解最值的方法.

例 1　已知实系数二次方程 $x^2-2ax+10x+2a^2-4a-2=0$ 有实根，求两根之积的最大值和最小值.

分析　这里两根之积显然为 a 的二次函数，而 a 的范围为实根条件所限制.

解　设两根之积为 t，由根和系数的关系得

$$t=2a^2-4a-2=2(a-1)^2-4. \qquad ①$$

又因原方程有实根，所以

$$(5-a)^2-(2a^2-4a-2)\geqslant 0,$$

$$-9\leqslant a\leqslant 3. \qquad ②$$

由①式和②式可知，当 $a=-9$ 时，t 取最大值 196；当 $a=1$ 时，t 取最小值 -4.

所以原方程的两根之积的最大值为 196，最小值为 -4.

例 2 设 $f(x)=x^2-2tx+t$ 在区间 $[-1,1]$ 上的最小值为 $g(t)$，求 $g(t)$ 的最大值.

解 因为 $f(x)=(x-t)^2+t-t^2$，并且 $-1\leqslant x\leqslant 1$，所以

当 $t\geqslant 1$ 时，$g(t)=f(1)=1-t$；

当 $-1<t<1$ 时，$g(t)=f(t)=t-t^2$；

当 $t\leqslant -1$ 时，$g(t)=f(-1)=1+3t$，即

$$g(t)=\begin{cases}1-t, & t\geqslant 1,\\ t-t^2, & -1<t<1,\\ 1+3t, & t\leqslant -1.\end{cases}$$

因此，当 $t\geqslant 1$ 时，$g(t)$ 的最大值为 $g(1)=0$；当 $-1<t<1$ 时，

$$g(t)=-\left(t-\frac{1}{2}\right)^2+\frac{1}{4}$$

的最大值为 $g\left(\frac{1}{2}\right)=\frac{1}{4}$；当 $t\leqslant -1$ 时，$g(t)$ 的最大值为 $g(-1)=-2$.

所以当 t 取 $\frac{1}{2}$ 时，$g(t)$ 取最大值 $\frac{1}{4}$.

例 3 已知 $(x-3)^2+4(y-1)^2=4$，求 $u=\dfrac{x+y-3}{x-y+1}$ 的最值.

分析 条件式为椭圆方程 $\left(\dfrac{x-3}{2}\right)^2+(y-1)^2=1$，可用三角代换.

解 设 $\begin{cases}x=3+2\cos\theta,\\ y=1+\sin\theta,\end{cases}$ 则

$$u=\frac{2\cos\theta+\sin\theta+1}{2\cos\theta-\sin\theta+3}. \quad ①$$

①式两边同乘 $(2\cos\theta-\sin\theta+3)$，化为

$$(2u-2)\cos\theta-(u+1)\sin\theta+(3u-1)=0. \quad ②$$

由万能置换公式，得

$$(u+1)\tan^2\frac{\theta}{2}-2(u+1)\tan\frac{\theta}{2}+(5u-3)=0. \quad ③$$

当 $u\neq -1$ 时，③式为关于 $\tan\frac{\theta}{2}$ 的二次方程，因为 $\tan\frac{\theta}{2}$ 为实数，所以

$$\frac{1}{4}\Delta=(u+1)^2-(u+1)(5u-3)\geqslant 0,$$

即

$$(u+1)(-4u+4)\geqslant 0, \quad -1<u\leqslant 1.$$

当 $u=-1$ 时，由②式得 $\cos\theta=-1$，有意义（此时 $\tan\frac{\theta}{2}$ 无意义，不适合③式）.

所以 u 的最大值为 1，最小值为 -1.

二、用均值不等式求最值

均值不等式，特别是 $G_n \leqslant A_n$，是求解最值的十分有效的工具. 事实上，由定理 2 可以直接推出下面的结论.

定理 17　对于任意 n 个正数 $a_1, a_2, \cdots, a_n$，如果它们的和（设为 S）是定值，则当 $a_1=a_2=\cdots=a_n$ 时，积 $a_1a_2\cdots a_n$ 取最大值 $\left(\frac{S}{n}\right)^n$；如果它们的积（设为 P）是定值，则当 $a_1=a_2=\cdots=a_n$ 时，和 $a_1+a_2+\cdots+a_n$ 取最小值 $n\sqrt[n]{P}$.

例 4　求函数 $y=\frac{x^2+5}{\sqrt{x^2+1}}$ 的最小值.

解　$y=\frac{(x^2+1)+4}{\sqrt{x^2+1}}=\sqrt{x^2+1}+\frac{4}{\sqrt{x^2+1}}$.

因为 $\sqrt{x^2+1}>0$，$\frac{4}{\sqrt{x^2+1}}>0$，且 $\sqrt{x^2+1}\cdot\frac{4}{\sqrt{x^2+1}}=4$ 为定值，所以当 $\sqrt{x^2+1}=\frac{4}{\sqrt{x^2+1}}$，即 $x=\pm\sqrt{3}$ 时，y 有最小值 4.

例 5　在半径为 R 的球的所有外切圆锥中，求全面积的最小值.

解　设 $x=AH$ 是外切圆锥的底面圆半径，CH 是它的高，S 是它的全面积（图 6.9），则

$$S=\pi x^2+\pi x\cdot AC=\pi x^2+\pi x(CD+x).$$

由 $\triangle CDO \backsim \triangle CHA$，求得 $CD=\frac{2R^2x}{x^2-R^2}$，所以

$$S=\pi x\left(x+x+\frac{2R^2x}{x^2-R^2}\right)=\frac{2\pi x^4}{x^2-R^2}.$$

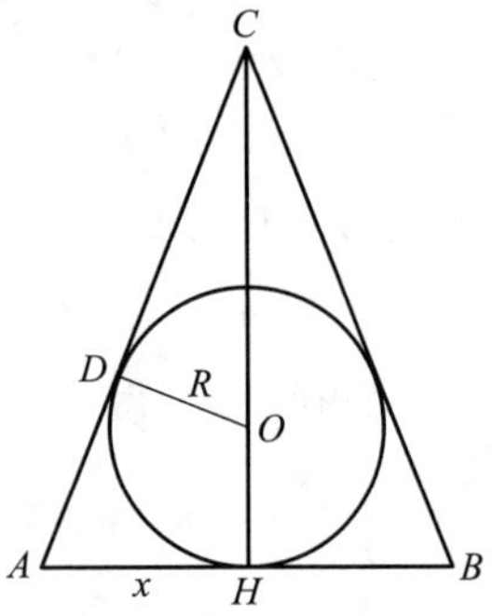

图 6.9

要求 S 的最小值，可从考虑 $\frac{1}{S}$ 的最大值入手. 因为

$$\frac{1}{S}=\frac{x^2-R^2}{2\pi x^4}=\frac{1}{2\pi x^2}\left(1-\frac{R^2}{x^2}\right),$$

所以

$$\frac{2\pi R^2}{S}=\frac{R^2}{x^2}\left(1-\frac{R^2}{x^2}\right).$$

由于 $\frac{R^2}{x^2}$ 同 $\left(1-\frac{R^2}{x^2}\right)$ 都为正数，且其和为定值 1，因此当 $\frac{R^2}{x^2}=1-\frac{R^2}{x^2}$，即 $x=\sqrt{2}R$ 时，$\frac{2\pi R^2}{S}$ 取最大值 $\frac{1}{4}$，此时 S 取最小值 $8\pi R^2$.

所以当 $x=\sqrt{2}R$ 时，球的外切圆锥的全面积最小，其最小全面积为 $8\pi R^2$.

三、用柯西不等式求最值

例 6 设实数 x,y 满足 $3x^2+2y^2\leqslant 6$，求 $P=2x+y$ 的最大值.

分析 因 $2x+y$ 是一次式，配方法和判别式法无能为力，均值不等式似乎也用不上. 这时可对照柯西不等式的标准形式，考虑能否将题设解析式适当改造，以充当柯西不等式中的两组数.

解 根据柯西不等式，

$$\left(\frac{2}{\sqrt{3}}\cdot\sqrt{3}x+\frac{1}{\sqrt{2}}\cdot\sqrt{2}y\right)^2\leqslant[(\sqrt{3}x)^2+(\sqrt{2}y)^2]\left[\left(\frac{2}{\sqrt{3}}\right)^2+\left(\frac{1}{\sqrt{2}}\right)^2\right],$$

即

$$(2x+y)^2\leqslant\frac{11}{6}(3x^2+2y^2).$$

因为 $3x^2+2y^2\leqslant 6$，所以 $|P|\leqslant\sqrt{11}$，其中等号当且仅当 $\sqrt{3}x=\frac{2}{\sqrt{3}}k$，$\sqrt{2}y=\frac{1}{\sqrt{2}}k$，且 $3x^2+2y^2=6$ 时成立. 由以上诸式解得 $k=\pm\frac{6}{\sqrt{11}}$.

所以当 $k=\frac{6}{\sqrt{11}}$ 时，$x=\frac{4\sqrt{11}}{11}$，$y=\frac{3}{11}\sqrt{11}$，$P=2x+y$ 取最大值 $\sqrt{11}$.

例 7 设 P 为 $\triangle ABC$ 内的一点，过 P 分别作 AB,BC,CA 的垂线 PD,PE,PF（图 6.10）. 试求使

$$\frac{AB}{PD}+\frac{BC}{PE}+\frac{CA}{PF}$$

最小的点 P 位置.

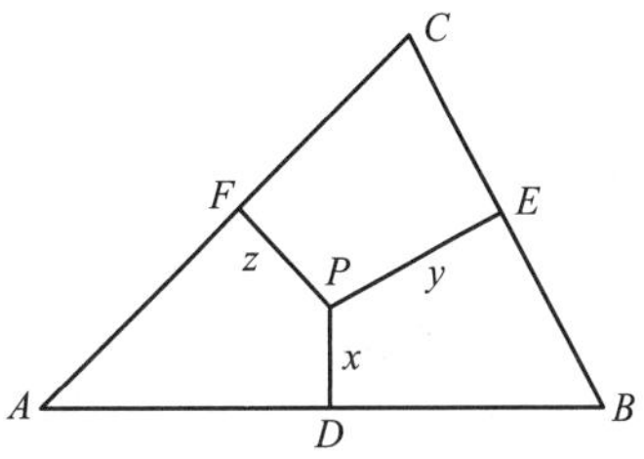

图 6.10

解 设 $PD=x$，$PE=y$，$PF=z$；$AB=c$，$BC=a$，$CA=b$，则

$$cx+ay+bz=2S_{\triangle ABC},$$

$$\frac{AB}{PD}+\frac{BC}{PE}+\frac{CA}{PF}=\frac{c}{x}+\frac{a}{y}+\frac{b}{z}.$$

由柯西不等式

$$\left(\frac{c}{x}+\frac{a}{y}+\frac{b}{z}\right)(cx+ay+bz)\geqslant(c+a+b)^2,$$

所以

$$\frac{c}{x}+\frac{a}{y}+\frac{b}{z}\geqslant\frac{(a+b+c)^2}{2S_{\triangle ABC}}. \qquad ①$$

当且仅当 $cx:\frac{c}{x}=ay:\frac{a}{y}=bz:\frac{b}{z}$，即 $x=y=z$ 时，①式中等号成立.

所以当点 P 为$\triangle ABC$ 的内心时，$\frac{AB}{PD}+\frac{BC}{PE}+\frac{CA}{PF}$ 达到最小值.

四、用延森不等式求最值

由延森不等式可以直接推出下面的定理.

定理 18　设 $y=f(x)$在区间 D 上是凹(凸)函数，对于任意 $x_1,x_2,\cdots,x_n\in D$，如果 $x_1+x_2+\cdots+x_n$ 是定值，则当 $x_1=x_2=\cdots=x_n$ 时，

$$P=f(x_1)+f(x_2)+\cdots+f(x_n)$$

达到最小(最大)值.

例 8　设 $a,b,c\in\mathbf{R}^+$，且 $a+b+c=1$，求$\frac{1}{\sqrt{a}}+\frac{1}{\sqrt{b}}+\frac{1}{\sqrt{c}}$的最小值.

证　先证函数 $f(x)=\frac{1}{\sqrt{x}}$在其定义域$(0,+\infty)$上是凹函数. 设 $x_1,x_2\in(0,+\infty)$，且 $x_1\neq x_2$，则 $x_1+x_2>2\sqrt{x_1x_2}$，所以

$$\sqrt{x_1+x_2}>\sqrt{2}\sqrt[4]{x_1x_2},\quad 即\quad \frac{2}{\sqrt[4]{x_1x_2}}>\frac{4}{\sqrt{2(x_1+x_2)}}.$$

又因为$\frac{1}{\sqrt{x_1}}+\frac{1}{\sqrt{x_2}}>\frac{2}{\sqrt[4]{x_1x_2}}$，所以

$$\frac{1}{\sqrt{x_1}}+\frac{1}{\sqrt{x_2}}>\frac{4}{\sqrt{2(x_1+x_2)}},$$

$$\frac{1}{2}\left(\frac{1}{\sqrt{x_1}}+\frac{1}{\sqrt{x_2}}\right)>\frac{1}{\sqrt{\frac{x_1+x_2}{2}}}.$$

由此可知函数 $f(x)=\frac{1}{\sqrt{x}}$在$(0,+\infty)$上是凹函数，因此

$$\frac{1}{\sqrt{a}}+\frac{1}{\sqrt{b}}+\frac{1}{\sqrt{c}}\geqslant 3\cdot\frac{1}{\sqrt{\frac{a+b+c}{3}}}=3\cdot\frac{1}{\sqrt{\frac{1}{3}}}=3\sqrt{3},$$

其中等号当且仅当 $a=b=c$ 时成立.

所以，$\frac{1}{\sqrt{a}}+\frac{1}{\sqrt{b}}+\frac{1}{\sqrt{c}}$ 的最小值是 $3\sqrt{3}$.

五、不等式的其他应用

不等式除了用于研究函数性质和求函数的最值之外，还有许多其他方面的应用. 初等数学中最常见的是用来讨论出现于方程中的参数的范围以及处理统计初步中的数据.

例 9 已知下列三个方程中至少有一个方程有实根，求其中实数 a 的范围：

(1) $x^2+4ax-4a+3=0$；

(2) $x^2+(a-1)x+a^2=0$；

(3) $x^2+2ax-2a=0$.

分析 按题意，上述三个方程中有一个、二个或三个方程有实根，因此比较复杂. 可考虑其反面情形，即求三个方程都没有实根时的 a 值范围，然后求其补集.

解 假设三个方程都无实根，则判别式满足

$$\begin{cases}(4a)^2-4(-4a+3)<0,\\(a-1)^2-4a^2<0,\\(2a)^2-4(-2a)<0,\end{cases} \quad 即 \quad \begin{cases}(2a+3)(2a-1)<0,\\(a+1)(3a-1)>0,\\a^2+2a<0,\end{cases}$$

所以

$$-\frac{3}{2}<a<-1,\quad 即\quad a\in\left(-\frac{3}{2},-1\right). \qquad ①$$

①式中集合的补集是 $\left(-\infty,-\frac{3}{2}\right]\cup[-1,+\infty)$，所以，当

$$a\in\left(-\infty,-\frac{3}{2}\right]\cup[-1,+\infty)$$

时，题中三个方程中至少有一个方程有实根.

例 10 在数据处理中，常用 n 次观测值 $a_1,a_2,\cdots,a_n$ 的算术平均值代替所测量的量的真值 x 进行计算. 试证明这样处理是合理的.

证 真值 x 一般是难以达到的. 但可以使偏差 $a_1-x,a_2-x,\cdots,a_n-x$ 就总体来说尽可能小. 如果直接求偏差的和，会产生正负抵消的缺点，因此统计学中采用偏差平方和

$$D=\sum_{i=1}^{n}(a_i-x)^2$$

来反映偏差的总体情况. 这里要探讨何时 D 最小. 为了方便，下面用记号 $\sum$ 代替 $\sum\limits_{i=1}^{n}$，则

$$\begin{aligned}D&=\sum(a_i-x)^2=\sum(a_i^2-2a_ix+x^2)\\&=\sum a_i^2-2x\sum a_i+nx^2,\end{aligned}$$

即

$$nx^2-2x\sum a_i+\sum a_i^2-D=0. \qquad ①$$

因为 x 为实数，①式的判别式

$$4\left(\sum a_i\right)^2-4n\left(\sum a_i^2-D\right)\geqslant 0,$$

所以

$$D\geqslant\sum a_i^2-\frac{1}{n}\left(\sum a_i\right)^2. \qquad ②$$

将 D 的最小值记作 $D_{\min}$，则

$$D_{\min}=\sum a_i^2-\frac{1}{n}(\sum a_i)^2. \tag{③}$$

将③式中的 $D_{\min}$ 代替①式中的 D，得

$$nx^2-2x\sum a_i+\sum a_i^2-\left[\sum a_i^2-\frac{1}{n}(\sum a_i)^2\right]=0,$$

$$x^2-2x\left(\frac{1}{n}\sum a_i\right)+\left(\frac{1}{n}\sum a_i\right)^2=0,$$

$$\left(x-\frac{1}{n}\sum a_i\right)^2=0,$$

所以 $x=\frac{1}{n}\sum a_i$. 这表明当且仅当 $x=\frac{1}{n}\sum a_i$ 时，D 取最小值. 所以在数据处理中，用算术平均值 $\frac{1}{n}\sum a_i$ 代替真值 x 进行计算是合理的.

当然，由 n 次观测值组成的样本只能近似地反映总体的情况，所以 $\frac{1}{n}\sum a_i$ 也只能近似地表示(或代替)真值，统计学中称它为样本平均数.

习　题　六

1. 指出下列各不等式的定义域，并判别各自属于哪类不等式(绝对不等式、条件不等式或矛盾不等式).

(1) $2x^2<3x$；　　(2) $\lg x^2>\lg x$；

(3) $y^2+5>0$；　　(4) $3^{\sqrt{x}}+1<0$.

2. 判别实数域中下列各命题是否正确，正确的给予证明，不正确的举出反例.

(1) 若 $a>b$，$c>d$，则 $ac>bd$；

(2) 若 $ac>bc$，则 $a>b$；

(3) 若 $a>b$，则 $ac^2>bc^2$；

(4) 若 $a>b$，且 $a\neq0$，$b\neq0$，则 $\frac{1}{a}<\frac{1}{b}$；

(5) 若 $a>b$，$n\in\mathbf{N}^*$，则 $\sqrt[n]{a}>\sqrt[n]{b}$；

(6) 若 $a^2>1$，则 $(a+b)(a-b)>(1+b)(1-b)$.

3. 设 $a,b\in\mathbf{R}$，比较 a^4+b^4 与 a^3b+ab^3 的大小.

4. 下面命题的证明错在哪里？并给出正确的证法.

命题：证明 $\sqrt{3}-\sqrt{2}>\sqrt{5}-2$.

证：假设命题成立，将两边平方，得

$$-\sqrt{6}>2-2\sqrt{5}. \tag{①}$$

将①式两边平方，得 $6>24-8\sqrt{5}$，即

$$-9>-4\sqrt{5}. \qquad ②$$

将②式两边平方，得 $81>80$.

末式显然成立，又各步皆可逆，所以原命题成立.

5. 证明下列不等式：

(1) $x^2+y^2-xy-x-y+1\geqslant 0(x,y\in\mathbf{R})$；

(2) $10x^3-9x^2+9x+\dfrac{1}{10}>0(x\in\mathbf{R}^+)$.

6. 设 $n\in\mathbf{N}^*$，求证：

$$\left(2-\frac{1}{n}\right)\left(2-\frac{3}{n}\right)\left(2-\frac{5}{n}\right)\cdots\left(2-\frac{2n-1}{n}\right)\geqslant\frac{1}{n!}.$$

7. 设 $a,b,c,d\in\mathbf{R}^+$，求证：$\sqrt{(a+c)(b+d)}\geqslant\sqrt{ab}+\sqrt{cd}$.

8. 设 $a,b,c\in\mathbf{R}^+$，求证：

(1) $(a+b+c)\left(\dfrac{1}{a}+\dfrac{1}{b}+\dfrac{1}{c}\right)\geqslant 9$；

(2) $\dfrac{a}{b+c}+\dfrac{b}{c+a}+\dfrac{c}{a+b}\geqslant\dfrac{3}{2}$.

9. 证明以 $a_n=\left(1+\dfrac{1}{n}\right)^n$ 为通项的数列是一个单调递增数列.

10. 设 $a_1,a_2,\cdots,a_n$ 为不全相等的正数，求证：

$$\frac{a_1}{a_2}+\frac{a_2}{a_3}+\frac{a_3}{a_4}+\cdots+\frac{a_n}{a_1}>n.$$

11. 设 $a,b\in\mathbf{R}^+$，且 $a\neq b$，求证：

$$(a+b)^n<2^{n-1}(a^n+b^n)\quad(n\geqslant 2).$$

12. 设 $a,b\in\mathbf{R}^+$，$a\neq b$，且 $a^3-b^3=a^2-b^2$，求证：$1<a+b<\dfrac{4}{3}$.

13. 求证：$\dfrac{1}{3}\leqslant\dfrac{\sec^2 x-\tan x}{\sec^2 x+\tan x}\leqslant 3$.

14. 设 $n>2$，求证：$\log_n(n+1)\log_n(n-1)<1$.

15. 证明不等式：

$$2(\sqrt{n+1}-1)<1+\frac{1}{\sqrt{2}}+\frac{1}{\sqrt{3}}+\cdots+\frac{1}{\sqrt{n}}<2\sqrt{n}\quad(n\in\mathbf{N}^*).$$

16.(1) 设 a,b,c 均为正数，且 $a+b+c=1$，求证：

$$\sqrt{a}+\sqrt{b}+\sqrt{c}\leqslant\sqrt{3};$$

(2) 设 $a_1,a_2,\cdots,a_n$ 均为正数，且 $a_1+a_2+\cdots+a_n=A$，求证：

$$\sqrt{a_1}+\sqrt{a_2}+\cdots+\sqrt{a_n}\leqslant\sqrt{nA}.$$

17. 设 $a_1,a_2,\cdots,a_n$ 为互不相等的正整数，求证对任意正整数 n，都有以下不等式成立：

$$\frac{a_1}{1^2}+\frac{a_2}{2^2}+\cdots+\frac{a_n}{n^2}\geqslant 1+\frac{1}{2}+\frac{1}{3}+\cdots+\frac{1}{n}.$$

18. 求证：

$$\sqrt{a^2+b^2}+\sqrt{(1-a)^2+b^2}+\sqrt{a^2+(1-b)^2}+$$

$$\sqrt{(1-a)^2+(1-b)^2}\geqslant 2\sqrt{2}\quad (a,b\in \mathbf{R}).$$

19. 求证：函数 $y=f(x)=x+\dfrac{1}{x^2}$ 在区间 $(0,+\infty)$ 上是凹函数.

20. 下列各对不等式是否同解？为什么？

(1) $x^2+x+\sqrt{x}<2+\sqrt{x}$ 与 $x^2+x<2$；

(2) $\dfrac{(x-1)^2}{x-1}+2>0$ 与 $x+1>0$；

(3) $\dfrac{(x-1)(x+2)}{x+2}>0$ 与 $x-1>0$；

(4) $(x-3)(x+7)^2>(x+8)(x+7)^2$ 与 $x-3>x+8$；

(5) $\dfrac{x-2}{x+5}<0$ 与 $x-2<0$；

(6) $(x^2-4x+5)(x-2)<0$ 与 $x-2<0$.

21. 下列各对不等式(组)是否同解？为什么？

(1) $f(x)>0$ 和 $\arctan f(x)>0$；

(2) $f(x)>0$ 和 $\tan f(x)>0$；

(3) $\dfrac{x}{x^2-3x+1}>\dfrac{x}{x^2+3x+2}$ 和 $x^2+3x+2>x^2-3x+1$；

(4) $\begin{cases}xyz>0,\\ yz+zx+xy>0,\\ x+y+z>0\end{cases}$ 和 $\begin{cases}x>0,\\ y>0,\\ z>0.\end{cases}$

22. 解下列不等式：

(1) $(a-b)x>a^2-b^2$；

(2) $\dfrac{(3x-2)(x-2)}{(x-3)^2}<\dfrac{(2x+2)(x-2)}{(x-3)^2}$；

(3) $\sqrt{3x+1}>\sqrt{2x+1}-1$；

(4) $\sqrt{(x-1)(2-x)}>4-3x$；

(5) $\left|\dfrac{x^2-3x+2}{x^2+3x+2}\right|\geqslant 1$；

(6) $2^{2x^2-3x+1}<\left(\dfrac{1}{2}\right)^{x^2+2x-5}$；

(7) $(x-3)^{2x^2-7x}>1$；

(8) $\log_2 \log_{0.5}\left(2^x-\dfrac{15}{16}\right)\leqslant 2$；

(9) $\log_4 x-\log_x 4\leqslant \dfrac{3}{2}$；

(10) $2\log_2(x-1)>\log_2(5-x)+1$.

23. 求函数 $f(x)=\sqrt{\dfrac{2}{x^2-x+1}-\dfrac{1}{x+1}-\dfrac{2x-1}{x^3+1}}$ 的定义域.

24. 解下列不等式：

(1) $\sqrt{2x+1}+\sqrt{2x-5}\geqslant\sqrt{5-2x}$；

(2) $\sqrt{45x^2-30x+1}<7+6x-9x^2$；

(3) $\left|x-\frac{4}{x}-2\right|\geqslant 1$；

(4) $\sqrt{3x^2+5x+7}-\sqrt{3x^2+5x+2}>1$.

25. 解下列不等式：

(1) $\sin x\geqslant\cos 2x$；

(2) $2\tan 2x\leqslant 3\tan x$；

(3) $\cos 2x+3\sin x>-1$；

(4) $\sin 2x+\sin x-\sqrt{2}\cos x<\frac{1}{\sqrt{2}}$.

26. 当 x 取何值时，多项式函数 $y=x(x+1)(x+2)(x+3)$ 取最小值？并求出这个最小值.

27. 求函数 $y=\frac{\sin x\cos x}{1+\sin x+\cos x}$ 的最值.

28. 设 $a,b,c\in\mathbf{R}^+$，且 $a+b+c=1$，求 abc 的最大值及 $\left(a+\frac{1}{a}\right)^2+\left(b+\frac{1}{b}\right)^2+\left(c+\frac{1}{c}\right)^2$ 的最小值.

29. 矩形 $ABCD$ 的相邻两边之长分别为 a 和 b，从顶点 A 和 C 出发，分别在相邻两边上截取相等的线段 $AE=AF=CG=CH=x$（图 6.11）. 试问 x 取何值时平行四边形 $EFGH$ 的面积最大？最大值是多少？

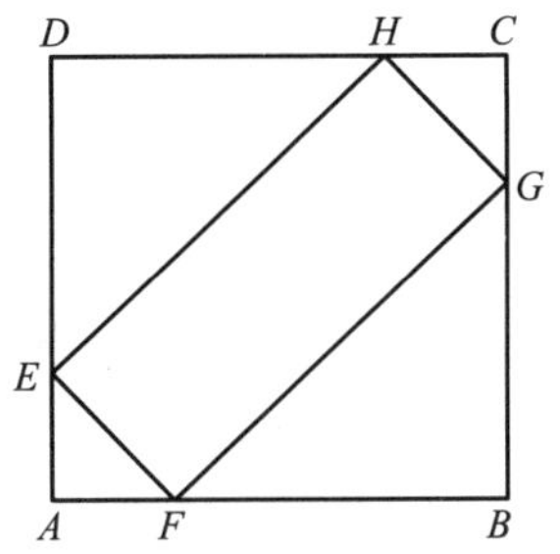

图 6.11

30. 有一边长为 a 的正方形白铁片，在其四角上截去四个边长为 x 的全等正方形，然后将四边翻折，做成一个无盖长方体形状的铁盒. 试问 x 取何值时铁盒具有最大体积？最大体积是多少？

第六章部分习题

参考答案或提示

第七章　数列与数学归纳法

早在远古时代，数列就成为人们注意研究的一个数学课题. 到了近代，数列和微积分的兴起与发展结下了不解之缘，并且在科学技术中有着广泛的应用.

数学归纳法同数列一样，与自然数密切相关. 而且数学归纳法的重要功用之一就是用以证明数列公式. 因此，把它们放在同一章讨论.

§ 7.1　数 列 概 述

一、数列理论的形成和发展

涉及数列的数学问题，可以追溯到公元前 2000 年左右. 当时成书的埃及莱因德纸草书里就记载有等差数列问题和一个公比为 7 的等比数列的求和问题.

在古希腊，毕达哥拉斯学派通过研究形数(一种排成三角形、四边形等多边形的点阵)发现了一些数列的求和公式. 例如

$$T_n=1+2+3+\cdots+n=\frac{n(n+1)}{2},$$

$$S_n=1+3+5+\cdots+(2n-1)=n^2.$$

成书于公元前 300 年的《原本》得出等比数列的求和公式，并给予证明.

我国《九章算术》(成书于公元 1 世纪)及《孙子算经》等数学典籍中也讨论了等差数列和等比数列问题. 北宋沈括进而研究了二阶等差数列的求和(隙积术). 元初朱世杰创造性地讨论了许多高阶等差数列的求和问题，其成就实为当时世界最先进的水平.

17 世纪以后，数列与数列的极限概念成为构建微积分理论的重要基础之一. 无穷级数理论伴随微积分的发展而迅速发展，从而使数列理论进入一个全新的发展阶段，成为数学分析等现代数学的一个重要部分. 由于数列的基础知识属于比较容易学习的初等数学范畴，所以它成为由初等数学过渡到高等数学的桥梁，因而成为高中数学的重要内容之一.

二、数列概念及其分类

1. 数列概念

定义 1　按一定次序排列的一列数叫做数列.

定义 2 对于定义域为正整数集 $\mathbf{N}^*$ 或它的一个有限子集 $\{1,2,3,\cdots,k\}$ 的函数 $a_n=f(n)$，当自变量 n 自 1 开始按从小到大的顺序依次取值时，所得的一列函数值即为数列.

关于数列的概念，要注意以下几点.

(1) 数列概念的关键是"按一定次序"，即数列中的所有各项都必须遵循严格的顺序排列，不相同的两项不可互换位置. 因此，数列不同于一般集合，不满足无序性. 例如，

作为集合：$\{1,2,3\}=\{2,1,3\}$；

作为数列：1,2,3;2,1,3 是两个不同数列.

为了强调顺序，数列的一般形式记为

$$a_1,a_2,\cdots,a_n,\cdots \quad (\text{简记为}\{a_n\}).$$

其中每项的足码表示序号，a_1 称为首项，a_n 称为第 n 项. 当数列只含 n 项时，a_n 即为末项；当数列有无限多项时，用省略号表示 a_n 之后的无穷项.

(2) 数列不满足集合的"互异性"，即数列各项的数值未必"互异"，有可能相同.

(3) 由于数列的定义域是离散的正整数集，所以数列的图像是离散的点集，而不是连续的曲线.

(4) 数列是"序列"的特殊情形. 序列是数列的推广，因而是一个比数列更为广泛的概念. 序列中的各项可以是数，可以是函数(由函数组成的序列称为函数列)，也可以是向量、矩阵、曲线等.

2. 数列的分类

(1) 按项数可分为有穷数列与无穷数列. 对于一个数列，如果在某一项的后面不再有其他的项，这个数列叫做有穷数列；如果在任何一项后面都还有跟随着的项，这个数列叫做无穷数列.

(2) 按各项的绝对值可分为有界数列与无界数列. 如果数列每一项的绝对值都小于某个正数，即存在某个正数 M，数列中任何一项 a_n 都满足 $|a_n|<M$，则此数列为有界数列；反之，如果对于任意大的正数，数列中至少可找到一项，其绝对值大于这个正数，则此数列为无界数列.

(3) 按各项的增减趋势可分为递增数列、递减数列、常数列与摆动数列. 一个数列里，如果从第 2 项起每项都大于(小于)其前一项，即都有 $a_{n+1}>a_n(a_{n+1}<a_n)$，$n\in\mathbf{N}^*$，这个数列即为递增(递减)数列. 所有各项都相等的数列叫做常数列. 如果有的项大于其前一项，而有的项小于其前一项，则称为摆动数列.

三、数列的通项公式

1. 通项公式的概念

定义 3 如果数列$\{a_n\}$的第 n 项(称为"通项")与序号 n 之间的函数关系可以用

一个公式来表示，这个公式就叫做这个数列的通项公式.

（1）无穷数列不一定能写出通项公式. 例如 π 的不足近似值

$$3,\ 3.1,\ 3.14,\ 3.141,\ \cdots$$

组成一个无穷递增数列，利用现代电子计算机可以求出它的小数点后数以万计的小数位，然而迄今无法写出它的通项公式.

（2）无穷数列不能只由它的开头几项唯一确定. 例如数列

$$\frac{1}{2},\frac{2}{3},\frac{3}{4},\frac{4}{5},\cdots,$$

只根据所给前 4 项写出的通项公式可能是

$$a_n=\frac{n}{n+1},$$

也可能是

$$a'_n=\frac{n}{n+1}+l(n-1)(n-2)(n-3)(n-4),\quad l\in\mathbf{R}.$$

上面 a'_n 的表示式代表无限多个解析式（因 l 可取任意实数值）. 由此可见，根据一个无限数列的前几项写出它的"通项公式"，其结果严格说来只能是猜测性的，而且不是唯一的.

（3）任一已知的有穷数列都有通项公式，但通项公式不唯一. 这个结论的不唯一性的理由和(2)中所说相同. 至于通项公式的存在性可用数学归纳法予以证明（见§7.5 例 2）.

2. 通项公式的求法

由于数列的通项对于研究数列的性质、判定数列的变化趋势、把握数列的变化规律等方面起着决定性作用，所以探求数列的通项公式至为重要. 下面介绍几种常用方法.

（1）观察法：根据所给数列开头若干项的已知数值，通过观察分析，探求各项数值与序号之间关系，从而找到可能的通项公式.

（2）插值法：已知数列的前 k 项的数值，可用拉格朗日插值法（参考数学分析教材，此处略），求得 $k-1$ 次多项式作为通项公式. 虽然所得结果未必简洁，但便于程序计算.

（3）待定系数法：已知数列前 k 项的数值，可设其通项是一个系数待定的 n 的 $k-1$次多项式，然后通过解方程组确定其系数.

当然，如果题设条件不是给定数列前几项的数值，而是设定其他条件，那就要探寻别的解法了.

四、数列的前 n 项的和

定义 4　对于给定的数列$\{a_n\}$，将

$$a_1+a_2+\cdots+a_n\quad 或\quad \sum_{i=1}^{n}a_i$$

称为该数列的前 n 项的和，记为 S_n.

由定义 4 可知，$\{S_n\}$ 也是一个数列，且满足

$$a_n=\begin{cases}S_1, & n=1,\\ S_n-S_{n-1}, & n=2,3,4,\cdots.\end{cases}$$

依据 a_n 与 S_n 之间的关系，可由已知条件推算所求的未知数.

定义 5 设给定一个数列或函数列 $u_1,u_2,\cdots,u_n,\cdots$，则称

$$u_1+u_2+\cdots+u_n+\cdots$$

为无穷级数，简称级数. 记为 $\sum\limits_{n=1}^{\infty}u_n$，即

$$\sum_{n=1}^{\infty}u_n=u_1+u_2+\cdots+u_n+\cdots, \tag{①}$$

其中第 n 项 u_n 叫做级数的通项. 当 u_n 为常数时，称①式为常数项级数；当 u_n 是某个变量的函数时，称①式为函数项级数.

初等数学中涉及级数的内容不多. 但在 20 世纪早期数学教材中，分别将等差数列和等比数列称为算术级数（或等差级数）和几何级数（或等比级数）.

例 1 写出每个数列的一个通项公式，使它的前 6 项分别是

(1) 1,0,1,0,1,0;

(2) a,b,a,b,a,b.

解 (1) $a_n=\dfrac{(-1)^{n+1}+1}{2}$;

(2) $a_n=\dfrac{(-1)^{n+1}+1}{2}\cdot a+\dfrac{(-1)^n+1}{2}\cdot b$.

评析 教学此例时要启发学生分析(2)和(1)之间的联系. 事实上，(2)的各项可看成两个数列

(3) $a,0,a,0,a,0$;

(4) $0,b,0,b,0,b$

的对应项相加. 而(3)和(1)之间的关系是明显的；(4)和(1)之间的关系多一层转换：先将(1)的奇偶项易位，再转换为(4).

例 2 讨论数列 $\left\{\dfrac{3n-4}{n}\right\}$ 的增减变化与有界性.

解 设 $a_n=\dfrac{3n-4}{n}=3-\dfrac{4}{n}$. 由于

$$a_{n+1}-a_n=\left(3-\frac{4}{n+1}\right)-\left(3-\frac{4}{n}\right)=\frac{4}{n(n+1)}>0,$$

即 $a_{n+1}>a_n$ 对于任意 $n\in\mathbf{N}^*$ 均成立，所以原数列是递增数列，又因 $-1\leqslant a_n<3$，故原数列有界.

例 3 已知数列的前 4 项依次是：4,5,16,43，求它的一个可能的通项公式 a_n.

解　观察所给前4项,看不出有什么明显的规律,只好用待定系数法.设

$$a_n=C_3n^3+C_2n^2+C_1n+C_0.$$

由题设,当 $n=1$ 时,

$$C_3+C_2+C_1+C_0=4; \quad ①$$

当 $n=2$ 时,

$$8C_3+4C_2+2C_1+C_0=5; \quad ②$$

当 $n=3$ 时,

$$27C_3+9C_2+3C_1+C_0=16; \quad ③$$

当 $n=4$ 时,

$$64C_3+16C_2+4C_1+C_0=43. \quad ④$$

以上4式联立,解之,得 $C_3=1,C_2=-1,C_1=-3,C_0=7$.

因此,所求通项公式可能为 $a_n=n^3-n^2-3n+7$.

§ 7.2　等差数列与等比数列

一、等差数列

1. 等差数列的定义和通项公式

定义 6　如果数列 $\{a_n\}$ 满足 $a_n=a_{n-1}+d$ ($n\geqslant 2$,d 为常数),则称数列 $\{a_n\}$ 为等差数列,常数 d 为等差数列的公差.

由定义6,易得等差数列的通项公式

$$a_n=a_1+(n-1)d. \quad ①$$

设 $1\leqslant m<n$,易得①式的等价形式

$$a_n=a_m+(n-m)d. \quad ②$$

如果三个数 x,A,y 成等差数列,则称 A 为 x,y 的等差中项,$A=\dfrac{x+y}{2}$. 设 $\{a_n\}$ 为等差数列,则 $a_n=\dfrac{a_1+a_{2n-1}}{2}$.

2. 等差数列前 n 项和的求和公式

$$S_n=\frac{n(a_1+a_n)}{2} \quad 或 \quad S_n=na_1+\frac{1}{2}n(n-1)d.$$

3. 等差数列的一些性质

(1) 设 $\{a_n\}$ 是公差为 d 的等差数列. 当 $d>0$ 时,$\{a_n\}$ 为递增数列;当 $d<0$ 时,$\{a_n\}$ 为递减数列;当 $d=0$ 时,$\{a_n\}$ 为常数列.

(2) 设 $\{a_n\}$ 是公差为 d 的等差数列,则 $\{a_n+k\}$ 仍为等差数列,公差为 d;$\{ka_n\}$ ($k\neq 0$)仍为等差数列,公差为 kd.

(3) 设$\{a_n\}$是等差数列,且$r,s,t\in\mathbf{N}^*$,则有

$$r,s,t\text{ 成等差数列}\Longleftrightarrow a_r,a_s,a_t\text{ 成等差数列}.$$

(4) 设$\{a_n\}$是等差数列,且$k,l,m,p\in\mathbf{N}^*$,则有

$$k+l=m+p\Longleftrightarrow a_k+a_l=a_m+a_p.$$

(5) 设$\{a_n\}$是公差为d的等差数列,它的前n项之和为S_n. 又设$a_k,a_{2k},a_{3k},\cdots$都是$\{a_n\}$的项,则

$$S_k,\ (S_{2k}-S_k),\ (S_{3k}-S_{2k}),\ \cdots$$

也成等差数列,且其公差为k^2d.

对于有关等差数列的问题,在a_1,d,n,a_n和S_n这5个量中,已知任意3个,就可求出其余两个.

例 1 设等差数列$\{a_n\}$满足$a_1>0$,且$3a_5=5a_8$. 设S_n为其前n项之和,求n值,使S_n最大.

分析 由题设$a_1>0$. 若$d>0$,则$\{a_n\}$为正项递增数列,$3a_5<5a_8$,与题设矛盾. 故必有$d<0$,$\{a_n\}$为递减等差数列. 所以,S_n取最大值$\Longleftrightarrow a_n\geqslant 0$且$a_{n+1}<0$.

解法 1 由题设

$$\begin{cases}3(a_1+4d)=5(a_1+7d),\\ a_1>0\end{cases}\Rightarrow\begin{cases}2a_1=-23d,\\ a_1>0.\end{cases}$$

令$a_1=23k(k>0)$,则$d=-2k$. 由分析,

$$\begin{cases}a_n=23k+(n-1)(-2k)\geqslant 0,\\ a_{n+1}=23k+n(-2k)<0\end{cases}\Rightarrow\begin{cases}n\leqslant 12.5,\\ n>11.5,\end{cases}$$

所以$n=12$. 因此,该数列的前12项之和S_{12}最大.

解法 2 因为

$$S_{2n-1}=\frac{(2n-1)(a_1+a_{2n-1})}{2}=(2n-1)a_n\quad(\text{等差中项公式}),$$

所以

$$3a_5=5a_8\Rightarrow 9a_5=15a_8\Rightarrow S_9=S_{15}\Rightarrow S_{15}-S_9=0,$$

即

$$a_{10}+a_{11}+a_{12}+a_{13}+a_{14}+a_{15}=0.$$

又$a_{10}+a_{15}=a_{11}+a_{14}=a_{12}+a_{13}$,所以

$$3(a_{12}+a_{13})=0,\quad\text{即}\quad a_{12}=-a_{13}.$$

因公差$d<0$,故必有$a_{12}>0$,$a_{13}=-a_{12}<0$,所以S_{12}取最大值.

因此当$n=12$时,S_{12}的值最大.

例 2 已知数列$\{a_n\}$中,$a_1=1$,$a_n=\dfrac{2a_{n-1}}{2+a_{n-1}}$,求$\{a_n\}$的通项公式.

解 因为$a_1=1$,$a_n=\dfrac{2a_{n-1}}{2+a_{n-1}}$,显然$a_{n-1}\neq-2$. 若$a_n=0$,则由递推式知$a_{n-1}=0$,

依次类推 $a_1=0$. 这与已知 $a_1=1$ 矛盾，故 $a_n\neq0$,

$$\frac{1}{a_n}=\frac{1}{a_{n-1}}+\frac{1}{2}.$$

所以 $\left\{\frac{1}{a_n}\right\}$ 是以 1 为首项、$\frac{1}{2}$ 为公差的等差数列，于是

$$\frac{1}{a_n}=1+(n-1)\cdot\frac{1}{2}=\frac{n+1}{2},$$

因而

$$a_n=\frac{2}{n+1}.$$

例 3　设数列 $\{a_n\}$ 的前 n 项的和 $S_n=16n^2+12n-1$，试求此数列前 m 个奇数项的和 T_m.

解　当 $n\geqslant2$ 时，

$$\begin{aligned}a_n&=S_n-S_{n-1}\\&=16n^2+12n-1-[16(n-1)^2+12(n-1)-1]\\&=32n-4.\end{aligned}$$

当 $n\geqslant3$ 时，

$$a_n-a_{n-1}=32n-4-[32(n-1)-4]=32,$$

因此 $a_1=S_1=27$，$a_2=60$，$a_3=92$，且从 a_2 起为等差数列，公差为 32. 对于由奇数项组成的数列，从 a_3 起组成公差为 64 的等差数列，因此

$$\begin{aligned}T_m&=a_1+(a_3+a_5+\cdots+a_{2m-1})\\&=27+\frac{m-1}{2}[2\times92+(m-2)\cdot64]\\&=32m^2-4m-1.\end{aligned}$$

评析　解本题时的一个常见错误是用所得通项公式求 a_1，结果误为 $a_1=28$. 应注意 $a_n=32n-4$ 的适用范围是 $n\geqslant2$.

二、等比数列

1. 等比数列的定义和通项公式

定义 7　如果数列 $\{a_n\}$ 满足 $\frac{a_n}{a_{n-1}}=q$（$n\geqslant2$，q 为常数），则称数列 $\{a_n\}$ 为等比数列，常数 q 为等比数列的公比.

由定义 7 可知，等比数列的任一项都可能出现在分母上，因此都不为 0，因而公比 $q\neq0$. 公比 q 的取值情况决定了等比数列 $\{a_n\}$ 的变化趋势：

$$q\neq 0\begin{cases}q=1\text{ 时},\{a_n\}\text{为常数列},\\ q>1\begin{cases}a_1>0\text{ 时},\{a_n\}\text{为正项递增数列};\\ a_1<0\text{ 时},\{a_n\}\text{为负项递减数列},\end{cases}\\ 0<q<1\begin{cases}a_1>0\text{ 时},\{a_n\}\text{为正项递减数列};\\ a_1<0\text{ 时},\{a_n\}\text{为负项递增数列},\end{cases}\\ q<0\text{ 时},\{a_n\}\text{为摆动数列}.\end{cases}$$

由定义 7 易得

$$\frac{a_n}{a_1}=q^{n-1},\quad \text{则 } a_n=a_1q^{n-1},\quad n\in\mathbf{N}^*.$$

这就是等比数列的通项公式.

如果三个数 x,G,y 成等比数列,则称 G 为 x,y 的等比中项,

$$G=\pm\sqrt{xy}\quad \text{或}\quad G^2=xy.$$

2. 等比数列前 n 项和的求和公式

因为

$$\begin{aligned}S_n&=a_1+a_1q+a_1q^2+\cdots+a_1q^{n-1}\\&=a_1+q(S_n-a_1q^{n-1}),\end{aligned}$$

所以

$$(1-q)S_n=a_1(1-q^n),$$

从而

$$S_n=\frac{a_1(1-q^n)}{1-q}\quad\text{或}\quad S_n=\frac{a_1(q^n-1)}{q-1}\quad\text{或}\quad S_n=\frac{a_1-a_nq}{1-q}.$$

以上公式中 $q\neq1$. 当 $q=1$ 时,等比数列$\{a_n\}$为常数列,$S_n=na_1$.

3. 等比数列和等差数列的比较(表 7.1)

表 7.1　等比数列和等差数列的比较

等差数列$\{a_n\}$	等比数列$\{b_n\}$
$a_n=a_{n-1}+d=a_1+(n-1)d$	$b_n=b_{n-1}q=b_1q^{n-1}$
$2a_n=a_{n-1}+a_{n+1}$	$b_n^2=b_{n-1}\cdot b_{n+1}$
$S_n=na_1+\frac{n(n-1)d}{2}$	$b_1b_2\cdots b_n=b_1^n\cdot q^{\frac{n(n-1)}{2}}$
正整数 r,s,t 成等差数列	正整数 r,s,t 成等差数列
$\Longleftrightarrow a_r,a_s,a_t$ 成等差数列	$\Longleftrightarrow b_r,b_s,b_t$ 成等比数列
$k,l,m,p\in\mathbf{N}^*$ 且 $k+l=m+p$	$k,l,m,p\in\mathbf{N}^*$ 且 $k+l=m+p$
$\Longleftrightarrow a_k+a_l=a_m+a_p$	$\Longleftrightarrow b_kb_l=b_mb_p$

续表

等差数列$\{a_n\}$	等比数列$\{b_n\}$
$a'_n=kn+b$(k,b是常数)	$b'_n=b'_1q^{n-1}$(a_1,q是非零常数)
$\Longleftrightarrow\{a'_n\}$是等差数列	$\Longleftrightarrow\{b'_n\}$是等比数列
$\sum\limits_{i=1}^{n}a'_i=S_n=an^2+bn$($a,b$是常数)	$\sum\limits_{i=1}^{n}b'_i=S_n=\dfrac{b'_1}{q-1}(q^n-1)$
$\Longleftrightarrow\{a'_n\}$是等差数列	$\Longleftrightarrow\{b'_n\}$是等比数列

对比表7.1的左、右两边，可见左边的“加”运算对应着右边的“乘”运算. 掌握了这一特点，对于表中未列出的其他性质，亦可建立类似的对应.

对于有关等比数列的问题，在a_1,q,n,a_n和S_n这5个量中已知任意3个，就可求出其余两个.

例4　设等比数列$\{a_n\}$的前n项和、前$2n$项和、前$3n$项和分别为A,B,C，求证：

$$A^2+B^2=A(B+C).$$

分析　本题在使用前n项求和公式时，要注意公比是否为1，因而应分两种情形证明之.

证　(1) 当$q=1$时，有

$$A^2+B^2=5n^2a_1^2=A(B+C).$$

(2) 当$q\neq1$时，有

$$\begin{aligned}A^2+B^2&=\frac{a_1^2}{(1-q)^2}[(1-q^n)^2+(1-q^{2n})^2]\\&=\frac{a_1^2(1-q^n)^2}{(1-q)^2}[1+(1+q^n)^2],\end{aligned}$$

$$\begin{aligned}A(B+C)&=\frac{a_1^2(1-q^n)}{(1-q)^2}[(1-q^{2n})+(1-q^{3n})]\\&=\frac{a_1^2(1-q^n)^2}{(1-q)^2}[1+(1+q^n)^2],\end{aligned}$$

所以

$$A^2+B^2=A(B+C).$$

因此，不论公比是否为1，原命题都成立.

例5　已知递减等比数列$\{a_n\}$的前3项之和为42，且$|a_1-a_4|=21$.

(1) 求该数列第6项，以及前6项之和；

(2) 从该数列的哪一项开始，其值小于0.001?

解　依据题设数据列方程组

$$\begin{cases}a_1+a_1q+a_1q^2=42, & ①\\ |a_1-a_1q^3|=21. & ②\end{cases}$$

由①式得

$$a_1(1+q+q^2)=42. \tag{③}$$

由③式知 $a_1>0$，又所给数列为递减等比数列，故 $0<q<1$，因此，由②式可得

$$a_1(1-q^3)=21. \tag{④}$$

④÷③，得 $1-q=\frac{1}{2}$，所以 $q=\frac{1}{2}$. 将 $q=\frac{1}{2}$ 代入④式，得 $a_1=24$.

(1) 数列第 6 项

$$a_6=a_1q^5=24\times\frac{1}{32}=\frac{3}{4},$$

前 6 项之和

$$S_6=\frac{a_1-a_6q}{1-q}=\frac{24-\frac{3}{4}\times\frac{1}{2}}{1-\frac{1}{2}}=47\frac{1}{4}.$$

(2) 假设从第 n 项开始，$a_n<0.001$，即

$$24\times\left(\frac{1}{2}\right)^{n-1}<0.001 \quad (\text{其中 } n\in\mathbf{N}^*),$$

解得 $n\geqslant 16$. 因此，该数列从第 16 项开始，其值小于 0.001.

例 6　设四个实数组成有穷数列. 前三个数成等比数列，它们之积为 216. 后三个数成等差数列，它们之和为 12. 求此四个数.

解法 1　设前三个数依次为 $\frac{a}{q}$，a，aq，则

$$\frac{a}{q}\cdot a\cdot aq=216, \quad \text{即} \quad a^3=216.$$

所以第二个数 $a=6$.

设后三数依次为 $b-d$，b，$b+d$，则

$$(b-d)+b+(b+d)=12, \quad \text{即} \quad 3b=12,$$

所以第三个数 $b=4$. 因此 $q=\frac{b}{a}=\frac{4}{6}=\frac{2}{3}$，所以第一个数

$$\frac{a}{q}=6\div\frac{2}{3}=9;$$

而 $d=b-a=4-6=-2$，所以第四个数

$$b+d=4+(-2)=2.$$

所以，所求四个数依次为 9，6，4，2.

解法 2　设此四个数依次为 a，b，c，d，则

$$\begin{cases} abc=216, \\ b^2=ac, \\ b+c+d=12, \\ 2c=b+d, \end{cases}$$

解得 $b=6,c=4,a=9,d=2$. 因此，所求四数依次为 9，6，4，2.

例 7(2020 年全国统考・新高考・山东卷)　已知公比大于 1 的等比数列$\{a_n\}$满足 $a_2+a_4=20,a_3=8$.

(1) 求$\{a_n\}$的通项公式；

(2) 记 b_m 为$\{a_n\}$在区间$(0,m]$$(m\in\mathbf{N}^*)$中的项的个数，求数列$\{b_m\}$的前 100 项的和 S_{100}.

解　(1) 设$\{a_n\}$的公比为 q. 由题设得

$$a_1q+a_1q^3=20,\quad a_1q^2=8,$$

解得 $q=\frac{1}{2}$(不合题设公比大于 1)，$q=2,a_1=2$. 所以，$\{a_n\}$的通项公式为 $a_n=2^n$.

(2) 由题设及(1)知 $b_1=0,b_2=b_3=1$；一般地，当 $2^n\leqslant m<2^{n+1}$ 时，$b_m=n$. 所以

$$\begin{aligned}S_{100}&=b_1+(b_2+b_3)+(b_4+b_5+b_6+b_7)+\cdots+\\&\quad(b_{32}+b_{33}+\cdots+b_{63})+(b_{64}+b_{65}+\cdots+b_{100})\\&=0+1\times2+2\times2^2+3\times2^3+4\times2^4+5\times2^5+6\times(100-63)\\&=480.\end{aligned}$$

例 8(2018 年全国统考・上海卷)　给定无穷数列$\{a_n\}$，若无穷数列$\{b_n\}$满足：对任意 $n\in\mathbf{N}^*$，都有 $|b_n-a_n|\leqslant1$，则称$\{b_n\}$与$\{a_n\}$"接近".

(1) 设$\{a_n\}$是首项为 1，公比为 $\frac{1}{2}$ 的等比数列，$b_n=a_{n+1}+1,n\in\mathbf{N}^*$，判断数列$\{b_n\}$是否与$\{a_n\}$"接近"，并说明理由；

(2) 设数列$\{a_n\}$的前四项为：$a_1=1,a_2=2,a_3=4,a_4=8$，$\{b_n\}$是一个与$\{a_n\}$"接近"的数列，记集合 $M=\{x\mid x=b_i,i=1,2,3,4\}$，求 M 中元素的个数 m；

(3) 已知$\{a_n\}$是公差为 d 的等差数列，若存在数列$\{b_n\}$满足：$\{b_n\}$与$\{a_n\}$"接近"，且在 $b_2-b_1,b_3-b_2,\cdots,b_{201}-b_{200}$ 中至少有 100 个为正数，求 d 的取值范围.

解　(1) 由题设，$a_n=\left(\frac{1}{2}\right)^{n-1}$，$b_n=a_{n+1}+1=\left(\frac{1}{2}\right)^n+1$，则

$$\begin{aligned}|b_n-a_n|&=\left|1+\left(\frac{1}{2}\right)^n-\left(\frac{1}{2}\right)^{n-1}\right|=\left|1-\left(\frac{1}{2}\right)^n\right|\\&=1-\left(\frac{1}{2}\right)^n\leqslant1,\end{aligned}$$

所以$\{b_n\}$与$\{a_n\}$接近.

(2) 由题设 $|b_n-a_n|\leqslant1$，可知 $b_1\in[0,2],b_2\in[1,3],b_3\in[3,5],b_4\in[7,9]$. 因此有可能 $b_2=b_3=3$，或 $b_2=b_1\in[1,2]$，所以 b_1,b_2,b_3,b_4 中至多有两个数相等. 但集合中各元素是互异的，所以 $m=3$ 或 $m=4$.

(3) 因为 $b_n\in[a_n-1,a_n+1],b_{n+1}\in[a_{n+1}-1,a_{n+1}+1]$，所以

$$b_{n+1}-b_n\in[a_{n+1}-a_n-2,a_{n+1}-a_n+2]=[d-2,d+2].$$

① 若 $d\leqslant -2$，则 $b_{n+1}-b_n\leqslant 0$ 恒成立，不符合条件.

② 若 $d>-2$，令 $b_n=a_n+(-1)^n$，则

$$b_{n+1}-b_n=d-2(-1)^n,$$

若 $-2<d\leqslant 2$，则当 n 为偶数时，$b_{n+1}-b_n=d-2\leqslant 0$；当 n 为奇数时，$b_{n+1}-b_n=d+2>0$. 所以，存在 $\{b_n\}$ 使 $b_2-b_1, b_3-b_2, \cdots, b_{201}-b_{200}$ 中至少有 100 个为正数.

若 $d>2$，则 $b_{n+1}-b_n>0$ 恒成立，符合条件.

所以 d 的取值范围是 $\{d \mid d>-2\}$.

三、无穷递缩等比数列所有项之和

定义 8　在无穷等比数列 $a_1, a_1q, \cdots, a_1q^{n-1}, \cdots$ 中，如果 $|q|<1$，则称此数列为无穷递缩等比数列.

无穷递缩等比数列前 n 项的和

$$S_n=\frac{a_1(1-q^n)}{1-q}=\frac{a_1}{1-q}+\frac{-a_1}{1-q}\cdot q^n \quad (|q|<1), \tag{①}$$

当 n 趋于无穷大时的极限，叫做无穷递缩等比数列所有项之和. 记作

$$S=\lim_{n\to\infty}S_n=\lim_{n\to\infty}\frac{a_1(1-q^n)}{1-q}.$$

在①式中，S_n 分解为一个常数 $\dfrac{a_1}{1-q}$ 与一个变数 $\dfrac{-a_1}{1-q}\cdot q^n$ 之和，而后者的变化又取决于 $q^n\,(|q|<1)$ 的变化.

我们在前面例 5 中得到一个数列

$$24, 12, 6, 3, \frac{3}{2}, \frac{3}{4}, \cdots, 24\left(\frac{1}{2}\right)^{n-1}, \cdots. \tag{②}$$

其实，②式就是一个无穷递缩等比数列，其各项数值愈往后愈小，要多小有多小. 比如指定一个小正数 0.001，我们求得 $n\geqslant 16$，即从第 16 项开始，各项的数值小于 0.001. 正因为其各项数值有无限缩小的趋势，所以称之为无穷递缩等比数列.

一般地，当 $|q|<1$ 时，$\lim\limits_{n\to\infty}q^n=0$. 因此

$$\begin{aligned} S&=\lim_{n\to\infty}S_n=\lim_{n\to\infty}\left[\frac{a_1}{1-q}+\left(\frac{-a_1}{1-q}\right)q^n\right] \\ &=\frac{a_1}{1-q}+\left(\frac{-a_1}{1-q}\right)\lim_{n\to\infty}q^n=\frac{a_1}{1-q}. \end{aligned}$$

$S=\dfrac{a_1}{1-q}$ 就是无穷递缩等比数列的求和公式.

以上过程所涉及的数列极限的定义及极限运算法则等内容，此处从略（可参阅数学分析或高等数学教材有关章节）.

利用无穷递缩等比数列求和公式也可以化循环小数为分数. 例如，

$$0.\dot{2}\dot{7}=\frac{27}{100}+\frac{27}{100^2}+\frac{27}{100^3}+\cdots+\frac{27}{100^n}+\cdots$$

$$=\frac{\frac{27}{100}}{1-\frac{1}{100}}=\frac{27}{99}=\frac{3}{11},$$

$$4.32\dot{2}\dot{7}=4.32+\frac{27}{10\ 000}+\frac{27}{10\ 000}\times10^{-2}+\frac{27}{10\ 000}\times10^{-4}+\cdots$$

$$=4.32+\frac{\frac{27}{10\ 000}}{1-\frac{1}{100}}=4+\frac{32}{100}+\frac{27}{9\ 900}$$

$$=4\frac{71}{220}.$$

四、数列求和问题举例

在初等数学里，除了无穷递缩等比数列所有项之和以外，一般只研究有限项之和，即数列前 n 项之和. 在研究求和问题时，要针对具体情况采用不同的方法进行消项、化简，尽量将看似复杂的数列化归为等差数列、等比数列，从而求得和的数值或者比较简单的表达式.

使用求和记号 $\sum$ 时，常用以下公式($n\in\mathbf{N}^*$)：

$$\sum_{k=1}^{n}ca_k=c\sum_{k=1}^{n}a_k,\quad \sum_{k=1}^{n}c=nc\ (c\ 为常数),$$

$$\sum_{k=1}^{n}(a_k\pm b_k)=\sum_{k=1}^{n}a_k\pm\sum_{k=1}^{n}b_k,\quad \sum_{k=1}^{n}a_k=\sum_{i=1}^{n}a_i.$$

例 9　求数列 $7,77,777,\cdots,\overbrace{77\cdots7}^{n个7},\cdots$ 前 n 项的和.

解　$a_n=\frac{7}{9}\times\overbrace{99\cdots9}^{n个}=\frac{7}{9}(10^n-1)$，所以

$$S_n=\frac{7}{9}[(10+10^2+10^3+\cdots+10^n)-n]$$

$$=\frac{7}{9}\left(\frac{10^n\cdot10-10}{9}-n\right)=\frac{7}{9}\cdot\frac{10^{n+1}-9n-10}{9}$$

$$=\frac{7\cdot(10^{n+1}-9n-10)}{81}.$$

例 10　求数列前 n 项的和：

$$918,\ 918\ 918,\ 918\ 918\ 918,\ \cdots,\ \overbrace{918\ 918\cdots918}^{n个918},\ \cdots.$$

解　因为

$$\begin{aligned} a_n &= 918[10^{3(n-1)}+10^{3(n-2)}+\cdots+10^3+1] \\ &= 918\cdot\frac{10^{3(n-1)}\cdot 10^3-1}{10^3-1}=918\cdot\frac{10^{3n}-1}{999}, \end{aligned}$$

所以

$$\begin{aligned} S_n &= \frac{918}{999}[(10^3-1)+(10^6-1)+\cdots+(10^{3n}-1)] \\ &= \frac{918}{999}\left[\frac{10^{3n}\cdot 10^3-10^3}{10^3-1}-n\right] \\ &= \frac{34}{36\ 963}[10^{3(n+1)}-999n-1\ 000]. \end{aligned}$$

评析 例 10 是例 9 的深化，其基本方法是相同的，都是化归为以 10 的方幂为公比的等比数列的求和.

例 11 利用二项式定理求以下正整数方幂的和：

(1) $1+2+3+\cdots+n$；

(2) $1^2+2^2+3^2+\cdots+n^2$；

(3) $1^3+2^3+3^3+\cdots+n^3$.

解 由二项式定理，

$$(m+1)^k-m^k=C_k^1m^{k-1}+C_k^2m^{k-2}+\cdots+C_k^{k-1}m+1. \qquad ①$$

依次取 $m=1,2,\cdots,n-1,n$ 代入①式，可得下列 n 个等式：

$$\begin{aligned} &2^k-1^k=C_k^1\cdot 1^{k-1}+C_k^2\cdot 1^{k-2}+\cdots+C_k^{k-1}\cdot 1+1, \\ &3^k-2^k=C_k^1\cdot 2^{k-1}+C_k^2\cdot 2^{k-2}+\cdots+C_k^{k-1}\cdot 2+1, \\ &\cdots, \\ &n^k-(n-1)^k=C_k^1(n-1)^{k-1}+C_k^2(n-1)^{k-2}+\cdots+C_k^{k-1}(n-1)+1, \\ &(n+1)^k-n^k=C_k^1n^{k-1}+C_k^2n^{k-2}+\cdots+C_k^{k-1}n+1. \end{aligned}$$

将以上 n 个等式的两边分别相加，得

$$(n+1)^k-1=C_k^1\sum_{m=1}^{n}m^{k-1}+C_k^2\sum_{m=1}^{n}m^{k-2}+\cdots+C_k^{k-1}\sum_{m=1}^{n}m+n. \qquad ②$$

(1) 在②式中令 $k=2$(此时②式的右边只有 2 项)，

$$(n+1)^2-1=C_2^1(1+2+\cdots+n)+n,$$

所以

$$1+2+\cdots+n=\frac{(n+1)^2-1-n}{2}=\frac{1}{2}n(n+1).$$

(2) 在②式中令 $k=3$(此时②式的右边有 3 项)，

$$\begin{aligned} (n+1)^3-1 &= C_3^1(1^2+2^2+\cdots+n^2)+C_3^2(1+2+\cdots+n)+n \\ &= 3(1^2+2^2+\cdots+n^2)+\frac{3}{2}n(n+1)+n, \end{aligned}$$

所以

$$1^2+2^2+\cdots+n^2=\frac{1}{3}\left[(n+1)^3-1-\frac{3}{2}n(n+1)-n\right]$$

$$=\frac{1}{6}n(n+1)(2n+1).$$

(3) 在②式中令 $k=4$(此时②式的右边有 4 项),

$$(n+1)^4-1=C_4^1\sum_{m=1}^{n}m^3+C_4^2\sum_{m=1}^{n}m^2+C_4^3\sum_{m=1}^{n}m+n$$

$$=4(1^3+2^3+\cdots+n^3)+6\left[\frac{1}{6}n(n+1)(2n+1)\right]+$$

$$4\left[\frac{1}{2}n(n+1)\right]+n,$$

所以

$$1^3+2^3+\cdots+n^3=\frac{1}{4}[(n+1)^4-1-n(n+1)(2n+1)-2n(n+1)-n]$$

$$=\frac{1}{4}n^2(n+1)^2.$$

评析　本例给出了利用二项式定理求正整数方幂的和的系统性方法. 但在求正整数的 k 次幂的和时,要用到次数低于 k 的方幂和,因而随着 k 的增大,计算量也随之增大.

求正整数方幂的和还有其他方法. 例如幂次 $k=1$ 时即等差数列;$k>1$ 时可用高阶等差数列求和的方法(详见§7.3).

例 12　求和:$S_n=1+\frac{4}{5}+\frac{7}{25}+\frac{10}{125}+\cdots+\frac{3n-2}{5^{n-1}}$.

分析　该和式的特点是:各项的分子构成等差数列,各项的分母构成等比数列.

解　因为

$$S_n-\frac{1}{5}S_n=1+\frac{3}{5}\left(1+\frac{1}{5}+\frac{1}{5^2}+\cdots+\frac{1}{5^{n-2}}\right)-\frac{3n-2}{5^n},$$

所以由等比数列求和公式,算得

$$S_n=\frac{35}{16}-\frac{12n+7}{16\cdot 5^{n-1}}.$$

例 13　求数列 $1,2a,3a^2,\cdots,na^{n-1}\cdots$(其中 $a\neq1$)的前 n 项的和.

解　设

$$S_n=\sum_{k=1}^{n}ka^{k-1},\qquad ①$$

① 式的两边同乘 a,得

$$aS_n=a\sum_{k=1}^{n}ka^{k-1}=\sum_{k=1}^{n}ka^k.\qquad ②$$

①－②,得

$$(1-a)S_n=\sum_{k=1}^{n}(ka^{k-1}-ka^k)=\sum_{k=1}^{n}a^{k-1}-na^n=\frac{1-a^n}{1-a}-na^n,$$

所以

$$S_n=\frac{1-(1+n)a^n+na^{n+1}}{(1-a)^2}.$$

评析 以上两例都使用了“错位相减法”，构造一个相关的等比数列，达到化解难点、便于计算的目的.

对于某些数列，特别是分式数列，可通过拆项分解使得正项和负项抵消，从而便于求和.

例 14 求和 $S_n=\frac{1}{1\times2\times3}+\frac{1}{2\times3\times4}+\cdots+\frac{1}{n(n+1)(n+2)}$.

解 将它的通项 $a_k(1\leqslant k\leqslant n)$拆项分解，

$$a_k=\frac{1}{2}\cdot\frac{(k+2)-k}{k(k+1)(k+2)}=\frac{1}{2}\left[\frac{1}{k(k+1)}-\frac{1}{(k+1)(k+2)}\right],$$

$$\begin{aligned}S_n&=\frac{1}{2}\left[\left(\frac{1}{1\times2}-\frac{1}{2\times3}\right)+\left(\frac{1}{2\times3}-\frac{1}{3\times4}\right)+\cdots+\right.\\&\qquad\left.\left(\frac{1}{n(n+1)}-\frac{1}{(n+1)(n+2)}\right)\right]\\&=\frac{1}{2}\left[\frac{1}{1\times2}-\frac{1}{(n+1)(n+2)}\right]=\frac{n(n+3)}{4(n+1)(n+2)}.\end{aligned}$$

可用作拆项分解的公式很多，现将常用的拆项公式列举如下：

多项式：$n(n+1)=\frac{1}{3}[n(n+1)(n+2)-(n-1)n(n+1)]$.

分式：$\frac{1}{n(n+1)(n+2)}=\frac{1}{2}\left[\frac{1}{n(n+1)}-\frac{1}{(n+1)(n+2)}\right]$.

根式：$\frac{1}{\sqrt{n}+\sqrt{n+1}}=\sqrt{n+1}-\sqrt{n}$.

三角式：$\sin n\theta=\frac{1}{2\sin\frac{\theta}{2}}\left(\cos\frac{2n-1}{2}\theta-\cos\frac{2n+1}{2}\theta\right)$，$\tan\alpha=\cot\alpha-2\cot2\alpha$.

组合式：$C_n^m=C_{n+1}^{m+1}-C_n^{m+1}$.

阶乘式：$n\cdot n!=(n+1)!-n!$.

对数式：$\lg\frac{n+1}{n}=\lg(n+1)-\lg n$.

指数式：$aq^n=\frac{a}{1-q}(q^n-q^{n+1})$.

§ 7.3　高阶等差数列

一、数列的差分

1. 数列的差分概念

定义 9　对于数列$\{a_k\}$，

$$\Delta a_k=a_{k+1}-a_k \quad (k=1,2,\cdots)$$

称为$\{a_k\}$的一阶差分(简称差分)；数列$\{\Delta a_k\}$称为$\{a_k\}$的一阶差分数列. $\{\Delta a_k\}$的一阶差分

$$\Delta^2 a_k=\Delta(\Delta a_k) \quad (k=1,2,\cdots)$$

称为原数列$\{a_k\}$的二阶差分；数列$\{\Delta^2 a_k\}$称为$\{a_k\}$的二阶差分数列. 一般地，设 r 是任一正整数，称

$$\Delta^r a_k=\Delta(\Delta^{r-1} a_k) \quad (k=1,2,\cdots)$$

为$\{a_k\}$的 r 阶差分；数列$\{\Delta^r a_k\}$称为$\{a_k\}$的 r 阶差分数列. 特殊地，$\Delta^1 a_k=\Delta a_k$，$\Delta^0 a_k=a_k$.

由差分定义，得

$$\begin{aligned}\sum_{k=1}^{n}\Delta a_k&=(a_2-a_1)+(a_3-a_2)+\cdots+(a_{n+1}-a_n)\\&=a_{n+1}-a_1,\end{aligned}$$

所以

$$a_{n+1}=a_1+\sum_{k=1}^{n}\Delta a_k, \quad 即 \quad a_n=a_1+\sum_{k=1}^{n-1}\Delta a_k.$$

例 1　计算以下数列的各阶差分：

$$3,9,27,63,123,213,339,\cdots.$$

解　一阶差分 6,18,36,60,90,126,…；

二阶差分 12,18,24,30,36,…；

三阶差分 6,6,6,6,…；

四阶差分 0,0,0,…；….

2. 数列的差分的性质

由定义 9 可推出差分的下述性质：

(1) 对于数列$\{a_k\}$，$\{b_k\}$，有

$$\Delta(\lambda a_k+\mu b_k)=\lambda\Delta a_k+\mu\Delta b_k,$$

其中 λ,μ 为常数；

(2) 设数列$\{a_k\}$，$\{b_k\}$的一阶差分数列是同一数列，则

$$a_k=b_k+c \quad (k=1,2,\cdots),$$

其中 c 为常数.

证　(1) $\Delta(\lambda a_k+\mu b_k)=(\lambda a_{k+1}+\mu b_{k+1})-(\lambda a_k+\mu b_k)=\lambda\Delta a_k+\mu\Delta b_k$.

(2) 按题设，$\Delta a_k=\Delta b_k(k=1,2,\cdots)$，则

$$a_{k+1}-a_k=b_{k+1}-b_k\quad(k=1,2,\cdots),$$

$$a_k-b_k=a_{k+1}-b_{k+1}\quad(k=1,2,\cdots).$$

设 $a_1-b_1=c$（c 为常数），则 $a_k=b_k+c(k=1,2,\cdots)$.

在求和运算中，有时需要将数列$\{a_k\Delta b_k\}$的求和问题转化为数列$\{b_{k+1}\Delta a_k\}$的求和问题. 这时可以援用下面的定理.

定理 1　对于数列$\{a_k\}$，$\{b_k\}$，有

$$\sum_{k=1}^{n}a_k\Delta b_k=a_{n+1}b_{n+1}-a_1b_1-\sum_{k=1}^{n}b_{k+1}\Delta a_k.$$

证　$$\begin{aligned}\sum_{k=1}^{n}a_k\Delta b_k&=a_1(b_2-b_1)+a_2(b_3-b_2)+\cdots+a_n(b_{n+1}-b_n)\\&=-a_1b_1-b_2(a_2-a_1)-b_3(a_3-a_2)-\cdots-\\&\quad b_n(a_n-a_{n-1})-b_{n+1}(a_{n+1}-a_n)+a_{n+1}b_{n+1}\\&=a_{n+1}b_{n+1}-a_1b_1-\sum_{k=1}^{n}b_{k+1}\Delta a_k.\end{aligned}$$

特殊地，令 $a_k=1$，则 $\sum\limits_{k=1}^{n}a_k\Delta b_k=\sum\limits_{k=1}^{n}\Delta b_k=b_{k+1}-b_1$.

例 2　求和$\sum\limits_{k=1}^{n}\dfrac{1}{(k+1)(k+2)(k+3)}$.

解法 1　因为

$$\begin{aligned}原式&=\sum_{k=1}^{n}\frac{1}{(k+1)(k+2)(k+3)}\cdot\Delta(k+3)\\&=\frac{1}{(n+2)(n+3)(n+4)}(n+4)-\frac{(1+3)}{2\times3\times4}-\\&\quad\sum_{k=1}^{n}(k+4)\left[\frac{1}{(k+2)(k+3)(k+4)}-\frac{1}{(k+1)(k+2)(k+3)}\right]\\&=\frac{1}{(n+2)(n+3)}-\frac{1}{6}+3\sum_{k=1}^{n}\frac{1}{(k+1)(k+2)(k+3)},\end{aligned}$$

所以，

$$\begin{aligned}\sum_{k=1}^{n}\frac{1}{(k+1)(k+2)(k+3)}&=-\frac{1}{2}\left[\frac{1}{(n+2)(n+3)}-\frac{1}{6}\right]\\&=\frac{n(n+5)}{12(n+2)(n+3)}.\end{aligned}$$

解法 2　因为

$$\frac{1}{(k+1)(k+2)(k+3)}=-\frac{1}{2}\left[\frac{1}{(k+2)(k+3)}-\frac{1}{(k+1)(k+2)}\right]$$

$$=-\frac{1}{2}\Delta\left[\frac{1}{(k+1)(k+2)}\right],$$

所以

$$\begin{aligned}\sum_{k=1}^{n}\frac{1}{(k+1)(k+2)(k+3)}&=-\frac{1}{2}\sum_{k=1}^{n}\Delta\left[\frac{1}{(k+1)(k+2)}\right]\\&=-\frac{1}{2}\left[\frac{1}{(n+2)(n+3)}-\frac{1}{2\times 3}\right]\\&=\frac{n(n+5)}{12(n+2)(n+3)}.\end{aligned}$$

解法 3　直接拆项，

$$\begin{aligned}\sum_{k=1}^{n}\frac{1}{(k+1)(k+2)(k+3)}&=-\frac{1}{2}\sum_{k=1}^{n}\left[\frac{1}{(k+2)(k+3)}-\frac{1}{(k+1)(k+2)}\right]\\&=-\frac{1}{2}\left\{\left(\frac{1}{3\times 4}-\frac{1}{2\times 3}\right)+\left(\frac{1}{4\times 5}-\frac{1}{3\times 4}\right)+\cdots+\right.\\&\qquad\left.\left[\frac{1}{(n+2)(n+3)}-\frac{1}{(n+1)(n+2)}\right]\right\}\\&=-\frac{1}{2}\left[\frac{1}{(n+2)(n+3)}-\frac{1}{2\times 3}\right]\\&=\frac{n(n+5)}{12(n+2)(n+3)}.\end{aligned}$$

评析　解法 1 是按照定理 1 代公式，其目的是通过此类练习加深对定理 1 的理解；解法 2 是直接应用差分的定义求解，比较简捷；解法 3 是用拆项分解法求和，说明本例不用差分概念也能解决，但不能因为此类个例而否定差分解法的意义.

例 3　试用差分概念求等比数列 $\{aq^{k-1}\}$ $(q\neq 1)$ 的前 n 项和.

解　因为 $\Delta q^{k-1}=q^{k}-q^{k-1}=(q-1)q^{k-1}$，所以

$$\sum_{k=1}^{n}aq^{k-1}=\frac{a}{q-1}\sum_{k=1}^{n}\Delta q^{k-1}=\frac{a(q^{n}-1)}{q-1}.$$

例 3 说明，公比不等于 1 的等比数列的一阶差分数列仍是等比数列，从而推知，公比不等于 1 的等比数列的任意阶差分数列仍是等比数列.

二、高阶等差数列

定义 10　对于数列 $\{a_n\}$，若有正整数 m，使得 $\{\Delta^{m}a_n\}$ 是非零常数列，则称 $\{a_n\}$ 为 m 阶等差数列. 当 $m\geqslant 2$ 时，m 阶等差数列都称为高阶等差数列. 为统一起见，等差数列可称为一阶等差数列，常数列可称为零阶等差数列.

前面例 1 中的数列，就是一个三阶等差数列.

设数列 $\{a_n\}$ 为高阶等差数列，其各项依次为

$$a_1, a_2, a_3, a_4, \cdots, a_n, \cdots.$$

它的各阶差分的首项分别为

$$\Delta a_1 = a_2 - a_1,$$
$$\Delta^2 a_1 = \Delta a_2 - \Delta a_1 = (a_3 - a_2) - (a_2 - a_1) = a_3 - 2a_2 + a_1,$$
$$\Delta^3 a_1 = \Delta(\Delta^2 a_2 - \Delta^2 a_1) = a_4 - 3a_3 + 3a_2 - a_1,$$
$$\cdots,$$

由以上各式推出

$$a_2 = a_1 + \Delta a_1,$$
$$a_3 = a_1 + 2\Delta a_1 + \Delta^2 a_1,$$
$$a_4 = a_1 + 3\Delta a_1 + 3\Delta^2 a_1 + \Delta^3 a_1,$$
$$\cdots.$$

由以上各式可知，高阶等差数列的各项可由原数列的各阶差分的首项确定. 其通项公式由定理 2 给出.

定理 2 设数列$\{a_n\}$为高阶等差数列，其通项 a_n 可用$\{a_n\}$的各阶差分的首项表示为

$$a_n = \sum_{i=0}^{n-1} C_{n-1}^i \Delta^i a_1 \quad (n \geqslant 2). \qquad ①$$

证 对 n 用数学归纳法证明之.

(1) 当 $n=2$ 时，

$$a_2 = a_1 + \Delta a_1 = C_1^0 \Delta^0 a_1 + C_1^1 \Delta^1 a_1 = \sum_{i=0}^{1} C_1^i \Delta^i a_1,$$

命题成立.

(2) 假设当 $n=k$ 时命题成立，即有

$$a_k = \sum_{i=0}^{k-1} C_{k-1}^i \Delta^i a_1,$$

则当 $n=k+1$ 时，

$$\begin{aligned} a_{k+1} &= a_k + \Delta a_k = \sum_{i=0}^{k-1} C_{k-1}^i \Delta^i a_1 + \sum_{i=0}^{k-1} C_{k-1}^i \Delta^{i+1} a_1 \\ &= a_1 + C_{k-1}^1 \Delta a_1 + C_{k-1}^2 \Delta^2 a_1 + \cdots + C_{k-1}^{k-1} \Delta^{k-1} a_1 + \\ &\quad C_{k-1}^0 \Delta a_1 + C_{k-1}^1 \Delta^2 a_1 + C_{k-1}^2 \Delta^3 a_1 + \cdots + C_{k-1}^{k-2} \Delta^{k-1} a_1 + \Delta^k a_1 \\ &= a_1 + (C_{k-1}^0 + C_{k-1}^1) \Delta a_1 + (C_{k-1}^1 + C_{k-1}^2) \Delta^2 a_1 + \cdots + \\ &\quad (C_{k-1}^{k-2} + C_{k-1}^{k-1}) \Delta^{k-1} a_1 + \Delta^k a_1 \\ &= a_1 + C_k^1 \Delta a_1 + C_k^2 \Delta^2 a_1 + \cdots + C_k^{k-1} \Delta^{k-1} a_1 + \Delta^k a_1 \\ &= \sum_{i=0}^{k} C_k^i \Delta^i a_1. \end{aligned}$$

由(1)和(2)可知，对满足 $n \geqslant 2$ 的所有正整数 n，公式①成立.

推论 如果已经确定$\{a_n\}$为$r(2\leqslant r\leqslant n-1)$阶等差数列，则

$$\Delta^{r+1}a_1=\Delta^{r+2}a_1=\cdots=\Delta^{n-1}a_1=0,$$

故定理 2 可改为

$$a_n=\sum_{i=0}^{r}C_{n-1}^{i}\Delta^{i}a_1.$$

例 4 设有高阶等差数列

$$10,38,88,166,278,430,\cdots,$$

求它的通项公式和第 10 项 a_{10}.

解 写出原数列的各阶差分数列：

一阶差分 28,50,78,112,152,…；

二阶差分 22,28,34,40,…；

三阶差分 6,6,6,…；….

因此，原数列是三阶等差数列，且 $a_1=10,\Delta a_1=28,\Delta^2a_1=22,\Delta^3a_1=6$,

$$\begin{aligned}a_n&=a_1+C_{n-1}^{1}\Delta a_1+C_{n-1}^{2}\Delta^2a_1+C_{n-1}^{3}\Delta^3a_1\\&=10+28(n-1)+22\cdot\frac{(n-1)(n-2)}{2}+\\&\quad 6\cdot\frac{(n-1)(n-2)(n-3)}{6}\\&=n^3+5n^2+6n-2,\end{aligned}$$

$$a_{10}=10^3+5\times10^2+6\times10-2=1\,558.$$

定理 3 $\{a_n\}$是 m 阶等差数列的充要条件为 a_n 是 n 的 m 次多项式.

证 先证必要条件. 如果$\{a_n\}$是一阶等差数列，则 a_n，即等差数列的通项，为 n 的一次式. 如果 $m\geqslant2$，则由定理 2 推论知，

$$a_n=\sum_{k=0}^{m}C_{n-1}^{k}\Delta^{k}a_1.$$

这显然是 n 的 m 次多项式.

再对 m 用数学归纳法证明充分条件.

当 $m=1$ 时，设 $a_n=\lambda_1n+\lambda_0(\lambda_1\neq0)$，则 $\Delta a_n=\lambda_1$. 所以$\{a_n\}$是一阶等差数列.

假定充分条件对 a_n 是 $m-1(m\geqslant2)$次多项式成立，考察 a_n 是 m 次多项式的情形. 设

$$a_n=f(n)=\lambda_mn^m+\lambda_{m-1}n^{m-1}+\cdots+\lambda_1n+\lambda_0\quad(\lambda_m\neq0),$$

则 $\Delta a_n=f(n+1)-f(n)$是 n 的 $m-1$ 次多项式. 由归纳假定，$\{\Delta a_n\}$是 $m-1$ 阶等差数列，于是$\{a_n\}$是 m 阶等差数列.

定理 4 设$\{a_n\}$为 m 阶等差数列，则它的前 n 项和

$$S_n=\sum_{k=0}^{m}C_{n}^{k+1}\Delta^{k}a_1.$$

证 因为 $S_0=0,S_1=a_1$，故数列 $\{S_n\}$ 为

$$0,a_1,a_1+a_2,a_1+a_2+a_3,\cdots,a_1+a_2+\cdots+a_n,\cdots. \quad ①$$

因其一阶差分为数列 $\{a_n\}$，所以数列 $\{S_n\}$ 为 $m+1$ 阶等差数列，其 $m+1$ 阶差分就是 $\{a_n\}$ 的 m 阶差分. 又 S_n 是①式的第 $n+1$ 项，由定理 2 推论可得

$$S_n=\sum_{k=0}^{m}C_n^{k+1}\Delta^k a_1.$$

特殊地，当 $\{a_n\}$ 为等差数列，即 $m=1$ 时，得

$$\begin{aligned}S_n&=\sum_{k=0}^{1}C_n^{k+1}\Delta^k a_1=C_n^1\Delta^0 a_1+C_n^2\Delta a_1\\&=na_1+\frac{n(n-1)}{2}\Delta a_1.\end{aligned}$$

推论 如果数列 $\{a_n\}$ 是 m 阶等差数列，则其前 n 项之和 S_n 是关于 n 的 $m+1$ 次多项式.

例 5 求高阶等差数列 $\{a_n\}$ 的通项公式，已知

$$\{a_n\}:4,21,74,181,360,629,\cdots.$$

解法 1(待定系数法) 先求它的各阶差分：

一阶差分 17,53,107,179,269,…；

二阶差分 36,54,72,90,…；

三阶差分 18,18,18,…；….

因此，原数列 $\{a_n\}$ 是三阶等差数列. 据定理 3，它的通项公式为 n 的 3 次多项式，设为

$$a_n=an^3+bn^2+cn+d.$$

将 $n=1,2,3,4$ 分别代入，得线性方程组

$$\begin{cases}a+b+c+d=4,\\8a+4b+2c+d=21,\\27a+9b+3c+d=74,\\64a+16b+4c+d=181,\end{cases}$$

解得

$$a=3,\ b=0,\ c=-4,\ d=5.$$

因此，原数列的通项公式是 $a_n=3n^3-4n+5$.

解法 2(公式法) 也是先求它的各阶差分(同解法 1)，得

$$a_1=4,\ \Delta a_1=17,\ \Delta^2 a_1=36,\ \Delta^3 a_1=18.$$

将所得数据代入定理 2 的推论，

$$\begin{aligned}a_n&=\sum_{k=0}^{3}C_{n-1}^k\Delta^k a_1\\&=C_{n-1}^0\cdot 4+C_{n-1}^1\cdot 17+C_{n-1}^2\cdot 36+C_{n-1}^3\cdot 18\end{aligned}$$

$$=4+17(n-1)+18(n-1)(n-2)+3(n-1)(n-2)(n-3)$$
$$=3n^3-4n+5.$$

§ 7.4　线性递推数列

一、递推方法和线性递推数列

公元 1 世纪时，古希腊数学家海伦(Heron)发明了一种求正整数平方根的近似值的方法，被后人称为海伦方法. 设 A 是一个非完全平方数，$A=ab(a<b)$. 海伦取 a 和 b 的平均数作为 $\sqrt{A}$ 的第一近似值 a_1，然后取 a_1 和 $\dfrac{A}{a_1}$ 的平均数作为 $\sqrt{A}$ 的第二近似值 a_2，接着取 a_2 和 $\dfrac{A}{a_2}$ 的平均数作为 a_3……

例如，用海伦方法[①]求 6 的平方根. $6=2\times3$，取

$$a_1=\frac{2+3}{2}=2.5,\quad 则\quad a_2=\frac{a_1+\dfrac{6}{a_1}}{2}=2.45,$$

$$a_3=\frac{a_2+\dfrac{6}{a_2}}{2}\approx 2.449\ 489\ 796,$$

$$a_4=\frac{a_3+\dfrac{6}{a_3}}{2}\approx 2.449\ 489\ 743.$$

不妨用计算器算出 $\sqrt{6}$，检测一下海伦方法是否准确. 结果发现，这样算得的 a_4 至少精确到小数点后第 9 位，即 a_4 的前 10 位数字全部是 $\sqrt{6}$ 的有效数字.

海伦方法就是一种递推方法，可以表示为

$$\begin{cases} a_1=\dfrac{a+b}{2} \quad (ab=A，A\ 是非完全平方数), \\ a_{n+1}=\dfrac{1}{2}\left(a_n+\dfrac{A}{a_n}\right), \end{cases}$$

其中第一行为初始值，第二行为递推公式.

13 世纪时，意大利数学家斐波那契(Fibonacci)在其著作《算法之书》里记载了一个有趣的问题："如果每对大兔每月能生产一对小兔，而每对小兔生长两个月就成大兔，那么由一对小兔开始，一年后可以繁殖成多少对兔子?"这个问题导出著名的斐波那契数列

---

① 依据 T. L. Heath 的 *A History of Greek Mathematics*，vol. Ⅱ，Dover Publications 1921 年出版.

$$1,1,2,3,5,8,13,21,34,\cdots,$$

其中递推关系可表示为

$$\begin{cases}a_1=a_2=1,\\a_{n+1}=a_n+a_{n-1}(n\geqslant 2).\end{cases}$$

斐波那契数列有两个特点:第一,它是由前两项决定后一项,而在斐波那契之前研究的数列大都仅有前一项就可决定后一项;第二,斐波那契数列的递推公式是线性齐次的,而其他数列的递推公式则不一定如此.

定义 11 如果数列$\{a_n\}$满足递推关系

$$a_{n+k}=f(a_{n+k-1},a_{n+k-2},\cdots,a_n),\qquad ①$$

则称它为 k 阶递推数列.

k 阶递推数列由递推关系①和 k 个初始值确定.

定义 12 如果 k 阶数列$\{a_n\}$的递推公式是线性的,即

$$a_{n+k}=p_1a_{n+k-1}+p_2a_{n+k-2}+\cdots+p_ka_n+b,\qquad ②$$

其中 $n\in\mathbf{N}^*$,$p_1,p_2,\cdots,p_k$ 是常数,且 $p_k\neq 0$,则称$\{a_n\}$为 k 阶线性递推数列. 特别当 $b=0$ 时,又称它为 k 阶线性递归数列.

等差数列的递推关系是 $a_{n+1}=a_n+d$,但因 $d=a_{n+2}-a_{n+1}$,故可变换为 $a_{n+2}=2a_{n+1}-a_n$. 所以,等差数列和斐波那契数列一样,都是二阶线性递归数列.

等比数列的递推关系是 $a_{n+1}=qa_n$,所以是一阶线性递归数列. 等比数列的任意阶差分仍是等比数列. 在研究递推数列时经常用到等比数列.

由海伦方法得到的数列是递推数列,但因递推公式中 a_n 出现在分母上,所以不是线性的.

二、递推数列的通项公式

许多递推数列都是依据递推公式给出的. 如何由递推公式求出数列的通项公式是十分重要的问题,也是引人神往的课题,但是并无通用的一般方法. 有些情况下求通项公式甚至是不可能的. 例如,求圆周率 π 的近似值的问题,从阿基米德算起,2300多年来,人们发明了许多种逼近方法,其中有些方法是可以用递推数列来表示的,但是此类数列无一可以写出它的通项公式. 有些递推数列,即使能找到它的通项公式,结果也未必符合原来的期望.

例如前面说到的海伦方法,用它来求$\sqrt{6}$的近似值的递推公式可表示为

$$\begin{cases}a_1=2.5,\\a_{n+1}=\dfrac{a_n^2+6}{2a_n}.\end{cases}$$

现在据此推算它的通项公式:

$$a_{n+1}-\sqrt{6}=\frac{a_n^2+6-2\sqrt{6}a_n}{2a_n}=\frac{(a_n-\sqrt{6})^2}{2a_n}, \quad ①$$

$$a_{n+1}+\sqrt{6}=\frac{a_n^2+6+2\sqrt{6}a_n}{2a_n}=\frac{(a_n+\sqrt{6})^2}{2a_n}, \quad ②$$

①÷②，得

$$\frac{a_{n+1}-\sqrt{6}}{a_{n+1}+\sqrt{6}}=\frac{(a_n-\sqrt{6})^2}{(a_n+\sqrt{6})^2}=\left(\frac{a_n-\sqrt{6}}{a_n+\sqrt{6}}\right)^2.$$

于是有

$$\frac{a_n-\sqrt{6}}{a_n+\sqrt{6}}=\left(\frac{a_{n-1}-\sqrt{6}}{a_{n-1}+\sqrt{6}}\right)^2=\left(\frac{a_{n-2}-\sqrt{6}}{a_{n-2}+\sqrt{6}}\right)^{2^2}=\cdots$$
$$=\left(\frac{a_1-\sqrt{6}}{a_1+\sqrt{6}}\right)^{2^{n-1}}=\left(\frac{2.5-\sqrt{6}}{2.5+\sqrt{6}}\right)^{2^{n-1}},$$

即得

$$(a_n-\sqrt{6})(2.5+\sqrt{6})^{2^{n-1}}=(a_n+\sqrt{6})(2.5-\sqrt{6})^{2^{n-1}},$$

解得

$$a_n=\sqrt{6}\cdot\frac{(2.5+\sqrt{6})^{2^{n-1}}+(2.5-\sqrt{6})^{2^{n-1}}}{(2.5+\sqrt{6})^{2^{n-1}}-(2.5-\sqrt{6})^{2^{n-1}}}.$$

这样，海伦方法的通项公式终于得到了. 但是海伦方法的本意是求一个非完全平方数(这里是 6)的平方根，即求$\sqrt{6}$，而通项公式里却把$\sqrt{6}$作为构成要素得出一个复杂的分式，这可是始料未及的.

求通项公式要根据具体问题而定. 要分析递推公式的特点，进行适当变换，有时需要引进辅助变量，或借助特征方程，以求得问题的解决.

1. 一阶线性递推数列

例 1　已知数列$\{a_n\}$满足

$$\begin{cases}a_1=1,\\ a_n=na_{n-1}+(n+1)!,\end{cases}$$

求$\{a_n\}$的通项公式.

解　在递推式的两边同时除以 $n!$，得

$$\frac{a_n}{n!}=\frac{a_{n-1}}{(n-1)!}+(n+1),$$

则有

$$\frac{a_2}{2!}=\frac{a_1}{1!}+3,$$

$$\frac{a_3}{3!}=\frac{a_2}{2!}+4,$$

$$\frac{a_4}{4!}=\frac{a_3}{3!}+5,$$

$$\cdots,$$

$$\frac{a_n}{n!}=\frac{a_{n-1}}{(n-1)!}+(n+1).$$

将以上各式累加，得

$$\frac{a_n}{n!}=1+[3+4+5+\cdots+(n+1)]$$

$$=\frac{1}{2}(n^2+3n-2),$$

因此，

$$a_n=\frac{1}{2}(n^2+3n-2)n!.$$

例 2 设数列$\{a_n\}$满足

$$\begin{cases}a_1=a,\\a_{n+1}=pa_n+q,\end{cases}$$

其中 p,q,a 都是常数，$p\neq0,p\neq1$，求$\{a_n\}$的通项公式.

分析 若 $q=0$，则$\{a_n\}$为等比数列. 若 $q\neq0$，也要考虑向等比数列转化，可引入辅助变量.

解 由分析，引入辅助变量 t，

$$a_{n+1}-t=pa_n+q-t=p\left(a_n-\frac{t-q}{p}\right).$$

令 $t=\frac{t-q}{p}$，则 $pt=t-q$，$t=\frac{q}{1-p}$，于是有

$$a_{n+1}-t=p(a_n-t),$$

故$\{a_n-t\}$是公比为 p 的等比数列. 所以

$$a_n=p(a_{n-1}-t)+t=p^{n-1}(a_1-t)+t$$

$$=p^{n-1}\left(a-\frac{q}{1-p}\right)+\frac{q}{1-p}.$$

这就是所求$\{a_n\}$的通项公式.

例 3 某员工每月初领得工资 2 000 元，每月底得奖金 500 元. 如果每月初领得工资后按现有金额的$\frac{4}{5}$安排本月支出，设年初余款为零，问他年底有余款多少？

解 设第 n 个月月底的余款为 a_n，按题设

$$\begin{cases}a_1=900,\\a_{n+1}=\frac{1}{5}(a_n+2\ 000)+500=\frac{1}{5}a_n+900.\end{cases}$$

为了将递推式化为等比数列的递推式，引入辅助变量 t，即

$$a_{n+1}-t=\frac{1}{5}a_n+900-t,$$

$$a_{n+1}-t=\frac{1}{5}(a_n+4\ 500-5t). \qquad ①$$

令 $-t=4\ 500-5t$，得 $t=1\ 125$，代入①式，

$$a_{n+1}-1\ 125=\frac{1}{5}(a_n-1\ 125)=\left(\frac{1}{5}\right)^2(a_{n-1}-1\ 125)$$

$$=\left(\frac{1}{5}\right)^n(a_1-1\ 125)=-225\left(\frac{1}{5}\right)^n.$$

所以 $a_n=1\ 125-225\left(\frac{1}{5}\right)^{n-1}$，

$$a_{12}=1\ 125-225\left(\frac{1}{5}\right)^{11}=1\ 125-9(0.2)^9.$$

因此，该员工年底余款约为 1 125 元.

例 4　一个平面上有 n 条直线，任何两条都不平行，任何三条都不共点. (1) 这 n 条直线互相分割成多少段？(2) 这 n 条直线将此平面划分成多少个区域？

解　(1) 设这 n 条直线互相分割成 a_n 段. 每新增加一条直线，它与原来 n 条均相交，增加 n 段，且自身被 n 个交点分割成 $n+1$ 段，所以

$$\begin{cases}a_1=1,\\ a_{n+1}=a_n+2n+1 \quad (n\geqslant 1).\end{cases}$$

由此可知，

$$\Delta a_n=a_{n+1}-a_n=2n+1,$$

$$a_n-a_1=\sum_{i=1}^{n-1}\Delta a_i=2\sum_{i=1}^{n-1}i+\sum_{i=1}^{n-1}1$$

$$=n(n-1)+n-1=n^2-1,$$

所以

$$a_n=n^2-1+a_1=n^2.$$

因此，平面上 n 条直线可以互相分割成 n^2 段.

(2) 设本题 n 条直线将平面划分成 d_n 个区域. 每添上一条，新添直线被原来 n 条直线分成 $n+1$ 段，其中每段都将所在区域一分为二，因而将原有平面区域数增加 $n+1$，所以

$$\begin{cases}d_1=2,\\ d_{n+1}=d_n+n+1.\end{cases}$$

由此可知，

$$d_n-d_1=\sum_{i=1}^{n-1}\Delta d_i=\sum_{i=1}^{n-1}(i+1)$$

$$=\frac{n(n-1)}{2}+(n-1)=\frac{n(n+1)}{2}-1,$$

所以

$$d_n=\frac{n(n+1)}{2}-1+2=\frac{n(n+1)}{2}+1.$$

因此，这 n 条直线将平面分成$\frac{n(n+1)}{2}+1$ 个区域.

2. 二阶线性递归数列

一个二阶线性递归数列$\{a_n\}$，由它的两个初始值(a_1,a_2)和一个线性递推公式给出：

$$\begin{cases}a_1=a,a_2=b,\\ a_{n+1}=pa_n+qa_{n-1}(p\neq 0,q\neq 0,n\geqslant 2).\end{cases} \qquad ①$$

当 $p+q=1$ 时，①式可变形为

$$\begin{aligned}a_{n+1}-a_n&=-q(a_n-a_{n-1})=(-q)^2(a_{n-1}-a_{n-2})\\&=(-q)^{n-1}(a_2-a_1),\end{aligned}$$

则

$$\begin{aligned}a_n-a_1&=\sum_{i=1}^{n-1}\Delta a_i=(a_2-a_1)\sum_{i=1}^{n-1}(-q)^i\\&=(a_2-a_1)\frac{-q-(-q)^n}{1+q},\end{aligned}$$

所以

$$a_n=a_1+(a_1-a_2)\frac{q+(-q)^n}{1+q}\quad (q\neq -1).$$

当 $p+q\neq 1$ 时，可借助特征方程求解. 假设等比数列$\{x^n\}(x\neq 0,x\neq 1)$满足递推公式①，则有

$$x^{n+1}=px^n+qx^{n-1}, \qquad ②$$

故有

$$x^2-px-q=0. \qquad ③$$

这个方程就是所谓的特征方程. 从形式上看，只要将①式中 a_{n+1}，a_n 和 a_{n-1} 分别置换为 x^2，x 和 1 即得.

设方程③的两根(称为特征根或特征值)分别为 x_1 和 x_2，则

$$x_1^2=px_1+q,\quad x_2^2=px_2+q,$$

因而

$$x_1^{n+1}=px_1^n+qx_1^{n-1},\quad x_2^{n+1}=px_2^n+qx_2^{n-1}.$$

这说明等比数列$\{x_1^n\}$和$\{x_2^n\}$满足递推公式①，因而它们的线性组合也满足①. 下面要解决满足初始值的问题.

(1) 如果 $x_1 \neq x_2$，则对于任意常数 c_1 和 c_2，

$$a_n = c_1 x_1^n + c_2 x_2^n \qquad ④$$

也满足递推公式①. 它还应满足初始值条件，即

$$\begin{cases} c_1 x_1 + c_2 x_2 = a, \\ c_1 x_1^2 + c_2 x_2^2 = b, \end{cases}$$

得

$$c_1 = \frac{ax_2 - b}{x_1(x_2 - x_1)}, \quad c_2 = \frac{-(ax_1 - b)}{x_2(x_2 - x_1)}.$$

代入④式，即得 $\{a_n\}$ 的通项公式为

$$a_n = \frac{ax_2 - b}{x_2 - x_1} x_1^{n-1} - \frac{ax_1 - b}{x_2 - x_1} x_2^{n-1}. \qquad ⑤$$

(2) 如果 $x_1 = x_2$，则 $p = x_1 + x_2 = 2x_1$. 令 $a_n = nx_1^n$，则 $a_{n-1} = (n-1)x_1^{n-1}$，代入①式的右边，

$$\begin{aligned} pnx_1^n + q(n-1)x_1^{n-1} &= (n-1)(px_1^n + qx_1^{n-1}) + px_1^n \\ &= (n-1)x_1^{n+1} + 2x_1 \cdot x_1^n \\ &= (n+1)x_1^{n+1} = a_{n+1}. \end{aligned}$$

这就证明 $a_n = nx_1^n$ 也是递推公式①的一个解，故

$$a_n = c_1 x_1^n + c_2 n x_1^n$$

也满足递推公式①. 它还应满足初始值条件，即

$$\begin{cases} c_1 x_1 + c_2 x_1 = a, \\ c_1 x_1^2 + 2c_2 x_1^2 = b, \end{cases}$$

解得

$$c_1 = \frac{2ax_1 - b}{x_1^2}, \quad c_2 = \frac{-(ax_1 - b)}{x_1^2}.$$

所以，$\{a_n\}$ 的通项公式为

$$a_n = x_1^{n-2}[(2ax_1 - b) - n(ax_1 - b)]. \qquad ⑥$$

上述讨论的结果可以归结为下面的定理.

定理 5　在数列 $\{a_n\}$ 中，已知 a_1, a_2 为初始值，

$$a_{n+2} = pa_{n+1} + qa_n \quad (n = 1, 2, 3, \cdots, p \neq 0, q \neq 0),$$

它的特征方程 $x^2 = px + q$ 的两根为 x_1, x_2，则

(1) 当 $x_1 \neq x_2$ 时，数列 $\{a_n\}$ 的通项公式为

$$a_n = Ax_1^{n-1} + Bx_2^{n-1}, \quad n = 1, 2, 3, \cdots;$$

(2) 当 $x_1 = x_2$ 时，数列 $\{a_n\}$ 的通项公式为

$$a_n = (nA + B)x_1^{n-2}, \quad n = 1, 2, 3, \cdots,$$

其中 A, B 为常数.

定理 5 中的 A,B 可通过初始值 a_1,a_2 求出，而不必去代入公式⑤或⑥. 请看下例.

例 5 在数列 $\{a_n\}$ 中，

$$\begin{cases}a_1=1,a_2=4,\\ a_{n+2}=5a_{n+1}-6a_n,n=1,2,3,\cdots,\end{cases}$$

求 $\{a_n\}$ 的通项公式.

解法 1 递推式的特征方程为

$$x^2-5x+6=0,\quad 解得\ x_1=2,x_2=3.$$

所求通项公式形如

$$a_n=A\cdot 2^{n-1}+B\cdot 3^{n-1}.$$

将 $a_1=1,a_2=4$ 代入上式得

$$\begin{cases}A+B=1,\\ 2A+3B=4,\end{cases}\quad 所以\ A=-1,B=2.$$

因此，数列 $\{a_n\}$ 的通项公式为 $a_n=2\cdot 3^{n-1}-2^{n-1}$.

解法 2 递推式两边同减 ta_{n+1}，得

$$a_{n+2}-ta_{n+1}=5a_{n+1}-ta_{n+1}-6a_n=(5-t)\left(a_{n+1}-\frac{6}{5-t}a_n\right).$$

令 $t=\dfrac{6}{5-t}$，则 $t^2-5t+6=0,t_1=2,t_2=3$，且

$$\begin{cases}a_{n+2}-2a_{n+1}=3(a_{n+1}-2a_n)=3^n(a_2-2a_1),\\ a_{n+2}-3a_{n+1}=2(a_{n+1}-3a_n)=2^n(a_2-3a_1).\end{cases}$$

将 $a_1=1,a_2=4$ 代入得

$$\begin{cases}a_{n+2}-2a_{n+1}=3^n\cdot 2, & ①\\ a_{n+2}-3a_{n+1}=2^n. & ②\end{cases}$$

①−②，

$$a_{n+1}=2\cdot 3^n-2^n.$$

故所求通项公式为 $a_n=2\cdot 3^{n-1}-2^{n-1}$.

例 6 求斐波那契数列

$$\begin{cases}a_1=a_2=1,\\ a_{n+1}=a_n+a_{n-1}\quad(n\geqslant 2)\end{cases}$$

的通项公式.

解法 1 递推式的特征方程为 $x^2-x-1=0$，解得 $x_1=\dfrac{1+\sqrt{5}}{2},x_2=\dfrac{1-\sqrt{5}}{2}$. 所求通项公式形如

$$a_n=A\left(\frac{1+\sqrt{5}}{2}\right)^{n-1}+B\left(\frac{1-\sqrt{5}}{2}\right)^{n-1}.$$

将 $a_1=1, a_2=1$ 代入上式，得

$$\begin{cases} A+B=1, \\ A\cdot\frac{1+\sqrt{5}}{2}+B\cdot\frac{1-\sqrt{5}}{2}=1, \end{cases}$$

解得

$$A=\frac{1}{\sqrt{5}}\left(\frac{1+\sqrt{5}}{2}\right),\quad B=\frac{1}{\sqrt{5}}\left(\frac{-1+\sqrt{5}}{2}\right).$$

所以，斐波那契数列的通项公式是

$$a_n=\frac{1}{\sqrt{5}}\left[\left(\frac{1+\sqrt{5}}{2}\right)^n-\left(\frac{1-\sqrt{5}}{2}\right)^n\right].$$

解法 2　递推式两边同减 ta_n，得

$$a_{n+1}-ta_n=a_n-ta_n+a_{n-1}=(1-t)\left(a_n+\frac{a_{n-1}}{1-t}\right).$$

令 $-t=\frac{1}{1-t}$，得方程 $t^2-t-1=0$，解之，得

$$t_1=\frac{1+\sqrt{5}}{2},\quad t_2=\frac{1-\sqrt{5}}{2}.$$

因此

$$\begin{cases} a_{n+1}-t_1a_n=(1-t_1)^{n-1}(a_2-t_1a_1)=(1-t_1)^n, & ① \\ a_{n+1}-t_2a_n=(1-t_2)^{n-1}(a_2-t_2a_1)=(1-t_2)^n. & ② \end{cases}$$

②－①，得

$$(t_1-t_2)a_n=[(1-t_2)^n-(1-t_1)^n],$$

所以

$$a_n=\frac{1}{\sqrt{5}}\left[\left(\frac{1+\sqrt{5}}{2}\right)^n-\left(\frac{1-\sqrt{5}}{2}\right)^n\right].$$

一个整数数列的通项公式竟然用无理数表示，始料未及！

评析　在以上二例中，解法 1 虽然简捷，但是它套用了特征方程的概念和公式. 从这个意义来讲，解法 2 更值得提倡. 不过，这样说并没有贬低特征方程作用的意思，只是提醒不要死记公式，贵在理解其原理.

3. 非线性递推数列举例

这里只列举两个可以用换元法来解的比较简单的例子，而不作一般情形的讨论.

例 7　已知数列 $\{a_n\}$ 满足 $a_1=2, a_{n+1}=\frac{a_n}{a_n+3}$. 求通项 a_n.

解(换元法)　$a_n\neq0$(若 $a_n=0$，则与 $a_1=2$ 矛盾). 递推式取倒数，

$$\frac{1}{a_{n+1}}=\frac{a_n+3}{a_n}=\frac{3}{a_n}+1,$$

因而有$\frac{1}{a_n}=\frac{3}{a_{n-1}}+1$. 令 $b_n=\frac{1}{a_n}$,则有 $b_n=3b_{n-1}+1$. 引入辅助变量 t,

$$b_n-t=3b_{n-1}-t+1=3\left(b_{n-1}-\frac{t-1}{3}\right).$$

令 $t=\frac{t-1}{3}$,即 $3t=t-1$,所以 $t=-\frac{1}{2}$,代入上式

$$b_n+\frac{1}{2}=3\left(b_{n-1}+\frac{1}{2}\right)=3^{n-1}\left(b_1+\frac{1}{2}\right).$$

因为 $b_1=\frac{1}{a_1}=\frac{1}{2}$,所以 $b_n=3^{n-1}-\frac{1}{2}$,即

$$a_n=\frac{1}{b_n}=\frac{1}{3^{n-1}-\frac{1}{2}}=\frac{2}{2\cdot 3^{n-1}-1}.$$

因此所求通项为 $a_n=\frac{2}{2\cdot 3^{n-1}-1}$.

例 8　设数列$\{a_n\}$满足 $a_1=1$,且有

$$a_{n+1}=\frac{1}{16}\left(1+4a_n+\sqrt{1+24a_n}\right)\quad (n=1,2,3,\cdots),$$

求$\{a_n\}$的通项公式.

解(换元法)　令 $b_n=\sqrt{1+24a_n}$,则 $b_1=\sqrt{1+24a_1}=5$,

$$a_n=\frac{1}{24}(b_n^2-1).$$

代入题设递推公式,得

$$\frac{1}{24}(b_{n+1}^2-1)=\frac{1}{16}\left[1+\frac{1}{6}(b_n^2-1)+b_n\right],$$

整理得

$$4b_{n+1}^2=(b_n+3)^2.$$

因 $b_n>0$,故有 $2b_{n+1}=b_n+3$,即 $b_{n+1}=\frac{1}{2}b_n+\frac{3}{2}$. 引入辅助变量 t,

$$b_{n+1}-t=\frac{1}{2}b_n-t+\frac{3}{2}=\frac{1}{2}[b_n-(2t-3)].$$

令 $t=2t-3$,得 $t=3$,代入上式,得

$$b_{n+1}-3=\frac{1}{2}(b_n-3)=\left(\frac{1}{2}\right)^n(b_1-3).$$

又 $b_1=5$,所以

$$b_n=\left(\frac{1}{2}\right)^{n-1}(5-3)+3=\left(\frac{1}{2}\right)^{n-2}+3.$$

因此，$\{a_n\}$的通项公式为

$$a_n=\frac{1}{24}(b_n^2-1)=\left(\frac{1}{2}\right)^n+\frac{2}{3}\left(\frac{1}{4}\right)^n+\frac{1}{3}$$
$$=\frac{1}{3}+\left(\frac{1}{2}\right)^n+\frac{2}{3}\left(\frac{1}{4}\right)^n\quad(n=1,2,3,\cdots).$$

§7.5　数学归纳法

一、数学归纳法的起源

数学归纳法的理论依据，是意大利数学家佩亚诺在《算术原理新方法》(1889)中提出的佩亚诺公理(见§2.2). 其实，最早论及数学归纳法实质的是另一个比佩亚诺早300多年的意大利人，他的名字叫毛罗利科(Maurolico). 1575年，毛罗利科在《算术》一书中明确提出了递推推理的思想. 所谓递推推理是指这样一种思想方法：它首先确定命题对于第一个自然数是真的，然后再确证命题具有递推性质，即如果某命题对于某一个自然数是真的，那么作为一种逻辑必然，它对于该数的后继数也是真的. 于是根据递推特性，它对于后继数的后续数(即第三个自然数)也是真的. 如此类推，即可肯定该命题对于所有自然数都是真的.

毛罗利科提出的递推思想，在法国数学家帕斯卡(Pascal)的著作《三角阵算术》中得到提炼和发扬. 在这本发表于1655年的著作中，帕斯卡运用数学归纳法证明了一些定理. 帕斯卡在给费马的信中提到毛罗利科对这种证明方法的贡献. 19世纪的英国数学家德摩根，首先使用"数学归纳法"这一名称，不过他也用过"完全归纳法"的名称. 后来数学归纳法的名称得到广泛采用.

帕斯卡以后，数学归纳法作为一种严格的证明方法得到数学界的承认. 法国大数学家庞加莱(Poincaré)明确地指出了普通归纳法和数学归纳法的本质区别. 他十分推崇数学归纳法，称它是"数学中全部优点的根源"，又说："我们只能循着数学归纳法前进，只有它能够教给我们新的东西. 如果没有这种与普通归纳法不同但却极为有用的归纳法的帮助，演绎法是无法创造出一种科学的. "由此可见，数学归纳法作为一种独特的证明方法，在数学中占有一定的重要地位.

二、数学归纳法两个步骤的实质联系与常见错误分析

1. 两个步骤的实质联系

第一和第二数学归纳法的基本原理，已经在第二章§2.2中由佩亚诺公理、数学归纳法公理和定理7予以阐明. 学习数学归纳法，首先得弄清楚它的两个步骤的实质联系. 第一步验证 $n=n_0$ 时命题成立，这是命题有可能普遍成立的基础，因而是奠基步

骤;第二步由 $n=k$ 时命题成立,推出 $n=k+1$ 时命题成立,这是归纳递推步骤. 有第一步无第二步,那就属于不完全归纳法;有第二步无第一步,假设命题对于 $n=k$ 成立就失去依托,同样可能导致错误结论. 只有完成两个步骤的证明,才能说命题对于满足 $n\geqslant n_0$ 的一切自然数 n 都成立.

第二步递推步骤往往是证明的关键,也是难点所在. 主要难在如何实现 $k+1$ 的情形向 k 情形的转化,也就是如何合理地利用归纳假设去论证 $n=k+1$ 时命题也成立. 这里的论证主要用的是演绎推理,所以数学归纳法实际上是归纳推理和演绎推理的巧妙结合.

2. 数学归纳法证明中的常见错误

(1) 忽视奠基步骤. 有些学生做作业时对 $n=n_0$ 时命题是否成立并未验算,往往不动脑筋地写上"$n=1$ 时显然成立",这样就使第一步证明流于形式.

(2) 对 n_0 的理解僵化,形成 n_0 就是 1 的思维定式,以至于 n 不可能等于 1 时也盲目地说"$n=1$ 时显然成立".

(3) 归纳递推步骤的证明中没有用到命题成立的归纳假设,而是用其他的知识,例如数列求和公式或已知不等式,这表明实际上不是用数学归纳法而是用其他证明方法.

(4) 归纳递推步骤的证明忽视了限制条件,结果成为错误的证明.

(5) 忽视数学归纳法的局限性:它仅适用于依赖自然数的命题. 对于那些不依赖自然数的命题,尝试用数学归纳法去证明是徒劳无益的.

数学归纳法主要用于证明依赖于自然数的恒等式、不等式以及整数性质等. 用数学归纳法证明数列问题尤其引人关注. 在历年高考试题中,在靠后的几道难题中经常出现数列问题,以及用数学归纳法证明有关结论的题型.

例 1　设 $a_1+a_2+\cdots+a_n=1$,且 $a_i>0(i=1,2,\cdots,n)$. 求证:

$$a_1^2+a_2^2+\cdots+a_n^2\geqslant\frac{1}{n}\quad(n\geqslant2).$$

错误证明　(1) 当 $n=2$ 时,有

$$a_1+a_2=1\quad(a_1>0,a_2>0).$$

又 $a_1^2+a_2^2\geqslant2a_1a_2$,所以

$$2(a_1^2+a_2^2)\geqslant(a_1+a_2)^2=1,$$

即 $a_1^2+a_2^2\geqslant\frac{1}{2}$,命题成立.

(2) 假设 $n=k(k\geqslant2)$时命题成立,即

$$a_1^2+a_2^2+\cdots+a_k^2\geqslant\frac{1}{k},\qquad ①$$

则当 $n=k+1$ 时,

$$a_1^2+a_2^2+\cdots+a_k^2+a_{k+1}^2\geqslant\frac{1}{k}+a_{k+1}^2>\frac{1}{k}>\frac{1}{k+1}.\qquad ②$$

评析　证明的第(2)步是错误的. 应注意①式的前提是

$$a_1+a_2+\cdots+a_k=1 \quad (\text{各个 } a_i>0), \tag{③}$$

而当 $n=k+1$ 时命题的前提是

$$a_1+a_2+\cdots+a_k+a_{k+1}=1 \quad (\text{各个 } a_i>0). \tag{④}$$

由于④式不同于③式,因此不能在②式中直接援用

$$a_1^2+a_2^2+\cdots+a_k^2\geqslant\frac{1}{k},$$

而必须先把④式转化为③式的形式. 可这样更正:

假设当 $n=k$ 时命题成立,即当

$$a_1+a_2+\cdots+a_k=1 \quad (\text{各个 } a_i>0)$$

时有

$$a_1^2+a_2^2+\cdots+a_k^2\geqslant\frac{1}{k}.$$

当 $n=k+1$ 时,

$$a_1+a_2+\cdots+a_k+a_{k+1}=1 \quad (\text{各个 } a_i>0).$$

将上式变形为

$$\frac{a_1}{1-a_{k+1}}+\frac{a_2}{1-a_{k+1}}+\cdots+\frac{a_k}{1-a_{k+1}}=1, \tag{⑤}$$

且有 $\frac{a_i}{1-a_{k+1}}>0(i=1,2,\cdots,k)$. ⑤式符合③式的条件,因此按归纳假设有

$$\left(\frac{a_1}{1-a_{k+1}}\right)^2+\left(\frac{a_2}{1-a_{k+1}}\right)^2+\cdots+\left(\frac{a_k}{1-a_{k+1}}\right)^2\geqslant\frac{1}{k},$$

所以

$$a_1^2+a_2^2+\cdots+a_k^2+a_{k+1}^2\geqslant\frac{(1-a_{k+1})^2}{k}+a_{k+1}^2.$$

下面只需证明

$$\frac{(1-a_{k+1})^2}{k}+a_{k+1}^2-\frac{1}{k+1}\geqslant 0.$$

上式左边经整理配方为 $\frac{1}{k(k+1)}[(k+1)a_{k+1}-1]^2$,于是得证.

例 2　证明:任一有穷数列都有通项公式.

证　(1) 当数列的项数 $m=2$ 时,设该数列为 a_1,a_2,则

$$a_n=a_1+(n-1)(a_2-a_1)$$

就是它的通项公式.

(2) 假设当 $m=k$ 时命题成立,即项数为 k 的数列都有通项公式.

当 $m=k+1$ 时,设数列为

$$a_1,a_2,\cdots,a_{k+1}, \tag{①}$$

在该数列后面添上$(k-1)$项，则数列①变为

$$a_1, a_2, \cdots, a_k, a_{k+1}, a_{k+2}, \cdots, a_{2k}.$$

令$b_n=a_{2n-1}, c_n=a_{2n}$，其中$n=1,2,\cdots,k$，则数列$\{b_n\}$和$\{c_n\}$均为k项数列. 据归纳假设，它们都有通项公式，分别设为

$$b_n=\begin{cases} f(n), & n\in \mathbf{N}^*, \\ 0, & n\notin \mathbf{N}^*; \end{cases} \quad c_n=\begin{cases} g(n), & n\in \mathbf{N}^*, \\ 0, & n\notin \mathbf{N}^*. \end{cases}$$

令

$$F(n)=\frac{(-1)^{n+1}+1}{2}f\left(\frac{n+1}{2}\right)+\frac{(-1)^n+1}{2}g\left(\frac{n}{2}\right),$$

则

$$F(2n-1)=f(n)=b_n=a_{2n-1},$$
$$F(2n)=g(n)=c_n=a_{2n}.$$

因此$F(n)$为数列$\{a_n\}(n\leqslant 2k)$的一个通项公式，因而也是数列$\{a_n\}(n\leqslant k+1)$的通项公式.

由(1)和(2)知，原命题成立.

例 3(2019 年统考·浙江卷)　设等差数列$\{a_n\}$的前n项和为S_n，$a_3=4$，$a_4=S_3$. 数列$\{b_n\}$满足：对每个$n\in \mathbf{N}^*$，$S_n+b_n, S_{n+1}+b_n, S_{n+2}+b_n$成等比数列.

(1) 求数列$\{a_n\}$，$\{b_n\}$的通项公式；

(2) 记$c_n=\sqrt{\dfrac{a_n}{2b_n}}$，$n\in \mathbf{N}^*$，证明：$c_1+c_2+\cdots+c_n<2\sqrt{n}$，$n\in \mathbf{N}^*$.

解　(1) 设数列$\{a_n\}$的公差为d，由题设，

$$a_1+2d=4, \quad a_1+3d=3a_1+3d.$$

易得$a_1=0, d=2$，从而

$$a_n=2(n-1), \quad S_n=n(n-1), \quad n\in \mathbf{N}^*.$$

由$S_n+b_n, S_{n+1}+b_n, S_{n+2}+b_n$成等比数列，得

$$(S_{n+1}+b_n)^2=(S_n+b_n)(S_{n+2}+b_n),$$

整理得

$$(S_n+S_{n+2}-2S_{n+1})b_n=S_{n+1}^2-S_nS_{n+2}.$$

将$S_n=n(n-1), n\in \mathbf{N}^*$，代入上式，求得

$$b_n=n(n+1), \quad n\in \mathbf{N}^*.$$

(2) 由(1)，

$$c_n=\sqrt{\frac{a_n}{2b_n}}=\sqrt{\frac{2(n-1)}{2n(n+1)}}=\sqrt{\frac{n-1}{n(n+1)}}, \quad n\in \mathbf{N}^*.$$

下面用数学归纳法来证明

$$c_1+c_2+\cdots+c_n<2\sqrt{n}, \quad n\in \mathbf{N}^*.$$

(i) 当 $n=1$ 时，$c_1=0<2$，不等式成立.

(ii) 假设当 $n=k(k\in\mathbf{N}^*)$时不等式成立，即

$$c_1+c_2+\cdots+c_k<2\sqrt{k},$$

则当 $n=k+1$ 时，

$$\begin{aligned}&c_1+c_2+\cdots+c_k+c_{k+1}\\&<2\sqrt{k}+\sqrt{\frac{k}{(k+1)(k+2)}}\\&<2\sqrt{k}+\sqrt{\frac{1}{k+1}}=2\sqrt{k}+\frac{2}{2\sqrt{k+1}}\\&<2\sqrt{k}+\frac{2}{\sqrt{k+1}+\sqrt{k}}\\&=2\sqrt{k}+2(\sqrt{k+1}-\sqrt{k})=2\sqrt{k+1}.\end{aligned}$$

即当 $n=k+1$ 时，不等式也成立.

根据(i)和(ii)，不等式 $c_1+c_2+\cdots+c_n<2\sqrt{n}$ 对任意 $n\in\mathbf{N}^*$ 成立.

例 4(2018 年统考·江苏卷)　设$\{a_n\}$是首项为 a_1、公差为 d 的等差数列，$\{b_n\}$是首项为 b_1、公比为 q 的等比数列.

(1) 设 $a_1=0,b_1=1,q=2$，若$|a_n-b_n|\leqslant b_1$ 对 $n=1,2,3,4$ 均成立，求 d 的取值范围；

(2) 若 $a_1=b_1>0,m\in\mathbf{N}^*,q\in(1,\sqrt[m]{2}]$，证明：存在 $d\in\mathbf{R}$，使得$|a_n-b_n|\leqslant b_1$ 对 $n=2,3,\cdots,m+1$ 均成立，并求 d 的取值范围(用 b_1,m,q 表示).

解　(1) 由题设知，

$$a_n=(n-1)d,\quad b_n=2^{n-1}.$$

因为$|a_n-b_n|\leqslant b_1$ 对 $n=1,2,3,4$ 均成立，即

$$|(n-1)d-2^{n-1}|\leqslant 1,\quad n=1,2,3,4,$$

于是有

$$1\leqslant 1,\quad 1\leqslant d\leqslant 3,\quad 3\leqslant 2d\leqslant 5,\quad 7\leqslant 3d\leqslant 9.$$

因此，d 的取值范围是$\frac{7}{3}\leqslant d\leqslant\frac{5}{2}$.

(2) 由条件知，

$$a_n=b_1+(n-1)d,\quad b_n=b_1q^{n-1}.$$

若存在 d，使得$|a_n-b_n|\leqslant b_1(n=2,3,\cdots,m+1)$成立，即

$$|b_1+(n-1)d-b_1q^{n-1}|\leqslant b_1\quad(n=2,3,\cdots,m+1),$$

解出 d，

$$b_1\frac{q^{n-1}-2}{n-1}\leqslant d\leqslant b_1\frac{q^{n-1}}{n-1}\quad(n=2,3,\cdots,m+1).$$

由题设，$q\in(1,\sqrt[m]{2}]$，则 $1<q^{n-1}\leqslant q^m\leqslant 2$，从而

$$b_1\frac{q^{n-1}-2}{n-1}\leqslant 0,\ b_1\frac{q^{n-1}}{n-1}>0,\quad n=2,3,\cdots,m+1.$$

为了确定 d 的取值范围，下面探讨数列 $\left\{\frac{q^{n-1}-2}{n-1}\right\}$ 的最大值和数列 $\left\{\frac{q^{n-1}}{n-1}\right\}$ 的最小值（$n=2,3,\cdots,m+1$）.

(i) 当 $2\leqslant n\leqslant m$ 时，

$$\frac{q^n-2}{n}-\frac{q^{n-1}-2}{n-1}=\frac{nq^n-q^n-nq^{n-1}+2}{n(n-1)}=\frac{n(q^n-q^{n-1})-q^n+2}{n(n-1)}.$$

当 $1<q\leqslant 2^{\frac{1}{m}}$ 时，有 $q^{n-1}<q^n\leqslant q^m\leqslant 2$，从而

$$n(q^n-q^{n-1})-q^n+2>0.$$

因此，当 $2\leqslant n\leqslant m+1$ 时，数列 $\left\{\frac{q^{n-1}-2}{n-1}\right\}$ 单调递增，故其最大值为 $\frac{q^m-2}{m}$.

(ii) 设 $f(x)=2^x(1-x)$. 当 $x>0$ 时，

$$f'(x)=2^x(\ln 2-1-x\ln 2)<0,$$

所以 $f(x)$ 单调递减. 从而 $f(x)<f(0)=1$.

当 $2\leqslant n\leqslant m$ 时，

$$\frac{\frac{q^n}{n}}{\frac{q^{n-1}}{n-1}}=\frac{q(n-1)}{n}\leqslant 2^{\frac{1}{n}}\left(1-\frac{1}{n}\right)=f\left(\frac{1}{n}\right)<1,$$

故当 $2\leqslant n\leqslant m+1$ 时，数列 $\left\{\frac{q^{n-1}}{n-1}\right\}$ 单调递减，因而其最小值为 $\frac{q^m}{m}$.

所以，d 的取值范围为 $\left[\frac{b_1(q^m-2)}{m},\frac{b_1q^m}{m}\right]$.

习 题 七

1. 已知一个长方体的长、宽、高成等差数列，对角线长为 $5\sqrt{2}$ cm，全面积为 94 cm^2，求它的体积.

2. 设有两个等差数列，它们前 n 项和之比为 $(7n+2):(n+3)$，求这两个等差数列的第七项之比.

3. 已知等差数列 $\{a_n\}$，求证：

(1) $\sum\limits_{k=1}^{n}\frac{1}{a_ka_{k+1}}=\frac{n}{a_1a_{n+1}}$；

(2) $\sum\limits_{k=1}^{2n}(-1)^{k-1}a_k^2=\frac{n}{2n-1}(a_1^2-a_{2n}^2)$.

4. 设 $\triangle ABC$ 的三边为 a,b,c，且方程

$$(c^2+ab)x^2+2\sqrt{a^2+b^2}x+1=0$$

有两个相等实根.

(1) 求证:$\triangle ABC$ 的三个内角成等差数列;

(2) 如果此时 $\lg a,\lg c,\lg b$ 也成等差数列,试证$\triangle ABC$ 为等边三角形.

5. 设数列$\{a_n\}$中,首项 $a_1=\dfrac{1}{3}$,且 $S_n=\dfrac{2S_{n-1}}{3S_{n-1}+2}(n\geqslant 2)$,求$\{a_n\}$的通项公式.

6. 求 100 与 1 000 之间被 7 除余 3、被 11 除余 4 的所有正整数之和.

7. (2011,全国·理 17)设等比数列$\{a_n\}$的各项均为正数,且 $2a_1+3a_2=1,a_3^2=9a_2a_6$.

(1) 求$\{a_n\}$的通项公式;

(2) 设 $b_n=\log_3 a_1+\log_3 a_2+\cdots+\log_3 a_n$,求数列$\left\{\dfrac{1}{b_n}\right\}$的前 n 项和.

8. 已知 $a+b+c,b+c-a,c+a-b,a+b-c$ 成等比数列,且公比为 q. 求证:$q+q^2+q^3=1$ 及 $q=\dfrac{a}{c}$.

9. 设 a,b 是两个不相等的正数. 若在 a,b 之间插入两个数 x,y,使 a,x,y,b 成等差数列;又在 a,b 之间插入两个数 u,v,使 a,u,v,b 成等比数列. 试比较 $x+y$ 与 $u+v$ 的大小.

10. 等比数列$\{a_n\}$中,已知 $a_1=2,a_4=16$.

(1) 求数列$\{a_n\}$的通项公式;

(2) 若 a_3,a_5 分别为等差数列$\{b_n\}$的第 3 项和第 5 项,试求数列$\{b_n\}$的通项公式及前 n 项的和 S_n.

11. 求一个无穷递缩等比数列,它的所有奇数项之和比所有偶数项之和大 3,并且任何一项都等于该项后面各项之和的 2 倍.

12. 求和:$S_n=\tan\alpha+\dfrac{1}{2}\tan\dfrac{\alpha}{2}+\dfrac{1}{4}\tan\dfrac{\alpha}{4}+\cdots+\dfrac{1}{2^n}\tan\dfrac{\alpha}{2^n}$.

13. 求下列各数列前 n 项的和:

(1) $\dfrac{1}{2!},\dfrac{2}{3!},\dfrac{3}{4!},\cdots,\dfrac{n}{(n+1)!},\cdots$;

(2) $1\times 4,2\times 5,3\times 6,\cdots,n(n+3),\cdots$.

14. 求和:

(1) $S_n=2^2+4^2+6^2+\cdots+(2n)^2$;

(2) $T_n=2^3+4^3+6^3+\cdots+(2n)^3$;

(3) $W_n=1^2+3^2+5^2+\cdots+(2n-1)^2$.

15. (2018 年统考·浙江卷)　已知等比数列$\{a_n\}$的公比 $q>1$,且 $a_3+a_4+a_5=28,a_4+2$ 是 a_3,a_5 的等差中项. 数列$\{b_n\}$满足 $b_1=1$,数列$\{(b_{n+1}-b_n)a_n\}$的前 n 项和为 $2n^2+n$.

(1) 求 q 的值;

(2) 求数列$\{b_n\}$的通项公式.

16. (2020 年统考·天津卷)　已知$\{a_n\}$为等差数列,$\{b_n\}$为等比数列,$a_1=b_1=1,a_5=5(a_4-a_3),b_5=4(b_4-b_3)$.

(1) 求$\{a_n\}$和$\{b_n\}$的通项公式;

(2) 记$\{a_n\}$的前 n 项和为 S_n，求证：$S_nS_{n+2}<S_{n+1}^2(n\in\mathbf{N}^*)$；

(3) 对任意的正整数 n，设

$$c_n=\begin{cases}\dfrac{(3a_n-2)b_n}{a_na_{n+2}}, & n\text{ 为奇数},\\ \dfrac{a_{n-1}}{b_{n+1}}, & n\text{ 为偶数},\end{cases}$$

求数列$\{c_n\}$的前 $2n$ 项和.

17. (2016 年统考·江苏卷) 记集合 $U=\{1,2,\cdots,100\}$. 对数列$\{a_n\}(n\in\mathbf{N}^*)$和 U 的子集 T，若 $T=\varnothing$，定义 $S_T=0$；若 $T=\{t_1,t_2,\cdots,t_k\}$，定义 $S_T=a_{t_1}+a_{t_2}+\cdots+a_{t_k}$. 例如：当 $T=\{1,3,66\}$ 时，$S_T=a_1+a_3+a_{66}$. 现设$\{a_n\}(n\in\mathbf{N}^*)$是公比为 3 的等比数列，且当 $T=\{2,4\}$ 时，$S_T=30$.

(1) 求数列$\{a_n\}$的通项公式；

(2) 对任意正整数 $k(1\leqslant k\leqslant 100)$，若 $T\subseteq\{1,2,\cdots,k\}$，求证：$S_T<a_{k+1}$；

(3) 设 $C\subseteq U$，$D\subseteq U$，$S_C\geqslant S_D$，求证：$S_C+S_{C\cap D}\geqslant 2S_D$.

18. 求下列高阶等差数列的通项公式：

(1) $\{a_n\}$：1，18，71，178，357，626，…；

(2) $\{b_n\}$：4，8，22，52，104，184，….

19. 求下列高阶等差数列

$$\{a_n\}:1,2,7,16,29,46,\cdots$$

的通项公式与前 n 项的和.

20. 设数列$\{a_n\}$满足 $a_1=3$，$na_{n+1}=(n+1)a_n+1$，求$\{a_n\}$的通项公式.

21. 在数列$\{a_n\}$中，$\begin{cases}a_1=1,a_2=7,\\ a_{n+2}=6a_{n+1}-9a_n,\end{cases}$ 求$\{a_n\}$的通项公式.

22. 已知数列$\{a_n\}$满足 $a_1=1$，$a_2=5$，且 $a_{n+2}=-2a_{n+1}+3a_n$，求$\{a_n\}$的通项公式.

23. 已知数列$\{a_n\}$满足 $a_1=1$，$a_{n+1}=\dfrac{a_n}{3a_n+4}$，求$\{a_n\}$的通项公式.

24. 用数学归纳法证明：

(1) $\dfrac{1}{n+1}+\dfrac{1}{n+2}+\dfrac{1}{n+3}+\cdots+\dfrac{1}{3n+1}>1(n\in\mathbf{N}^*)$；

(2) $1+\dfrac{1}{2}+\dfrac{1}{3}+\cdots+\dfrac{1}{2^n-1}>\dfrac{n}{2}(n\in\mathbf{N}^*)$.

25. 设 n 为大于 1 的自然数，求证：

$$(1+a)^n>1+na\quad(a>-1,\text{且 }a\neq 0).$$

26. 平面上有 n 个圆，其中每两个圆都相交于两点，并且任三个圆不交于同一点，求证：这 n 个圆把平面分成 n^2-n+2 个部分.

27. (2017 年统考·浙江卷) 已知数列$\{x_n\}$满足

$$x_1=1,\quad x_n=x_{n+1}+\ln(1+x_{n+1})\ (n\in\mathbf{N}^*),$$

证明：当 $n\in\mathbf{N}^*$ 时，

(1) $0<x_{n+1}<x_n$；

(2) $2x_{n+1}-x_n\leqslant\dfrac{x_nx_{n+1}}{2}$；

(3) $\frac{1}{2^{n-1}} \leqslant x_n \leqslant \frac{1}{2^{n-2}}$.

第七章部分习题

参考答案或提示

第八章　排列与组合

排列与组合是数学的基础知识之一. 它不仅在数学学科内(如概率与数理统计等),而且在其他学科(如生物的选种学等)以及生产和日常生活中都有重要的应用. 二十世纪以来,由于数学理论和实际需要的快速发展,排列、组合已经扩展为一门专门的数学分支——组合理论.

本章首先介绍两个基本计数原理,然后分别讲述排列、组合和二项式定理的有关内容. 解决排列、组合问题需要缜密的思考、多方位分析和准确的判断,对于培养学生分析问题和解决问题的能力能够起到重要的作用.

§ 8.1　两个基本计数原理

在推导排列数和组合数的计算公式过程中,或者在分析排列、组合应用问题时,都要用到分类加法计数原理和分步乘法计数原理.

一、分类加法计数原理(简称加法原理)

加法原理　如果完成事件 A 有 n 类方式(即事件 A 可以分解成 n 类互斥的简单事件):$A_1,A_2,\cdots,A_n$,只要完成其中之一就算完成 A. 设完成事件 $A_1,A_2,\cdots,A_n$ 的方法数分别为 $m_1,m_2,\cdots,m_n$,且其中任何两种方法都不相同,那么完成事件 A 的方法数为

$$m_1+m_2+\cdots+m_n.$$

加法原理可以在日常生活中找到它的原型. 一个广泛应用的例子是旅行路线问题:从甲地到乙地可乘 n 种不同交通工具到达,每种交通工具一天中分别有 m_1 班次,m_2 班次……m_n 班次. 于是一天内从甲地到乙地共有

$$m_1+m_2+\cdots+m_n$$

种不同走法. 下面再举一例.

例 1　在 $m\times n$ 的方格纸上,取两个有一条公共边的相邻的小方格(图 8.1),共有几种取法?

解　分两类计数:取纵向二邻格时,有 $m(n-1)$ 种取法;取横向二邻格时有 $n(m-1)$ 种取法. 因此共有

$$m(n-1)+n(m-1)=2mn-(m+n)$$

种取法.

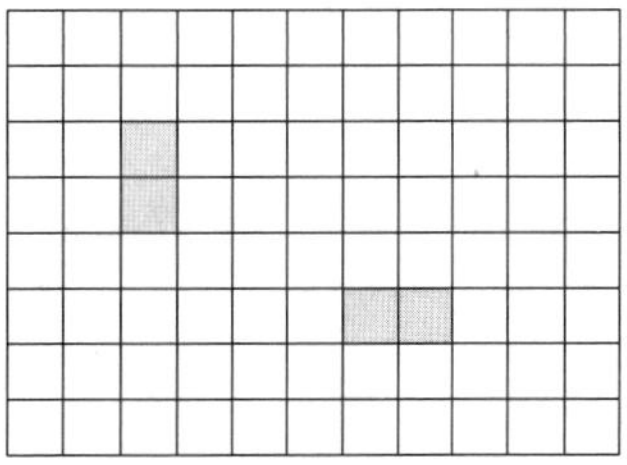

图 8.1

加法原理可运用集合概念和自然数的基数理论予以说明. 一般地说，加法原理中的事件 A 和事件 $A_1,A_2,\cdots,A_n$ 都是有限集，且 $A_1,A_2,\cdots,A_n$ 互不相交. 设 $|A_i|=m_i(i=1,2,\cdots,n)$，根据条件，

$$A=A_1\cup A_2\cup\cdots\cup A_n,$$

且

$$A_i\cap A_j=\varnothing\quad(1\leqslant i,j\leqslant n,i\neq j),$$

所以

$$\begin{aligned}|A|&=|A_1\cup A_2\cup\cdots\cup A_n|\\&=|A_1|+|A_2|+\cdots+|A_n|\\&=m_1+m_2+\cdots+m_n.\end{aligned}$$

二、分步乘法计数原理(简称乘法原理)

乘法原理　如果完成事件 A 需要分成 n 个步骤，即必须且只需分步依次完成步骤(或事件)$A_1,A_2,\cdots,A_n$ 后才算完成；设完成事件 $A_1,A_2,\cdots,A_n$ 的方法数分别为 $m_1,m_2,\cdots,m_n$，那么完成事件 A 的方法数为

$$m_1\cdot m_2\cdot\cdots\cdot m_n.$$

例 2　由 1,2,3,4,5 五个数字，可以作成多少个没有重复数字的三位数?

解　设此"事件"为 A，完成它可通过以下三个步骤(事件)：首先选取百位数字(设为 A_1)，有 5 种方法；其次从余下的四个数字里选取十位数字(设为 A_2)，有 4 种方法；最后从余下的三个数字里选取个位数字(设为 A_3)，有 3 种方法. 依据乘法原理，完成事件 A 共有 $5\times4\times3=60$ 种方法.

例 2 也可用三个有限集合的笛卡儿积来解释，即

$$\begin{aligned}A&=\{(a_1,a_2,a_3)\mid a_1\in A_1,a_2\in A_2,a_3\in A_3\}\\&=A_1\times A_2\times A_3.\end{aligned}$$

根据笛卡儿积的基数的计算方法，得

$$\begin{aligned}|A|&=|A_1\times A_2\times A_3|=|A_1|\cdot|A_2|\cdot|A_3|\\&=5\times4\times3=60.\end{aligned}$$

一般地，乘法原理中的事件 A 和事件 $A_1,A_2,\cdots,A_n$ 都是有限集，且事件 $A_1,A_2,\cdots,A_n$ 是依次衔接的步骤. 设 $|A_i|=m_i(i=1,2,\cdots,n)$，

$$\begin{aligned}A&=\{(a_1,a_2,\cdots,a_n)\mid a_i\in A_i,i=1,2,\cdots,n\}\\&=A_1\times A_2\times\cdots\times A_n,\end{aligned}$$

则根据笛卡儿积的基数的计算方法，

$$\begin{aligned}|A|&=|A_1\times A_2\times\cdots\times A_n|\\&=|A_1|\cdot|A_2|\cdot\cdots\cdot|A_n|\\&=m_1\cdot m_2\cdot\cdots\cdot m_n.\end{aligned}$$

在应用加法原理和乘法原理分析、解决问题时，要注意两者的区别. 加法原理是将所研究的事件分解成 n 类互斥的简单事件，通过完成每一简单事件的任何一种方法都能单独地完成这个事件；乘法原理是将所考察的事件(或过程)划分为若干个依次衔接的步骤，必须且只需按序完成每个步骤后才算完成这件事. 这两者之间的区别，可以与电学中的并联和串联作类比：适用加法原理的是“并联”事件，适用乘法原理的是“串联”事件.

§ 8.2 排　列

本节讨论一般意义的排列. 首先从不重复排列说起.

一、相异元素的不重复排列

定义 1 从 n 个不同元素中，不重复地任取 $m(m\leqslant n)$ 个元素，按照一定的顺序排成一列，叫做从 n 个不同元素中取出的 m 个元素的排列. 这样取出的所有排列的个数，叫做从 n 个不同元素中取出的 m 元排列数，用符号 A_n^m 表示. 显然 $\mathrm{A}_n^m\in\mathbf{N}^*$.

上节的例 2，就是从 5 个不同元素中取出 3 个元素的排列，并用乘法原理求得

$$\mathrm{A}_5^3=5\times4\times3=60.$$

定理 1 $\mathrm{A}_n^m=n(n-1)(n-2)\cdots(n-m+1)(m\leqslant n;n,m\in\mathbf{N}^*)$.

证法 1 设所给 n 个不同元素组成集合

$$A=\{a_1,a_2,\cdots,a_n\}.$$

又设 A 的任意一个 m 元排列为 $a_{i1}a_{i2}\cdots a_{im}$，则排在首位的 a_{i1} 可取 A 中任一元素，有 n 种取法；当 a_{i1} 确定后，排在第二位的元素 a_{i2} 可在 A 中剩下的 $n-1$ 个元素中任取一个，有 $n-1$ 种取法；同理 a_{i3} 有 $n-2$ 种取法……最后，a_{im} 有 $n-(m-1)=n-m+1$ 种取法. 根据乘法原理，得

$$\mathrm{A}_n^m=n(n-1)(n-2)\cdots(n-m+1).$$

证法 2 仍设 $A=\{a_1,a_2,\cdots,a_n\}$. 在 A 的所有 m 元排列中，以 a_1 排在首位的有 A_{n-1}^{m-1} 种；以 a_2 排在首位的也有 A_{n-1}^{m-1} 种……直到以 a_n 排在首位的也有 A_{n-1}^{m-1} 种. 根据加法原理，把这些排列数加起来，其和就是所求排列数 A_n^m. 因此

$$\mathrm{A}_n^m=n\mathrm{A}_{n-1}^{m-1}.$$

同理，

$$\mathrm{A}_{n-1}^{m-1}=(n-1)\mathrm{A}_{n-2}^{m-2},$$

$$\cdots,$$

$$\mathrm{A}_{n-(m-2)}^2=[n-(m-2)]\mathrm{A}_{n-(m-1)}^{m-(m-1)}.$$

将以上各式两端分别相乘，并约去两边相同的因子，得

$$\begin{aligned}\mathrm{A}_n^m&=n(n-1)\cdots(n-m+2)\mathrm{A}_{n-m+1}^1\\&=n(n-1)\cdots(n-m+1).\end{aligned}$$

定理 1 说明，A_n^m 等于从 n 开始的逐个递减 1 的 m 个正整数的连乘积. 当 $n=m$ 时，即得 n 个相异元素的全排列数；全排列数可以记作 P_n. 因此，

$$P_n=A_n^n=n(n-1)(n-2)\cdots 2\cdot 1=n!,$$

其中 $n!$ 表示从 1 到 n 的 n 个正整数连乘积，称为 n 的阶乘.

推论 1

$$A_n^m=\frac{n!}{(n-m)!}. \qquad ①$$

证　在定理 1 的公式右边乘 $\frac{(n-m)!}{(n-m)!}$ 即得.

推论 1 是定理 1 的阶乘形式. 当 $m=n$ 时，公式①的分母为 $(n-n)!=0!$. 这就是阶乘的特殊情形. 我们约定 $0!=1$.

将公式①的下标和上标略加增减，就可得到下面一些推论.

推论 2(上标减 1 的变形)

$$A_n^m=(n-m+1)A_n^{m-1}. \qquad ②$$

推论 3(下标减 1 的变形)

$$A_n^m=\frac{n}{n-m}A_{n-1}^m. \qquad ③$$

推论 4(上、下标同时减 1 的变形)

$$A_n^m=nA_{n-1}^{m-1}. \qquad ④$$

推论 4 的结论，事实上在定理 1 的证法 2 中已经提到. 不过在那里是运用加法定理得出的；而现在是作为定理 1 的推论，可由公式①作如下变形得出：

$$A_n^m=\frac{n!}{(n-m)!}=n\cdot\frac{(n-1)!}{[(n-1)-(m-1)]!}=nA_{n-1}^{m-1}.$$

以上推论都可作为递推公式看待，同时都可逆向推演. 例如公式④，如果从右向左看，即得上、下标同时增 1 的变形：

$$A_n^m=\frac{1}{n+1}A_{n+1}^{m+1}.$$

例 1　求证：(1) $A_n^m+mA_n^{m-1}=A_{n+1}^m$；

(2) $A_{n+1}^r-r(A_n^{r-1}+A_{n-1}^{r-1}+\cdots+A_r^{r-1})=r!$.

证　(1) 运用公式②，得

$$\begin{aligned}左边&=(n-m+1)A_n^{m-1}+mA_n^{m-1}\\&=(n+1)A_n^{m-1}=(n+1)\frac{n!}{(n-m+1)!}\\&=\frac{(n+1)!}{[(n+1)-m]!}\\&=A_{n+1}^m.\end{aligned}$$

(2) 根据(1) 的结论，

$$A_{n+1}^{r}-rA_{n}^{r-1}=A_{n}^{r},$$
$$A_{n}^{r}-rA_{n-1}^{r-1}=A_{n-1}^{r},$$
$$A_{n-1}^{r}-rA_{n-2}^{r-1}=A_{n-2}^{r},$$
$$\cdots,$$
$$A_{r+1}^{r}-rA_{r}^{r-1}=A_{r}^{r},$$

将以上 $n-r+1$ 个等式相加，即得

$$A_{n+1}^{r}-r(A_{n}^{r-1}+A_{n-1}^{r-1}+\cdots+A_{r}^{r-1})=A_{r}^{r}=r!.$$

例 2　解不等式：$2<\dfrac{A_{n+1}^{5}}{A_{n-1}^{3}}\leqslant 42$.

解　未知数 $n\in\mathbf{N}^{*}$，且 $n\geqslant 4$. 因为

$$\frac{A_{n+1}^{5}}{A_{n-1}^{3}}=\frac{(n+1)\cdot n\cdot(n-1)(n-2)(n-3)}{(n-1)(n-2)(n-3)}=n(n+1),$$

所以

$$2<n(n+1)\leqslant 42. \qquad ①$$

①式即不等式组

$$\begin{cases}n^{2}+n>2,\\ n^{2}+n\leqslant 42.\end{cases} \qquad ②$$

不等式组②的解为 $-7\leqslant n<-2$ 或 $1<n\leqslant 6$. 根据 n 的取值范围，得 $4\leqslant n\leqslant 6$. 因为 $n\in\mathbf{N}^{*}$，所以，原不等式的解是 $n=4,5,6$.

例 3　用 0,1,2,3,…,9 十个数字，能作成多少个没有重复数字的四位偶数？

解法 1　先考察末位数. 如果末位数字为 0，则只需考虑前三位的填排方法，共有 A_{9}^{3} 种. 如果末位数字不为 0，则末位数字只能是 2,4,6,8，有 A_{4}^{1} 种；首位不能为 0，填排方法有 A_{8}^{1} 种；中间两位的填排方法有 A_{8}^{2} 种. 因此，能作成的无重复数字的四位偶数共有

$$A_{9}^{3}+A_{4}^{1}\cdot A_{8}^{1}\cdot A_{8}^{2}=504+1\ 792=2\ 296(\text{个}).$$

解法 2　先考虑首位. 如果首位为奇数，填排方法有 A_{5}^{1} 种；此时末位数可填入 5 个偶数码的任何一个，有 A_{5}^{1} 种；中间两位的填排方法有 A_{8}^{2} 种，因此可作成 $A_{5}^{1}\cdot A_{5}^{1}\cdot A_{8}^{2}$ 个四位偶数. 如果首位为偶数，则可填入 0 以外的偶数码，有 A_{4}^{1} 种；此时末位数可填入其余 4 个偶数码(包括 0) 中任何一个，有 A_{4}^{1} 种；中间两位的填排方法仍为 A_{8}^{2}，因此可作成 $A_{4}^{1}\cdot A_{4}^{1}\cdot A_{8}^{2}$ 个四位偶数. 所以，合题意的四位偶数共有

$$A_{5}^{1}\cdot A_{5}^{1}\cdot A_{8}^{2}+A_{4}^{1}\cdot A_{4}^{1}\cdot A_{8}^{2}=2\ 296(\text{个}).$$

例 4　今安排 5 列火车(含甲车、乙车)停在 5 条铁道上. 如果甲车不许停在第一道，乙车不许停在第五道，问有几种排法？

解法 1　先考虑乙车. 如果乙车停在第一道上，其余四车的排列不受限制，因此有 A_{4}^{4} 种排法；如果乙车不停在第一道，则只能停在第二、三、四道，此时甲车也只有 3 条

道可供选择，因此有 $A_3^1 \cdot A_3^1 \cdot A_3^3$ 种排法. 所以共有

$$A_4^4 + A_3^1 \cdot A_3^1 \cdot A_3^3 = 78(\text{种}).$$

类似地，也可先考虑甲车. 可按甲车停在第五道和甲车不停在第五道两种情形考虑，结果相同.

解法 2　如果不考虑附加条件，共有 A_5^5 种排法. 然后除去附加条件不允许的情况，即甲车停在第一道或乙车停在第五道，这两种情形各有 A_4^4 种排法. 因此合题意的排法共有

$$A_5^5 - 2A_4^4 + A_3^3 = 78(\text{种}).$$

这里有一个易犯的错误：以为共有

$$A_5^5 - 2A_4^4 = 72(\text{种}).$$

因为减去 $2A_4^4$，意味着"甲车停在第一道同时乙车停在第五道"的情形被减了两次，所以应当再加上 A_3^3，以补回多减的一次.

像例 4 这样的带有附加条件的全排列问题，还可借助于"正行列式"来解. 所谓 n 阶正行列式，

$$\overset{+}{\begin{vmatrix} a_{11} & a_{12} & \cdots & a_{1n} \\ a_{21} & a_{22} & \cdots & a_{2n} \\ \vdots & \vdots & & \vdots \\ a_{n1} & a_{n2} & \cdots & a_{nn} \end{vmatrix}}$$

是所有取自不同行、不同列的 n 个元素的乘积

$$a_{1j_1} a_{2j_2} \cdots a_{nj_n}$$

的和，其中 $j_1 j_2 \cdots j_n$ 是一个 n 元排列. 与行列式不同，正行列式的所有乘积都取正号. 由于 n 元排列 $j_1 j_2 \cdots j_n$ 是全排列，共有 $n!$ 个，所以 n 阶正行列式共有 $n!$ 项. 因此，如果令 n 阶正行列式中所有元素都取 1，则其展开式的各项之和等于它的项数 $n!$，即

$$A_n^n = \overset{+}{\begin{vmatrix} 1 & 1 & \cdots & 1 \\ 1 & 1 & \cdots & 1 \\ \vdots & \vdots & & \vdots \\ 1 & 1 & \cdots & 1 \end{vmatrix}}_n .$$

正行列式也可按一行或一列展开. 例如

$$\begin{aligned} &\overset{+}{\begin{vmatrix} a_{11} & a_{12} & a_{13} \\ a_{21} & a_{22} & a_{23} \\ a_{31} & a_{32} & a_{33} \end{vmatrix}} \\ &= a_{11} \overset{+}{\begin{vmatrix} a_{22} & a_{23} \\ a_{32} & a_{33} \end{vmatrix}} + a_{12} \overset{+}{\begin{vmatrix} a_{21} & a_{23} \\ a_{31} & a_{33} \end{vmatrix}} + a_{13} \overset{+}{\begin{vmatrix} a_{21} & a_{22} \\ a_{31} & a_{32} \end{vmatrix}} \\ &= a_{11}a_{22}a_{33} + a_{11}a_{23}a_{32} + a_{12}a_{21}a_{33} + a_{12}a_{23}a_{31} + \\ &\quad a_{13}a_{21}a_{32} + a_{13}a_{22}a_{31}. \end{aligned}$$

利用正行列式解带有附加条件的全排列问题,可这样进行:当某位置上可以排上某元素时就在该位置标上 1,当某位置不可排上某元素时就在该位置标上 0. 这样,对于例 4,就可列出下面的正行列式,其中①,②等表示位置(本例指铁道). 因甲车不许停在第一道,故第 1 行位于甲之下的元素是 0;乙车不许停在第五道,故第 5 行位于乙之下的元素是 0. 其余元素因为不受附加条件限制,所以皆为 1.

$$\begin{matrix} & \text{甲} & \text{乙} & \text{丙} & \text{丁} & \text{戊}\ (\text{火车}) \\ \text{位置①} & & & & & \\ \text{位置②} & & & & & \\ \text{位置③} & & & & & \\ \text{位置④} & & & & & \\ \text{位置⑤} & & & & & \end{matrix}$$

$${}^{+}\begin{vmatrix} 0 & 1 & 1 & 1 & 1 \\ 1 & 1 & 1 & 1 & 1 \\ 1 & 1 & 1 & 1 & 1 \\ 1 & 1 & 1 & 1 & 1 \\ 1 & 0 & 1 & 1 & 1 \end{vmatrix}$$

$$=1\cdot {}^{+}\begin{vmatrix} 1 & 1 & 1 & 1 \\ 1 & 1 & 1 & 1 \\ 1 & 1 & 1 & 1 \\ 1 & 1 & 1 & 1 \end{vmatrix} +3\cdot {}^{+}\begin{vmatrix} 1 & 1 & 1 & 1 \\ 1 & 1 & 1 & 1 \\ 1 & 1 & 1 & 1 \\ 1 & 0 & 1 & 1 \end{vmatrix}$$

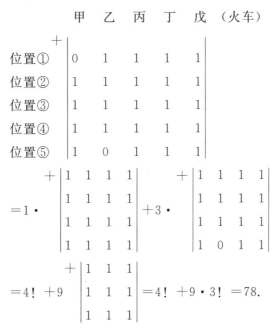

$$=4!\ +9\ {}^{+}\begin{vmatrix} 1 & 1 & 1 \\ 1 & 1 & 1 \\ 1 & 1 & 1 \end{vmatrix} =4!\ +9\cdot 3!\ =78.$$

二、相异元素的重复排列

定义 2　从 n 个不同元素中,允许重复地任取 m 个按一定顺序排成一列,叫做从 n 个不同元素中取出的 m 元可重复排列(简称重复排列). 这样取出的重复排列的个数,可用符号 R_n^m 表示.

定理 2　$\mathrm{R}_n^m=n^m$.

证　设所给 n 个不同元素组成集合

$$A=\{a_1,a_2,\cdots,a_n\}.$$

又设 A 的任意一个可重复排列为 $a_{i_1}a_{i_2}\cdots a_{i_m}$. 排在首位的 a_{i_1} 可取 A 中任一元素,有 n 种选法;排在第二位的 a_{i_2} 因允许重复,仍然有 n 种选法;同样,a_{i_3},a_{i_4}……直至 a_{i_m},都各有 n 种选法. 根据乘法原理,得

$$\mathrm{R}_n^m=n^m.$$

例 5　有 3 部车床的车间,接受 5 个不同的零件,每部车床都能单独完成零件的加工,问有多少种分配法?

解　每个零件可以分配到任一车床加工,因而车床可以重复地和零件搭配,所以分配法有

$$R_3^5=3^5=243(\text{种}).$$

例 6　由数码 1,2,3,4 可以组成多少个大于 1 234 的四位数?

解法 1　找出合题意的四位数:首位数字为 2,3,4 的,各有 4^3 个;头两位为 13 或 14 的各有 4^2 个;头三位为 124 的有 4 个. 因此合题意的四位数共有

$$3\times4^3+2\times4^2+4=228(\text{个}).$$

解法 2　由 1,2,3,4 共可组成 4^4 个四位数,再从中剔除小于或等于 1 234 的四位数:头两位为 11 的有 4^2 个;头三位为 121,122,123 的各有 4 个. 因此合题意的四位数共有

$$4^4-(4^2+3\times4)=228(\text{个}).$$

对于重复排列数 R_n^m,其中 m 和 n 可取任意自然数,不受 $m\leqslant n$ 的限制(如例 5). 在分析相异元素的重复排列的应用问题时,正确地识别哪个是 n 哪个是 m,往往成为解决问题的关键.

三、相异元素的环状排列

定义 3　从 n 个不同元素中,不重复地任取 $m(m\leqslant n)$个元素,不分首尾地依次排成一个环状(或一条封闭曲线),叫做从 n 个不同元素中取出 m 个元素的环状排列. 这样取出的所有环状排列的个数叫做从 n 个不同元素中取出的 m 元环状排列数.

相对于环状排列而言,前面讲的排列可称为普通排列(或直线排列). 两者的区别在于任一直线排列都有首、尾元素,其余中间元素之间都有一定的相邻顺序;而环状排列只考虑元素间的相邻顺序,却没有首、尾元素. 例如,由 1,2,3,4 组成的全排列有 $4!=24$ 个,其中 4 个全排列

1234,2341,3412,4123,

在环形排列中只能算做 1 个排列(图 8.2). 因此,由 4 个不同元素组成的环形全排列的总数等于$\dfrac{4!}{4}=3!=6$.

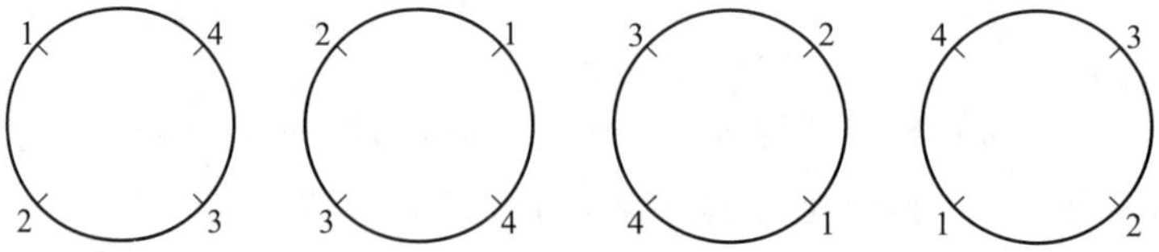

图 8.2

定理 3　从 n 个不同元素中取出的 m 元环状排列的种数是

$$\frac{A_n^m}{m}=\frac{n!}{m(n-m)!}.$$

证　从 n 个不同元素中任取 $m(1<m\leqslant n)$个不同元素,设为作成环状排列(图

8.3). 它和下面 m 个普通排列相对应:

$$a_1a_2a_3\cdots a_m,$$

$$a_2a_3\cdots a_ma_1,$$

$$a_3a_4\cdots a_ma_1a_2,$$

$$\cdots,$$

$$a_ma_1\cdots a_{m-2}a_{m-1}.$$

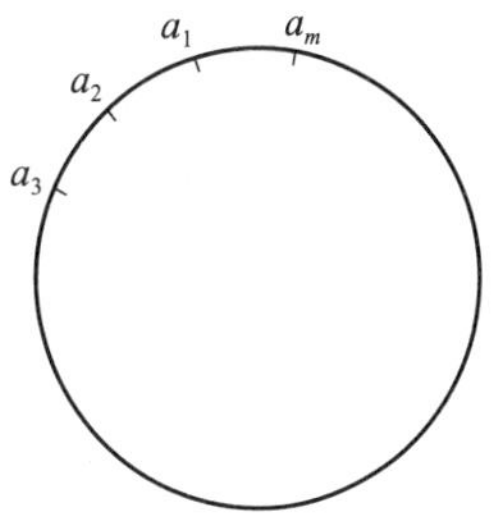

图 8.3

反之,这 m 个普通排列都和图 8.3 所示的同一个环形排列相对应. 因此,从 n 个不同元素取出的 m 元环形排列的种数是从 n 个不同元素取出的 m 元排列数的 $\frac{1}{m}$,即等于

$$\frac{A_n^m}{m}=\frac{n!}{m(n-m)!}. \qquad ①$$

推论 1 n 个不同元素的环状全排列的种数是

$$\frac{A_n^n}{n}=(n-1)!.$$

证 在①式中,令 $m=n$ 即得.

对于定理 3 及其推论 1 来说,一个 m 元环形排列得考虑它的排列方向. 例如,五个人 a,b,c,d,e 顺次围圆桌而坐(图 8.4 和图 8.5). 如果按照顺时针方向,图 8.4 和图 8.5 所示的环形排列分别是 $abcde$ 和 $aedcb$,因而是两个不同的环形排列. 但是如果 a,b,c,d,e 不是代表人,而是代表串成一圈的五颗颜色不同的珠子,那么这时把图 8.4 翻转 180°就和图 8.5 一样了. 对于这样的环形排列,就不必考虑其排列方向是顺时针还是逆时针,我们称它为不计顺逆方向的排列.

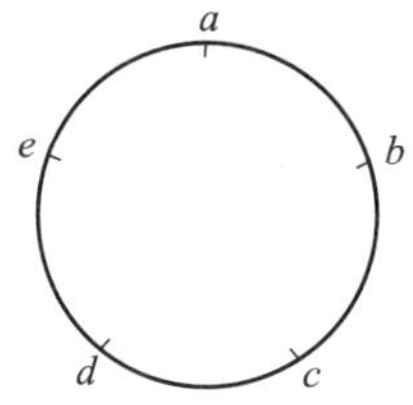

图 8.4

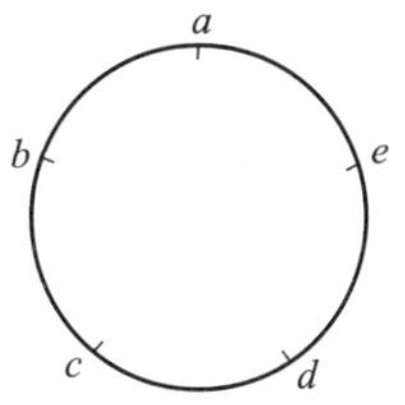

图 8.5

推论 2 不计顺逆方向时,从 n 个相异元素取出的 m 元环形排列的种数是

$$\frac{A_n^m}{2m}=\frac{n!}{2m(n-m)!}. \qquad ②$$

证 因为不计顺逆方向,方向相反(指一个依顺时针方向而另一个依逆时针方向)但元素间邻接次序一致的两个 m 元环形排列只能作为一种,因此这时的环形排列种数是一般的环形排列种数的一半,所以公式②成立.

如果 $m=n$,即对于不论顺逆方向的 n 元环形全排列,公式②就变成

$$\frac{A_n^n}{2n}=\frac{1}{2}(n-1)!.$$

例 7　a,b,c,d,e 五人围着一张圆桌就座.

(1) 共有多少种就座方式?

(2) 若限定 a,b 相邻,共有几种就座方式?

(3) 若限定 a,b 不相邻,共有几种就座方式?

解　(1) 共有$(5-1)!=24$ 种就座方式.

(2) a 和 b 相邻,有两种情形($a\to b$ 是顺时针方向及 $a\to b$ 是逆时针方向). 在每种情形下都把 a,b 看成整体,同其余三人合为 4 个元素,进行环状排列,因此就座方式共有

$$2\cdot(4-1)!=12(种).$$

(3) a 和 b 不相邻,也有两种情形,如图 8.6 和图 8.7 所示. 除 a 和 b 外,从其余 3 人中安排 1 人坐在"△"处,有 A_3^1 种方法. 然后把 a,△,b 看成一个整体,同其余两人合为 3 个元素,进行环状全排列,有$(3-1)!$ 种排法. 因此就座方式共有

$$2\cdot A_3^1\cdot(3-1)!=12(种).$$

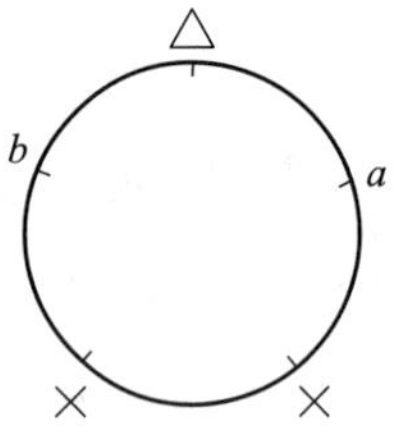

图 8.6

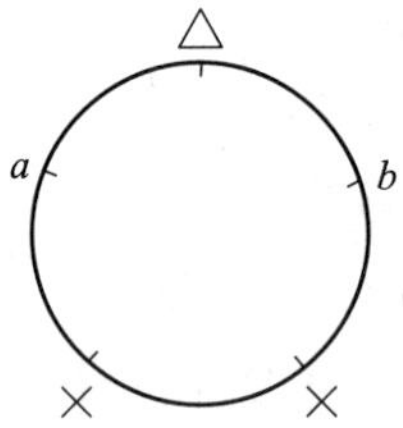

图 8.7

例 8　平面内共有 6 个点,且每 3 点都不在一条直线上. 以这 6 个点为顶点,

(1) 可以连接多少条含 4 条线段的封闭折线?

(2) 可以连接多少条含 4 条线段的不封闭折线?

解　(1) 含 4 条线段的封闭折线必有 4 个顶点,它是一个 4 元环形排列,就几何图形说,$ABCD$ 和 $DCBA$ 代表同一图形(图 8.8),因此是不论顺逆方向的环形排列. 所以,含 4 条线段的封闭折线共有

$$\frac{A_6^4}{2\times4}=45(条).$$

(2) 含 4 条线段的不封闭折线必含有 5 个顶点. 因为凡不封闭折线必有两个端点,就这点说它是普通排列问题. 但是就几何图形说,$ABCDE$ 与 $EDCBA$ 代表同一折线,因而像不论顺逆方向的环形排列一样,排列总数必须除以 2. 所以,含 4 条线段的不封闭折线共有

$$\frac{1}{2}A_6^5=360(条).$$

例 9　某地举行五个民族青年联欢会,每个民族有男女代表各一人,会上表演圆

圈集体舞蹈，规定男女相间，且同族代表不得相邻，问有多少种不同的排法？

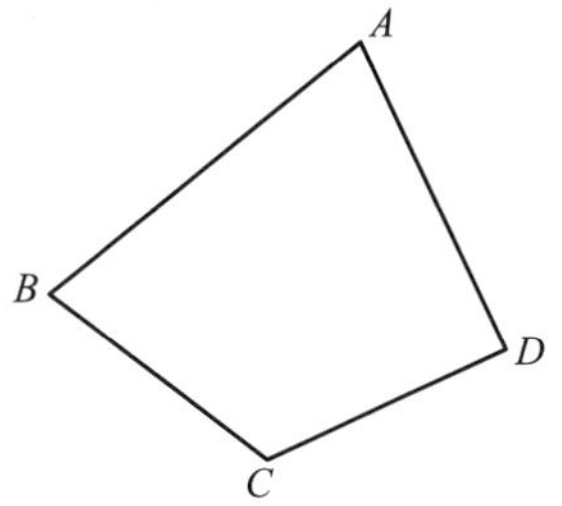

图 8.8

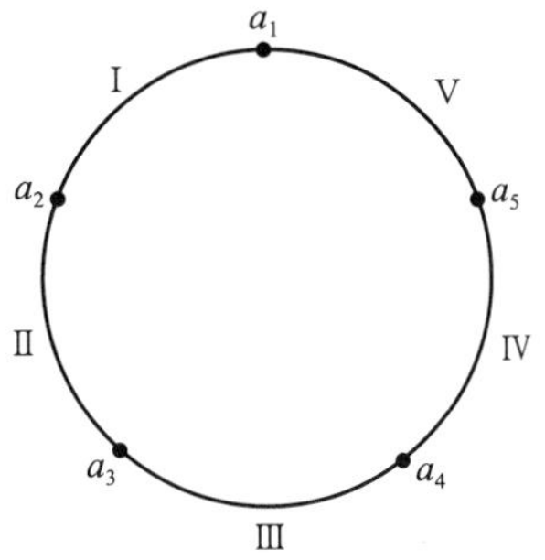

图 8.9

解　为了便于说明，不妨将五个民族编号. 以 $a_i, b_i (i=1,2,3,4,5)$ 分别表示第 i 个民族的男、女代表，先请男代表围成圆圈，共有 4！种排列方法. 再请女代表插入男代表间的空位，空位编号为Ⅰ—Ⅴ（图 8.9）. 为了计算女代表 b_1, b_2, b_3, b_4, b_5 的插队方法数 x，按题意列出下表：

位	人				
	b_1	b_2	b_3	b_4	b_5
Ⅰ	0	0	1	1	1
Ⅱ	1	0	0	1	1
Ⅲ	1	1	0	0	1
Ⅳ	1	1	1	0	0
Ⅴ	0	1	1	1	0

由此可知，求女代表的插队方法数可用正行列式解决.

$$x = {}^{+}\begin{vmatrix} 0 & 0 & 1 & 1 & 1 \\ 1 & 0 & 0 & 1 & 1 \\ 1 & 1 & 0 & 0 & 1 \\ 1 & 1 & 1 & 0 & 0 \\ 0 & 1 & 1 & 1 & 0 \end{vmatrix}$$

$$= {}^{+}\begin{vmatrix} 1 & 0 & 1 & 1 \\ 1 & 1 & 0 & 1 \\ 1 & 1 & 0 & 0 \\ 0 & 1 & 1 & 0 \end{vmatrix} + {}^{+}\begin{vmatrix} 1 & 0 & 0 & 1 \\ 1 & 1 & 0 & 1 \\ 1 & 1 & 1 & 0 \\ 0 & 1 & 1 & 0 \end{vmatrix} + {}^{+}\begin{vmatrix} 1 & 0 & 0 & 1 \\ 1 & 1 & 0 & 0 \\ 1 & 1 & 1 & 0 \\ 0 & 1 & 1 & 1 \end{vmatrix}$$

$$= 4+5+4=13.$$

因此，圆圈舞蹈的队形共有 4！×13=312 种排法.

四、不尽相异元素的全排列

定义 4　把 n 个不尽相异的元素按照一定的顺序排成一列，叫做 n 个不尽相异元素的全排列.

例如，两个相同的螺栓和两个相同的螺母，分别送到四台不同的车床上去加工，就相当于 4 个不尽相异的元素作全排列的问题.

定理 4　如果在 n 个元素中，有 n_1 个 a_1，n_2 个 a_2……n_k 个 a_k，且 $n_1+n_2+\cdots+n_k=n$. 那么这 n 个不尽相异元素的全排列数是

$$\frac{n!}{n_1!\ n_2!\ \cdots n_k!}.$$

证　设这 n 个不尽相异元素的全排列数为 x. 对于每一个全排列，把 n_i 个 a_i 看成 n_i 个互不相同的元素再进行排列，得 $n_i!$ 种不同的排列. 令 $i=1,2,\cdots,k$，就得 $x(n_1!)(n_2!)\cdots(n_k!)$种排列，这恰好是 $n_1+n_2+\cdots+n_k=n$ 个相异元素的一切全排列. 因此

$$x(n_1!\ n_2!\ \cdots n_k!)=n!,$$

故定理 4 得证.

例 10　今有一等奖品 1 个，相同的二等奖品 3 个，相同的三等奖品 5 个，发给 9 位学生，令每人得 1 个，共有多少种可能的分配法？

解　让 9 位学生排成固定的一列，再将 9 个不尽相异的奖品作全排列，

$$\frac{9!}{1!\ 3!\ 5!}=504(\text{种}).$$

使每种排列与学生的排列一一对应，即有 504 种分配法.

例 11　某市区有南北路 8 条，东西路 5 条，布局十分整齐(图 8.10). 有人从市区西南角 A 走向东北角 B，要走最近路程，共有多少条路线？

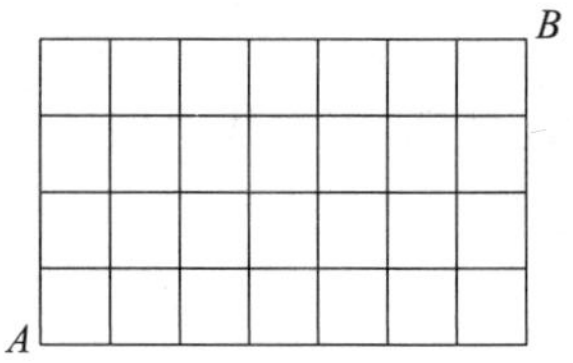

图 8.10

解　从 A 到 B 要走最短路线，在行程中只许往东往北走，不许往西往南走. 即必须走过东西路 7 段，南北路 4 段. 令 a 表示东西路一段，b 表示南北路一段. 于是问题转化为用包括 7 个 a 和 4 个 b 的 11 个字母作全排列的问题. 所以共有

$$\frac{11!}{(7!)(4!)}=330$$

条路线.

例 12　设集合 $M=\{a,b,c,d\}$，$N=\{0,1,2\}$.

(1) 从 M 到 N 的映射有多少种？

(2) 从 M 到 N 上的映射(满射)有多少种？

分析　(1) 因为集合 N 中的 3 个数的任一个都可作为集合 M 中任一元素的像，

因此映射种数等于从 3 个元素取 4 个元素的可重复排列数;(2) 作为满射,N 中 3 个元素必须全部是 M 中 4 个元素的像. 因此对每个满射来说,N 中必有一个元素,例如 0,同时作为 M 中两个元素的像,另两个元素分别作为 M 中其他两个元素的像. 例如其中一个满射的对应规则是

$$\begin{matrix} a & b & c & d \\ \downarrow & \downarrow & \downarrow & \downarrow \\ 0 & 0 & 1 & 2 \end{matrix}$$

对于以 1(或 2) 作为 M 中两个元素的像的情形可作同样分析. 因此一共作成 3 种不尽相异元素的全排列.

解　(1) $R_3^4=81$. 因此,从 M 到 N 的映射有 81 种.

(2) $3\times\dfrac{4!}{2!\times1!\times1!}=3\times12=36$. 因此,从 M 到 N 的满射共有 36 种.

§8.3 组　合

组合是与排列相关联的一个概念. 在学习组合时,可经常与相应的排列知识作对比.

一、相异元素的不重复组合

定义 5　从 n 个不同元素中,不重复地任取 $m(m\leqslant n)$个元素并成一组,叫做从 n 个不同元素中取出 m 个元素的一个组合(简称 m 元组合). 这样取出的所有 m 元组合的个数,叫做从 n 个不同元素中取出的 m 元组合数,用符号 C_n^m 表示.

例如,由矩形 $ABCD$ 的任意三个顶点所确定的三角形的个数问题,就是一个从 4 个不同元素中取出 3 个元素的组合问题. 显然,这时确定的三角形为

$$\triangle ABC,\triangle ABD,\triangle ACD,\triangle BCD,$$

共有 4 个,即 $C_4^3=4$. 注意每个三角形都由它的三个顶点唯一确定,而和顶点的顺序没有关系. 一般地,任意一个 m 元组合只和它的 m 个元素有关,而与元素间的顺序无关,这是组合概念和排列概念的重要区别.

定理 5　$C_n^m=\dfrac{A_n^m}{m!}=\dfrac{n!}{m!(n-m)!}$.

证　假设一切 m 元组合已经作出,组合数为 C_n^m. 然后把每个 m 元组合中的 m 个元素作全排列,必然得到全部 m 元排列,总数为 A_n^m. 但因每一 m 元组合产生 $m!$ 个排列,所以

$$C_n^m\cdot m!=A_n^m,$$

即

$$C_n^m=\frac{A_n^m}{m!}=\frac{n!}{m!(n-m)!}.$$

特殊地，当 $m=n$ 时，$C_n^n=\frac{n!}{n!\ 0!}=1$；当 $m=0$ 时，$C_n^0=\frac{n!}{0!\ n!}=1$. 它们分别相当于全取和一个也不取的两种特殊情形. 对于排列而言，也有 $A_n^0=1$，但是 $A_n^n=n!\neq A_n^0$.

将定理 5 的公式的下标和上标略加增减，就可得到下面一些推论.

推论 1(上标减 1 的变形)

$$C_n^{m+1}=\frac{n-m}{m+1}C_n^m.$$

证　$C_n^{m+1}=\frac{n!\ (n-m)}{(m+1)!\ (n-m-1)!\ (n-m)}=\frac{n-m}{m+1}\cdot\frac{n!}{m!\ (n-m)!}=\frac{n-m}{m+1}C_n^m.$

推论 2(下标减 1 的变形)

$$C_n^m=\frac{n}{n-m}C_{n-1}^m.$$

证　$C_n^m=\frac{n!}{m!\ (n-m)!}=\frac{n}{n-m}\cdot\frac{(n-1)!}{m!\ (n-m-1)!}=\frac{n}{n-m}C_{n-1}^m.$

推论 3(上、下标都减 1 的变形)

$$C_n^m=\frac{n}{m}C_{n-1}^{m-1}.$$

证　$C_n^m=\frac{n(n-1)!}{m(m-1)!\ (n-m)!}=\frac{n}{m}C_{n-1}^{m-1}.$

以上推论都可作为递推公式，同时都可逆向推演. 例如推论 1，从右向左看就是上标增 1 的变形.

例 1　平面内有 9 条直线，其中有 3 条互相平行，此外没有其他任何 2 条平行，也没有任何 3 条共点，问共有多少个交点？

解法 1　分两类情形：3 条平行线中任一条和其余 6 条中任一条相交；这 6 条直线两两相交. 故交点共有

$$C_3^1\cdot C_6^1+C_6^2=18+15=33(\text{个}).$$

解法 2　先从 9 条中任取 2 条，再减去从 3 条平行线中取 2 条的无效组合. 故交点共有

$$C_9^2-C_3^2=36-3=33(\text{个}).$$

例 2　6 本不同的书，按下列条件分配，各有多少种不同的分法？

(1) 分给甲、乙、丙 3 人，每人 2 本；

(2) 分为 3 份，每份 2 本；

(3) 分为 3 份：一份 1 本，一份 2 本，一份 3 本；

(4) 分给甲、乙、丙 3 人：1 人得 1 本，1 人得 2 本，1 人得 3 本.

解　(1) 依次分给 3 人，按乘法原理，共有

$$C_6^2\cdot C_4^2\cdot C_2^2=90$$

种分法. 由于平均分配给不同对象，所以属于均分有序问题.

(2) 平均配成3份，但每份的归属对象没有指明，因而各份之间不存在次序，属于均分无序问题，所以在使用乘法原理之后还要除以 A_3^3，即分法共有

$$(C_6^2 \cdot C_4^2 \cdot C_2^2) \div A_3^3 = 90 \div 6 = 15(\text{种}).$$

(3) 不属均分问题，应用乘法原理即得，分法共有

$$C_6^1 \cdot C_5^2 \cdot C_3^3 = 60(\text{种}).$$

(4) 如果指定给甲1本，给乙2本，给丙3本，那么结果就和(3)一样. 但是现在要考虑3人之间的交换，因此必须再乘 A_3^3，即分法共有

$$C_6^1 \cdot C_5^2 \cdot C_3^3 \cdot A_3^3 = 60 \times 6 = 360(\text{种}).$$

例3 从 n 双不同的鞋中任取 $2r(2r<n)$ 只，问分别满足以下条件的取法各有多少种？

(1) 取出的鞋中没有成对的鞋；

(2) 取出的鞋中恰有一双成对的鞋；

(3) 取出的鞋中恰有 $k(k \leqslant r)$ 双成对的鞋.

解 (1) 先从 n 双鞋中取出 $2r$ 双，再从取出的 $2r$ 双鞋中每双抽出一只，这样得到的 $2r$ 只鞋就没有成对的了. 由乘法原理可知，取法共有 $C_n^{2r} \cdot 2^{2r}$ 种.

(2) 先从 n 双鞋中取出一双，再由剩下的 $n-1$ 双鞋中取出 $2r-2$ 只互不成对的鞋子. 取法共有 $C_n^1 \cdot C_{n-1}^{2r-2} \cdot 2^{2r-2}$ 种.

(3) 由(1)、(2) 的分析可知，这时的取法共有 $C_n^k \cdot C_{n-k}^{2r-2k} \cdot 2^{2r-2k}$ 种.

二、组合性质

组合数 C_n^m 的性质简称为组合性质.

性质1 $C_n^m = C_n^{n-m}$.

证法1 $C_n^m = \dfrac{n!}{m!\,(n-m)!} = \dfrac{n!}{(n-m)!\,[n-(n-m)]!} = C_n^{n-m}$.

证法2 从 n 个不同元素中，每取出一个 m 元组合，同时必留下另一个 $n-m$ 元组合，二者是一一对应的. 所以两者的组合数相等.

性质2 $C_{n+1}^m = C_n^m + C_n^{m-1}$.

证法1
$$\begin{aligned} C_n^m + C_n^{m-1} &= \frac{n!}{m!\,(n-m)!} + \frac{n!}{(m-1)!\,(n-m+1)!} \\ &= \frac{n!\,(n-m+1) + n!\,m}{m!\,(n+1-m)!} = \frac{n!\,(n-m+1+m)}{m!\,(n+1-m)!} \\ &= \frac{(n+1)!}{m!\,(n+1-m)!} = C_{n+1}^m. \end{aligned}$$

证法2 根据组合定义，从 $n+1$ 个不同元素(含 a_1)中取出的所有 m 元组合，对于 a_1(或其他某个指定元素)来说，可以分成两类：一类含有 a_1，共有 C_n^{m-1} 种；另一类不含有 a_1，共有 C_n^m 种. 根据加法原理，得

$$C_{n+1}^{m}=C_{n}^{m-1}+C_{n}^{m}.$$

例 4　解方程：

(1) $C_{n+3}^{n+1}=C_{n+1}^{n-1}+C_{n+1}^{n}+C_{n}^{n-2}$；

(2) $C_{19}^{k}=C_{19}^{k-11}$.

解　(1) 根据组合性质 1，原方程化为

$$C_{n+3}^{2}=C_{n+1}^{2}+C_{n+1}^{1}+C_{n}^{2},$$

应用组合性质 2，将上式右边进一步化简，

$$C_{n+3}^{2}=C_{n+2}^{2}+C_{n}^{2},\quad 即\quad C_{n+3}^{2}-C_{n+2}^{2}=C_{n}^{2}.$$

再由组合性质 2，得

$$C_{n+2}^{1}=C_{n}^{2},\quad 即\quad n+2=\frac{1}{2}n(n-1),$$

解得 $n=4$(另一根 $n=-1$ 不合，舍去).

(2) 根据组合性质 1，有

$$k=k-11,\quad 无解；$$

或

$$19-k=k-11,\quad 得\ k=15.$$

所以方程的解是 $k=15$.

三、相异元素的重复组合

定义 6　从 n 个不同元素里，允许重复地任取 m 个元素，不计顺序地并成一组，叫做从 n 个不同元素中取出的 m 元可重复组合(简称重复组合). 这样取出的 m 元重复组合的个数，可用符号 H_{n}^{m} 表示.

例如，从 a_1,a_2 两个元素里取出的三元可重复组合有

$$a_1a_1a_1,\ a_1a_1a_2,\ a_1a_2a_2,\ a_2a_2a_2,$$

其中元素是依下标从小到大的顺序排列的. 如果将每种组合的 3 个元素的下标依次加上 0,1,2，就成为

$$a_1a_2a_3,\ a_1a_2a_4,\ a_1a_3a_4,\ a_2a_3a_4,$$

这时每种组合的各元素的下标已互不相同，因而可以看成不重复组合. 因为原来最大的下标从 2 增加到 4，所以，从原来 2 个相异元素取 3 个的可重复组合转化为从 4 个相异元素取 3 个的不重复组合. 因此，有

$$H_{2}^{3}=C_{2+(3-1)}^{3}=4.$$

定理 6　$H_{n}^{m}=C_{n+m-1}^{m}$.

证　设 n 个不同的元素 $a_1,a_2,\cdots,a_n$ 的所有 m 元可重复组合组成集合 A，将 A 中各个组合的元素的下标依次加上 $0,1,2,\cdots,m-1$，得集合 B，如下所示：

$$
\begin{array}{lcl}
A: & & B: \\
a_1a_1a_1\cdots a_1a_1 & \longrightarrow & a_1a_2a_3\cdots a_{m-1}a_m \\
a_1a_1a_1\cdots a_1a_2 & \longrightarrow & a_1a_2a_3\cdots a_{m-1}a_{m+1} \\
a_1a_1a_1\cdots a_1a_3 & \longrightarrow & a_1a_2a_3\cdots a_{m-1}a_{m+2} \\
\cdots & & \\
a_{n-1}a_n\cdots a_na_n & \longrightarrow & a_{n-1}a_{n+1}\cdots a_{n+m-2}a_{n+m-1} \\
a_na_n\cdots a_na_n & \longrightarrow & a_na_{n+1}\cdots a_{n+m-2}a_{n+m-1}
\end{array}
$$

由此可见,集合 A 里每个组合的元素都是按下标由小到大的顺序排列的,而且从第二个组合开始各个组合都是通过将前一个组合依次更换一个元素得到的. 这种有规律的“依次更换”,保证既无遗漏又无重复地排出所有的 m 元可重复组合. 集合 A 中元素的下标经过依次加上 $0,1,2,\cdots,m-1$ 之后,有规律地得到集合 B 中元素,形成一个由集合 A 到集合 B 的映射. 显然,这个映射既是单射(异元异像),又是满射(B 中每个元素都有原像),即为一一映射,所以 A 和 B 中所含的组合个数是相等的. 但是,集合 B 中的组合已经转化成 $n+m-1$ 个相异元素的 m 元不重复组合,其组合数是 C_{n+m-1}^{m},所以,$\mathrm{H}_n^m=\mathrm{C}_{n+m-1}^{m}$.

定理 6 表明,可重复组合数是通过转化为不重复组合数来进行计算的. 对于可重复组合数 H_n^m,其中 m 和 n 可取任意自然数,不受 $m\leqslant n$ 的限制. 在解应用题时,重复组合与重复排列的区别,如同不重复组合与不重复排列的区别,仍然在于识别“无序”还是“有序”.

例 5　同时掷三粒骰子,会出现多少种不同的结果?

解　因为掷三粒骰子的问题,等同于从 1,2,3,4,5,6 六个数字中允许重复地选取三个数字的问题,所以出现不同结果的数目为

$$\mathrm{C}_{6+3-1}^{3}=\mathrm{C}_8^3=56(\text{种}).$$

例 6　求 5 元不定方程 $x_1+x_2+x_3+x_4+x_5=8$ 的非负整数解的组数.

分析　不定方程的任一组解可用 5 元数组来表示. 例如

$$(7,0,0,0,1)$$

表示 $x_1=7,x_2=x_3=x_4=0,x_5=1$,其和为 8. 现在换一种理解:把 x_1,x_2,x_3,x_4,x_5 看成 5 个人,他们都拥有数量不限的 1 元硬币,现在 5 人捐款,其总数为 8 元. 这样,前述数组可理解为 x_1 捐 7 元,x_2,x_3,x_4 不捐,x_5 捐 1 元. 而 x_1 捐 7 元等同于每次捐 1 元,重复 7 次. 这样,问题就转化为从 5 个元素允许重复地取 8 个元素的问题.

解　$\mathrm{H}_5^8=\mathrm{C}_{5+8-1}^{8}=\mathrm{C}_{12}^{8}=\mathrm{C}_{12}^{4}=495$,因此所给不定方程共有 495 组非负整数解.

一般地,n 元一次不定方程

$$x_1+x_2+\cdots+x_n=k\quad(k\in\mathbf{N})$$

的非负整解的组数是 $\mathrm{H}_n^k=\mathrm{C}_{n+k-1}^{k}$.

§ 8.4　二项式定理

一、二项式定理

二项式乘幂的幂指数,在初等数学里一般只限正整数.

二项式定理　二项式 $a+b$ 的 n 次方可展开为

$$(a+b)^n=C_n^0a^n+C_n^1a^{n-1}b+\cdots+C_n^ra^{n-r}b^r+\cdots+C_n^nb^n \quad (n\in\mathbf{N}^*). \qquad ①$$

证(数学归纳法)　(1) 当 $n=1$ 时,

$$(a+b)^1=C_1^0a+C_1^1b$$

显然成立. 所以当 $n=1$ 时命题成立.

(2) 假设 $n=k$ 时命题成立,即

$$(a+b)^k=C_k^0a^k+C_k^1a^{k-1}b^1+\cdots+C_k^ra^{k-r}b^r+\cdots+C_k^kb^k,$$

则当 $n=k+1$ 时,

$$\begin{aligned}(a+b)^{k+1}&=(a+b)^k(a+b)\\&=(C_k^0a^k+C_k^1a^{k-1}b^1+\cdots+C_k^ra^{k-r}b^r+\cdots+C_k^kb^k)(a+b)\\&=C_k^0a^{k+1}+C_k^1a^kb^1+\cdots+C_k^{r+1}a^{k-r}b^{r+1}+\cdots+C_k^kab^k+\\&\quad C_k^0a^kb^1+\cdots+C_k^ra^{k-r}b^{r+1}+\cdots+C_k^{k-1}ab^k+C_k^kb^{k+1}\\&=C_k^0a^{k+1}+(C_k^1+C_k^0)a^kb^1+\cdots+(C_k^{r+1}+C_k^r)a^{k-r}b^{r+1}+\cdots+\\&\quad (C_k^k+C_k^{k-1})ab^k+C_k^kb^{k+1}.\end{aligned}$$

因为

$$C_k^0=C_{k+1}^0,\quad C_k^1+C_k^0=C_{k+1}^1,\quad \cdots,C_k^{r+1}+C_k^r=C_{k+1}^{r+1},\quad \cdots,$$
$$C_k^k+C_k^{k-1}=C_{k+1}^k,\quad C_k^k=C_{k+1}^{k+1},$$

所以

$$\begin{aligned}(a+b)^{k+1}=&C_{k+1}^0a^{k+1}+C_{k+1}^1a^kb^1+\cdots+\\&C_{k+1}^{r+1}a^{k-r}b^{r+1}+\cdots+C_{k+1}^ka^1b^k+C_{k+1}^{k+1}b^{k+1},\end{aligned}$$

即 $n=k+1$ 时等式也成立.

根据(1) 和(2) 可知对于任意正整数 n,命题都成立.

公式①右边的多项式,叫做$(a+b)^n$ 的二项展开式. 其中的系数 $C_n^r(r=0,1,2,\cdots,n)$叫做二项式系数. 二项展开式的第 $r+1$ 项

$$T_{r+1}=C_n^ra^{n-r}b^r$$

叫做二项展开式的通项.

在二项式定理中,若设 $a=1,b=x$,则得公式

$$(1+x)^n=1+C_n^1x+C_n^2x^2+\cdots+C_n^rx^r+\cdots+x^n. \qquad ②$$

例 1　求 $\left(x-\frac{2}{x}\right)^9$ 的展开式中 x^3 的系数.

解　展开式的通项

$$T_{r+1}=C_9^r x^{9-r}\left(-\frac{2}{x}\right)^r=(-1)^r 2^r C_9^r x^{9-2r}.$$

按题意,$9-2r=3$,则 $r=3$,

$$T_4=-8C_9^3 x^3=-672x^3.$$

所以,x^3 的系数是-672.

二、组合恒等式

依据组合数计算公式、组合性质以及二项式定理,可以推出一系列恒等式. 下面以定理形式给出最重要的组合恒等式.

定理 7　$\sum\limits_{i=0}^{r} C_{k+i}^k=C_{k+r+1}^{k+1}$.

证法 1　根据组合性质 2,

$$C_{k+i}^k=C_{k+i+1}^{k+1}-C_{k+i}^{k+1},$$

令 $i=1,2,\cdots,r$,则有

$$C_{k+1}^k=C_{k+2}^{k+1}-C_{k+1}^{k+1},$$

$$C_{k+2}^k=C_{k+3}^{k+1}-C_{k+2}^{k+1},$$

$$\cdots,$$

$$C_{k+r}^k=C_{k+r+1}^{k+1}-C_{k+r}^{k+1}.$$

以上各式相加,得

$$C_{k+1}^k+C_{k+2}^k+\cdots+C_{k+r}^k=C_{k+r+1}^{k+1}-C_{k+1}^{k+1},$$

即

$$\sum_{i=0}^{r} C_{k+i}^k=C_{k+r+1}^{k+1}.$$

证法 2　从集合 $A=\{a_1,a_2,\cdots,a_{k+r+1}\}$ 中任取 $k+1$ 个元素的组合数按定义为 C_{k+r+1}^{k+1}. 另一方面也可通过以下分类求出从集合 A 取出的 $k+1$ 元组合的总数：

分类条件
- 有 a_1：C_{k+r}^k 种
- 无 a_1
  - 有 a_2：C_{k+r-1}^k 种
  - 无 a_2
    - 有 a_3：C_{k+r-2}^k 种
    - 无 $a_3\cdots$
      - $\cdots$
        - 有 a_r：C_{k+1}^k 种
        - 无 a_r：C_k^k 种

可见共有 $C_k^k+C_{k+1}^k+\cdots+C_{k+r-1}^k+C_{k+r}^k$ 种取法. 因此

$$\sum_{i=0}^{r} C_{k+i}^{k}=C_{k+r+1}^{k+1}.$$

证法 3　由等比数列求和公式，当 $x\neq 0$ 时，

$$(1+x)^{k}+(1+x)^{k+1}+\cdots+(1+x)^{k+r}=\frac{(1+x)^{k+r+1}-(1+x)^{k}}{x}.$$

根据二项式定理，比较以上等式两端展开式中含 x^{k} 项的系数，得

$$C_{k}^{k}+C_{k+1}^{k}+\cdots+C_{k+r}^{k}=C_{k+r+1}^{k+1}.$$

证法 4　对 r 作数学归纳法，这里 r 的初始值为 0.

(1) $r=0$ 时，左边 $=C_{k}^{k}=1$，右边 $=C_{k+1}^{k+1}=1$，可见 $r=0$ 时命题成立.

(2) 设 $r=l$ 时命题成立，即

$$\sum_{i=0}^{l} C_{k+i}^{k}=C_{k}^{k}+C_{k+1}^{k}+\cdots+C_{k+l}^{k}=C_{k+l+1}^{k+1},$$

则当 $r=l+1$ 时，

$$\sum_{i=0}^{l+1} C_{k+i}^{k}=\sum_{i=0}^{l} C_{k+i}^{k}+C_{k+l+1}^{k}=C_{k+l+1}^{k+1}+C_{k+l+1}^{k}=C_{k+(l+1)+1}^{k+1},$$

可见当 $r=l+1$ 时命题成立.

由(1)和(2)可知，对一切非负整数，原命题都成立.

定理 7 所表达的这个结论，是我国元朝数学家朱世杰在 1303 年左右发现的，所以通称朱世杰恒等式.

定理 8　$C_{n}^{0}+C_{n}^{1}+C_{n}^{2}+\cdots+C_{n}^{n}=2^{n}$；

$C_{n}^{0}-C_{n}^{1}+C_{n}^{2}-C_{n}^{3}+\cdots+(-1)^{n}C_{n}^{n}=0.$

证　根据二项式定理，

$$(1+1)^{n}=C_{n}^{0}+C_{n}^{1}+C_{n}^{2}+\cdots+C_{n}^{n},$$

即

$$C_{n}^{0}+C_{n}^{1}+C_{n}^{2}+\cdots+C_{n}^{n}=2^{n}. \qquad ①$$

二项式定理中令 $a=1,b=-1$，得

$$C_{n}^{0}-C_{n}^{1}+C_{n}^{2}-C_{n}^{3}+\cdots+(-1)^{n}C_{n}^{n}=0. \qquad ②$$

推论　$C_{n}^{0}+C_{n}^{2}+C_{n}^{4}+\cdots=C_{n}^{1}+C_{n}^{3}+C_{n}^{5}+\cdots=2^{n-1}.$

证　①+②，得

$$2C_{n}^{0}+2C_{n}^{2}+2C_{n}^{4}+\cdots=2^{n},$$

①−②，得

$$2C_{n}^{1}+2C_{n}^{3}+2C_{n}^{5}+\cdots=2^{n},$$

所以推论成立.

例 2　证明：$C_{n}^{1}+2C_{n}^{2}+3C_{n}^{3}+\cdots+nC_{n}^{n}=n\cdot 2^{n-1}.$

证法 1　根据定理 5 的推论 3 和定理 8，

$$\text{左边}=nC_{n-1}^{0}+nC_{n-1}^{1}+nC_{n-1}^{2}+\cdots+nC_{n-1}^{n-1}=n\cdot 2^{n-1}.$$

证法 2　令

$$S=0C_n^0+1C_n^1+2C_n^2+3C_n^3+\cdots+nC_n^n, \quad ①$$

将前后顺序倒置，再由组合性质 1，得

$$S=nC_n^n+(n-1)C_n^{n-1}+(n-2)C_n^{n-2}+\cdots+1C_n^1+0C_n^0,$$

$$S=nC_n^0+(n-1)C_n^1+(n-2)C_n^2+\cdots+1C_n^{n-1}+0C_n^n. \quad ②$$

将①式，②式两边相加，得

$$\begin{aligned}2S&=nC_n^0+nC_n^1+nC_n^2+\cdots+nC_n^{n-1}+nC_n^n\\&=n(C_n^0+C_n^1+C_n^2+\cdots+C_n^n)=n\cdot 2^n,\end{aligned}$$

所以 $S=n\cdot 2^{n-1}$.

证法 3（数学归纳法）　当 $n=1$ 时，左边 $=C_1^1=1$，右边 $=1\cdot 2^{1-1}=1$，故命题成立.

假设 $n=k$ 时命题成立，即

$$C_k^1+2C_k^2+\cdots+kC_k^k=k\cdot 2^{k-1}.$$

根据组合性质 2，

$$iC_{k+1}^i=iC_k^i+iC_k^{i-1}=iC_k^i+(i-1)C_k^{i-1}+C_k^{i-1},$$

所以

$$\begin{aligned}&C_{k+1}^1+2C_{k+1}^2+\cdots+(k+1)C_{k+1}^{k+1}\\&=(C_k^1+2C_k^2+\cdots+kC_k^k)+(0C_k^0+1\cdot C_k^1+\cdots+kC_k^k)+(C_k^0+C_k^1+\cdots+C_k^k)\\&=k\cdot 2^{k-1}+k\cdot 2^{k-1}+2^k=k\cdot 2^k+2^k\\&=(k+1)2^{(k+1)-1},\end{aligned}$$

说明 $n=k+1$ 时命题也成立. 因此命题得证.

三、多项式定理

1. 多项式的项数

这里说的多项式的项数，是指经过合并同类项后的标准多项式的项数.

例 3　问下列两式的展开式里各有多少项？

(1) $(a+b)^n$；(2) $(a+b+c+d)^n$.

分析　因为展开式的每一项里各个字母的指数和等于 n，所以展开式是关于给定字母的 n 次齐次多项式. 对于展开式中的某一项而言，若某一字母的指数为 0，表明该字母未取出；若某一字母的指数大于 1，表明该字母重复取用，而与字母排列顺序无关. 因此，展开式中的每一项都是一个 n 元重复组合. 求展开式的项数，就归结为求重复组合数的问题.

解　(1) 相当于求从 a，b 两个元素里，每次取 n 元的可重复组合数，即

$$H_2^n=C_{2+(n-1)}^n=C_{n+1}^n=C_{n+1}^1=n+1\text{（项）}.$$

(2) 相当于求从 a，b，c，d 四个元素里，每次取出 n 元的重复组合数，即

$$\begin{aligned}H_4^n&=C_{4+(n-1)}^n=C_{n+3}^n=C_{n+3}^3\\&=\frac{1}{6}(n+3)(n+2)(n+1)\text{（项）}.\end{aligned}$$

定理 9 (1) m 元 n 次齐次完全多项式的项数是 $\mathrm{H}_m^n=\mathrm{C}_{m+n-1}^n$；

(2) m 元 n 次非齐次完全多项式的项数是 $\mathrm{H}_{m+1}^n=\mathrm{C}_{m+n}^n$.

证 (1) m 元 n 次齐次完全多项式的项数，相当于从 m 个元素取出的 n 元重复组合数，即

$$\mathrm{H}_m^n=\mathrm{C}_{m+n-1}^n.$$

(2) 在 m 元 n 次非齐次完全多项式中，凡为 n 次的项不予变更. 凡次数 s 低于 n 次的项，就在该项上乘一个因式 t^{n-s}，从而使该项的次数升为 n. 这样就得到 $m+1$ 元 n 次齐次完全多项式. 这说明，m 元 n 次非齐次完全多项式的项数等于 $m+1$ 元 n 次齐次完全多项式的项数. 所以 m 元 n 次非齐次多项式的次数是

$$\mathrm{H}_{m+1}^n=\mathrm{C}_{m+n}^n.$$

2. 多项式定理

在二项式定理 $(a+b)^n=\sum\limits_{k=0}^{n}\mathrm{C}_n^k a^{n-k}b^k$ 中，a 和 b 处于可以交换的同等地位，只要保持它们的指数和为 n. 因此，可作如下变形：

$$\begin{aligned}(a+b)^n&=\sum_{k=0}^{n}\frac{n!}{k!\ (n-k)!}a^k b^{n-k}\\&=\sum_{n_1+n_2=n}\frac{n!}{n_1!\ n_2!}a^{n_1}b^{n_2},\end{aligned}$$

其中 k 换成 n_1，$(n-k)$ 换成 n_2. 进而还可将以上公式写成

$$(a_1+a_2)^n=\sum_{n_1+n_2=n}\frac{n!}{n_1!\ n_2!}a_1^{n_1}a_2^{n_2}.$$

这一形式为推广到多项式定理准备了便利条件.

定理 10(多项式定理)

$$(a_1+a_2+\cdots+a_m)^n=\sum_{n_1+n_2+\cdots+n_m=n}\frac{n!}{n_1!\ n_2!\ \cdots n_m!}a_1^{n_1}a_2^{n_2}\cdots a_m^{n_m},$$

其中 $\sum$ 表示对所有满足 $n_1+n_2+\cdots+n_m=n$ 的非负整数组 $n_1,n_2,\cdots,n_m$ 求和.

证法 1 从 n 个相同因式$(a_1+a_2+\cdots+a_m)$的任意 n_1 个中取 a_1 有 $\mathrm{C}_n^{n_1}$ 种取法；从其余 $n-n_1$ 个因式里任意 n_2 个中取 a_2，有 $\mathrm{C}_{n-n_1}^{n_2}$ 种取法……最后在剩下的 $n-(n_1+n_2+\cdots+n_{m-1})$个因式中取 a_m，有 $\mathrm{C}_{n-(n_1+n_2+\cdots+n_{m-1})}^{n_m}$ 种取法. 因此$(a_1+a_2+\cdots+a_m)^n$展开式中含$a_1^{n_1}a_2^{n_2}\cdots a_m^{n_m}$ 的系数是

$$\begin{aligned}&\mathrm{C}_n^{n_1}\cdot\mathrm{C}_{n-n_1}^{n_2}\cdot\cdots\cdot\mathrm{C}_{n-(n_1+n_2+\cdots+n_{m-1})}^{n_m}\\=&\frac{n!}{n_1!\ (n-n_1)!}\cdot\frac{(n-n_1)!}{n_2!\ (n-n_1-n_2)!}\cdot\cdots\cdot\\&\frac{(n-n_1-n_2-\cdots-n_{m-1})!}{n_m!\ (n-n_1-n_2-\cdots-n_{m-1}-n_m)!}\\=&\frac{n!}{n_1!\ n_2!\ \cdots n_m!}.\end{aligned}$$

对所有满足 $n_1+n_2+\cdots+n_m=n$ 的非负整数 $n_1,n_2,\cdots,n_m$ 求和，即得定理 10.

证法 2 $a_1^{n_1}a_2^{n_2}\cdots a_m^{n_m}$ 可以看成依次从 n_1 个因式里取 a_1，n_2 个因式里取 a_2……n_m 个因式里取 a_m 连乘得到的，将取出的 $n_1+n_2+\cdots+n_m=n$ 个元素排列起来，就是 a_1 重复 n_1 次，a_2 重复 n_2 次……a_m 重复 n_m 次的一个全排列. 所以展开式中经合并同类项后，含 $a_1^{n_1}a_2^{n_2}\cdots a_m^{n_m}$ 的系数就是这 n 个不尽相异元素全排列的排列数. 由本章定理 4，这一项的系数为

$$\frac{n!}{n_1!\ n_2!\ \cdots n_m!},$$

故定理 10 成立.

例 4 展开 $(a+b+c+d)^3$.

解 由 $H_4^3=C_6^3=20$，可知展开式有 20 项. 它是四元三次齐次对称式，由 a^3，a^2b，abc 三种类型的同型项组成. 这三类同型项的系数分别为

$$\frac{3!}{3!\ 0!\ 0!}=1,\quad \frac{3!}{2!\ 1!\ 0!}=3,\quad \frac{3!}{1!\ 1!\ 1!}=6,$$

所以

$$\begin{aligned}(a+b+c+d)^3 =\ & a^3+b^3+c^3+d^3+3a^2b+3a^2c+3a^2d+\\ & 3b^2a+3b^2c+3b^2d+3c^2a+3c^2b+3c^2d+\\ & 3d^2a+3d^2b+3d^2c+6abc+6abd+6acd+6bcd.\end{aligned}$$

像这类展开式中，因为项数太多，书写不便，可采用和的记号 $\sum$ 分别缩写各类同型项. 如本例可写成

$$(a+b+c+d)^3=\sum a^3+3\sum a^2b+6\sum abc.$$

例 5 求 $(ax-by+cz)^9$ 展开式中 $x^2y^3z^4$ 的系数.

解 展开式中含 $x^2y^3z^4$ 的项为

$$\frac{9!}{2!\ 3!\ 4!}(ax)^2(-by)^3(cz)^4,$$

所以，$x^2y^3z^4$ 的系数为

$$-\frac{9!}{2!\ 3!\ 4!}a^2b^3c^4=-1\ 260a^2b^3c^4.$$

例 6 求 $(1+x-x^2-x^3)^5$ 展开式中 x^4 项的系数.

解 因为

$$\begin{aligned}&(1+x-x^2-x^3)^5\\ =&\sum_{n_1+n_2+n_3+n_4=5}\frac{5!}{n_1!\ n_2!\ n_3!\ n_4!}1^{n_1}\cdot x^{n_2}(-x^2)^{n_3}(-x^3)^{n_4}\\ =&\sum_{n_1+n_2+n_3+n_4=5}\frac{5!}{n_1!\ n_2!\ n_3!\ n_4!}(-1)^{n_3+n_4}x^{n_2+2n_3+3n_4},\end{aligned}$$

所以

$$\begin{cases} n_1+n_2+n_3+n_4=5, & ① \\ n_2+2n_3+3n_4=4. & ② \end{cases}$$

由②式知，$n_3 \leqslant 2$，$n_4 \leqslant 1$.

当 $n_3=2$ 时，$n_2=n_4=0$，由①式得 $n_1=3$.

当 $n_3=1$ 时，$n_4=0$，$n_2=2$，由①式得 $n_1=2$.

当 $n_3=0$ 时，可有两种情况：$n_4=1$，$n_2=1$，由①式得 $n_1=3$；$n_4=0$，$n_2=4$，由①式得 $n_1=1$.

所以由①式与②式可得四组解

$$(3,0,2,0),\quad (2,2,1,0),$$
$$(3,1,0,1),\quad (1,4,0,0).$$

因此展开式中 x^4 项的系数为

$$\frac{5!}{3!\,0!\,2!\,0!}-\frac{5!}{2!\,2!\,1!\,0!}-\frac{5!}{3!\,1!\,0!\,1!}+\frac{5!}{1!\,4!\,0!\,0!}$$
$$=10-30-20+5=-35.$$

习　题　八

1. 在两位数中，个位数码小于十位数码的两位数有多少个？

2. 在由 n^2 个边长为 1 的小正方形拼成的 $n \times n$ 正方形棋盘中，求由若干个小方格拼成的所有正方形（允许重叠）的数目.

3. 6 个不同的小球放入 10 个排好顺序的盒子，每盒最多容纳 1 个球. 其中 3 个盒子必须放入小球，而另外 2 个盒子不得放入小球. 问有几种放法？

4. 有不同的中文书 9 本，不同的英文书 7 本，不同的日文书 5 本. 从其中任取两本不是同一文字的书，问有几种不同的取法？

5. 解下列方程：

(1) $2A_m^3=3A_{m+1}^2+6A_m^1$；

(2) $A_n^3=210$.

6. 求证：

(1) $P_1+2P_2+3P_3+\cdots+nP_n=P_{n+1}-1$；

(2) $\dfrac{(2n)!}{2^n \cdot n!}=1 \cdot 3 \cdot 5 \cdot \cdots \cdot (2n-1)$.

7. 解不等式 $A_9^x > 6A_9^{x-2}$.

8. 用 0，1，2，3，4，5 六个数码能组成多少个没有重复数字且能被 25 整除的四位数？

9. 用 0，1，2，3，4，5 六个数码能组成多少个没有重复数字的六位奇数？

10. 用 2，3，4，5 四个数码组成没有重复数字的四位数.

(1) 求所有这些四位数所含数字的和；

(2) 求所有这些四位数的和.

11. 九个人排成一列纵队，a，b 是九人中的两个人，问：

(1) 若 a 不在最前，b 不在最后，有几种排法？

(2) 若 a，b 既不在最前，也不在最后，有几种排法？

(3) 若 a 在 b 前(不一定相邻)，有几种排法？

(4) 若 a，b 之间恰有 3 人，有几种排法？

(5) 若 a，b 之间至少有 2 人，有几种排法？

12. (1) 若用 0—9 十个数码中的四个数码并列放置代表一个汉字，则可以表示多少个不同的汉字？

(2) 某市已将电话号码由原来的 6 位升为 7 位，这样升位后可增加多少电话号码？

13. 由 1，2，3，4，5 五个数码能组成多少个大于 23 400 的五位数？

14. 在闭区间[4 000，8 000]上，问：

(1) 有多少个没有重复数字且能被 5 整除的数？

(2) 有多少个数字允许重复且能被 5 整除的数？

15. 有 4 套相同的课本，每套有 6 本不同的书籍，从每套中任取一本，问有多少种可以分辨的取法？

16. 15 人投票，从 5 名候选人中选出 1 人，问有多少种不同的选法？

17. $n(n>6)$ 个人围圆桌而坐，设甲、乙是这 n 个人中的两个人. 求：

(1) 甲、乙相邻的就座方法数；

(2) 甲、乙间恰有一个人的就座方法数；

(3) 甲、乙间恰有两个人的就座方法数.

18. $2n$ 个人分坐在两张圆桌周围，每张圆桌周围坐 n 个人，共有几种就座方式？

19. 今有面值十元的人民币 5 张，五元的人民币 6 张，一元的人民币 4 张，分给 15 人，每人一张，共有多少种不同的分法？

20. 空间有十个点，其中有四点共面，此外再无其他四点共面，过每三点作一个平面，一共可作多少个平面？

21. 甲、乙、丙三位业余演员，共有上衣四件，裤子五条，帽子六顶，式样都不同. 问三人同时出场，有多少种不同的穿戴方法？

22. 已知 $\dfrac{C_n^{m-1}}{2}=\dfrac{C_n^m}{3}=\dfrac{C_n^{m+1}}{4}$，求 n 和 m.

23. 求证：

(1) $(m+1)(A_m^m+A_{m+1}^m+A_{m+2}^m+\cdots+A_{m+k-1}^m)=A_{m+k}^{m+1}$；

(2) $C_n^0+\dfrac{1}{2}C_n^1+\cdots+\dfrac{1}{n+1}C_n^n=\dfrac{2^{n+1}-1}{n+1}$.

24. 解下列不等式：

(1) $C_n^4>C_n^6$；　(2) $C_{24}^{2n}<C_{24}^{2n-2}$.

25. 求和：

(1) $1\cdot2\cdot3\cdot4+2\cdot3\cdot4\cdot5+\cdots+n(n+1)(n+2)(n+3)$；

(2) $m!+\dfrac{(m+1)!}{1!}+\cdots+\dfrac{(m+n)!}{n!}$.

26. 把 4 个人分别按下列条件分成两组，问各有多少种分法？

(1) 第一组 3 人，第二组 1 人；

(2) 一个组 3 人，另一个组 1 人；

(3) 均分两组，即每组 2 人；

(4) 第一组 2 人，第二组也是 2 人.

27. 用赤、橙、黄、绿、青、蓝、紫七种颜色中的一种，或两种，或三种，或四种，分别涂在正四面体各个面上. 规定一个面不能用两色，但任一面都必须着色. 问共有几种着色法？

28. 指出$(a+b+c+d+e)^5$ 展开式中的项数，并写出它的展开式（用记号$\sum$缩写各类同型项）.

29. 求$(2+x-x^2)^5$ 展开式中 x^8 项的系数.

30. 求$(2+3x+4x^2)^8$ 展开式中 x^5 项的系数.

第八章部分习题
参考答案或提示

主要参考书目

[1] 余元希,田万海,毛宏德. 初等代数研究:上册[M]. 北京:高等教育出版社,1988.

[2] 余元希,田万海,毛宏德. 初等代数研究:下册[M]. 北京:高等教育出版社,1988.

[3] 曹才翰,沈伯英. 初等代数教程[M]. 北京:北京师范大学出版社,1986.

[4] 曹才翰 . 初等代数教材教法[M]. 北京:高等教育出版社,1990.

[5] 赵振威,章士藻. 中学数学教材教法:第二分册,初等代数研究[M]. 上海:华东师范大学出版社,1990.

[6] POTAPOV M,ALEXANDROV V,PASICHENKO P. Algebra and analysis of elementary functions[M]. Moscow:Mir Publishers,1989.

[7] LAWRENCE A T. Fundemental concepts of elementary mathematics[M]. New York:Harper and Row,1977.

[8] 张奠宙,张广祥. 中学代数研究[M]. 北京:高等教育出版社,2006.

[9] 沈钢. 高观点下的初等数学概念[M]. 杭州:浙江大学出版社,2001.

[10] 王路. 逻辑基础[M]. 北京:人民出版社,2004.

[11] 樊嘉禄. 普通逻辑简明教程[M]. 合肥:中国科学技术大学出版社,2008.

[12] 中国人民大学哲学院逻辑学教研室. 逻辑学[M]. 2 版. 北京:中国人民大学出版社,2008.

[13] 马佩. 逻辑哲学[M]. 上海:上海人民出版社,2008.

[14] 单墫. 集合与对应[M]. 上海:上海科技教育出版社,2009.

[15] 李善良. 课程标准与教学大纲对比分析:高中数学[M]. 长春:东北师范大学出版社,2005.

[16] 葛军,涂荣豹. 初等数学研究教程[M]. 南京:江苏教育出版社,1999.

[17] BOYER C B. A history of mathematics[M]. New York:John Wiley & Sons,Inc,1968.

[18] YAKOVLEV G N. High-school mathematics[M]. Moscow:Mir Publishers,1984.

[19] 马忠林,王鸿钧,孙宏安,等. 数学教育史简编[M]. 南宁:广西教育出版社,1991.

[20] 唐复苏. 中学数学现代基础[M]. 北京:北京师范大学出版社,1988.

［21］ 袁小明，胡炳生，周焕山. 数学思想发展简史［M］. 北京：高等教育出版社，1992.

［22］ 吴文俊. 世界著名数学家传记［M］. 北京：科学出版社，1995.

［23］ 胡炳生，吴俊，王佩瑾，等. 现代数学观点下的中学数学［M］. 北京：高等教育出版社，1999.

读者意见反馈

为收集对教材的意见建议，进一步完善教材编写并做好服务工作，读者可将对本教材的意见建议通过如下渠道反馈至我社。

咨询电话　400-810-0598

反馈邮箱　hepsci@pub.hep.cn

通信地址　北京市朝阳区惠新东街4号富盛大厦1座
　　　　　高等教育出版社理科事业部

邮政编码　100029